はじめての人も
イチからわかる

やさしい
中学理科

小野田 淳人 著

はじめに

私は今，大学の研究者・教員を生業にして，今の人類では「不可能」なことを「可能」に，「未知」であることを「既知」に変えるための仕事をしています。これを実現するためには，先人たちが切り拓いた人類の叡智を学び，それをもとに深く考え，実践することが大切です。この本を手にした読者の皆様も，これから「理科」という学問を通じて，その叡智の一端に触れることになります。大げさに思うかもしれませんが，皆様がこれから学ぶ，わずか数文字で記された一つ一つの現象，法則，発見は，かつて世界のどこかの誰かが，その命を懸けて解き明かし，後世に伝え遺したものです。

と，仰々しく書きましたが，理科という学問の礎となった研究者達に少しでも思いを馳せてもらえれば，一研究者としてうれしく思います。理科は暗記科目のように思われがちですが，その本質は合理的で論理的な「考え方」を身に着ける学問です。理科を学ぶことで，新しいことに取り組み，形にするために必要な考える力が身に着き，学んだ内容そのものはその考えるための指針となります。あることをしたら何が起こるのか，なぜその現象が生じるのか，その可能性を予測し，どうすればそれを検証・実証できるのか。そんな考え方です。

そして，その考え方を意識することで，理科の膨大な暗記量をぐっと減らすことができ，試験や受験の大きな力になります。本書もそんな考え方に重きを置き，いかに暗記量を減らせるか，をコンセプトに執筆しました。同時に，一つ一つの情報がすんなりと頭に入るような文章の流れを心がけています。本書を用いることで，これまで理科に苦手意識を持っていた方にとっても，わかりやすく，そして楽しく学べることをお約束します。

本書が，皆様にとって「理科という学問は面白い」と実感できる契機になること，そして，本書を通じて身に着いた考え方やその内容が，皆様の人生においてほんの少しでも役に立ってくれれば，これ以上うれしいことはありません。

小野田　淳人

本書の使いかた

本書は，中学３年分の理科を，やさしく，しっかり理解できるように編集された参考書です。また，定期試験などでよく出題される問題を収録しているので，良質な試験対策問題集としてもお使いいただけます。以下の例から，ご自身に合うような使いかたを選んで学習してください。

1 最初から通してぜんぶ読む

オーソドックスで，いちばん理科の力をつけられる使いかたです。特に，「中学理科を学び始めた方」や「理科に苦手意識のある方」には，この使いかたをオススメします。キャラクターの掛け合いを見ながら読み進め，例題にあたったら，まずチャレンジしてみましょう。その後，本文の解説を読んでいくと，つまずくところがわかり理解が深まります。

2 自信のない単元を読む

中学理科を多少勉強し，苦手な単元がはっきりしている人は，そこを重点的に読んで鍛えるのもよいでしょう。Point やコツをおさえ，苦手な単元を克服しましょう。

3 別冊の問題集でつまずいたところを本冊で確認する

ひと通り中学理科を学んだことがあり，実戦力を養いたい人は，別冊の問題集を中心に学んでもよいかもしれません。解けなかったところ，間違えたところは，本冊の例題や解説を読んで理解してください。ご自身の弱点を知ることもできます。

登場キャラクター紹介

ケンタ

サクラの双子の兄。元気がとりえのスポーツマンの中学生。理科は好きだが，計算はちょっと苦手。

サクラ

ケンタの双子の妹。しっかり者で明るい女の子。動物や植物に興味がある。たまにするどい質問をする。

先生（小野田　淳人）

世の中のまだ解明されていないことを調べている研究者。ケンタとサクラに理科の楽しさを伝えている。

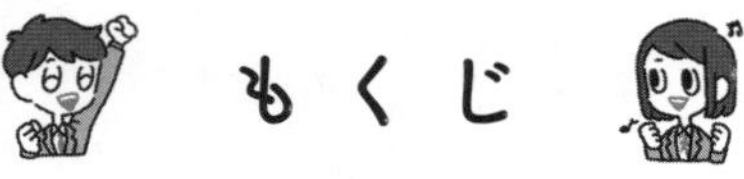

中学1年

中学2年

中学３年

中学1年 1章

身近な自然と生物

2人ともこれからよろしくね。理科で最初に学ぶのは，身のまわりの生物についてだ。

「よろしくお願いします。がんばりますが，身のまわりの生物か…あまり気にしたことないです。」

「よろしくお願いします。わたしは生物大好きだから楽しみです！花とかイヌとか出てくるのかな。」

生物はとても身近なものだよね。ちょっと外を歩くだけでさまざまな植物や動物に出会える。この章では，その身近な生物にはどんな特徴(とくちょう)があるか観察して，同じ特徴をもつ生物ごとにグループ分けしていくよ。

身近な自然と観察のしかた

これから中学理科について学んでいくよ。最初は身のまわりの自然を観察してみよう。ふだんは見過ごしていた何気ないことに気がつくかもよ。

身のまわりにはどんな生物がいるだろう？

さぁ２人とも，これから理科の世界を見ていくよ。よろしくね。

「は～い！　楽しみです！」

「よろしくお願いします！　最初は何を学ぶのですか？」

理科は，身のまわりのものや現象を調べる科目なんだ。その中で，まずは身のまわりの自然や生物を観察してみようと思う。２人の身のまわりの自然には，どのような生物がいるかな？

「公園や森の中にはたくさんの木や草がありますし，そこにすむ鳥や小さな動物たちもいますよ。」

「小川や池などの水辺には，ヤゴやウキクサがいます。」

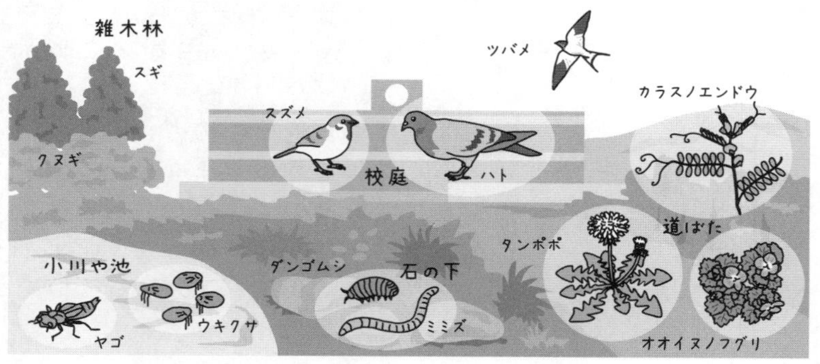

うん，いいね。生物を観察するときは，ただぼーっと見るだけじゃなくて，その生物がどこで生活しているのか，いつ活動しているのかなどを考えながら観察すると，もっと面白くなるよ。

Point 1 観察のしかた

- 観察するときは，**時間や場所，環境や生物の特徴**に注目する。

こういったところに注目すれば，生物をグループ分けすることができるんだ。

「グループ分け？　どういうことですか？」

例えば，陸上にいる生物と水中にいる生物や，日の当たるところにいる生物と当たらないところにいる生物って，それぞれ特徴がありそうじゃない？

「たしかにありそうです！」

そんなふうに，環境ごとに生物の共通点をさがしてグループ分けしてみるんだ。これを**分類**というよ。それじゃあ実際に，学校のまわりの植物を分類してみようか。まずは，日当たりがよくて地面が乾いているところだ。ここには何がいるかな？

「タンポポがいます！」

「こっちにはハルジオンがいますよ！」

２人ともよく見つけられているね。**タンポポやオオイヌノフグリ，カラスノエンドウなどは，日当たりがよく，地面が乾いている場所に生息する**んだ。

「逆に，日が当たらない場所にはどんな植物がいるんですか？」

日当たりが悪く，地面がしめったところにはドクダミやゼニゴケなどがいるよ。そしたら次は，水の中の生物を確認してみよう。

水の中には目に見えない生物がたくさん！

さて，ここで質問。水の中にはどんな生物がいるかな？

「はーい！　魚がいます！」

「カエルとかもいますよね。あとは海だと水草も見たことがあります。」

池や川，海などの水の中にはそういった生物がいるよね。でも，実はそれだけじゃないんだ。人の目では見ることができないくらい小さな生物も水の中にはたくさんいるんだよ。

Point 2 水の中の小さな生物

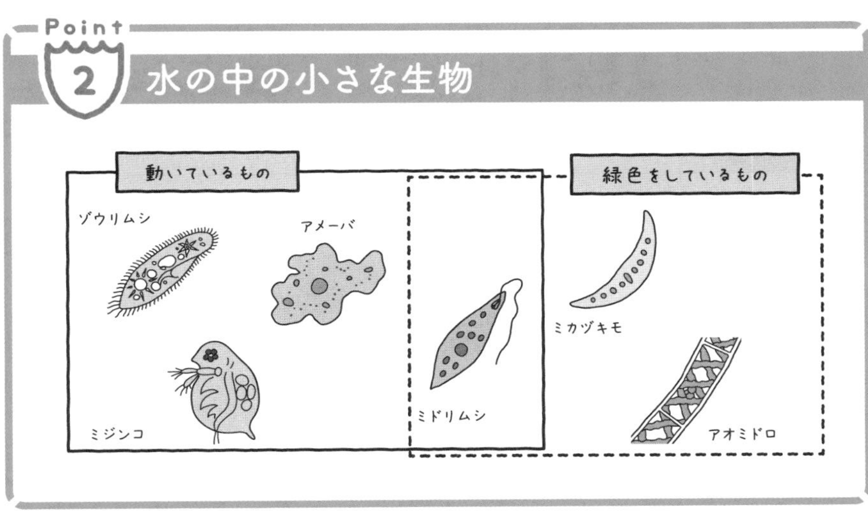

ね！　いろいろな生物がいるでしょ。ポイントは，こうした**小さな生物も分類できる**ということだ。動いているものと緑色のものに分けられるね。

「ミドリムシは両方のグループにまたがってますね。」

ミドリムシはちょっと変わった生物で，両方の特徴をもっているんだ。

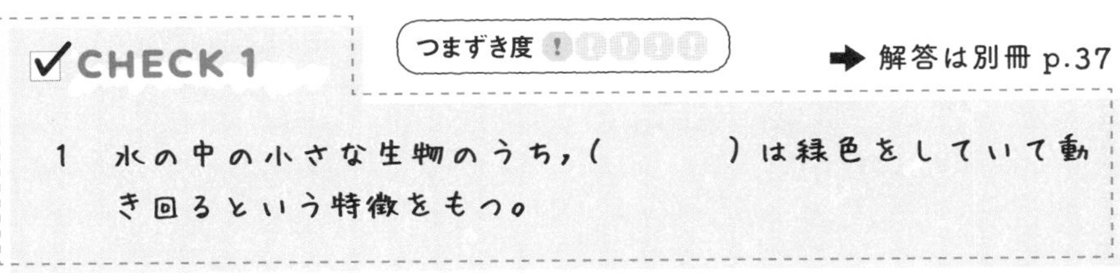

CHECK 1

つまずき度 !

➡ 解答は別冊 p.37

1　水の中の小さな生物のうち，(　　　　)は緑色をしていて動き回るという特徴をもつ。

1-2 顕微鏡とルーペの使い方

いろんな生物を観察するためには，観察するための道具を正しく使いこなせなければならない。ここでは，ルーペと顕微鏡のしくみを学習して，理解しよう！

顕微鏡はどう使うの？

「ぼく，学校にある顕微鏡(けんびきょう)を使ってみたいんですけど…」

そうだなぁ…しっかりと手順を覚えれば使っていいよ。でも手順を覚える前に，まずは顕微鏡のそれぞれの場所の名前を覚えないとね。

Point 3 顕微鏡のそれぞれの名前

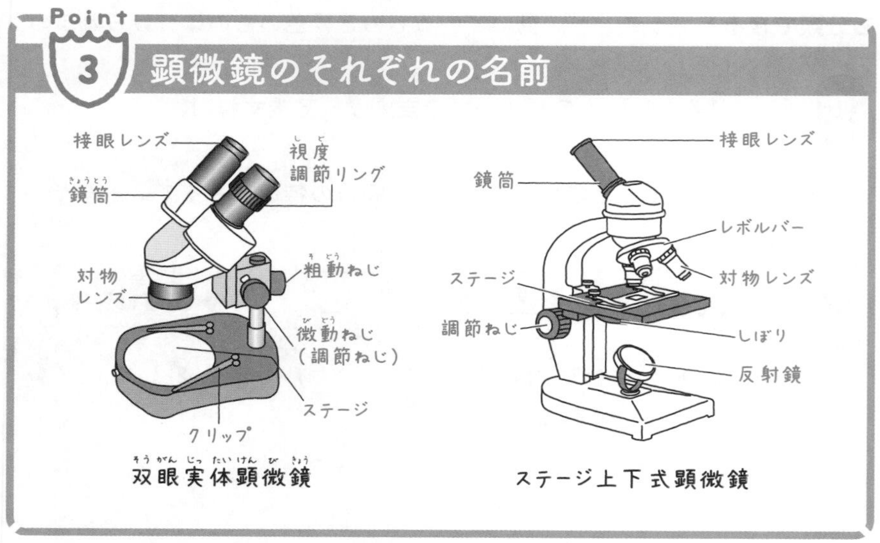

名前を覚えるのは大変かもしれないけど，口に出して読んだり書いたりすることで覚えやすくなるよ。あとは，それぞれの場所の名前の由来を考えるのもいい方法だ。それぞれの名前を覚えたら，次はプレパラートのつくり方と倍率だ。

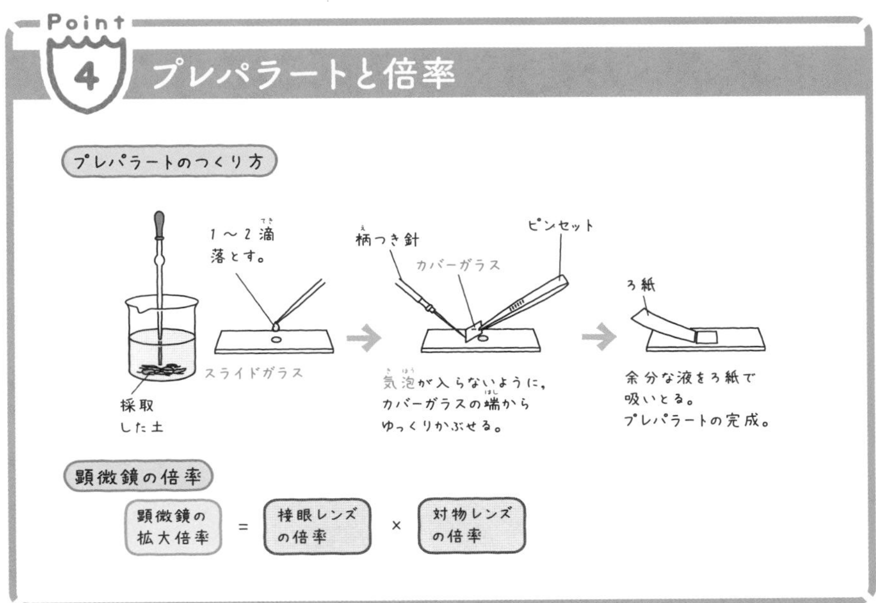

「スライドガラスの上にカバーをするように置くのが，カバーガラスですね。これは覚えやすい。」

「気がついたんですけど，顕微鏡の倍率は足し算じゃなくて，かけ算なんですね。」

“倍”率っていうくらいだからね。かけ算のときも×10だったら10倍っていうでしょ。

「たしかに『倍』っていいます！」

だから例えば，接眼レンズの倍率が10倍で対物レンズの倍率が20倍だったら，その顕微鏡では200倍の大きさに拡大して見えているはずなんだ。よし，顕微鏡の倍率がわかったところで，次はいよいよ本題の顕微鏡の使い方だ。手順をまちがえないで覚えてくれよ。

Point 5 顕微鏡の使い方

ステージ上下式顕微鏡

①対物レンズをいちばん低倍率のものにする。

②接眼レンズをのぞきながら，反射鏡を調節して，全体が均一に明るく見えるようにする。

③見たいものがレンズの真下にくるようにプレパラートをステージにのせて，クリップでとめる。

④真横から見ながら調節ねじを回し，プレパラートと対物レンズをできるだけ近づける。

⑤接眼レンズをのぞいて，調節ねじを④と反対に少しずつ回し，プレパラートと対物レンズを遠ざけながら，ピントを合わせる。

⑥しぼりを回して，観察したいものが最もはっきり見えるように調節し，視野の中心にくるようにする。

「接眼レンズと対物レンズは，どちらを先につければいいんですか？」

接眼レンズだね。それにはこんな理由があるんだ。

コツ　接眼レンズを先にとりつける理由は，顕微鏡の中（鏡筒）にほこりが入るのを防ぐため。

「なるほど。それとふしぎに思ったのは，どうしてプレパラートを対物レンズに近づけておくんですか？」

これもとても大事だね。ピントを合わせるときは，接眼レンズをのぞきながら調節ねじを動かして合わせるよね。でも，のぞきながら近づくように動かしていると，対物レンズとプレパラートの間の距離(きょり)がわからず，対物レンズとプレパラートがぶつかっちゃうかもしれない。そうすると，プレパラートや対物レンズがこわれちゃうおそれがあるよね。

コツ　最初に対物レンズとプレパラートを近づけておくのは，プレパラートと対物レンズがぶつかって，こわれるのを防ぐため。

「たしかに！　動かす向きを遠ざかる方向だけにしておけば，ぶつかることはないですもんね。」

そういうことだ。もう１つ，観察のポイントとしては，プレパラートを動かす方向と倍率を変えたときの視野（見える範囲(はんい)）だ。

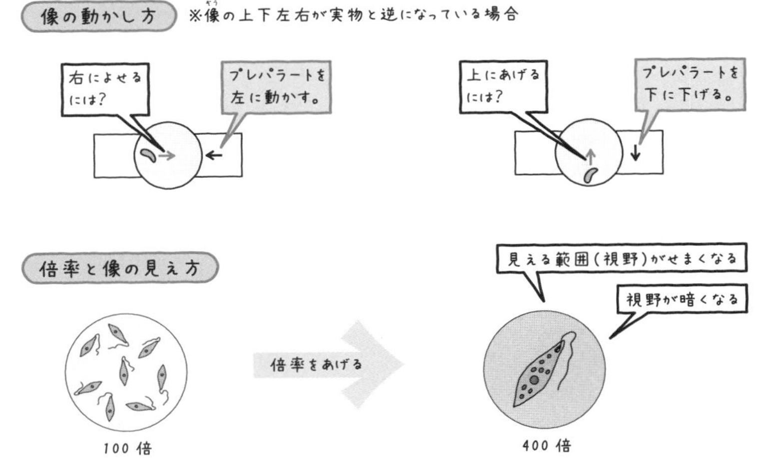

「倍率を上げて，暗くなったらどうすればいいんですか？」

顕微鏡のまわりに光を用意したり，しぼりを回したりして明るさを調節しよう。ひと通りの使い方は教えたから，ここまで理解したら，実際に使ってからだで覚えることが大事なんだが…そう簡単に手に入るものではないから，学校で使う機会があるときは，しっかり集中して使おうね。

ルーペは目に近づけて使う！

「顕微鏡っていろいろ注意するところがあるんですね。ルーペや虫眼鏡も同じように使い方があるんですか？」

そうだね。ただ顕微鏡に比べれば，ルーペはずいぶん簡単だ。いちばん注意すべきことは，**ルーペで太陽を直接見ない**ということだ。もし直接見てしまうと，目が焼けてしまうよ。

Point 6 ルーペの使い方

- ルーペは基本的に**目に近づけて持ち，目の前で固定**する。
- ピントの合う位置をさがすには，**ものを動かす**。ものが動かせない場合，**目に近づけたままからだごと動かす**。

見たいものが動かせるとき

見たいものを動かす。

見たいものが動かせないとき

ルーペを目に近づけたまま
自分が動く。

「ルーペって，目の前で固定するのが正しい使い方なんですね！　いつもルーペを動かしていました。」

それだと，よく見える位置をさがすのが大変でしょ。目の前で固定して，観察したいものを動かすか，自分のからだを動かした方が観察しやすいよ。そして最後に，顕微鏡やルーペで観察したものをスケッチするときは，目的のものに集中してかくようにしよう。

コツ　スケッチをするときは，細い鉛筆（えんぴつ）で細かいところまではっきりとかく。影（かげ）をつけず，１本の線で目的のものだけかく。図にすることがむずかしいものは言葉でメモをしてもよい。

✓CHECK 2

つまずき度 !!

➡ 解答は別冊 p.37

1　スライドガラスの上に観察したいものをのせ，カバーガラスをかぶせたものを（　　　　）という。
2　プレパラートを右上に動かすと，視野の中の像は（　　　　）に動く。
3　ルーペは必ず（　　　　）に近づけて持つ。

花のつくりとはたらき

道具の使い方を理解したら，次は実際に植物の花を観察してみよう。花のつくりの特徴を見て，各部分のはたらきを理解することが大事だぞ。

花ってどうなってるの？

それじゃあ，顕微鏡（けんびきょう）とルーペの使い方を理解したことだし，実際に植物を観察していこう。まずは花のつくりを見るよ。

「花のつくりっていっても，いろんな花がありますよ。黄色い花や赤い花，丸い花にギザギザの花。どれを見ればいいんですか？」

たしかに，花にはいろいろな色や形があるよね。でも，そんなふうにちがって見える花でも，共通したつくりがあるんだ。

Point 7 花のつくり

- 花は，中心から順に**めしべ**，**おしべ**，**花弁**（かべん），**がく**がある。
- **やく**には**花粉**（かふん）が入っている。
- めしべの先を**柱頭**（ちゅうとう）という。また，めしべの根もとのふくらんだ部分を**子房**（しぼう）といい，中には**胚珠**（はいしゅ）がある。

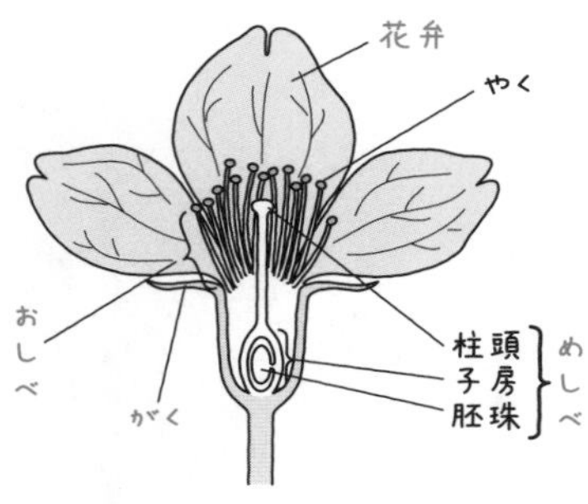

花弁とは，花びらのことをいうんだ。花弁には，花弁が離れている**離弁花**と花弁がたがいにつながっている**合弁花**の２種類がある。花弁が**“離”れているから離弁花，“合”わさっているから合弁花**というんだ。

「離弁花はサクラとかアブラナみたいな花で，合弁花はアサガオやツツジのように花弁がたがいにつながっている花ですね。」

漢字を見ればわかりやすいでしょ。ちなみに，タンポポは「花」そのものが集まってできているんだ。そして，**タンポポの花の花弁は１つにつながっているから合弁花**なんだよ。

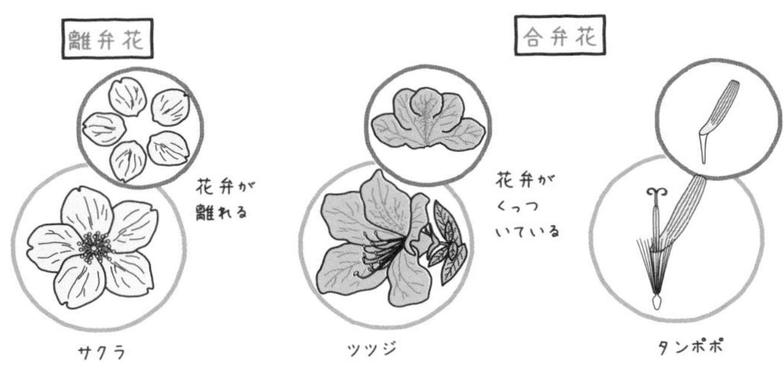

花って何のためにあるの？

「先生，やくに粉みたいなのがいっぱいありますよ！」

それが花粉だね。やくは花粉が入っているところだから，いっぱいついていたんだろうね。この花粉は，めしべの柱頭にくっつくんだよ。

「柱頭を観察してみたんですが，少しねばねばしていますね。」

いいところに気づいたね。柱頭は花粉がくっつきやすいようにねばねばしているんだ。どうしてくっつきやすくなっているのか，わかるかな？

「それは…植物にとって何かいいことがあるからそうなっているんですよね…。え〜何でだ？」

おしべは漢字で「雄しべ」，めしべは「雌しべ」って書くんだ。動物で子どもを産むのは，雄と雌では雌の方だよね。植物も同じで，子どもをつくるのはめしべの方なんだ。ちなみに，植物の子どものことを**種子**というよ。

「どうすれば，めしべは種子をつくれるんですか？」

めしべが種子をつくるには，**めしべの柱頭におしべから出た花粉がくっつかなきゃいけない**んだよ。これを**受粉**というんだ。

Point 8

植物の受粉

- めしべの柱頭におしべの花粉がつくことを**受粉**という。
- 受粉するとめしべの**子房が果実になり**，子房の中にある**胚珠が種子になる**。

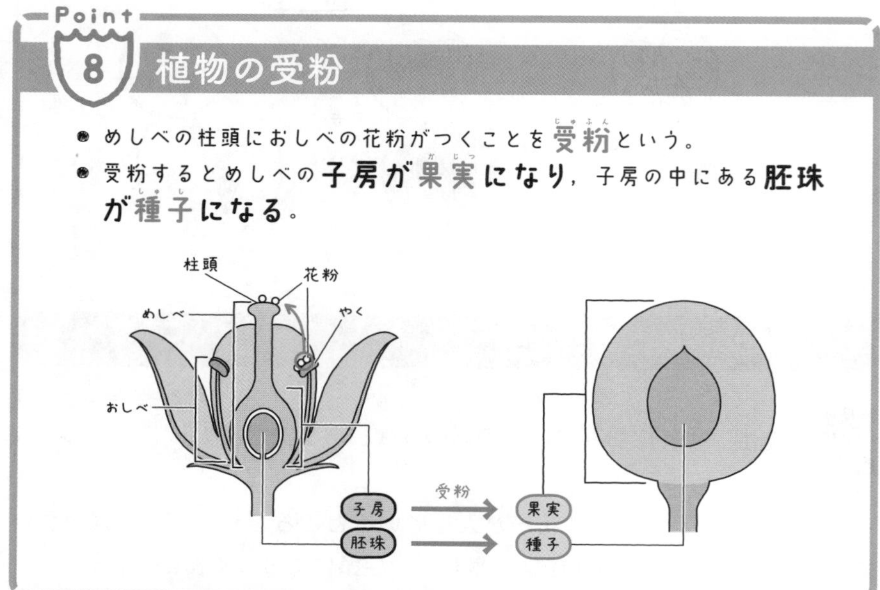

「受粉するときの花粉って，同じ花の中だけなんですか？」

花粉は必ずしも同じ花の中のものが使われるとは限らない。ちがう花（ただし同じなかま）から花粉を受けとることがあるんだ。昆虫（こんちゅう）が運んだり，風が運んだりして，別の花の花粉が柱頭にくっついて受粉するんだよ。

「受粉すると子房が果実になる？　果実って『くだもの』のことですか？　でも植物って，みんなくだものをつくるわけじゃないですよね。」

受粉したあと，**子房が成長した部分を果実という**よ。その中で特に，人間が食べておいしいものを『くだもの』とよぶことが多いんだ。そして，**子房の中にある胚珠は種子になる**よ。

「そういえば，くだものを食べると真ん中に種があって食べにくいですよね。柿（かき）とか，ブドウとか，モモとか。」

たしかに食べるときはいらないけど，この種子が地面にたどり着いたとき，根や芽を出して次の世代の植物になるんだ。このことから，植物の花は**受粉して種子をつくり，子孫をふやすはたらきをもっている**とわかるね。

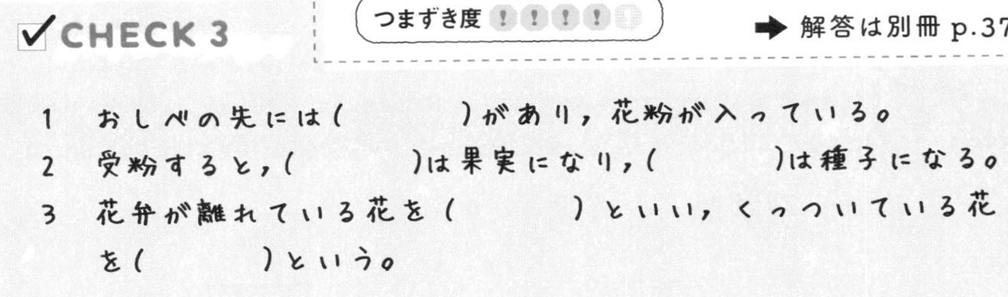

CHECK 3　つまずき度 !!!!!　➡ 解答は別冊 p.37

1　おしべの先には（　　　　）があり，花粉が入っている。
2　受粉すると，（　　　　）は果実になり，（　　　　）は種子になる。
3　花弁が離れている花を（　　　　）といい，くっついている花を（　　　　）という。

葉や根のつくりとはたらき

花の次は，葉や根について見ていこう。植物は何のために葉を生やしているのか，根がどんなつくりをしているのか，それぞれ注目して確認していくよ。

葉は何のためにあるの？

「花についてはだいぶわかりましたけど，植物って花だけじゃないですよね！　葉や根などはどんなつくりになっているんですか？」

よし，じゃあ次は葉について学んでいこうか。実際に葉を観察してみて，何か気がつくことはあるかな？

「何かすじみたいなものがありますね。何ですかこれ。」

「本当だ。いったい何のために存在するんだろう…？」

これは葉にある脈，つまり**葉脈**っていうものなんだ。葉脈は，おもに根から吸い上げた水や養分，葉でつくった養分が通っているよ。簡単にいえば管だね。そして葉脈には２種類あるんだ。

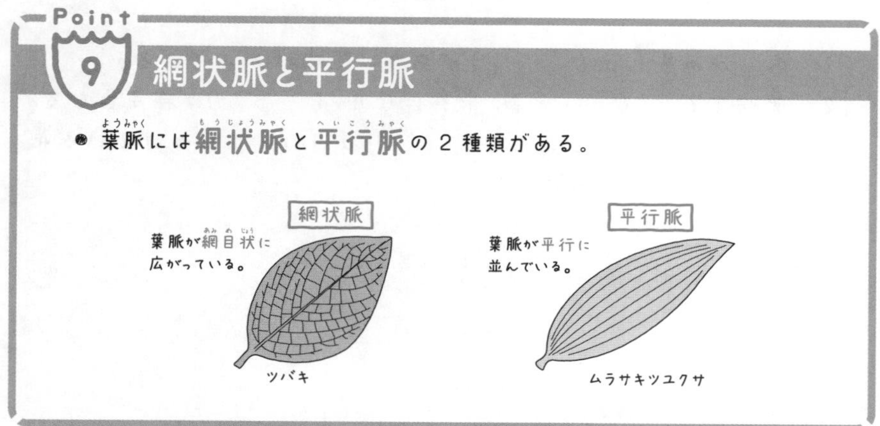

「え，2種類だけなんですか!?　ほかにもいっぱいありそうな気がしますが…」

葉の形はさまざまだけど，葉脈はこの2種類に分類できるんだ。この2種類というのはあとあと重要になってくるから，しっかり覚えておこう。

「葉の観察をしたときに思ったんですけど，最初に生えてくる葉とそのあとに生えてくる葉では，形がちがっていたような…」

ほぉ…なかなかいいところに目をつけたね。種子から芽が出ることを発芽というんだけど，発芽のときの最初の葉とそのあとの葉では形がちがうんだ。芽が出たばかりの葉を，子どもの葉と書いて**子葉**(しよう)といったのを覚えているかな？　子葉も2種類あるから，それぞれについて解説しよう。

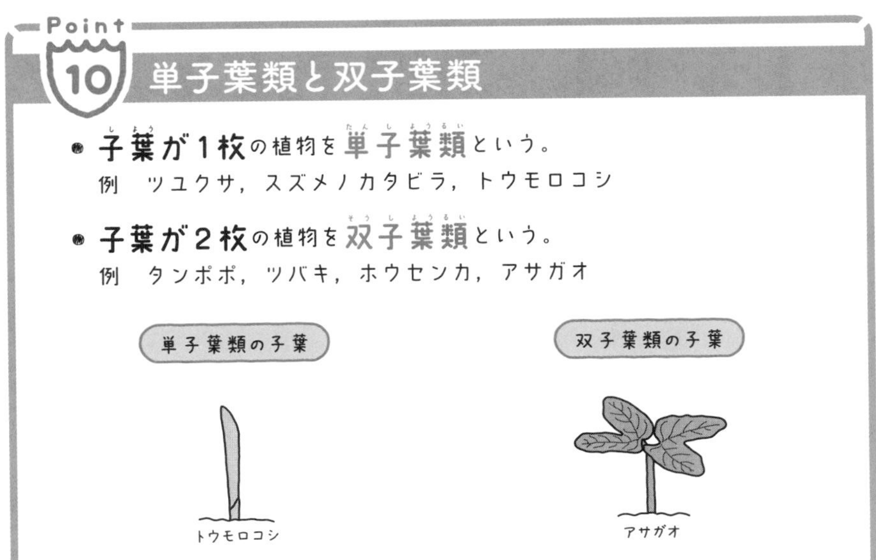

Point 10 単子葉類と双子葉類

- **子葉が1枚**の植物を**単子葉類**(たんしようるい)という。
  例　ツユクサ，スズメノカタビラ，トウモロコシ
- **子葉が2枚**の植物を**双子葉類**(そうしようるい)という。
  例　タンポポ，ツバキ，ホウセンカ，アサガオ

「単子葉類と双子葉類…何かわかりやすい覚え方はありますか？」

困ったら漢字を見てみよう！　意味なく漢字を使っているわけではないから，漢字を見るだけで覚えられることもあるよ。

コツ　**「単」は単独などのように1という意味があり，「双」は双子（ふたご）などに使われ，2つが対（つい）になっているという意味がある。**

根も2種類存在している！

さて，今度は根について学んでいくよ。ここにタンポポとスズメノカタビラの根を用意してみた。

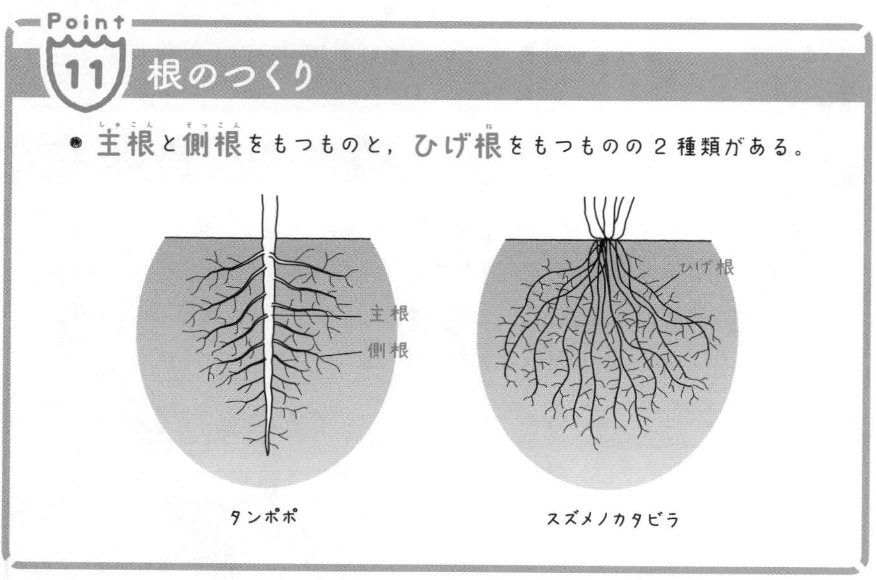

「タンポポの根ってすんごく太いですね！　そして，その太い根から細い根がたくさん生えてます。」

「スズメノカタビラは全然ちがうんですね。太いのが1本あるというより，茎（くき）の下から1本1本のびています。」

よく観察できているね。根のおおまかなつくりがわかったら，今度は根の先を細かく見てみようか。根の先の方をルーペで拡大してみるよ。

「あ！　根の先に細かい根がたくさんあります！」

これは根毛といって，**根の表面積を大きくして，たくさんの水や養分を吸えるようにしている**んだ。

根の役割

- 植物の根は，地中にある**水**や**養分**を吸い上げるはたらきをもつ。
- すべての根の先端に**根毛**が生えている。
- 根毛によって**根の表面積が大きくなり，水や養分を吸い上げる効率を上げている。**

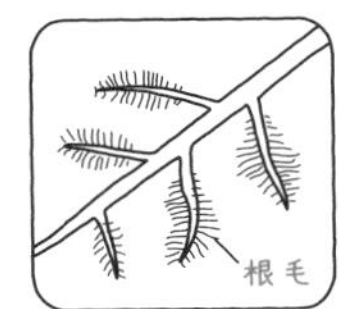

「なるほど。根毛はよりたくさんの水や養分を得るために生えているんですね。」

そうだね。2種類の根のつくりと根毛は，植物について理解するためにとても大事なことだから，しっかりと覚えておこうね。

つまずき度 !!!!!

➡ 解答は別冊 p.37

1　葉脈には（　　　）と（　　　）の2種類が存在する。
2　子葉が2枚の植物を（　　　）という。
3　根のつくりが主根と側根の組み合わせをもつ植物と，（　　　）をもつ植物の2種類がある。

子房をもたない植物

今回はちょっと変わった花をもつマツについて勉強するよ。ぱっと見花を咲かせないように見えるマツには，どんな特徴があるのだろうか。

マツにも花がある？

「先生！　1つ気になったんですけど，マツみたいに花を咲かせない植物はどうやってふえているんですか？」

おや？　マツが花を咲かせないって，どうして思ったのかな？

「えっ？　だって花がどこにも見あたらないから……」

なるほどなるほど。じゃあ，マツについて調べてみようか。

Point 13 マツの花のつくり

- マツの花は**雌花**と**雄花**に分かれている。
- 雌花には**子房がなく，胚珠がむき出し**になっている。
- 雄花には**花粉のう**があり，やくと同じで花粉が入っている。

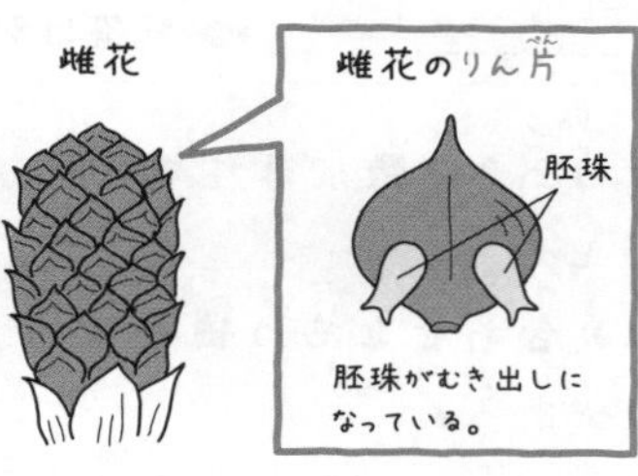

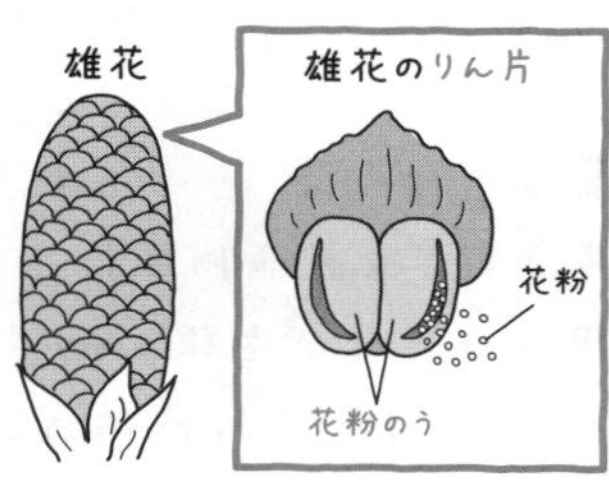

「雌花と雄花ってことは，マツにも花があるってことですか？」

そうだよ。花弁やがくがないってだけなんだ。たしかに花弁があるとすごく花っぽいけど，花弁が「花」としての意味をなしているわけじゃないからね。大事なのは，子孫をつくること。つまり，**花粉と胚珠**なんだ。

「ないことつながりで思ったんですけど，子房がないってことは，果実ができないってことですか？」

その通り。子房は受粉したあとに果実に変わるよね。**マツはその子房がないから果実をつくらない**んだ。でも，**胚珠はあるから種子はできる**んだよ。マツのほかに，**スギやイチョウ，ソテツ**も子房がないことで有名だよ。

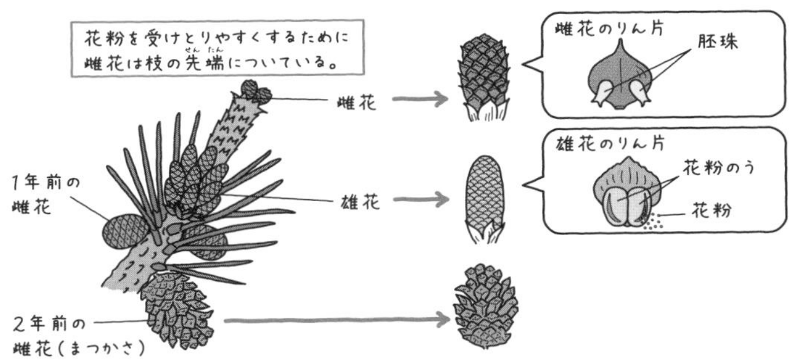

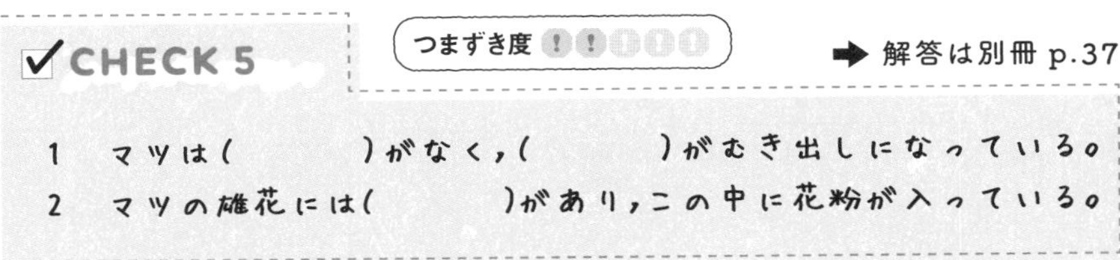
CHECK 5

つまずき度 ！！！！！

➡ 解答は別冊 p.37

1 マツは（　　　）がなく，（　　　）がむき出しになっている。
2 マツの雄花には（　　　）があり，この中に花粉が入っている。

種子をつくらない植物

ここでは種子をつくらない植物について注目してみるよ。種子をつくる植物とどんなちがいがあるのか考えながら学んでいこう。

種子をつくらない植物もいる！

これまでは，種子をつくってふえる植物について学んできたよね。ここからは種子をつくらない植物について解説していくよ。

「種子をつくらない!?　そんな植物がいるんですか？」

「種子をつくらなくて，どうやってふえていくんですか？」

そこがポイントだよね。種子をつくらない植物は，もちろん種子ではない別のものでふえているんだ。

Point 14 胞子と胞子のう

- 種子をつくらない植物は**胞子のう**をつけ，**胞子**でふえる。

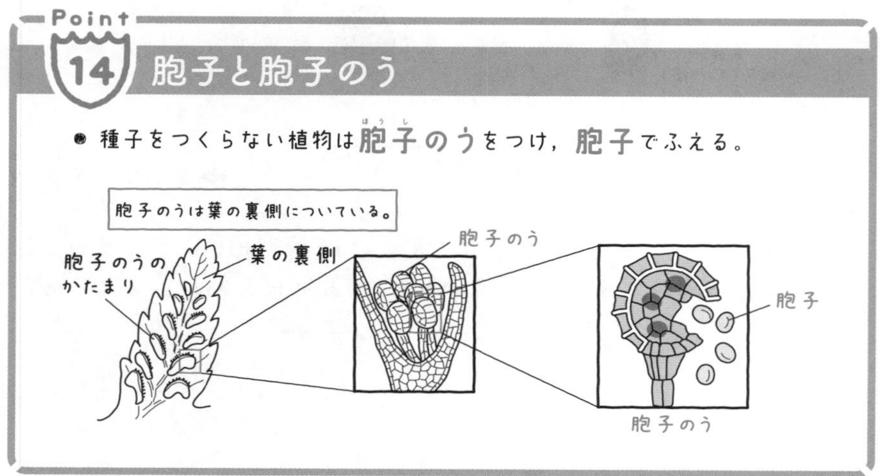

「なるほど！　じゃあ，胞子が種子と同じ役割をしているってことですね。」

そうだね，だいたいはそんな感じ。こうした胞子でふえる植物には，代表的なものに**シダ植物**と**コケ植物**がいるんだ。まずはシダ植物について特徴を見てみよう。

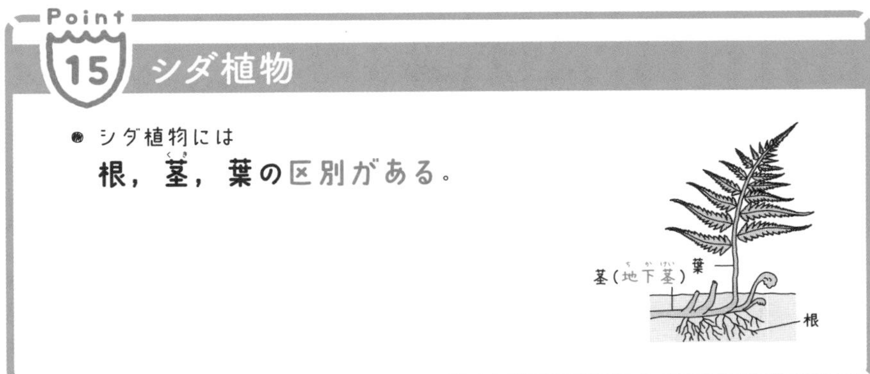

「胞子でふえること以外，今までの植物とあまり変わりませんね。」

細かいところではちがう点がたくさんあるんだ。まず葉を見てみようか。さっき教えた胞子のうが，葉の裏側にたくさんあるはずだよ。

「本当だ！　たくさんある！」

「茎が地中にあるのも面白いですね。葉のところにあるのは茎じゃないんですか？」

葉のところにある棒のような部分は葉の柄といって，茎じゃないんだ。葉の柄は，葉を支える役目をしているんだよ。また，茎は地下にあるから**地下茎**というんだ。根はその茎から，ひげ根のように生えていて水を吸い上げるんだ。

「そうなんですね！　たしかにちがうところがたくさんだ。」

「じゃあコケ植物はどうなんですか？」

コケ植物は，シダ植物とはだいぶちがったつくりをしているんだ。

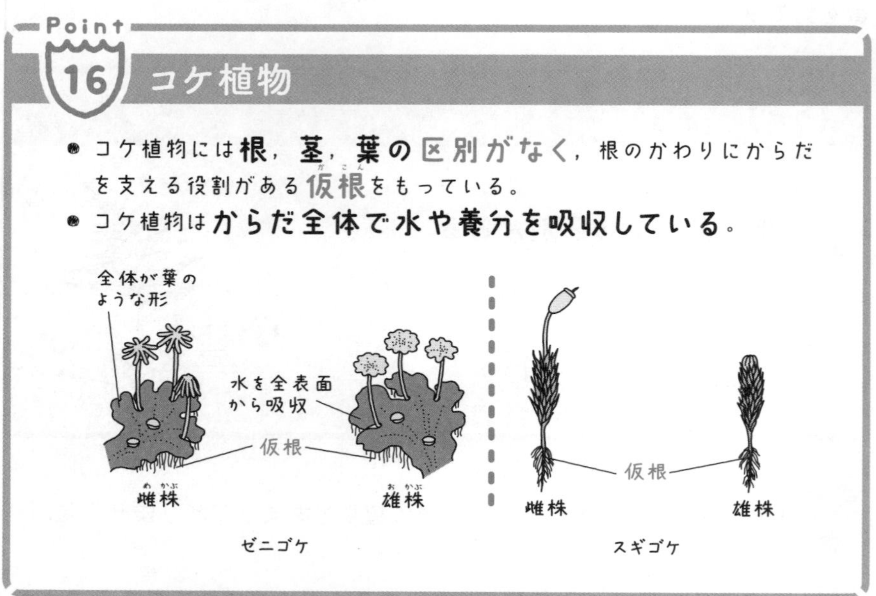

「根，茎，葉がないんですね！」

ない，というよりも区別できないというのが正確かな。**どこから葉なのか，どこから茎なのか，どこから根なのか，それがわからない**んだ。

「かさみたいなのをつけた，棒のようなものがありますよ？」

それは胞子を遠くに飛ばすために高くのびているんだ。もちろん，かさのようなところには胞子のうがあるよ。さらに注意深く見ると，かさが開いているものと開いていないものがあるでしょ。**開いている方が雌株（めかぶ）。閉じている方が雄株（おかぶ）**なんだ。

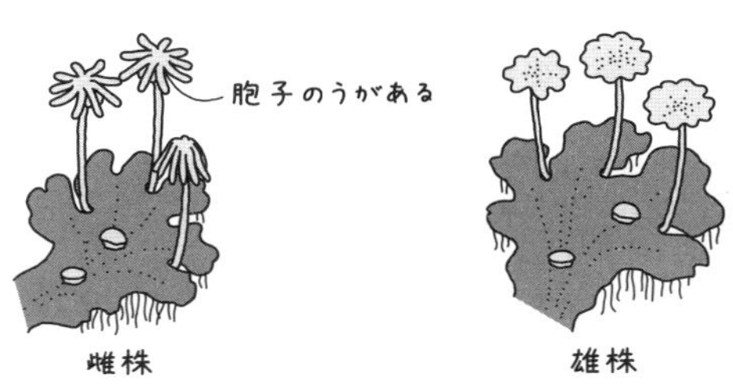

「雌株？　雄株？　何ですかそれ。」

簡単にいうと，コケは雌（めす）と雄（おす）が分かれているんだ。ただし花じゃないから，株って言葉を使うんだ。子孫となる胞子をつくる方が雌株だね。

CHECK 6

つまずき度 !!!!!

➡ 解答は別冊 p.37

1　コケ植物やシダ植物のような種子をつくらない植物は，（　　　　）に入っている（　　　　）によってふえる。

2　種子をつくらない植物のうち，（　　　　）には根・茎・葉の区別がある。

1-7 植物の分類

植物についてこれまで学んだ内容のまとめをしよう。植物のどの特徴に注目すれば分類できるのか，それぞれの植物の特徴をよく思い出して分けてみよう。

植物を分類しよう！

ここからは，今までに学んだ植物ごとの特徴(とくちょう)をおさらいしながら，植物を分類していくよ。

Point 17 植物の分類

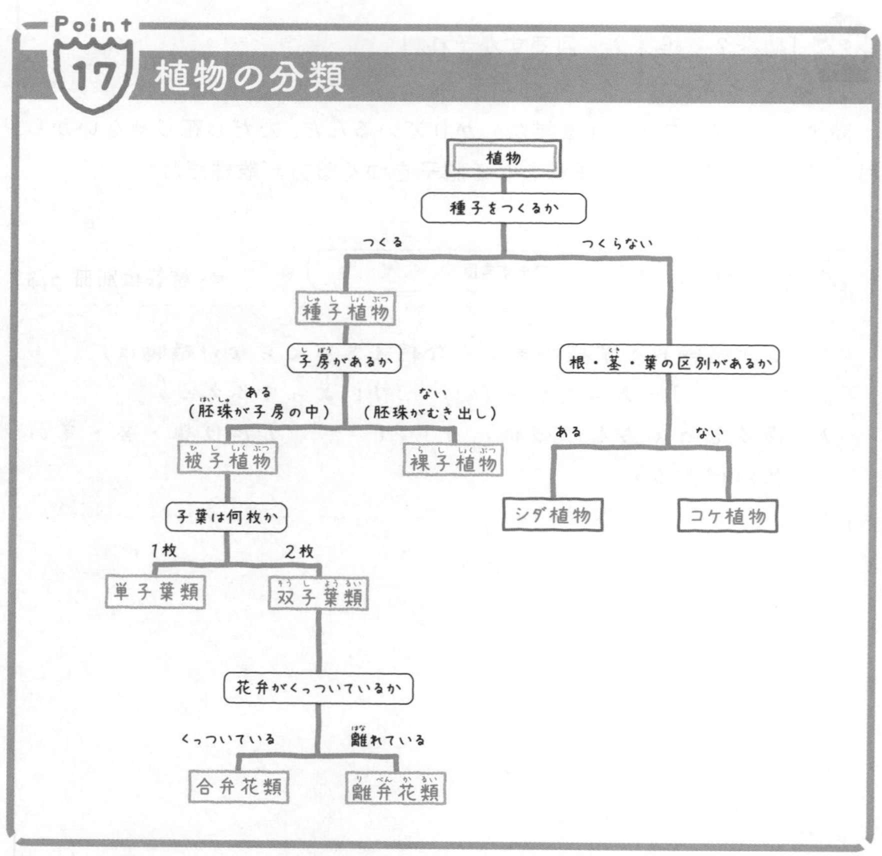

「最初の着目点は，種子をつくってふえるかどうかですね。」

その通り。まずはそこに大きなちがいがあるよね。**種子をつくってなかまをふやす**植物のことを**種子植物**というんだ。種子をつくらない植物なら，コケ植物やシダ植物のなかまだね。

「次の着目点は，子房があるかどうかなんですね。」

そうだね。子房がある植物，つまり**胚珠が子房の中にある**植物のことを**被子植物**というよ。反対に，マツのように**子房がなく胚珠がむき出し**の植物のことを**裸子植物**というんだ。

「被子植物はさらに分類できるんですね！　次の着目点は…」

次は子葉の枚数だね。子葉が１枚なら**単子葉類**，２枚なら**双子葉類**だ。ちなみに，子葉の枚数と葉脈，根の形には共通点があるんだ。

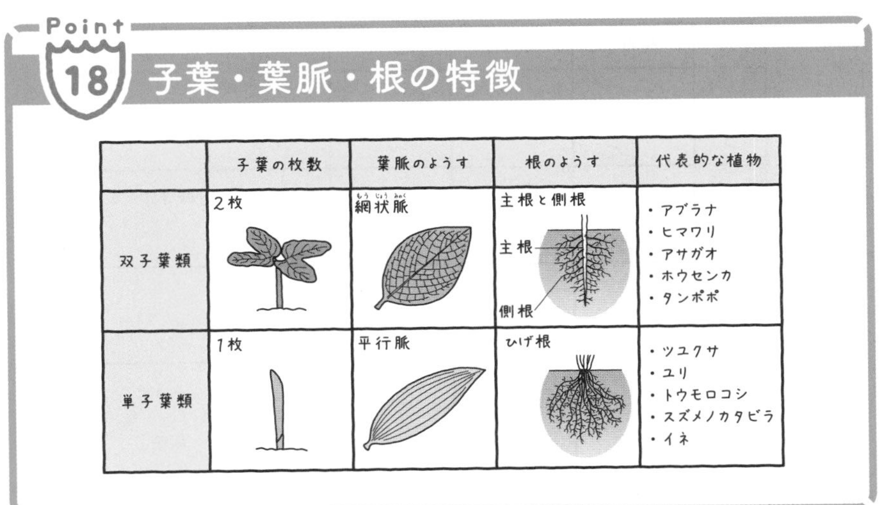

Point 18 子葉・葉脈・根の特徴

	子葉の枚数	葉脈のようす	根のようす	代表的な植物
双子葉類	2枚	網状脈	主根と側根 主根 側根	・アブラナ ・ヒマワリ ・アサガオ ・ホウセンカ ・タンポポ
単子葉類	1枚	平行脈	ひげ根	・ツユクサ ・ユリ ・トウモロコシ ・スズメノカタビラ ・イネ

そして最後に，双子葉類を花弁で分けることができるんだ。合弁花類と離弁花類(りべんかるい)だね。まとめると，**種子→子房→子葉・葉・根→花弁の順に判断**していけばいいんだよ。

コツ **植物を分類するには，①ふえ方　②からだのつくり　③花弁　の順に分けていくことを知っておけば，問題を解くのが楽になる。**

「代表的な植物とか覚えなきゃだめですか？　覚えるの嫌(いや)だな…」

でも，問題をつくる人は，植物の名前で出してくるからね。すでに例として出てきた代表的な植物の名前は覚えておくといいよ。大変だと思うけど，何度も読み直してがんばろう！

CHECK 7

つまずき度 ！！！！！

➡ 解答は別冊 p.37

この表は植物の特徴をまとめたものである。空欄(くうらん)をうめよ。

	植物A	植物B	植物C	植物D	植物E
分類	(　)植物	単子葉類	(　)植物	(　)植物	双子葉類
種子	できない	胚珠が子房に包まれている	胚珠がむき出し	できない	胚珠が子房に包まれている
花	咲(さ)かない	咲く	咲く	咲かない	咲く
葉	(　)がある	子葉が(　)枚 葉脈(　)	針のような形状	区別がつかない	子葉が(　)枚 葉脈(　)
根	水を吸う	ひげ根	深く長い	水を吸い上げない	主根と側根

脊椎動物と無脊椎動物

ここからは動物のからだのつくりやそのちがいを調べて，動物を分類していくよ。特に，背骨があるかないかが重要だぞ。

動物の分類の基本は「背骨」！

植物の分類が終わったから，次は動物を分類していくよ。

「やっと動物だー!!」

「でも，動物の分類はいろいろありすぎてむずかしいんじゃないですか？」

動物といっても，昆虫(こんちゅう)もいればヒトもいるからね。どうやって分ければいいか想像するのがむずかしいかもしれない。でも，動物のからだのつくりに注目すれば分類することができるんだ。まずは背骨に注目しよう。

「背骨!?　背骨って，背中の真ん中にある太い骨ですよね？」

そう！　ヒトの背中には背骨があるよね。実はほかにも，ニワトリやヘビ，カエルにも背骨があるんだ。

「カエルにも背骨があるんだ！　じゃあ，背骨がない生物って何がいるんですか？」

例えば，タコやイカのようにやわらかい動物なんかは背骨がないよ。また，カブトムシやカニなどのように，表面がかたい生物にも背骨がないんだ。

Point 19 脊椎動物と無脊椎動物

- 背骨がある動物のことを**脊椎動物**（せきついどうぶつ）という。
- 背骨がない動物のことを**無脊椎動物**（むせきついどうぶつ）という。

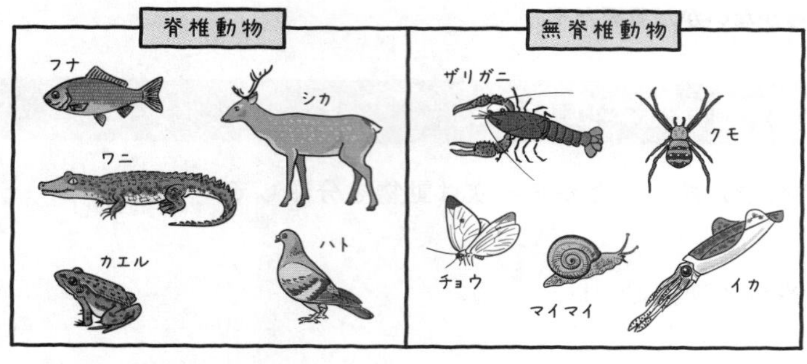

「脊椎って何ですか？」

脊椎というのは，背骨のことだよ。生物を学ぶときにはこうよぶんだ。脊椎動物のほとんどは，この脊椎をもっているからその名前になったんだ。

コツ **似た言葉で，脊髄（せきずい）という言葉がある。これは，脊椎の内側にある大きな神経のことだから，まちがって『せきずい動物』と書かないように注意しよう。**

CHECK 8　つまずき度 !!!!!

➡ 解答は別冊 p.37

以下のうち，脊椎動物に○をつけよ。

ウシ　バッタ　カエル　タイ　タコ　ヤドカリ

クモ　カメ　アサリ　スズメ　クラゲ

脊椎動物の分類

まず，脊椎動物と無脊椎動物に分けることができた。次は脊椎動物をさらに分けていこう。どのように分類できるか，その特徴に注目してみよう。

子どものふえ方ってどうちがうの？

動物は脊椎動物と無脊椎動物に分けられることがわかったね。次は，脊椎動物をさらに細かく分けてみよう。

「脊椎動物って背骨がある動物のことですよね。でも，背骨がある動物っていろんな種類がいませんか？」

たしかに，脊椎動物といってもたくさんの種類がある。大きく分けて**魚類**，**両生類**，**は虫類**，**鳥類**，**哺乳類**の5種類に分類できるんだ。

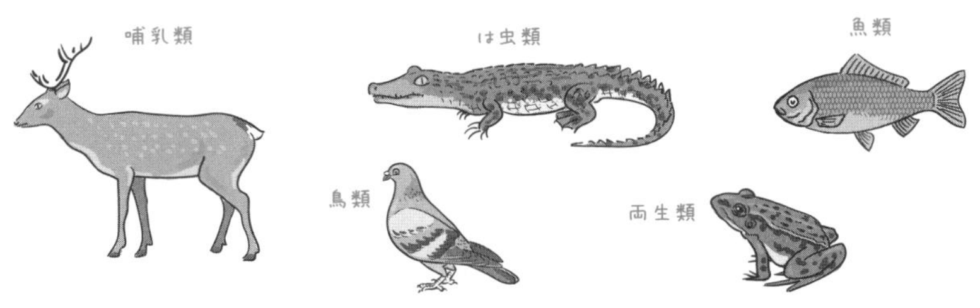

「どうやって5種類に分類するんですか？」

その「どうやって」の部分がとても大事だね。まずは，子どもの生まれ方で分類してみよう。例えば，ヒトがどうやって生まれてくるかは知っているよね。

「お母さんのおなかの中である程度育ってから生まれてくるんですよね。」

そうだね。じゃあほかの動物はどうだろう？　ほかの動物も，お母さんのおなかの中で育ってから生まれてくるのかな？

「鳥は卵から生まれてきます！」

お，いいねえ！　実は子どもの生まれ方には2種類の方法があるんだ。動物の種類によってちがうから，しっかりと覚えておこう。

Point 20 子の生まれ方

- 母親の体内である程度育ってから子が生まれる方法を**胎生**（たいせい）という。
- 体外に卵を産むことでなかまをふやす方法を**卵生**（らんせい）という。

「哺乳類以外は，みんな卵生なんですね！」

そう，基本的にはね。あと，同じ卵生といっても，魚類や両生類のように水中で卵を産む動物の卵には殻（から）がなくて，は虫類や鳥類のように陸上で卵を産む動物の卵には殻があるんだ。これも覚えておこう。

コツ　**陸上で卵を産む場合には，乾燥（かんそう）から守るために卵に殻が必要。**

呼吸のしかたも種類によってちがう！

「魚類や両生類は水中で卵を産む…って，そもそも何で魚類って水中で生きていけるんですか？」

「えらがあるから，とか聞いたことある気がします。」

お，よく知っているね！　その通り，水中で生きる動物にはえらがあるよね。実は呼吸のしかたによっても，脊椎動物を分けることができるんだ。

呼吸のしかた

- は虫類，鳥類，哺乳類は**肺**で呼吸している。
- 両生類は**子のときはえらと皮膚**で呼吸し，成長すると**肺と皮膚**で呼吸する。
- 魚類は**えら**で呼吸している。

魚類，は虫類，鳥類，哺乳類は生まれてからずっと同じ方法で呼吸をするんだけど，両生類は子と親でちがうんだ。例としてカエルを見てみよう。カエルの子どもであるおたまじゃくしはえらと皮膚で呼吸し，カエルになると肺と皮膚で呼吸するんだ。

「いつの間にそんな変化が…えらがなくなって，肺ができるってことですよね？」

そういうことになるね。両生類は，子どものときは水中で生活しているので，えらで呼吸しないといけないんだ。でも，成長すると陸上でも生活するようになるため，肺での呼吸に切りかわるんだよ。

コツ　基本的に水中で生活する生物はえらをもっている。ただし，ウミガメ（は虫類）やクジラ（哺乳類）など例外もいる。

「呼吸について注目すべきは，おもに水中で生活しているか，陸上で生活しているかなんですね。」

その通り。それと，両生類は皮膚でも呼吸をしているってことも忘れないでね。

「皮膚で呼吸するって…なんか変なの。両生類の皮膚はヒトとはちがうってことですか？」

全然ちがうよ。じゃあ，今度はからだの表面について調べてみようか。

からだの表面はどうちがうの？

Point 22　からだの表面のようす

- 魚類やは虫類は**うろこ**でおおわれている。特に，は虫類のうろこはじょうぶで**乾燥**(かんそう)**に強い**。
- 哺乳類は**毛**でおおわれており，鳥類は**羽毛**でおおわれている。
- 両生類は**しめった皮膚**でおおわれている。

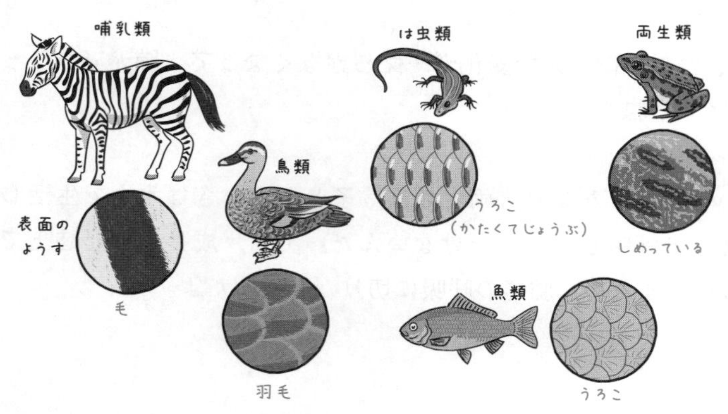

「からだの表面は，みんな少しずつちがっているんですね。」

そうだね。あまり共通性がない。からだの表面は，特にその動物が生きる環境(かんきょう)によって大きくちがう。その動物がどんな環境で，どのように生きているかを考えると，覚えやすくなるよ。

✓ CHECK 9

つまずき度 !!!!!

➡ 解答は別冊 p.37

1 脊椎動物は大きく分けて(　　　)(　　　)(　　　)(　　　)(　　　)の5種類に分けられる。

2 子が母親のからだの中である程度育ってから生まれることを(　　　)という。

3 水中で生きる動物は(　　　)をもち，これで呼吸をする。

4 魚類とは虫類の体は(　　　)でおおわれている。

1-10 食べ物とからだのつくり

ヒトは脊椎動物の中でも哺乳類というグループに入るんだったね。ここでは，哺乳類の食べ物とからだのつくりについて学んでいこう。

肉食動物と草食動物のちがいって何？

「動物といえば，**肉食動物**とか**草食動物**とか聞いたことありますけど，そういう分け方はしないんですか？」

たしかにその分け方は有名だよね。**肉食動物は動物の肉を食べて，草食動物は草とかの植物を食べる**んだ。食べるものがちがうから，実は肉食動物と草食動物は，歯の形がちがうんだよ。

Point 23 肉食動物と草食動物の歯の形

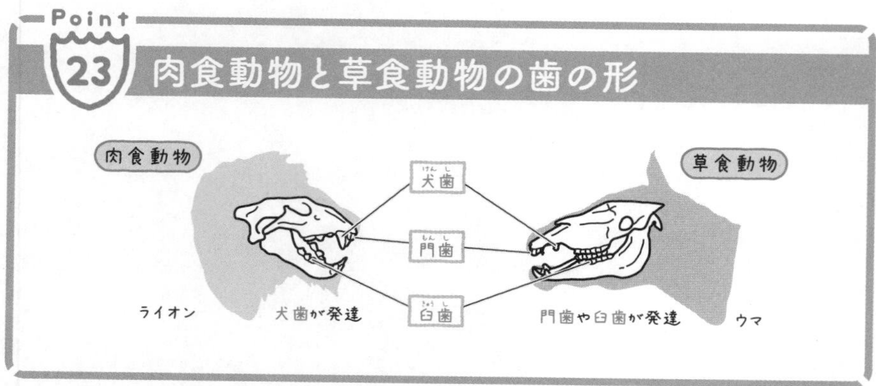

「歯の形がちがうなんて，知らなかったです。」

「草食動物は肉食動物から逃げなくちゃいけないんですよね。どうやって捕まらないようにしているんですか？」

草食動物は肉食動物から少しでも早く逃げたいよね。だから，おそってくる肉食動物に早く気づけるよう，草食動物の目は幅広い範囲が見えるようになっているんだ。

「広い範囲？　どうやって？」

目が顔の側面についているんだ。目が横向きについていると，後ろまで見わたせるから，おそってくる肉食動物にいち早く気づくことができるんだ。逆に肉食動物は，目が顔の前方についているんだよ。

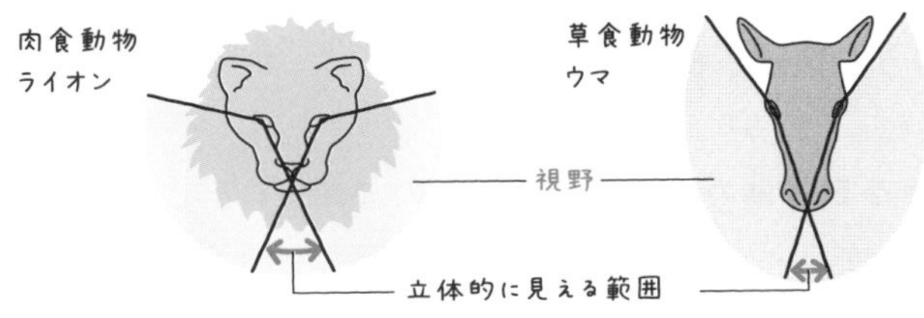

「何で肉食動物は，目が前についているんですか？」

２つの目が前についていることで，立体的に見ることができるんだ。こうして獲物との距離を正確にはかってねらいをつけられるんだよ。

つまずき度 ！！！

➡ 解答は別冊 p.37

1　動物の肉を食べる動物のことを（　　　　）といい，植物を食べる動物のことを（　　　　）という。

2　肉食動物は（　　　　）歯が発達している。

無脊椎動物の分類

背骨のある脊椎動物のなかまについてはだいぶ学んだね。それじゃあ，今度は背骨のないなかま，無脊椎動物について学んでいこう。

「節」をもつ動物たち！

「脊椎動物についてはだいぶわかってきましたけど，無脊椎動物はどういう分類ができるんですか？」

よし，じゃあまずはカニやカブトムシのなかまについて説明しよう！

「え！　カニとカブトムシって同じなかまなんですか!?」

おどろくよね（笑）　実は大きく分けると同じなかまなんだ。共通する特徴で，何か思いつくものはあるかな？

「ええと…表面がカチカチとか？」

すごい，正解！　そして，このようななかまのことを**節足動物**というんだ。

Point 24 節足動物

- からだとあしに**節がある**動物のことを**節足動物**という。
- 節足動物はからだが**外骨格**でおおわれている。
- 節足動物はさらに，**昆虫類**や**甲殻類**などに分けられる。

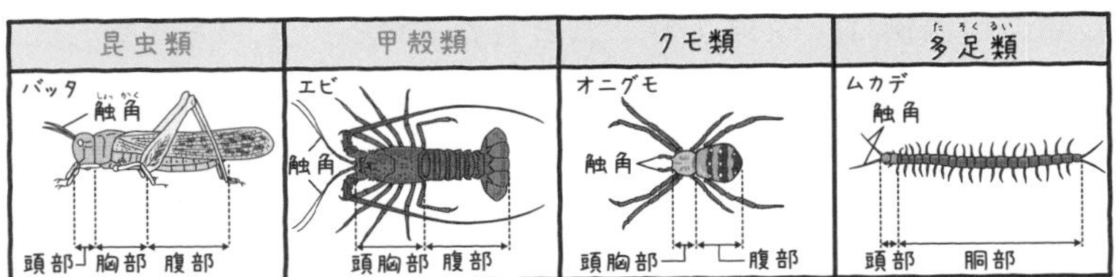

「先生，節って何ですか？」

カブトムシなどの昆虫を観察すると，あしや腹など，曲がるところにつなぎ目があるんだ。これが節。つまり節とは，ヒトの関節のように曲げることができる場所のことなんだ。

また，節足動物はかたい外骨格におおわれているせいで，成長するのも大変なんだ。外骨格自体は大きくなりにくいから，大きく成長するたびに**脱皮**する必要があるんだよ。

「そういえば昆虫って，からだが頭，胸，腹の3つに分けられて，胸からあしが6本出ているんですよね。」

お，よく覚えていたね。**昆虫類はからだが３つに分かれて，あしが６本ある**よね。だから，あしが６本以上あるクモやムカデ，ヤスデなどは昆虫類じゃないんだよね。これらは昆虫類や甲殻類のどちらにも入らず，それぞれクモ類や多足類（ムカデ類，ヤスデ類）に分類されるんだよ。

「昆虫類はわかりましたが，甲殻類はどんなつくりなんですか？」

甲殻類の代表例は，頑丈な殻でおおわれているカニやエビなどだよね。**甲殻類のからだは，頭胸部と腹部の２つ，または頭部，胸部，腹部の３つに分けられる**んだ。

「へー！　昆虫類とちがって，分け方が1つじゃないんですね。」

このほかにも，呼吸のしかたがちがうよ。昆虫類は胸部や腹部に**気門**とよばれる穴がある。実は，昆虫は口から息を吸うのではなく，この気門という穴から空気をとりこんでいるんだ。そして甲殻類は，基本的に水中で生活しているため**えら呼吸**なんだ。

「無脊椎動物でも，水中ではえら呼吸なんですね。」

やわらかいからだをもつ動物の特徴は？

「先生，ほかにはどんななかまがいるんですか？」

イカやタコ，アサリ，カタツムリ（マイマイ）など，やわらかいからだをもつ動物がいるね。

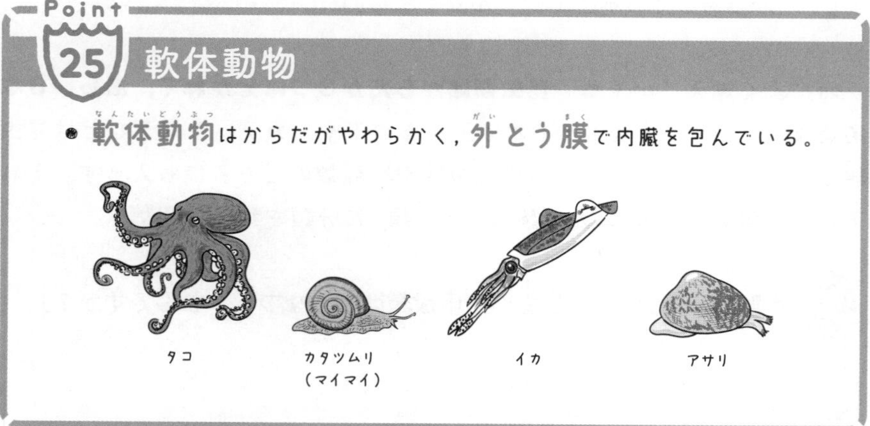

軟体動物は，からだに骨がないんだ。そして節足動物とはちがって，からだやあしに節がないんだ。

「骨がないなら，どうやってからだを支えているんですか？」

からだを支えているのは筋肉だね。骨や外骨格がない分，多くの筋肉がからだに備わっているんだよ。

「全身筋肉ってことになるのか！」

「そういえば，タコやイカ，貝のなかま…軟体動物は水中にいるものが多いですね。陸上にいるのはカタツムリやナメクジくらい？」

軟体動物は外骨格や骨がないために，重力の影響を受けにくい水中の方が生活しやすいんだ。だから，軟体動物の多くは水中に生息しているんだよ。

コツ **節足動物にも軟体動物にもあてはまらない無脊椎動物がいる。ヒトデやミミズ，イソギンチャクなどがそうで，これらは分類がむずかしく，中学では「そのほか」というあつかいになっている。**

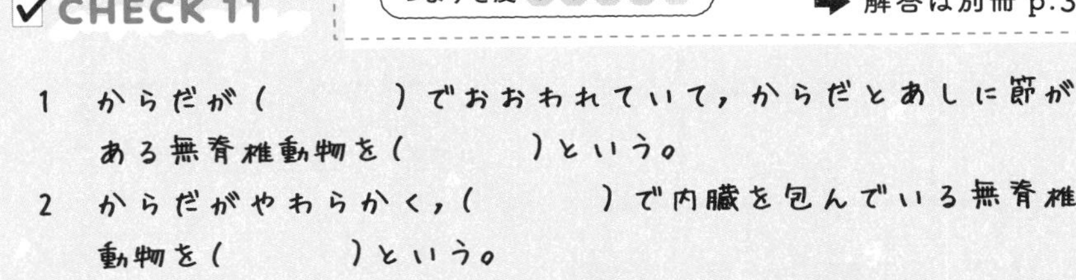
✓CHECK 11　つまずき度 !!!!!　➡ 解答は別冊 p.37

1　からだが（　　　）でおおわれていて，からだとあしに節がある無脊椎動物を（　　　）という。

2　からだがやわらかく，（　　　）で内臓を包んでいる無脊椎動物を（　　　）という。

1-12 動物の分類

動物についてこれまで学んだ内容のまとめをしよう。動物のどの特徴に注目すれば分類できるのか，それぞれの動物の特徴をよく思い出して分けてみよう。

動物はこう分類できる！

さぁ，最後に動物を分類していくよ。

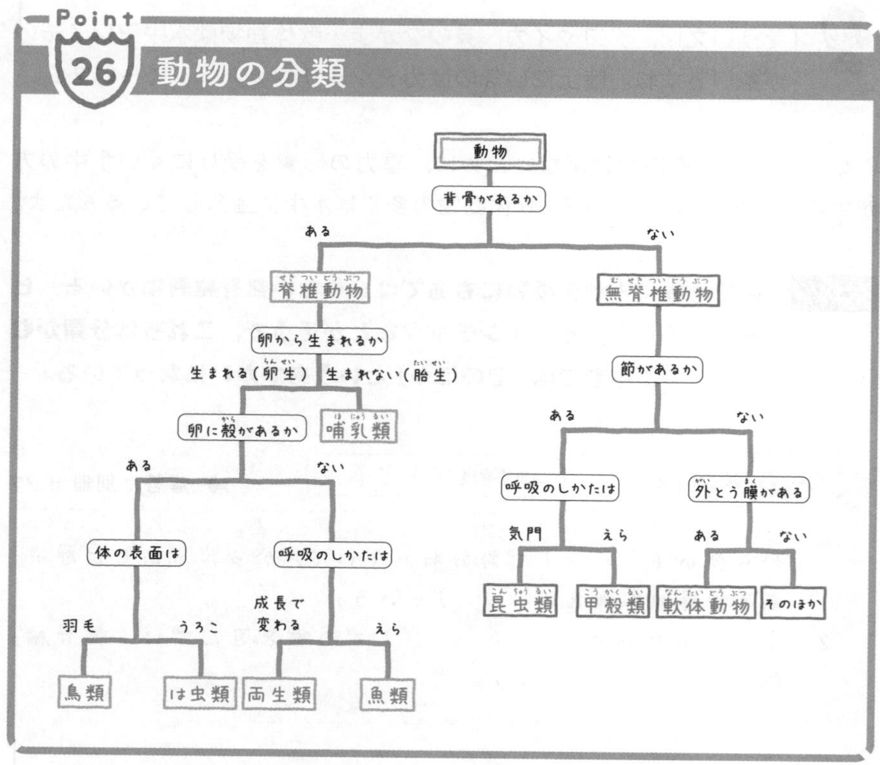

植物のときと同じように，動物の分類を順番に見ていこう。まずは背骨があるかどうかだったよね。背骨があれば脊椎動物，なければ無脊椎動物だったね。

「無脊椎動物は，外骨格や節をもつ節足動物，やわらかいからだをもつ軟体動物，どちらにもあてはまらない『そのほか』に分けられます。」

「節足動物は，昆虫類と甲殻類に分けられました。」

いいね！　無脊椎動物の分類はこんなもんかな。じゃあ次は脊椎動物を考えよう。

「まずは生まれ方に着目するんですね！」

「胎生か卵生かに分けられます。胎生は哺乳類だけですね。」

すばらしい！　じゃあ次は，卵のようすで分類してみよう。殻のある卵と殻のない卵を産むなかまで分けられるよね。

「殻のある卵は，陸上に卵を産む鳥類とは虫類ですね。」

「反対に殻のない卵は，水中に卵を産む両生類と魚類ですね！」

よしよし。じゃあそれぞれをさらに分類していこう。鳥類とは虫類のちがいは，からだの表面を比べてみよう！

「鳥類には羽毛，は虫類にはうろこがあります。」

よし！　じゃああとは，両生類と魚類のちがいだ。これは，呼吸の方法で分類しよう。

「魚類はずっと水中だからえら呼吸ですね！　両生類はたしか…」

「子どものころはえらと皮膚(ひふ)で，成長したら肺と皮膚で呼吸します！」

「言おうと思ったのに…」

2人とも完璧(かんぺき)だよ（笑）もっと細かい分け方はあるけれど，今の段階ではこれだけ分類できれば十分だ。これから，もし植物や動物とふれあう機会があったら，ぜひこの分類のしかたを思い出して，今ふれているその植物や動物が何のなかまなのか考えてみてね。

✓CHECK 12

つまずき度 !!!!!

➡ 解答は別冊 p.37

以下の動物が何のなかまか，空欄(くうらん)をうめよ。

	動物A	動物B	動物C	動物D	動物E
分類	（　）類	（　）類	（　）類	（　）類	（　）類
背骨	ない	ある	ある	ある	ある
子の生まれ方	卵生	卵生	卵生	卵生	胎生
呼吸のしかた	えら	肺	えら	子はえらと皮膚 大人は肺と皮膚	肺
体の表面	かたい殻でおおわれている	うろこでおおわれている	うろこでおおわれている	しめっている	毛が生えている

理科 お役立ち話 1

生物には例外がいる

「それにしても，植物も動物もいろんな種類がいて，それぞれがきちんと分類されているんですね。でも，こんなにたくさん種類があるんだから，全部ちゃんと調べたってわけじゃないですよね？」

いやいや，100%完璧(かんぺき)か…って聞かれると自信がないけど，大勢の研究者がしっかり確認して，ほとんどすべての生物を分類しているんだよ。

「きちんとチェックしているんですね。それで，『哺乳類(ほにゅうるい)はすべて胎生(たいせい)』などの分類ができるんですね。」

そうだね…と言いたいんだけど，実は生物って面白いもので，少なからず例外というものがいるんだ。教えるときに「基本的に」って，言っていたでしょ。これは，例外がいるからなんだ。

「例外？　つまり，ルールから外れているものがいるってこと？」

そういうこと。ある程度の法則を使って分類するんだけど，その法則にあてはまらない存在がいるんだ。例えばカモノハシやハリモグラ。これらの動物は生物学上，「哺乳類」に分類される。でも，卵生なんだ。

カモノハシ

ハリモグラ

「えー！　哺乳類って胎生ですよね？　は虫類や鳥類とまちがえたんじゃないんですか？」

研究者の間でも議論があったんだけどね，きっちり調べた結果，哺乳類だとわかったんだ。逆に，魚類なのに胎生で生まれる動物もいるんだよ。

「ええ…ふつうは胎生の哺乳類の中に卵生がいて，ふつうは卵生の魚類の中に胎生がいるんですか…ややこしい…」

ややこしいだろう。もっといえば，動物は脊椎動物と無脊椎動物に分けられると教えたけど，どっちにも分類されない，例外的な存在もいる。ホヤなんかがいい例だね。

「背骨があるかないかですよね？　何で分けられないんですか？」

ホヤは子どものころ背骨っぽいものがあるけど，大人になるとなくなっちゃうんだ。分類としては脊椎動物に近いらしいよ。

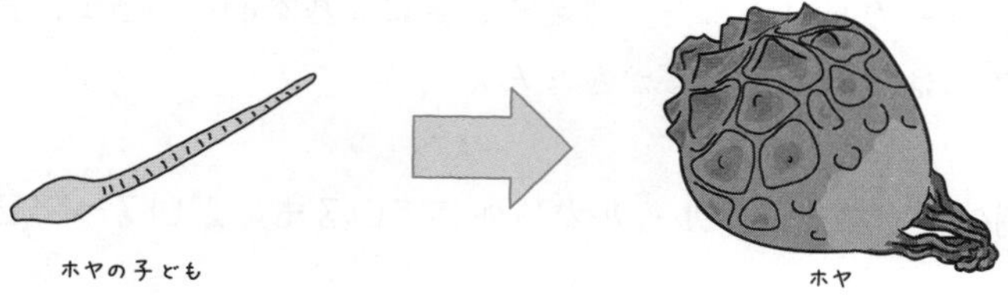

「いろいろいるんですね～」

それが「生物」なんだよね。この多様性こそ，生物のだいご味といっても過言ではない。見た目では判断のつかなかったことも，発達した科学技術を使って遺伝子レベルなどで正確に分類した結果，こういった例外が見えてきたんだよ。

中学1年 2章

物質のすがた

「物質ってあんまり聞きなれない言葉だけど，いったい何だろう…？」

「物質の『すがた』ってことは，目に見えるものなのかな？」

あんまりよくわからないよね。でも，物質について知ることは「化学」を理解するためにはとても大切なんだ。その物質の性質や状態について，これから学んでいくよ。

2-1 物質の種類と区別

２章では身のまわりにある「もの」について勉強するよ。「もの」は，それぞれ特徴的な性質をもっている。その性質には共通点や異なる点があることを学ぼう。

「物体」と「物質」って何がちがうの？

１章では身のまわりの自然や生物について学んだね。２章では，身のまわりにある「もの」の性質について学んでいくよ。さっそくだけど，ここにこんなものがある。

紙コップ

プラスチックのコップ

ガラスのコップ

「3つとも空のコップですよね…」

「でも材料がちがいます。こうして見ると，コップっていろいろな素材のものがありますね。」

そう。３つともコップであることには変わりはないけれど，材料がちがうよね。理科ではこういったところに注目して，次のように言うんだ。

Point 27 物体と物質

- ものを形や使い方で判断するとき，**物体**という。（コップなど）
- ものを材料や素材で判断するとき，**物質**という。（紙，ガラスなど）

「じゃあ3つのコップは，コップという同じ物体だけど，材料がちがうから，物質はちがうってことですか？」

その通りだ。逆に，窓ガラスとガラスコップはちがう物体だけど，同じガラスという物質でできている。言葉遊びのようで混乱しちゃうかもしれないけど，このあと，実際に学びながら身につけていこう。

物質を区別しよう！

「物質を区別するって，ゴミの分別みたいなものですか？　プラスチックは燃えるか燃えないかで，いつもまようんですよね。」

うーん…ゴミの分別は自治体によってちがうけど，「化学」で説明するなら，**有機物**(ゆうきぶつ)か**無機物**(むきぶつ)かを考えるとある程度はわかるかな。

「有機物？　無機物？　何ですかそれ？」

実は，この世界にある物質は有機物と無機物に分けられるんだ。

Point 28 有機物と無機物

- **炭素をふくむ物質**のことを**有機物**(ゆうきぶつ)という。
- 有機物は，加熱すると黒くこげて**炭**ができ，**二酸化炭素**と**水**が発生する。
- **有機物以外の物質**のことを**無機物**(むきぶつ)という。
- **炭素**や**二酸化炭素**は炭素をふくむが**無機物**である。

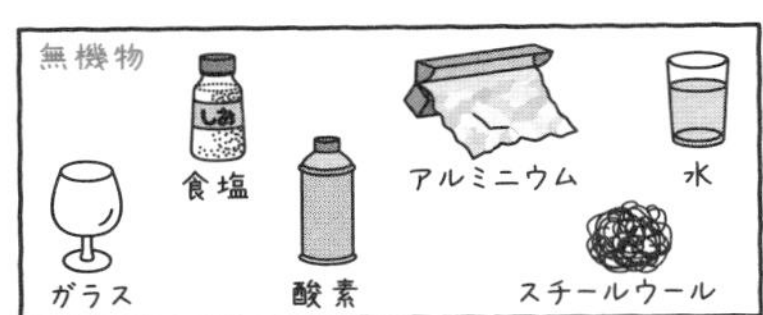

「なんとなく，有機物は燃えやすそうなものが多いですね。」

炭素というやつがすごく燃えやすいんだ。「炭の素」と書くぐらいだからね。また，有機物の多くは水素もふくんでいる。だから，**有機物は燃やすと二酸化炭素と水が出てくる**んだ。

物質の種類	加熱したときの変化	二酸化炭素の発生	分類
木	色が黒くなり，炎を出して燃える	発生する	有機物
砂糖	とけて茶色っぽくなり，黒くなりながら燃える	発生する	有機物
食塩	燃えない（変化しない）	発生しない	無機物
スチールウール（鉄）	炎は出さないが，燃えて色が黒くなる	発生しない	無機物

「無機物にも燃えるものはあるんですね。」

そうだね。ただし無機物は燃えても二酸化炭素を出さないんだ。スチールウール（鉄）のようにね。スチールウールが出てきたし，今度は，物質が金属かどうかについて確認していくよ。

Point 29 金属と非金属

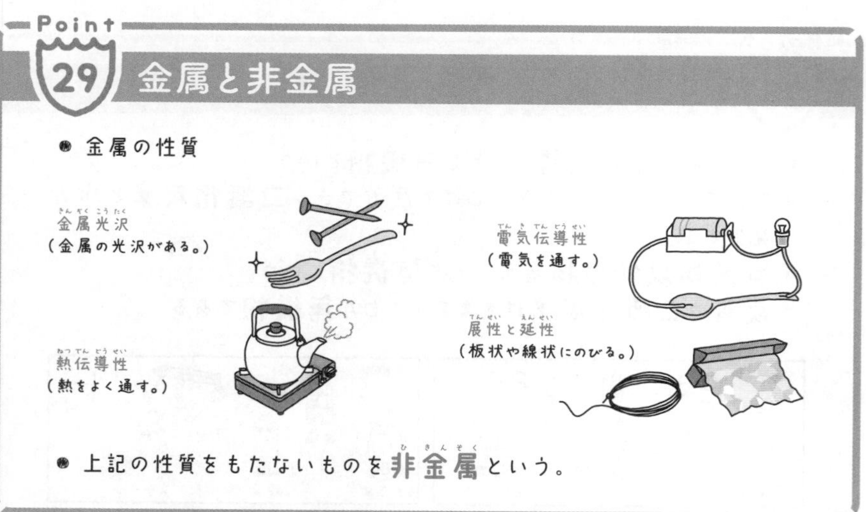

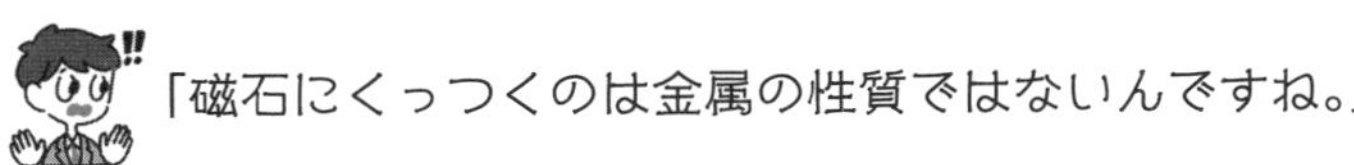
「磁石にくっつくのは金属の性質ではないんですね。」

コツ　**金属の中には，磁石にくっつくものとくっつかないものがある。例えば，鉄はくっつくがアルミニウムはくっつかない。**

「非金属ってどんなものがあるんですか？」

木やゴム，プラスチックのような有機物や食塩などの一部の無機物は，金属としての性質をもたないから非金属だね。これから先，金属か非金属かをたしかめることが多くなるから，この性質をしっかり覚えようね。

CHECK 13　つまずき度 !!!!!　➡ 解答は別冊 p.37

1　次のうち，有機物に○をつけよ。

・アルミニウム　・砂糖　・食塩　・紙　・ろうそくのろう

・二酸化炭素　・ダイヤモンド　・ガラス

質量と体積と密度

物質には，それぞれの物質ごとに決まった性質があると教えたね。その１つが密度。ここでは，密度とはいったい何なのかを理解していこう。

どっちが重い？

２人に質問するけど，綿と鉄ってどっちが重いと思う？

「そんなの鉄に決まってます！　綿はすっかすかですもん！」

「待って。綿がたくさんあって鉄がほんのちょっとだったら，綿の方が重い場合だってあるんじゃない？」

サクラさんよく気がついたね！　物質の種類だけではどちらが重いかわからないんだ。サクラさんのいう通り，それぞれどれくらいの量があるかわからないからね。

「じゃあ，どっちが重いかわからないじゃないですか…」

わからないからこそ「**質量**（しつりょう）」をはかる必要があるんだ。質量とは，物質そのものがもっている量のことだよ。

「その質量って，どうやって調べればいいんですか？」

質量は**上皿てんびん**や**電子てんびん**を使って調べることが多いかな。

Point 30 上皿てんびんの使い方

物質の質量をはかるとき

1．水平なところに置き，指針が左右に等しく振（ふ）れるかを確認する。
2．等しく振れない場合，調節ねじを使って調整する。
3．はじめに，**はかろうとするもの**を一方の皿にのせる。
4．もう一方の皿に**重い分銅から**のせていく。重すぎたら，1つ小さい分銅に変える。これをくり返し，分銅の質量を合計する。

薬品などをはかりとるとき

1．両方の皿に**薬包紙**を置き，はじめに，**はかりとりたい質量の分銅**を一方の皿にのせる。
2．もう一方の皿に薬品を少量ずつのせていき，つり合うようにする。

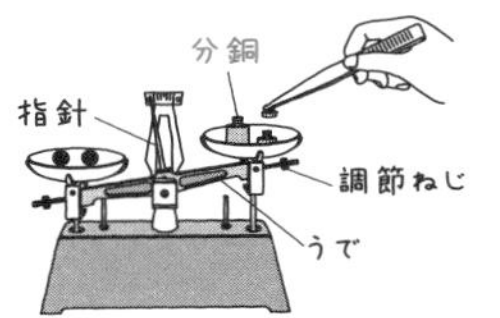

Point 31 電子てんびんの使い方

1．水平なところに置き，電源を入れる。
2．何ものせていないときの表示を0.00gにする。薬品をはかる場合，薬包紙をのせてから表示を0.00gにする。
3．はかろうとするものをのせて，数値を読みとる。薬品をはかりとる場合，はかりとりたい質量になるように少量ずつのせていく。

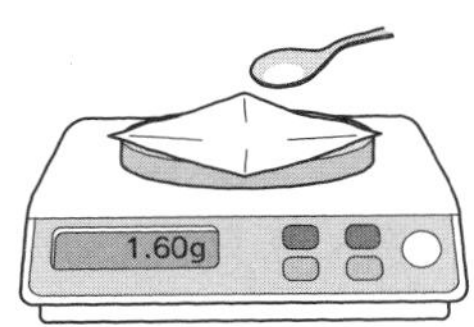

「質量についてはわかりました。でも結局，どちらがどれくらいの量あるかわからないと，どちらが重いか比較(ひかく)できないんですよね？」

その通り。同じ量…つまり体積を同じにして比較しないと，どちらが重いかわからないんだ。そこで，必要になってくるのが**密度(みつど)**なんだ。

Point 32 密度

- **$1cm^3$ の体積あたりの質量**のことを**密度(みつど)**といい，単位は g/cm^3 である。
- 密度は**物質ごとに決まっていて**，形や大きさ，質量に関係なく**一定**である。
- 密度の計算式

密度〔g/cm^3〕 ＝ 質量〔g〕 ÷ 体積〔cm^3〕

「$1cm^3$ って，縦，横，高さが全部1cmの立方体の体積と同じですよね。サイコロみたいな。」

そうだね。全部の物質をそのサイコロと同じ大きさにして重さを比較すれば，平等に比べられるよね。

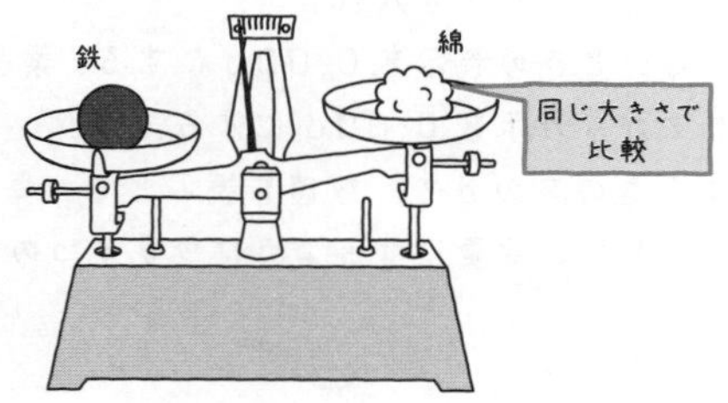

「たしかに，これなら平等ですね。ところで，g/cm^3ってどう読むんですか？」

これは「**グラム毎立方センチメートル**」もしくは「**グラムパー立方センチメートル**」って読むよ。

コツ **『/』は，分数の真ん中にある『ー』と同じ意味。つまり，質量〔g〕÷体積〔cm^3〕で密度〔g/cm^3〕は計算できる。**

「すごい！　式と単位がいっしょなんですね！」

「計算に必要な体積って，どうやって計測すればいいんですか？　変な形をしているものは，はかるのが大変そうです。」

そんなときは，形を自由に変えられる水の中に入れてしまうんだ。

Point 33 メスシリンダーの使い方

1. 水の入ったメスシリンダーを水平なところに置く。
2. **目の位置を液面と同じ高さ**にして，液面のいちばん平らなところを，**1目盛りの$\frac{1}{10}$の値まで**目分量で読みとる。
3. 物体をメスシリンダーの中に沈め，同様に目盛りを読みとる。
4. 2と3の**目盛りの差が物体の体積**になる。

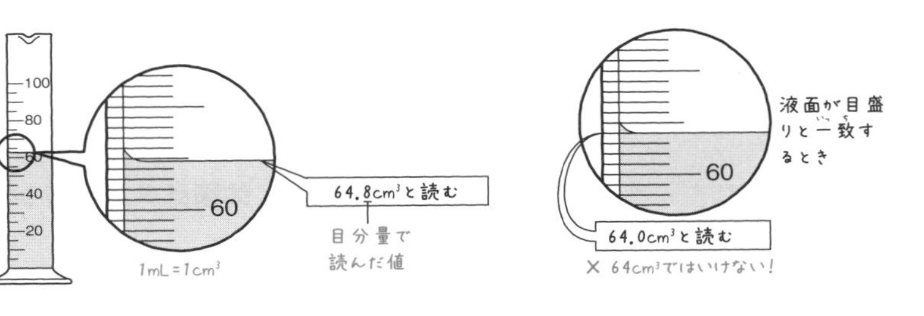

質量と体積を用いて密度を求める！

このように，メスシリンダーを使うことで，体積を調べることができる。それじゃあ，この方法を使ってこんな問題を解いてみようか。

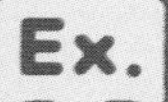

次の問題に答えなさい。

1種類の物質でできている物体Aを水の入ったメスシリンダーに入れたところ，水位が100.0mLから120.0mLに上昇した。また，物体Aの質量は50.0gだった。物体Aをつくる物質の密度は何g/cm^3か？　ただし，1mLを1cm^3とする。

「うわ…いっぱい数値が出てきた…」

たしかにたくさん出てきたね。でも大丈夫！　1つずつ順番に確認していくよ。まず，今回は密度を求めたいんだよね。密度を求めるには，何の数値が必要になるかな？

「たしか…質量と体積です！」

「あっ，質量はもうわかります！　50.0gですね！」

２人ともいいね！　それじゃあ，あとは体積だ。**体積はメスシリンダーの値の差でわかる**よね。

「体積の差は120.0−100.0で20.0mLだから，20.0cm^3です！」

正解！　ここまでわかればあとは計算だ。密度は質量÷体積だから，いま求めた２つの数値を使って計算しよう。

解答 密度＝50.0 g÷20.0 cm^3
＝**2.5 g/cm^3**

密度は物質ごとに決まっているから，こうして密度を求めることで，物体が何の物質でできているのかをある程度予想することができるんだ。

金属(g/cm^3)		非金属(g/cm^3)	
物質名	密度	物質名	密度
金	19.32	ガラス	2.4～2.6
銀	10.50	食塩	2.17
銅	8.96	砂糖	1.59
鉄	7.87	水(4℃)	1.00
アルミニウム	2.70	酸素	0.0013

「今回求めた密度が2.5 g/cm^3ってことは，表を見ると物体Aはガラスってことですね！」

そういうことだ。このようにして物質が何かを判断したり，ほかには水の密度と比較して，水に浮(う)くか沈むかを判断したりできるんだ。

コツ **ものが浮くか沈むかは密度で決まる。水より密度の大きいものは水に沈んで，小さいものは水に浮く。**

✓CHECK 14 つまずき度 !!!!!

➡解答は別冊 p.37

1 物質そのものがもっている量のことを(　　　　)という。
2 1 cm^3あたりの質量のことを(　　　　)という。

2-3 さまざまな気体とその区別

物質について理解してもらったあとは，その物質の１つの状態である気体に注目してみるよ。あまり意識しないかもしれないけど，みんなが吸っている酸素も気体の１つだ。

気体ってどうやって集めるの？

さて，ここからは気体について学んでいくよ。といっても，気体って何かわかるかな？

「気体って空気のことですよね？」

空気も気体の１つかな。空気はいくつかの気体が集まってできているんだ。

「え，いろいろ混ざっているんですか？」

そうだよ。窒素（ちっそ）や酸素などは聞いたことがあるかな？　今回はそういった，いろんな気体の性質を紹介（しょうかい）していくよ。そのためには，それぞれの気体を集めなければならない。

「気体って透明（とうめい）だし，風で動いちゃうし，集めることなんてできるんですか？」

もちろん集められるよ！　まずは気体を集める方法を学ぶ必要があるかな。それぞれの気体の性質を利用して，いくつかの集め方があるんだ。

Point 34 気体の集め方

- 集める方法は**水上置換法**，**下方置換法**，**上方置換法**の3つがある。

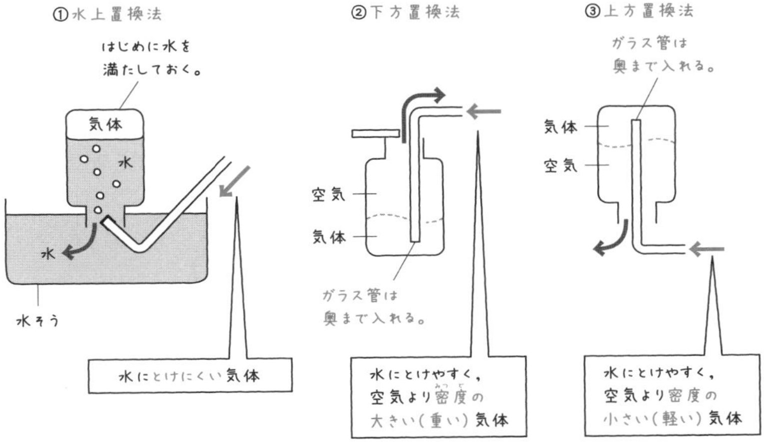

①水上置換法

はじめに水を満たしておく。

気体

水

水

水そう

水にとけにくい気体

②下方置換法

空気

気体

ガラス管は奥まで入れる。

水にとけやすく，空気より密度の大きい(重い)気体

③上方置換法

ガラス管は奥まで入れる。

気体

空気

水にとけやすく，空気より密度の小さい(軽い)気体

コツ **集めたい気体があるとき，まずは水にとけやすいかとけにくいかを考える。水にとけにくいなら，その時点で水上置換法を選ぶ。水にとけやすいなら，下方置換法か上方置換法を選ぶ。**

「下方置換法や上方置換法では，ガラス管を容器の奥まで入れるんですね…何でですか？」

下方置換法は空気より密度が大きい(重い)気体を集めるんだ。容器の奥までガラス管を入れておけば，底から徐々に気体が集まるんだよ。上方置換法はその逆で，空気より密度が小さい(軽い)気体を集めるから，気体が上の方にたまっていくんだ。

気体の性質を知ろう！

ではこれから，これらの方法で集めた酸素や二酸化炭素など，いくつかの代表的な気体の性質について学習していくよ。それぞれの気体の性質を理解して，区別できるようにしよう。まずは酸素からだ。

酸素の性質

- 二酸化マンガンにオキシドール（うすい過酸化水素水）を入れることで発生する。
- 水にとけにくいので，水上置換法で集める。
- ほかの物質を燃やす性質がある（**助燃性**）。
- **無色・無臭**である。

「酸素って，いつも吸っているやつですよね！」

そう。酸素といえば生きるのに欠かせない気体だね。酸素の特徴は，なんといっても**助燃性**だ。理科の実験では，集まった気体が酸素かどうかを確認するときに，火のついた**線香**をよく使うよ。線香の火がより激しく燃えたら，その気体は酸素ってことだ。

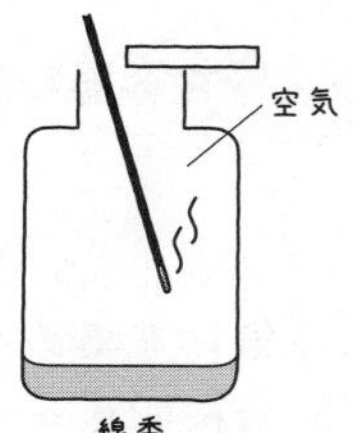

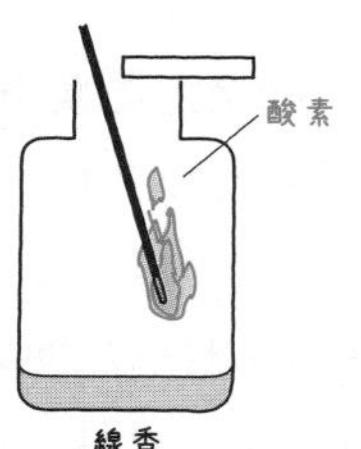

コツ　**助燃性とは，ものが燃えるのを助ける性質のこと。酸素そのものが燃えているわけではないので注意。**

「マッチの火じゃダメなんですか？」

ダメではないけれども，マッチの火が激しく燃えたらちょっと危険だよね。だから，酸素が集まっていると確認したいときは，弱い火の線香をよく使うんだ。次は，こうしたものが燃えることで生み出される二酸化炭素について確認しよう。

二酸化炭素の性質

- 石灰石や貝殻にうすい塩酸を加えることで発生する。
- **空気よりも重く，水に少しだけとける**ので，水上置換法か下方置換法で集める。
- 二酸化炭素がとけた水溶液を**炭酸水**といい，弱い酸性を示す。
- 石灰水を白くにごらせる。
- **無色・無臭**である。

「水上置換法でも下方置換法でも集められるんですね。」

「二酸化炭素かどうかを見分けるコツはありますか？」

二酸化炭素で大事な性質は，**石灰水を白くにごらせる**ってことだ。これは，二酸化炭素のいちばん重要な特徴だからよく覚えておこう。

「二酸化炭素ってほかに発生させる方法ってないんですか？　例えば，息をはき続けるとか…」

息をはき続けるのは大変だね（笑）　たしかに，はく息にも二酸化炭素はふくまれるけど，ほかの気体も混ざっているし，量は多くないからつらいね。ほかの方法としては，**有機物を燃やしたり，炭酸水素ナトリウムを加熱したり**しても発生するよ。次はアンモニアだ。どんどんいくよ！

アンモニアの性質

- **塩化アンモニウム**と**水酸化カルシウム**を混ぜて加熱することで発生する。
- **無色**だが**特有の刺激臭**(しげきしゅう)があり，**有毒**である。
- 水に非常にとけやすく，**空気より軽い**ので，**上方置換法**で集める。
- とけた水溶液は**アルカリ性**であり，**透明**(とうめい)**のフェノールフタレイン溶液を赤色にする。**

アンモニアについては，アンモニアの性質をいかした実験があるんだ。

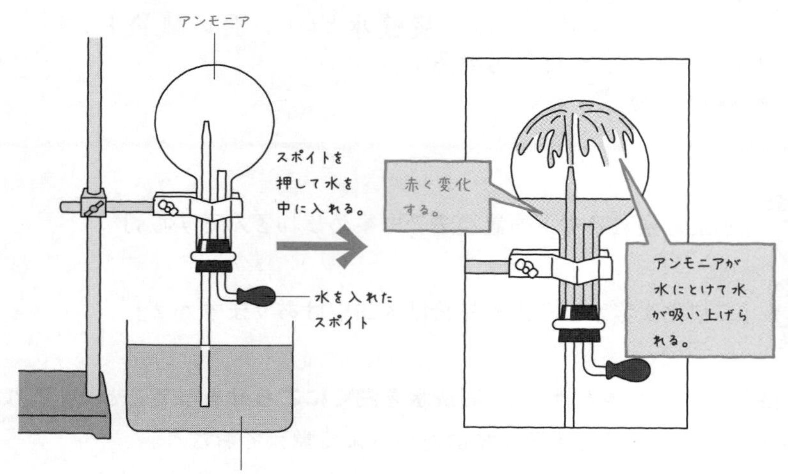

「あれっ，赤い液体が噴水(ふんすい)のようにふき出てる！」

「これはアンモニアのどんな性質をいかしているんですか？」

この実験には2つのポイントがある。1つは噴水のようにふき上がるということ。これはアンモニアが水にとけて，フラスコ内のアンモニアの体積が減ったからなんだ。

「アンモニアが水にとけやすいために吸い上げられているんですね。じゃあもう1つのポイントは？」

もう1つのポイントは赤い液体。これはフェノールフタレイン溶液を使用していたからなんだ。この結果から，**アンモニアが水にとけたら，その水溶液はアルカリ性になる**ということの証拠（しょうこ）になるんだ。

「実験して気づきましたけど，アンモニアはにおいがあるんですね。」

そうなんだ。さっきの実験でわかった2つの性質と**刺激臭（しげきしゅう）がある**ということがアンモニアの最大の特徴だよ。では，今度は水素を見てみよう。

Point 38 水素の性質

- 亜鉛（あえん）や鉄などの**金属にうすい塩酸**をかけることで発生する。
- **非常に軽く**，気体の中で**いちばん軽い**。
- 非常に軽いが，水にとけにくいので，**水上置換法**で集める。
- マッチの火を近づけると，**小さな爆発（ばくはつ）が起こり水ができる**。
- **無色・無臭**である。

水素の特徴は何といっても，水素そのものが燃えるってことかな。

「酸素の特徴と似ていますね。」

酸素の場合，酸素そのものは燃えず，あくまでも**ほかのものが燃えるのを助けている**だけなんだ。でも水素の場合，燃えるのを助けるんじゃなくて，**水素そのものが燃えている**んだ。これを**可燃性**（かねんせい）というんだよ。だから，火を近づけると小さな爆発が起こり，音を出して燃えるんだ。

「水素を確認するときの火は，線香ではなくマッチなんですね。」

そうなんだ。線香の火だと，水素を爆発させるのには弱いからね。さて，最後はそのほかの気体の特徴をまとめてみたよ。

Point 39 そのほかの気体の特徴

- **窒素**（ちっそ）は**空気中の約78%**を占めていて，安定した気体である。
- **塩素**は**黄緑色**で**刺激臭**をもち，**殺菌作用**（さっきん）や**漂白作用**（ひょうはく）がある。
- **塩化水素**は**刺激臭**をもち，**水にとけると塩酸**になり，酸性を示す。
- **メタン**は**天然ガスの主成分**で，燃えると**二酸化炭素**と**水**が発生する。
- **硫化水素**（りゅうかすいそ）は**腐卵臭**（ふらんしゅう）をもっている。

「何かいっぱいありますね…」

「覚えられる気がしませんーー！」

たしかにたくさんあるよね。でも大丈夫（だいじょうぶ）。まずはそれぞれの気体のいちばんの特徴だけをおさえよう。例えば，酸素なら「線香を激しく燃やす」，二酸化炭素なら「石灰水を白くにごらせる」，塩素なら「黄緑色」みたいにね。ほかと共通していない性質を見つけることで，覚えるのが少し楽になるよ！

コツ　**気体の判別方法**

1　集めた気体に火を近づけてみる。

・火がより強く燃え上がった場合，酸素の可能性が高い。

・ポンッと音を出して気体が燃えた場合，水素の可能性が高い。

2　集めた気体を石灰水に通してみる。

・石灰水が白くにごった場合，その気体は二酸化炭素である。

3　集めた気体をフェノールフタレイン溶液に通してみる。

・赤色になった場合，アンモニアの可能性が高い。

✓CHECK 15

つまずき度 !!!!!

➡ 解答は別冊 p.37

1　アンモニアを集めるのに適した方法は(　　　　)である。

2　ある気体に線香の火を近づけたら，線香の火が激しく燃えた。
この気体は(　　　　)である。

3　二酸化炭素を石灰水に通すと(　　　　)。

物質の状態変化

物質にはさまざまなすがた，つまりは状態が存在する。ここではその状態が変化することを理解してもらい，どうすれば変化させることができるか学んでいくよ。

同じ物質でも密度がちがう？

「うーん…やっぱりわからないなぁ。何で氷は水に浮くんだろう…？」

「たしかにそうだね。同じ水でできているのに，変だね。」

２人とも面白いところに気がついたね！　氷が水に浮く理由，それは，氷の密度が水より小さいからなんだ。

「え？　でも，密度は物質ごとに決まっているって言いましたよね？
同じ水でできているのに，密度がちがうってどういうことですか？」

ふっふっふ。それは同じ水でも「状態」がちがうからなんだ。

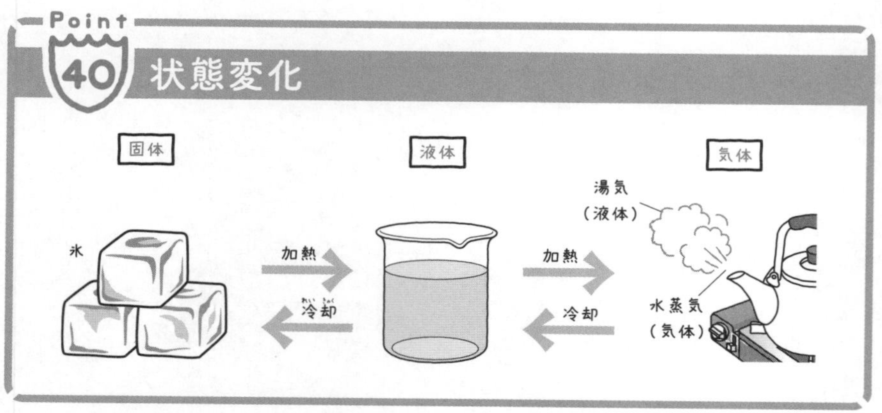

固体，液体，気体と物質の状態が変化することを，物質の**状態変化**というよ。そして状態変化は，**温度を変化させることで起こる**んだ。多くの物質は，温度を上げることで，固体から液体，液体から気体になるんだよ。

コツ **二酸化炭素やヨウ素など，一部の物質は固体からいきなり気体に変化する。また逆に気体から固体にも変化する。この固体になった二酸化炭素のことをドライアイスという。**

「へぇー，状態変化のせいで，氷は水に浮いたわけですか。でも，何で状態が変わると密度が変わるんですか？」

それはもっともな疑問点だよね。よし，じゃあ次は状態変化と体積の関係について解説しよう。状態変化では，**質量は変化しないが体積が変化する**んだ。だから，密度が変わるんだよ。

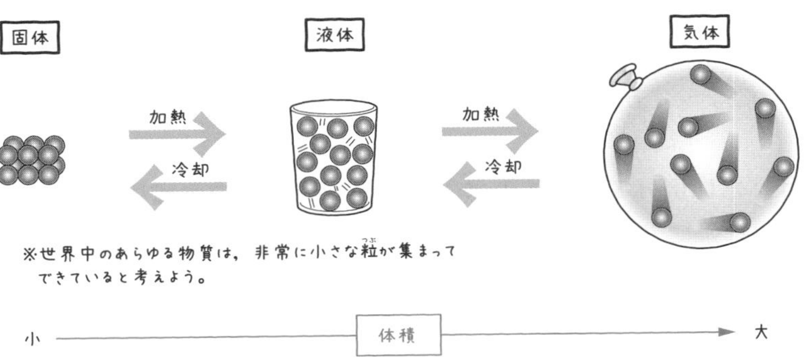

「液体は物質をつくる粒が動き回っているんですね。気体は飛び回っているみたいです。逆に，固体はじっとしていますね。」

「何だか，粒にも気持ちがあるみたいですね。ぼくも寒いとじっとしていたいし，あたたかくなったら外で遊びまわりたいもん。」

いいね。そういう考え方は覚えるのに役立つよ。ちなみに，**気体は粒が自由に飛び回れるから，形を簡単に変えることができる**んだ。液体も，気体ほどではないけれど，自由に形を変えられる。逆に**固体は，粒がじっと動かないから形を変えることがむずかしい**んだ。実際，液体だと器の形に変化するし，気体を入れた風船を押せば形が変わるでしょ。

「なるほど。でもこの粒の動きは，密度に関係あるんですか？」

もちろんだとも。粒が動き回れる分，体積が大きくなるから密度が変化するんだ。基本的には，次のような関係性があるよ。

コツ

質量：　気体 ＝ 液体 ＝ 固体
体積：　気体 ＞ 液体 ＞ 固体
密度：　気体 ＜ 液体 ＜ 固体

「あれっ，氷の密度は水の密度より小さいんじゃないんですか？　逆になってますけど…」

実は，**水は例外で，液体の水よりも固体の氷の方が密度が小さいんだ。** だから氷は水に浮くんだ。「基本的に」って言ったのは，ほとんどの物質はあてはまるけど，例外が少なからず存在するからなんだ。

つまずき度 !!!!!

➡ 解答は別冊 p.37

1　物質が温度によって固体，液体，気体に変化することを（　　　）という。
2　ドライアイスは（　　　）の固体である。

2-5 融点と沸点

物質の状態は温度によって変わることはもうわかったかな？　次は，どんな温度になると状態変化が起こるのか学んでいくよ。

状態が変わるときの温度はどう決まる？

水を氷にするのと，水を水蒸気にするには，それぞれ水の温度を何℃にすればいいか知ってる？

「知ってますよ！　0℃で水は氷になるし，100℃で水は水蒸気になるって教わりました。」

そうだよね。基本的に水は0℃で氷になるし，100℃で沸騰(ふっとう)して水蒸気になる。これは水以外にも，**物質ごとに温度が決まっている**んだ。

Point 41 融点と沸点

- **固体がとけて液体になる温度**を**融点(ゆうてん)**という。
- **液体が沸騰(ふっとう)して気体になる温度**を**沸点(ふってん)**という。

物質名	融点〔℃〕	沸点〔℃〕
鉄	1536	2863
食塩（塩化ナトリウム）	801	1485
ナフタレン	81	218
パルミチン酸	63	360
水	0	100
水銀	−39	357
エタノール	−115	78
酸素	−218	−183

※1気圧の場合

実際に氷を用意して加熱してみようか。

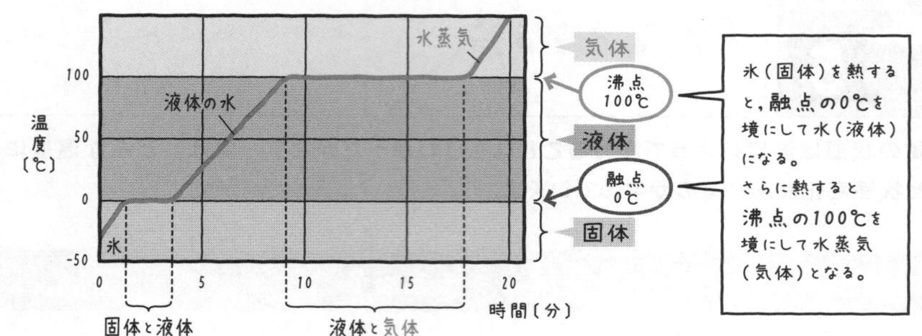

「あっ，あたためているのに温度が変化しない部分が2か所ある！」

この**温度の上がらないときの温度が，融点と沸点**なんだ。水の場合，融点が0℃で，沸点が100℃だね。しかも融点や沸点のときには，**2つの状態が混ざっている**んだ。そしてさっきも言ったように，融点や沸点は物質によって決まっているから，量がふえても変わらないんだ。

「え，量がふえると融点や沸点は上がるのかと思ってました…」

コツ　**量がふえると，とけるまでの時間や沸騰するまでの時間，融点を示す時間や沸点を示す時間が変化する。**

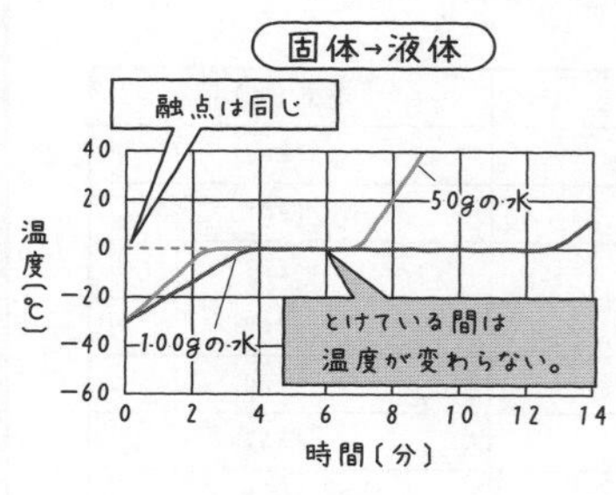

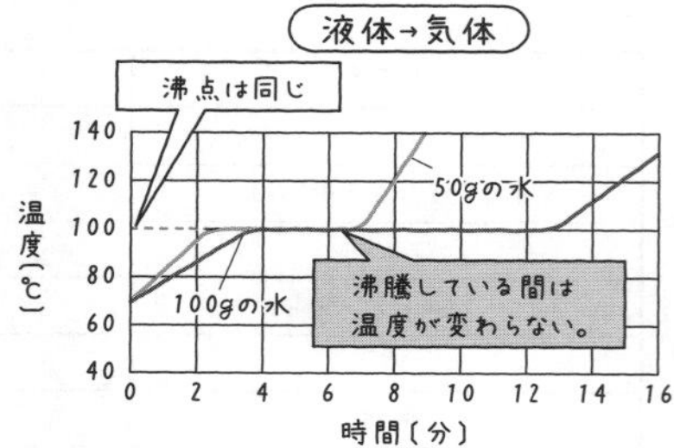

「たしかに時間がかかっているけれど，温度は変わりませんね。」

「ところで，水って別にあたためなくても蒸発しますよね？　沸騰と蒸発はどうちがうんですか？」

あ～ややこしいよね。これを見てくれるかい？　沸騰は，加熱することで液体が気体に状態変化することをいうんだ。つまり，**液体のどの場所でも沸点に達すれば，沸騰は起こる**んだ。一方で蒸発は，液体の一部が空気中に放出されて気体になることをいう。だから，**液体の表面でしか起こらない**んだけれど，加熱しなくても部屋の温度で十分に起こるんだよ。

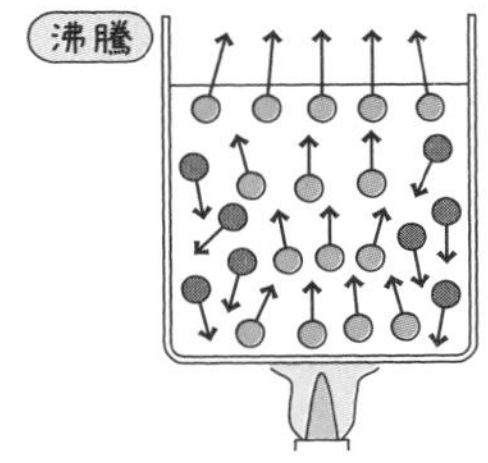

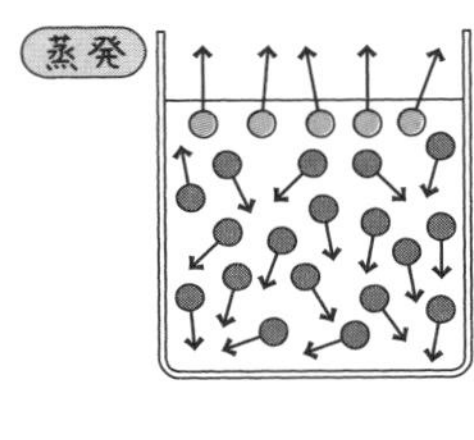

●：液体のままでいようとする粒子

●：気体になろうとする粒子

「なるほど！　沸騰は液体のどこでも起こるけど，蒸発は液体の表面でのみ起こるんですね。」

✓CHECK 17

つまずき度 !!!!!

➡ 解答は別冊 p.37

1　固体から液体に変わるときの温度を（　　　）といい，液体から気体に変わるときの温度を（　　　）という。

2　液体の表面から，液体の一部が空気中に放出されることを（　　　）という。

混合物の分け方

物質は温度によって状態が変化したね。そして，その変化するときの温度は物質ごとに決まっていた。この２つの性質を利用して，混ざり合った物質を分けてみるよ。

混合物って何？

君たちは未成年だから，お酒を飲んではいけないよね。でも料理をつくるとき，お酒をふくむ「料理酒」や「みりん」などが使われているよね。

「それ，ずっと疑問でした。お酒を飲んではいけないのに，何で料理酒やみりんはいいのかなって。」

それはね，料理中にアルコールだけなくなっているからなんだ！

「え？　アルコールだけなくすとか，そんなことできるんですか？」

できちゃうんだな，これが。この現象を理解するために，まずは，複数の物質が混ざっているものと混ざっていないものについて解説しよう。

Point 42 純粋な物質と混合物

- １種類の物質でできているものを**純粋な物質**(じゅんすい)という。
- 複数の物質が混ざり合ったものを**混合物**(こんごうぶつ)という。

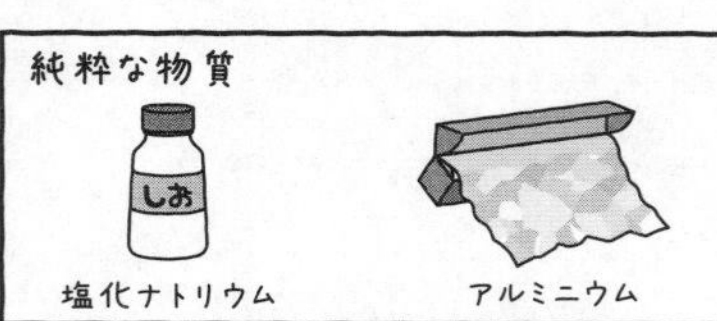

料理酒やみりんは混合物になるね。どちらも水とアルコールは絶対に入っているからね。

混ざり合った液体をどう分ける？

「結局，水とアルコールの混合物からどうやってアルコールだけをなくしているんですか？」

それについては，**沸点のちがいを利用している**んだ。

「沸点のちがい？　あれ，沸点とか融点って一定だったんじゃないんですか？　混合物だと変化するんですか？」

そうなんだ。実際に確かめてみようか。ここに水とエタノール（アルコールの一種）が混ざった液体があるから，これをあたためてみるよ。

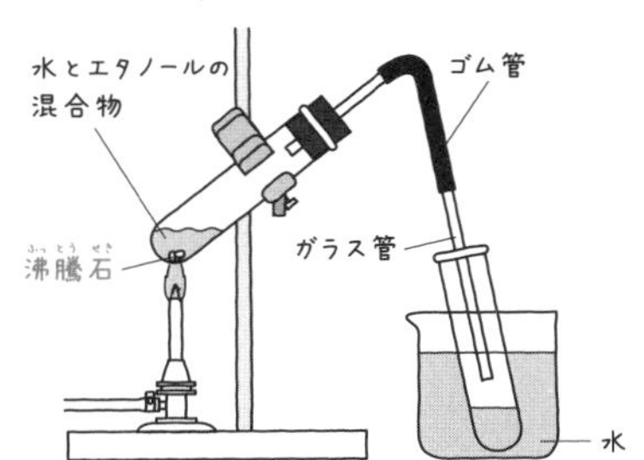

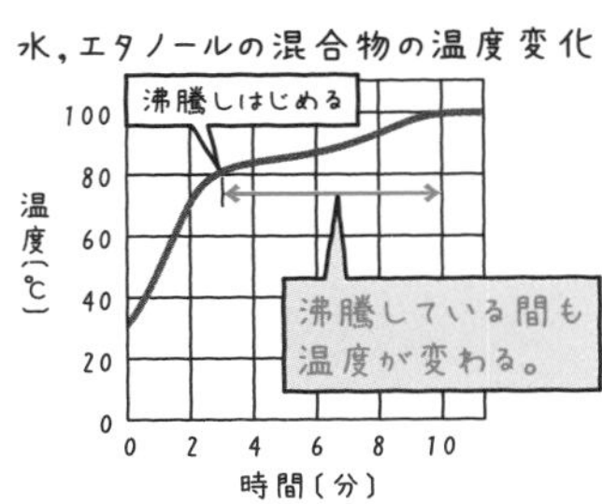

「あ！　泡が出てきて沸騰が始まりましたね。ってことは沸点に到達したはずだから，温度は一定になるはず……80℃，81℃，あれ？　まだ上がっていく……」

実は，いま沸騰しているのはエタノールだけなんだ。エタノールの沸点は78℃。対して，水の沸点は100℃。だから，78℃以上になると液体の中にあるエタノールだけが沸騰して気体になるんだ。このとき，水はまだ沸騰していないんだよ。

「混合物だと，1つの液体の中でも沸騰するものと沸騰しないものがあるんですね。」

「沸騰するものと沸騰しないものがある…？　もしかして，料理をするとき，アルコールがなくなったのって，アルコールだけが沸騰したから…？」

お！　気づいたねぇ。その通り。料理をするときは，80℃以上に加熱することが多い。手順通りに料理をつくれば，ほとんどの場合，アルコールは沸騰して気体になってしまうんだ。だから，未成年でも料理酒を入れて調理した料理を食べることができるんだね。

「謎(なぞ)が解けました！　…あれ，でも何でエタノールが沸騰したあとも少しずつ温度が上がるんですか？　エタノールが完全に気体になるまで78℃のままじゃないんですか？」

簡単に言ってしまえば，水はまだ温度が上がることができるからだね。78℃では，エタノールは沸騰しはじめるけれども，水はまだ沸点に達していない。だから，温度がゆるやかに上がり続けるんだね。

「思ったんですが，この混合物から気体になったエタノールだけ集めることってできませんかね。」

できるよ！　次のような方法で集められるんだ。

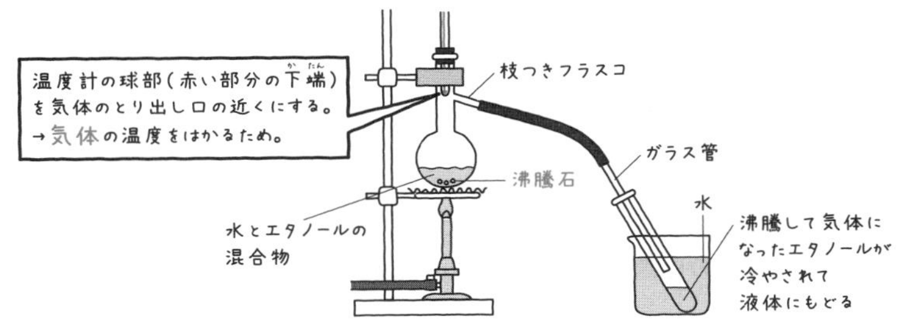

このように，液体の混合物を加熱し，一度気体にして集めたあと，その気体を冷やして再び液体にすることを**蒸留**（じょうりゅう）というんだ。蒸留をくり返すことで，純度の高い物質を得ることができるよ。

Point 43 蒸留

- **液体の混合物を熱して沸騰（ふっとう）させ，出てくる気体を冷やして再び液体としてとり出す**方法を**蒸留**（じょうりゅう）という。
- **沸点（ふってん）のちがい**を利用することで，複数の液体の混合物から物質を分離（ぶんり）することができる。
- 蒸留の実験をするときに気をつけることは次の３点。

  1 **急な沸騰を防ぐために，沸騰石（ふっとうせき）を入れる。**
  2 **液体が逆流するのを防ぐために，火を消す前にガラス管を液体の中からとり出す。**
  3 **気体の温度をはかるために，温度計の球部をフラスコの枝の高さにする。**

✓CHECK 18　つまずき度 !!!!!　➡ 解答は別冊 p.38

1 複数の物質が混ざり合っているものを（　　　）という。
2 液体の混合物を加熱して沸騰させ，出てくる気体を冷やして再び液体としてとり出す方法を（　　　）という。

物質が水にとけるしくみ

ここでは物質が水にとけるときのようすについて学ぶよ。ある物質が固体から液体になるのと，水にとけるのは意味がちがうから，そのちがいについても考えよう。

「融ける」と「溶ける」？

さっき，状態変化で氷を水にしたよね。氷を水にするにはどうすればいいんだっけ？

「氷を0℃以上にあたためれば，とけて水になるはずです。」

そうだよね。じゃあ，今度は食塩（塩化ナトリウム）をとかすには，どうすればいいかな？

「え，同じようにあたためればいいんじゃないですか？」

でも塩化ナトリウムの融点（ゆうてん）は約800℃もあるんだ。これはアルミニウムの融点（約660℃）よりも高いんだよ。

「そんなに高いんですか！　食塩をとかすのって大変なんですね…」

「でも，食塩って水に入れたら簡単にとけますよね。そんなにあたためなくてもいい気がするんですが…」

「あ，たしかに。でも，あたためてとかすのと，水にとかすのって何かちがうんじゃない？」

２人ともよく考えられていてえらいね。その疑問を解消するためには，物質が水にとけるしくみを理解する必要がある。今回は，そのしくみを解説するよ。まず，知ってもらいたいのは，「融ける」と「溶ける」というのは全く別物だということだ。

コツ　**融ける：固体が液体になる現象。氷が融ける，雪が融けるなど。**
溶ける：ある物質が液体（おもに水）の内部で混ざって，混合物となる現象。食塩が水に溶けるなど。

「そっか！　食塩を融点まであたためて『融かす』のと，水に入れて『溶かす』のは，まるでちがうことをしているんですね！」

その通り！　融点まで温度を上げてとかすのは，食塩を固体から液体に変えている。それに対して，食塩を水に入れてとかすのは，食塩と水を混ぜて，食塩水という混合物をつくるということなんだ。それじゃあ，実験をしてみよう。ここに青色の硫酸銅を用意した。これを水の中に入れてみよう。

直後	5時間後	1日後	1週間後
硫酸銅の粒子（青色）			目には見えない小さな粒子が均一に広がっている

「だんだんと青い部分が広がっています！」

「硫酸銅が底にたまっていたのに，勝手に広がりました。」

そうだね。この底にたまっていた硫酸銅が全体に広がることで，硫酸銅が完全にとけた状態となるんだ。そして，硫酸銅がとけた液体は透明(とうめい)になる。もちろん硫酸銅だけでなく，塩化ナトリウムなど，ほかの「水にとける物質」でも同じように透明になるんだよ。

「えー？　食塩をとかした水が透明なのはわかりますけど，硫酸銅は透明じゃなくて青色ですよ。」

ここでいう透明とは，向こう側が透(す)けて見えることをいうんだ。色がついていたとしても，液体の向こう側が透けて見えていれば，それは透明といえるんだよ。

「このまま動かさずに置きっぱなしにしたら，また下にたまっていくってことはないんですか？」

それはないよ。とけている限り，下にたまったり，どこか一部分だけ濃(こ)くなるってことはないんだ。もしどこかにたまってしまった場合，それはとけきっていなかったってことだよ。以上をまとめると，**「溶ける」という現象は，「溶質(ようしつ)が溶媒(ようばい)中に均一に広がること」**となる。

「溶質？　溶媒？」

とけた物質やとかした液体を，化学ではそれぞれ溶質，溶媒とよぶんだよ。

Point 44 溶質と溶媒

- 液体にとけている物質のことを**溶質**(ようしつ)，溶質をとかす液体のことを**溶媒**(ようばい)，溶質が溶媒にとけている液体のことを**溶液**(ようえき)という。
- 質量の計算式

溶質〔g〕＋溶媒〔g〕＝溶液〔g〕

さっきの例でいくと，溶質が硫酸銅で，溶媒が水。溶液は，硫酸銅が水にとけた液体（硫酸銅水溶液(りゅうさんどうすいようえき)）のことだね。溶媒が水の溶液を特に水溶液(すいようえき)というよ。

「溶液の質量って，溶質をとかすとふえるんですか？　透明で見えなくなっちゃうから，てっきり質量は変わらないんだと思っていました。」

残念。**溶液の質量は，溶質と溶媒の質量を足し合わせたもの**なんだ。だから，とかせばとかすほど，溶液の質量は大きくなるんだよ。

CHECK 19　つまずき度 !!!!!　➡ 解答は別冊 p.38

1　10gの塩化ナトリウムを200gの水の中にとかして，塩化ナトリウム水溶液をつくった。このとき，溶質は（　　　）で，溶媒は（　　　）である。また，溶液の質量は（　　　）gである。

2-8 水溶液の濃さを表す方法

物質がとけるということはわかったかな？　次は，どれだけとけるかについて考えていくよ。そのために，どれだけとけているか数字で表せるようにしよう。

濃さを数字で表すには，どう計算する？

物質がとけるしくみについて理解できたら，次は，そのとけたあと，溶液の濃(こ)さを表す方法を学んでいこう。

Point 45 質量パーセント濃度

- 溶液の濃(こ)さのことを**濃度(のうど)**という。その濃度の表し方の１つが**質量(しつりょう)パーセント濃度(のうど)**である。
- 質量パーセント濃度の計算式
  質量パーセント濃度〔%〕
  ＝溶質の質量〔g〕÷溶液の質量〔g〕×100

「ああ…計算とかわーかーらーなーいー。」

こらこら，やる前からあきらめちゃだめだよ。１つずつ理解していけばわかるから，いっしょに確認していこう。まず，濃度(のうど)というものは，「どれだけとけているか」ってことを表しているんだ。濃度が高ければ，それは「濃い」ってことになるんだよ。

「濃度が高いと濃いっていうのはなんとなくわかります。でも計算になるとよくわからないんですよ。」

じゃあ，こんな問題を考えてみよう。次の中でどれがいちばん濃度が高いかな？

問題　ラーメンのスープをつくる。水1000gに対して
A：食塩1g　　B：食塩5g　　C：食塩10g

「そりゃあ，量が多いCがいちばん濃いですよ。」

お，できるじゃん。じゃあ次。下のうち，どれがいちばん濃度が高いかな？

問題　A　水90gに食塩10g　　合計100g
B　水450gに食塩50g　　合計500g
C　水720gに食塩80g　　合計800g

「え～？　たくさんとけているCがやっぱり濃いのかなぁ。」

「でも水の量が多いと，その分うすくなるんじゃないの？」

濃度を考えるときは「何がどれだけとけているか」と同時に「どれだけの量の液体にとけたか」も考える必要があるんだ。もっと簡単にいうと，溶液の中に溶質がどれくらいの割合で入っているかを考えればいいんだ。

「え～っと…溶質はとけているものの量だから…Aが10gで，Bが50g，Cが80gですかね？」

「溶液の質量は溶質と溶媒（ようばい）の質量の合計なので，Aは100g，Bは500g，Cは800gですね。」

よし，いいぞ～。じゃあ，ここから「濃度」を計算して求めてみよう。計算方法は，**溶質の質量を溶液の質量で割る**んだ。すると…

A：$10\,\mathrm{g} \div 100\,\mathrm{g} = 0.1$

B：$50\,\mathrm{g} \div 500\,\mathrm{g} = 0.1$

C：$80\,\mathrm{g} \div 800\,\mathrm{g} = 0.1$

「あれ？　全部いっしょだ。ってことは全部同じ濃さってこと？」

実はそうだったんだ。でも，小数のままだとわかりにくいよね。だから直感的にわかりやすくするために100をかけて，百分率で表すんだ。これが**質量(しつりょう)パーセント濃度(のうど)**だよ。

A：$10\,\mathrm{g} \div 100\,\mathrm{g} \times 100 = 10\%$

B：$50\,\mathrm{g} \div 500\,\mathrm{g} \times 100 = 10\%$

C：$80\,\mathrm{g} \div 800\,\mathrm{g} \times 100 = 10\%$

「たしかにこれなら，全体のうちどれくらいとけているのかわかりやすいですね。」

それじゃあ，1問練習してみよう。

次の問題に答えなさい。

硫酸銅(りゅうさんどう) 30g を 120g の水にとかしたときの，硫酸銅水溶液の質量パーセント濃度を求めなさい。

やることはとにかく，溶液の質量と溶質の質量がどれくらいあるかを確認することだ。

「ええと…溶液は全体の質量だから，30＋120で150gか。」

「溶質は溶液にとけている物質だから…30ｇだ！」

正解！　あとは，溶質÷溶液×100を計算すれば求められるよ！

解答　質量パーセント濃度＝30ｇ÷150ｇ×100
＝**20％**

CHECK 20　つまずき度 ！！！！！

➡ 解答は別冊 p.38

1　25gの塩化ナトリウムを375gの水の中にとかして，塩化ナトリウム水溶液をつくった。この水溶液の質量パーセント濃度は（　　　）％である。

2-9 溶質をとり出す方法

今回は，溶液から溶質をとり出してみるよ。どのようにしてとり出すのか。どのような原理でとり出せるのか。その点に注目して理解していこう。

水にとける限界の量は決まっている？

「先生！　例えば水の中に食塩を入れ続けたとしたら，全部とけ続けるんですか？」

全部は無理だね。水がとかすことのできる量には限界があるからね。

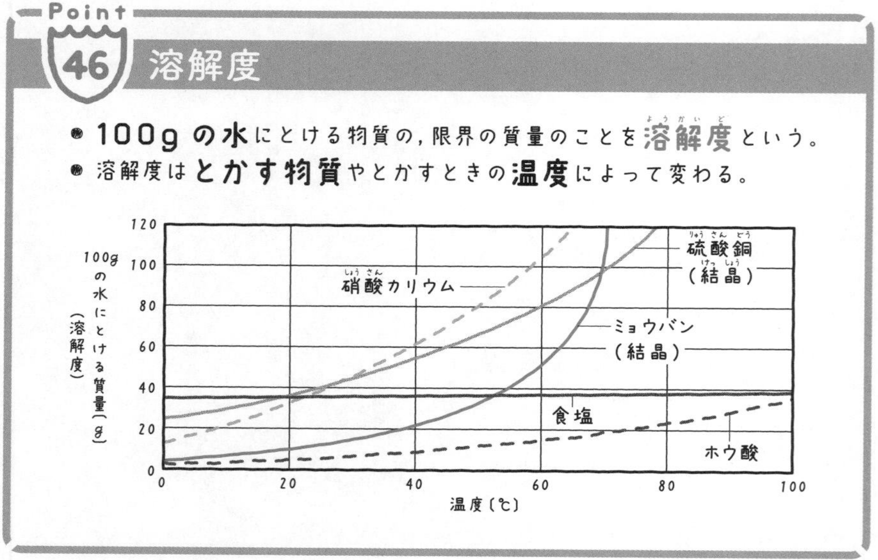

言葉だけだとわかりにくいだろうから，実際に温度と溶解度の関係を実験で調べてみようか。ここにミョウバンが50gある。そして水が100gある。ミョウバンを水に入れて，かき混ぜてもらっていいかな？

「あれ，かき混ぜても全然とけないです…」

いま，水の温度はだいたい20℃になっている。グラフを見ると，この温度の水100gにとけるミョウバンの質量，つまりミョウバンの溶解度は11gだ。

「溶解度が11gだとどうなるんですか？」

溶解度が11gってことは，100gの水に最大でも11gまでしかとけることができないってことだ。50g入れたって，とけるのは11gだけだから，残りの39gはとけずに残ってしまうんだ。

「なるほど，だから全然とけなかったんですね。」

そういうこと。じゃあこれをあたためてみるよ。

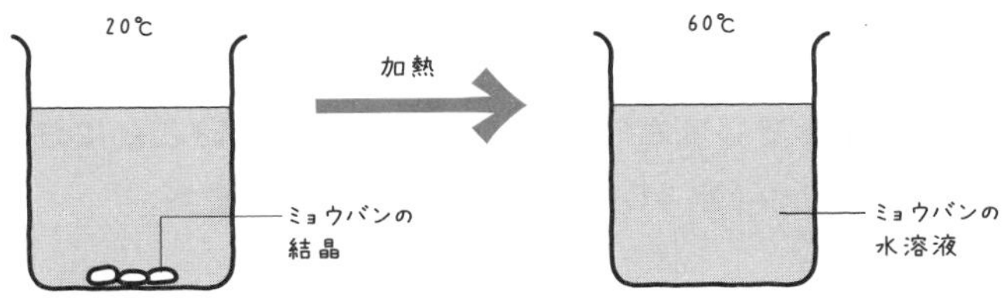

「おお！　だんだん底にたまっていたミョウバンが減ってきた！」

「だいたい58℃くらいで全部なくなりましたね。」

水100gにちょうど全部とけきるときの溶質の質量は，そのまま溶解度になるよ。つまり，58℃のときのミョウバンの溶解度は50gってことだね。このように，溶解度は温度によって変化するんだ。基本的には，温度が高くなると溶解度も大きくなるんだよ。

「そういえばさっきの溶解度のグラフで，塩化ナトリウムはあまり変化していませんでしたね。」

そうだね。塩化ナトリウムはちょっと特殊(とくしゅ)で，温度が変わっても溶解度の変化が小さいんだ。

「温度を上げてもとける量はあまり変わらないんですね。じゃあ，塩化ナトリウムをたくさんとかすにはどうすればいいんですか？」

そういう場合は水の量をふやすしかないかな。溶解度は水100ｇあたりって言ったよね。つまり，水の量を200ｇにしたり300ｇにしたりすると，とける量はふえていくんだよ。

「水の量が2倍になれば，とける量も2倍になるはずですよね。」

そういうこと。水の量が3倍になれば，とける量も3倍になるね。

コツ **水の量をふやしても「溶解度」は変化しないことに注意。溶解度はあくまでも「水100ｇあたり」のとける量だ。**

純度の高い物質をとり出す再結晶

最後に知ってもらいたい言葉が「**飽和水溶液**(ほうわすいようえき)」という用語だ。

「飽和水溶液？　何か特別な水溶液なんですか？」

簡単にいえば，**溶解度の限界まで物質をとかした水溶液**のことだね。さっき，50ｇのミョウバンが58℃でちょうど全部とけたけど，58℃だとそれ以上ミョウバンをとかすことはできないよね。その状態を**飽和状態**(ほうわじょうたい)といって，その飽和状態になった水溶液を飽和水溶液とよんでいるんだ。

「飽和水溶液はなんとなくわかりました。それで，実はさっきから気になっていたんですけど，その58℃にあたためたミョウバンの水溶液の中に白い物体ができているんですけど…」

ああ，それは温度が下がって**再結晶**(さいけっしょう)が起こったんだね。

再結晶

- いくつかの平面に囲まれた規則正しい形をしていて，純粋(じゅんすい)な物質でできたものを**結晶**(けっしょう)という。
- いったん溶質をとかしたあとに，温度を下げたり溶媒(ようばい)を蒸発させるなどして，**再び溶質を結晶としてとり出すことを再結晶**(さいけっしょう)という。

さっき，温度を変えることで溶解度が変化するって言ったよね。だから，**高い温度のときにとけていた溶質が，温度が下がったことでとけていられなくなり，その分が結晶になったんだ。**

「なるほど～。じゃあ，さっき50ｇとかしていたミョウバンの水溶液が，20℃までもどったということは…」

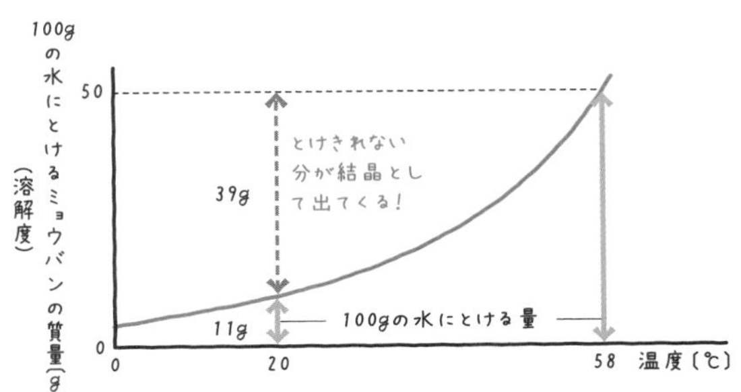

20℃の水100ｇにとけるミョウバンは11ｇだから，39ｇが再結晶によって出てきたってことだね。こうして，一度とかして再結晶を行うことで，純度の高い物質をとり出すことができるんだ。

「この前の蒸留とは何がちがうんですか？」

蒸留はおもに純度の高い液体をとり出したいときに活用して，**再結晶は純度の高い固体をとり出したい**ときに活用するんだ。

✓CHECK 21

つまずき度 ！！！！！

➡ 解答は別冊 p.38

硝酸カリウムと硫酸銅を，それぞれ水100gにとかし，温度を変化させて溶解度を調べた。その結果，以下のグラフのようになった。表は，10℃ごとのグラフの数値を読みとったものである。あとの問いに答えよ。

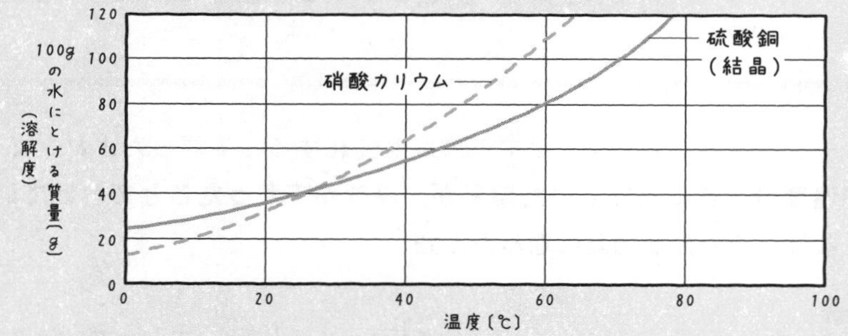

温度〔℃〕	10	20	30	40	50	60
硝酸カリウム〔g〕	22	32	46	64	85	109
硫酸銅〔g〕	28	36	45	54	65	81

1　10℃の水100gにとける硝酸カリウムの最大量は(　　　)gである。

2　20℃の水100gに36gの硫酸銅をとかした場合，この硫酸銅水溶液は(　　　)水溶液になっている。

3　50℃の水100gに硝酸カリウムを85gとかしたあと，40℃まで冷却(れいきゃく)した。このとき，硝酸カリウムは(　　　)g結晶として出てくる。

氷の体積が水より大きくなるわけ

「いろいろ教えてもらいましたけど，やっぱり，氷が水に浮くのは不思議です。何で水だけ，固体の方が体積が大きいんですか？」

やっぱり不思議だよね。そもそも体積の大きさが，一般に気体＞液体＞固体の順番になるのは何でだったか，覚えている？

「えっと，たしか固体は物質の粒が，ぎゅっと集まっていて，じっとしているから体積が小さいんですよね。液体は自由に動いていて，気体は飛び回っているから，体積が大きいと。」

そうそう。ふつうは粒をきれいに整列させた方が，小さい体積で収まるよね。粒が自由に動いていると，すき間が大きくなって，大きい体積が必要になるからね。でも，このときの整列のしかたしだいでは，固体の方が粒と粒の間にあるすき間が大きくなるんだ。

「整列のしかた？」

そう。図で見ればわかりやすいかな。

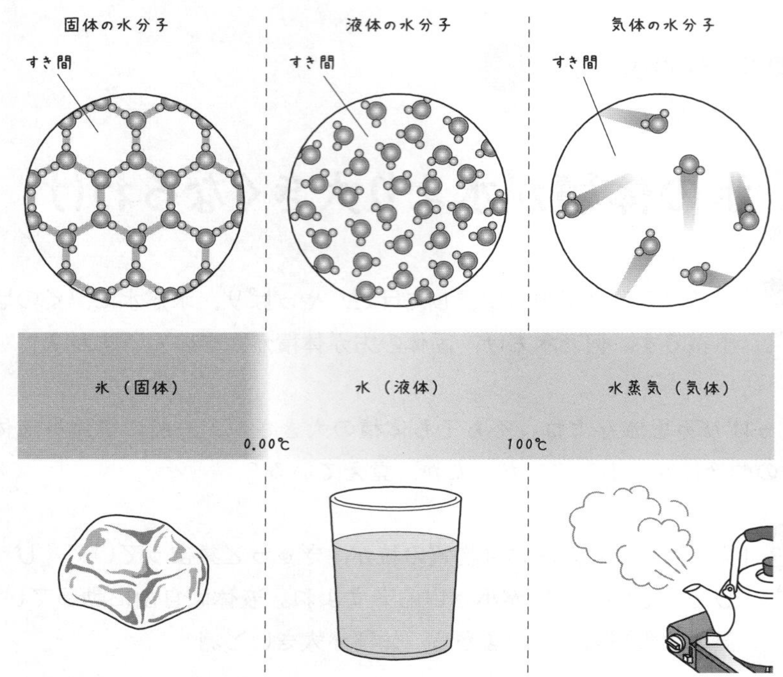

「へぇ～！　氷の場合はこんなふうに粒が並んでいるんですね。たしかに，スカスカです。それに対して，液体の水の方は，すき間が少し減っていますね。」

そうなんだ。自由に動ける液体だからこそ，粒がすき間をうめて，より小さな体積に収まっているんだ。これが，液体の水より，固体になった水，つまり氷の方が体積が大きくなる理由だよ。

「あれ？　よく見ると，水の粒って，ただの球体じゃないんですね。なんか，球体が3つくっついている…？」

実は，物質の粒は1つの球体だけでなく，いくつもの球体がくっついている場合が多いんだ。それについては，5章の「原子・分子」のところで解説するよ。楽しみにしていてね。

中学1年 3章

身のまわりの物理現象

「光とか音って目に見えないのに，どうやって調べるんですか？」

「力も目に見えないですよね…。この単元って見えないものを見ようとしているから，わたしはすごく苦手です。」

ふだんは目に見えないものについて学ぶのって，ワクワクするけどその分むずかしいよね。この章で学ぶことに共通して言えることは，どれもルールがあるってことだ。光や音，力のルールが何か，いっしょに学んでいこう。

3-1 光がもつ性質

物体を見るためには光が必要だよね。今回はその光について学んでいくよ。光にはどんな性質があるのか。どうして光があると物体が見えるのか，しっかり理解しよう。

光はどうやって進むの？

まずは身近な「光」について学んでいくよ。光について，何か知っていることはある？

「う～ん…明るいってことくらいしか…」

たしかに明るいね（笑）　実は光って見える物体の中には，自分自身が光っている物体とそうでない物体があるんだ。自分自身が光っている物体で思いつくものはあるかな？

「自分自身が光っている物体…わかった，電球だ！」

「太陽もそうですか？」

２人とも正解！　電球や太陽のように自分自身が光っている物体のことを，**光源**というよ。光源から出た光には，次のような特徴（とくちょう）があるんだ。

Point 48 光の進み方

- 光源を出た光は**まっすぐに進む**。これを**光の直進**という。

「光ってずっとまっすぐ進むんですか？」

ほかから何もされなければ直進するよ。でも，鏡などに当たるとはね返されて方向が変わるんだ。これを**光の反射**（はんしゃ）というよ。反射のようすを，次の図を見て覚えよう。

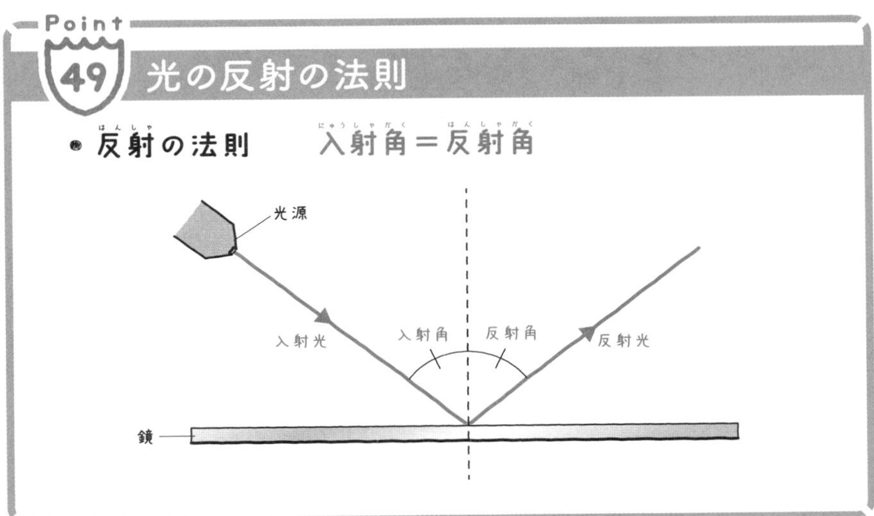

「入射角と反射角は同じ角度なんですね。」

そう。光の当たった部分に，鏡に対して垂直な線を引いてみると，入射光と反射光はその線に対して対称（たいしょう）になっているよね。

コツ　**入射角と反射角を求めるとき**

1．鏡の面に垂直な線を引く。

2．1と入射光がつくる角度　→入射角

3．1と反射光がつくる角度　→反射角

どうして物体が見える？

さて，この光が反射する性質は「物体が見える」ってことに関係しているんだ。２人は物体が見えるってどういうことか説明できるかな？

「そんなの…気にしたこともないです…」

「いったい，どういうことだろう…？」

いざ聞かれるとむずかしいよね。「見える」というのは「光が目に届く」ってことなんだ。光源でない物体が見えるのは，光源から出た光が物体に当たって，その一部が反射することで，光が目に届いているんだよ。

「壁（かべ）があると見えないのは，光が目まで届いていないからか！」

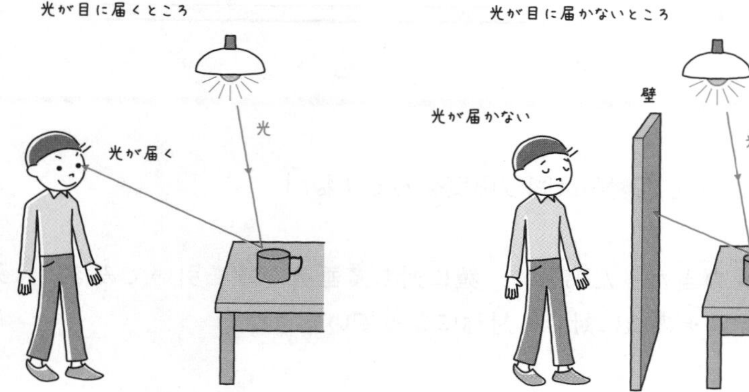

そうなんだ。これで，「物体が見える」ということがわかったかな。

「光が物体に当たって反射する？　反射って鏡だけがするんじゃないんですか？　どんな物体でも光を反射させるんですか？」

すべてではないけれども，ほとんどの物体が光を反射させるよ！　せっかく鏡の話が出てきたから，もう１つ教えよう。鏡に映っている物体って，鏡の奥にあるように見えない？

「見えます！」

本当はわたしたちのうしろにあるものなのに，あたかも鏡の奥にあるように見える。これを**像**というんだ。

像

- 物体がそこには存在しないのに，まるでそこに存在しているかのように見えるものを**像**という。

物体に注目したときは，**物体で反射した光**を目で直接見ているね。その場合は，物体そのものを見ることができる。一方で，鏡に注目したときは，**鏡で反射した光**を見て，その物体を認識している。だから，「鏡の中の物体から光がまっすぐきた」と脳がかんちがいして，鏡の中にその物体があるかのように見えるんだ。これが像の正体だよ。

「なるほど，だから鏡の奥にあるように見えるんですね！」

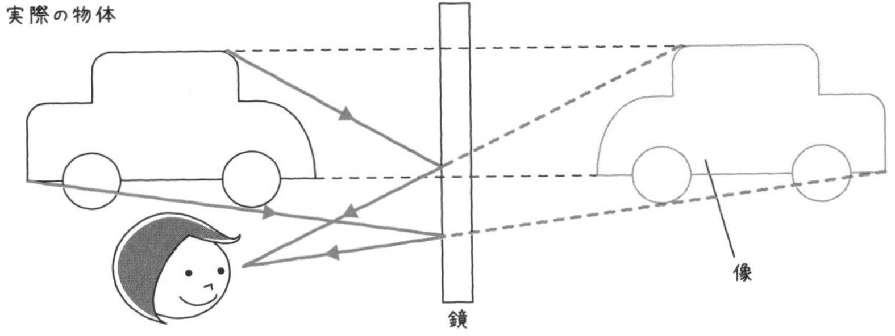

光が四方八方に反射する乱反射！

これで物体が見える理由がわかったかな？

「光が目に届けばいいんですね！」

お！　わかってきたね。じゃあもっと「見える」ということを理解してもらおう。光は物体で反射しているけれど，反射の法則に従うと，光がきた方向と正反対に自分がいないと，目まで光が届かないってことになるよね。でも実際は，どの角度からでも物体は見える。これって何でだと思う？

「あれっ，本当だ…。何でだか全然わからない…」

それは，**乱反射**(らんはんしゃ)が起こっているからなんだ！

Point 51 乱反射

- 光が物体の表面（でこぼこしている）に当たり，四方八方に反射することを**乱反射**(らんはんしゃ)という。

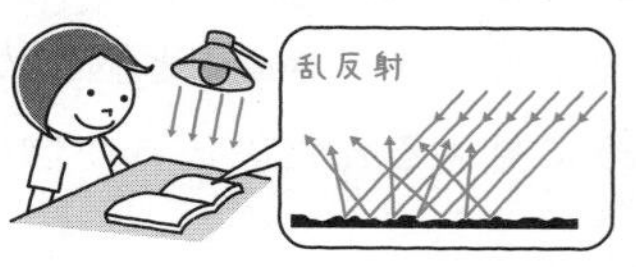

「なるほど！　乱反射しているから，どこでも見えるんですね！」

✓CHECK 22

つまずき度 ！！！！！

➡ 解答は別冊 p.38

1　光源を出た光は，何もされなければ（　　　）する。
2　光が鏡などで反射する際，入射角と反射角は（　　　）になる。

3-2 光の屈折と全反射

物体から反射した光が目に届くことで，物体を見ることができるってことは理解できたかな？　ここからは，屈折や全反射について学習していくよ。

光の進む向きを変える方法

光の反射については，もう十分に理解できたかな？　ここでは，反射以外で光の進む向きを変える方法を教えるよ。

「反射以外で変えることができるんですか!?」

「すごい，楽しみ！」

まずは実際に見てもらったほうが早いね。ここにカップがある。その中にコインを入れたけど，コインは見えるかな？

「う～ん，ギリギリ見えないです…」

今の角度のままでは，カップの中のコインを見ることができないね。じゃあ，ここに水を入れてみるよ。さぁ，どうなるかな？

「あ！　コインが見える！　何で？」

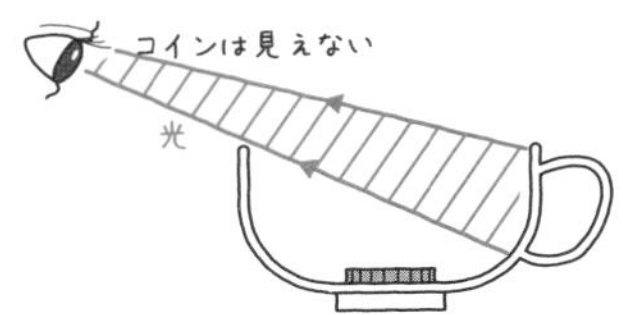

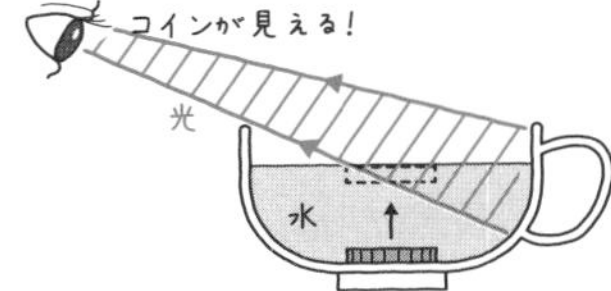

ふっふっふ。それはね，**光の屈折**を利用したからだよ。

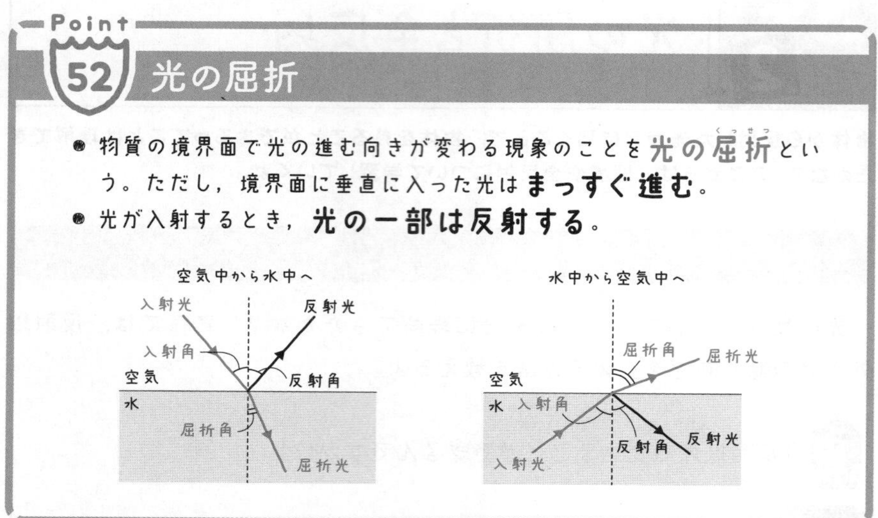

Point 52 光の屈折

- 物質の境界面で光の進む向きが変わる現象のことを**光の屈折**という。ただし，境界面に垂直に入った光は**まっすぐ進む**。
- 光が入射するとき，**光の一部は反射する**。

水を入れるとコインが見えるようになったのは，コインで反射した光が**水の中から空気中へ出る瞬間に屈折している**からなんだ。

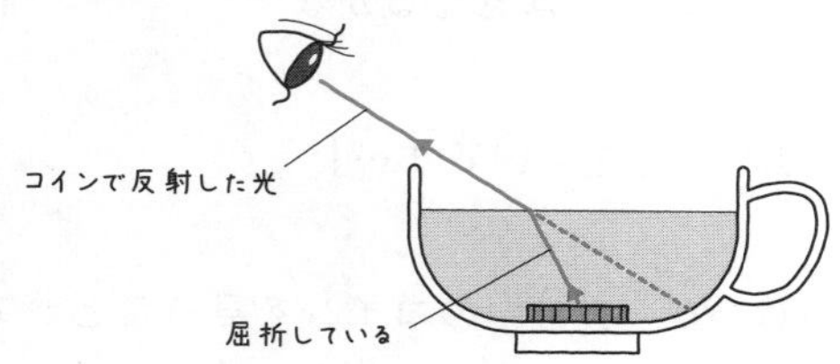

「すごい！　魔法みたい！」

「入射角と反射角は必ず等しかったですが，屈折角には何か決まりがあるんですか？」

お，いい質問だね。それはとても重要な内容だ。光がくる位置が変われば，入射角や屈折角の大きさも変わるよ。ただし，変わらない関係もあるんだ。

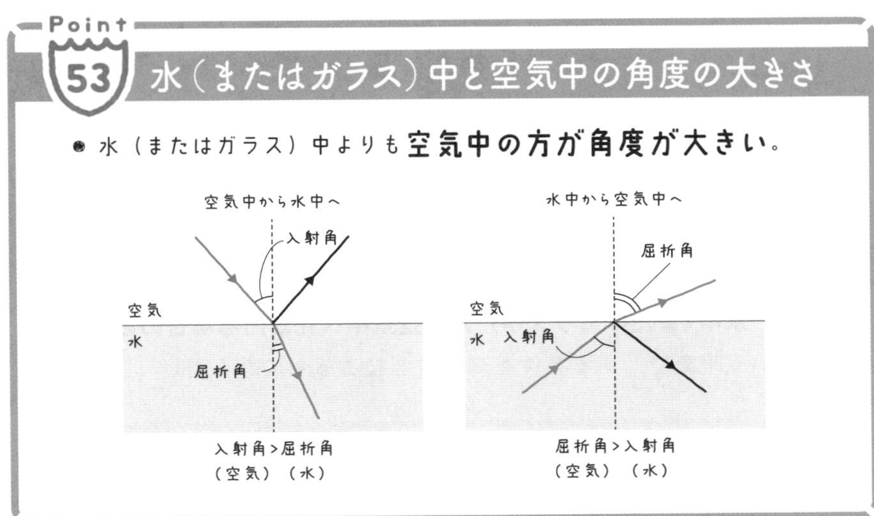

「水中と空気中の角度の大小関係は決まっているんですね。」

入射角と屈折角の大きさでまよったら，**水(またはガラス)中と空気中の角度はどちらが大きいか**で考えればいいんだ。関係がわかると，覚えることも少なくてすむようになるよ。

光がすべて反射する全反射！

さて，ここで質問！　水中よりも空気中の方が角度が大きくなるんだよね。じゃあ，水中に光源がある場合，水中の入射角をどんどん大きくすると，空気中の屈折角はどうなると思う？

「えっ，どんどん大きくなるんじゃないんですか？」

たしかに大きくなる。ただし，途中から変わった現象が起こるんだ。

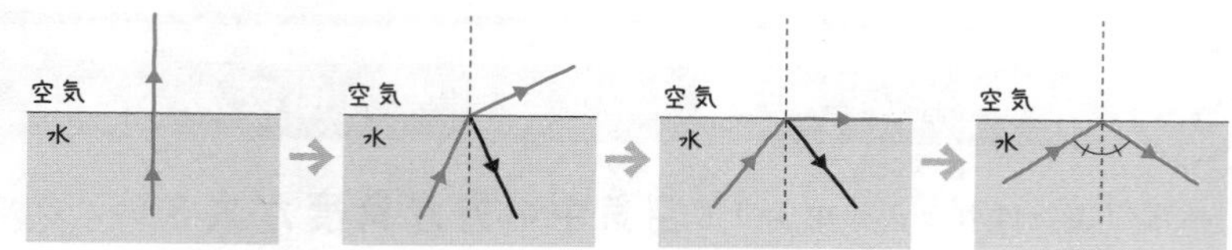

「えええええ！　光が水中から出てこない!!」

これは，**水中（またはガラス中）から空気中へ光が出る場合のみ**に起こる**全反射**（ぜんはんしゃ）という現象で，ある条件を満たすと起こるものなんだ。

Point 54 全反射

- 水中やガラス中での入射角がある一定の大きさより大きくなったとき，すべての光が境界面で反射する。これを**全反射**（ぜんはんしゃ）という。

「全反射でも，入射角と反射角は等しいのですか？」

もちろん等しいよ。そして，この全反射を利用して光を遠くまで運ぶのが**光ファイバー**だ。代表例としてよくあつかわれるから，ぜひ覚えておこう。

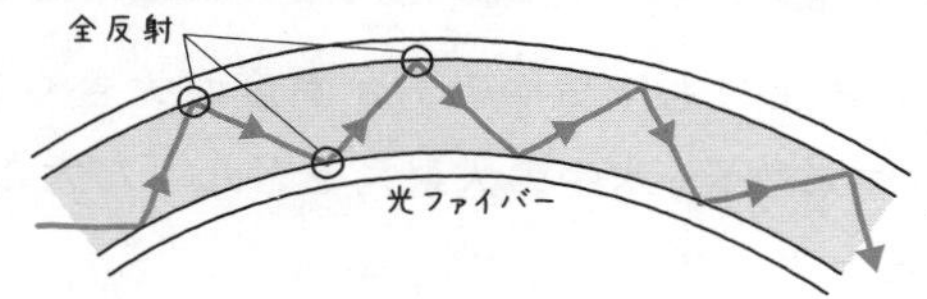

✓CHECK 23

つまずき度 ❗❗❗❗❗

➡ 解答は別冊 p.38

1　光は水と空気の境界面で（　　　　）する。

2　光が水中から空気中に進むとき，屈折角は入射角より（　　　　）くなる。

3-3 凸レンズのはたらき

反射や屈折についてはもう大丈夫かな？　ここでも屈折にかかわる内容を学ぶけど，ちょっとむずかしくなるぞ。屈折についてしっかり理解してからとり組もう！

光が集まる焦点！

そういえば，1章で顕微鏡（けんびきょう）やルーペを使ったよね？

「使いました！　どちらも，見たいものを拡大して見るときに使うものですよね。」

ちゃんと覚えているね。ここでは，レンズを通ると光はどのように進むのかをいっしょに学んでいくよ！　まず，ルーペのレンズをよく見てみよう。レンズはどうなっているかな？

「まん中が厚くなっています！」

そうだね。このように中央が厚くなっているレンズのことを**凸（とつ）レンズ**というんだ。また，今回はあつかわないけど，反対に，中央がへこんでいるレンズもあるんだよ。そのレンズは**凹（おう）レンズ**という。

それじゃあ，光がレンズを通るとどうなるか。いまからこの凸レンズにレーザー光を当てて観察してみよう。

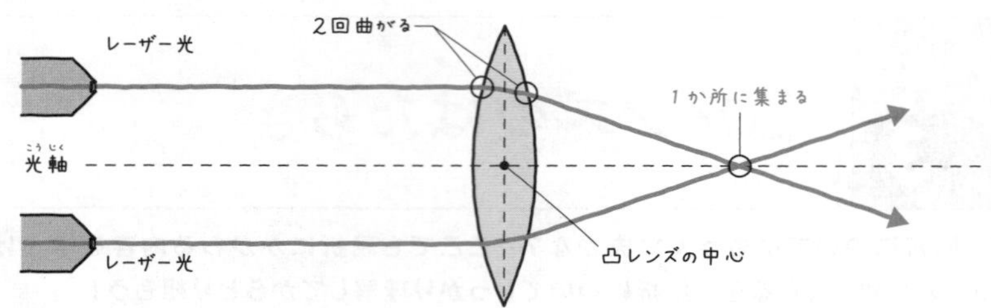

「あ，光が1か所に集まった！」

「凸レンズに入るときと出るときの2回，光が曲がってます！」

2人ともいいところに気がついているね！　ケンタ君の言うように，光が凸レンズに入るときと出るときで2回曲がっているね。これは，凸レンズのガラスと空気の境界面で光が屈折(くっせつ)しているということなんだ。

「じゃあ，光が1か所に集まったのにも理由があるんですか？」

そうなんだ。レンズの面に垂直で，レンズの中央を通る直線をレンズの**光軸**(こうじく)というんだけど，この光軸に平行な光は反対側の光軸上で1か所に集まる性質があるんだ。光が集まったところのことを**焦点**(しょうてん)といい，凸レンズから焦点までの距離(きょり)のことを**焦点距離**(しょうてんきょり)というんだよ。

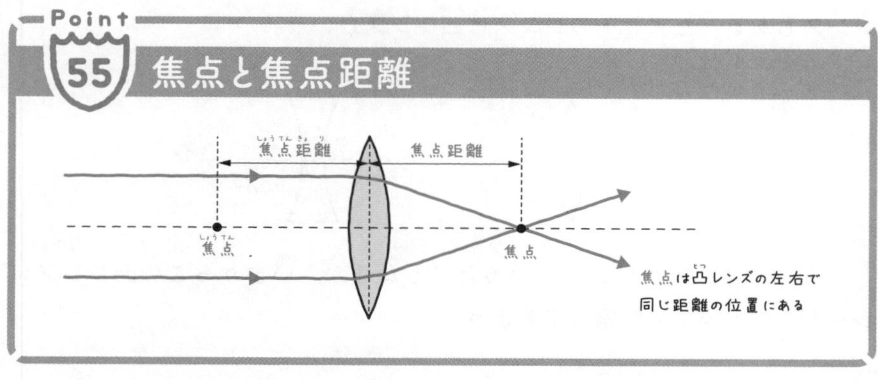

図にあるように，焦点はレンズの両側に同じ距離だけ離(はな)れたところにあるんだ。2か所あるから忘れずに覚えておこう。

像はどうやってできるの？

「ずっと気になっていたんですけど，顕微鏡って上下左右が逆になって大きく見えたじゃないですか。でもルーペは上下左右が同じまま拡大できましたよね。これって何でですか？」

お！　いいところに気がついたね。じゃあ今度は像のでき方について説明しよう。今度はレーザー光のかわりにろうそくを使うよ。ろうそくを焦点よりも遠い位置に置いてみると，どうなっているかな？

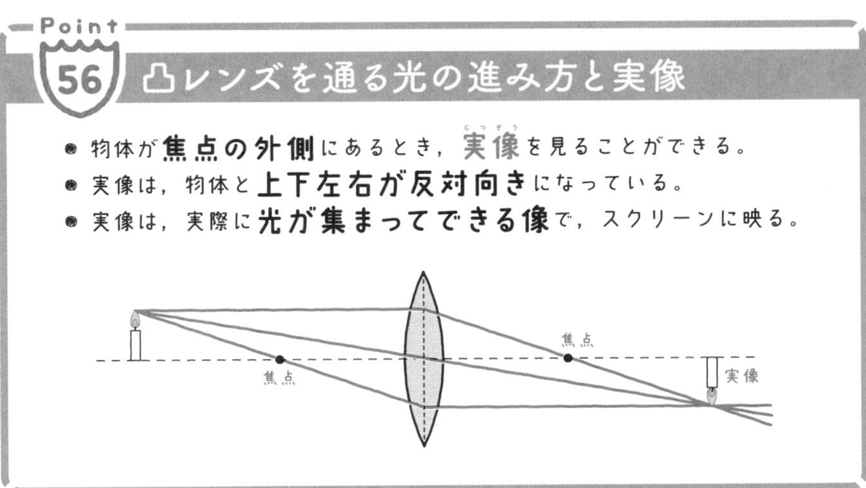

「あれっ，線が3本引かれてる。」

「この線ってどうやって引けばいいんですか？」

線の引き方だね。もちろんルールはあるよ。これから線の引き方を教えるけれど，その前に1つだけ確認しておこう。前の図で，3本の線が交わっているところには，実像のどの部分がかかれているかな？

「ろうそくの炎(ほのお)の先端(せんたん)部分です！」

そうだよね。今から教える線の引き方は，物体の先端から出た光が凸レンズを通過したあと，どのように進んでくるかをかく方法だよ。まずはいちばん上の線から引いてみよう。

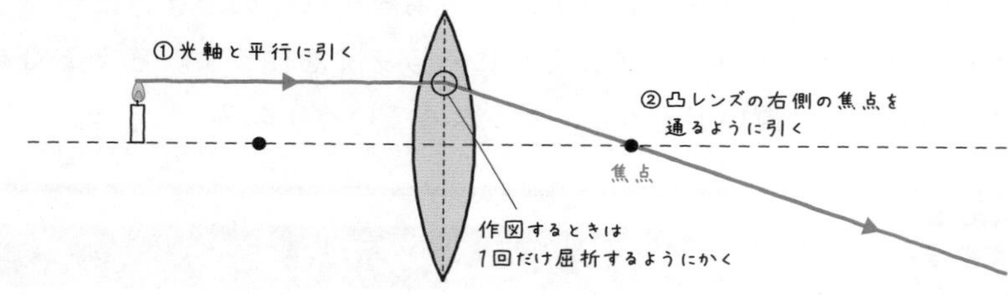

次に真ん中の線を引くよ。

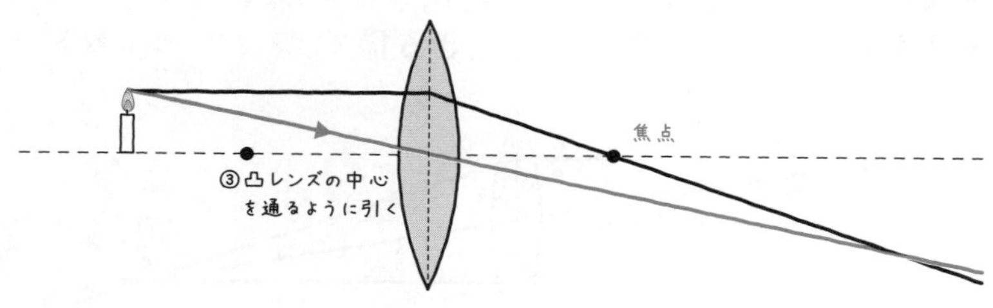

最後にいちばん下の線だね。このようにして，ろうそくの先端の位置がわかるわけだ。あとはその位置に合わせて，ろうそくを逆さまにかけば完成だよ！

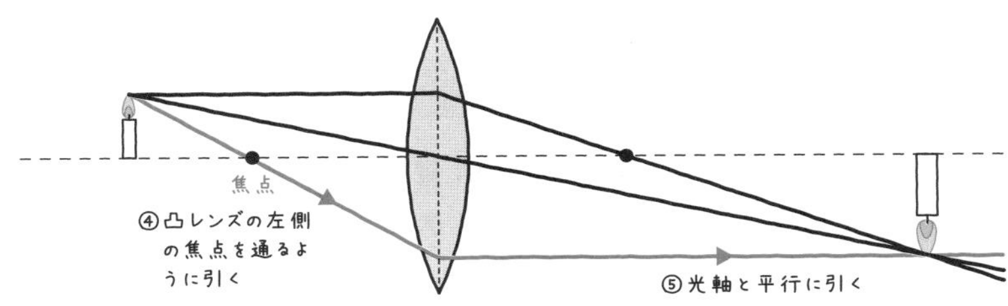

「本当だ！　意外と簡単にかけた！」

「よく見ると，もとのろうそくよりも実像の方が大きくなっていますね。」

この場合はね。ただ，必ずしも大きくなるとは限らないんだ。実像の大きさって，ろうそくを置く位置で変わるんだよ。これもルールがあるから，次の３つの図で覚えておこう！

Point 57 実像の大きさ①

物体が**焦点距離の２倍よりも遠い位置**にあるとき，**物体よりも小さい実像**が**焦点と焦点距離の２倍の位置の間に**できる。

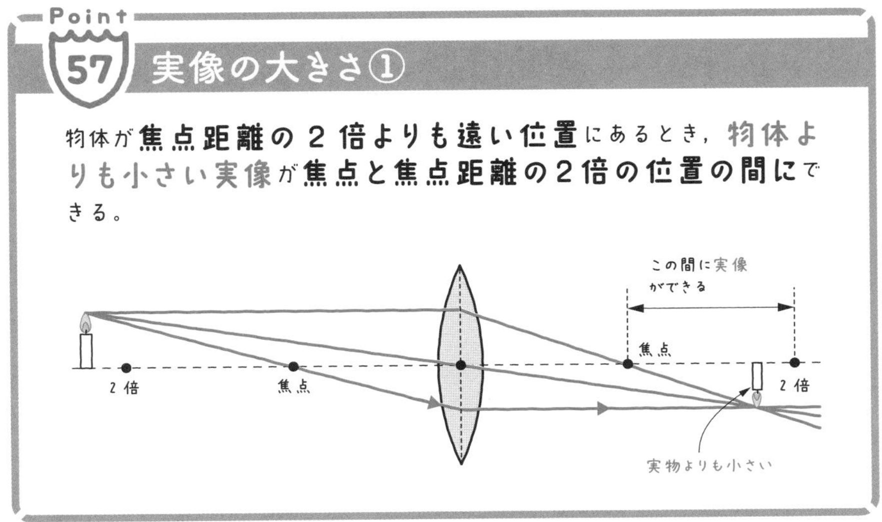

Point 58 実像の大きさ②

物体が**焦点距離の２倍と同じ位置**にあるとき，**物体と同じ大きさの実像**が**焦点距離の２倍の位置に**できる。

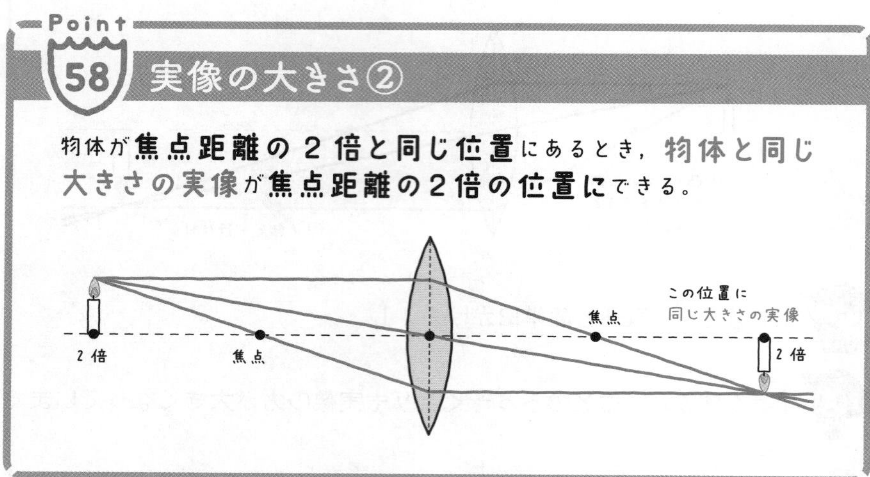

Point 59 実像の大きさ③

物体が**焦点と焦点距離の２倍の位置の間**にあるとき，**物体よりも大きい実像**が**焦点距離の２倍よりも遠い位置に**できる。

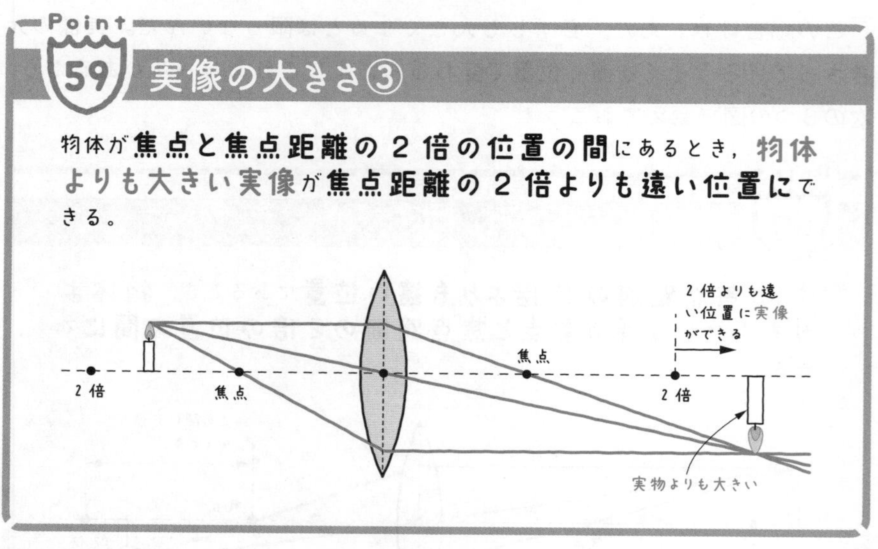

「なるほど，凸レンズに近づくと実像は大きくなって，離れると小さくなるんですね。わかりやすい！」

そうだね。あと物体が凸レンズに近づくと，実像の位置が凸レンズから遠くなっていくことにも気づいたかな？

「それじゃあ，どんどん近づけて，焦点よりも内側に置くとどうなるんだろう？」

いい疑問だね！　じゃあさっきと同じルールで光の線をかいてみよう。

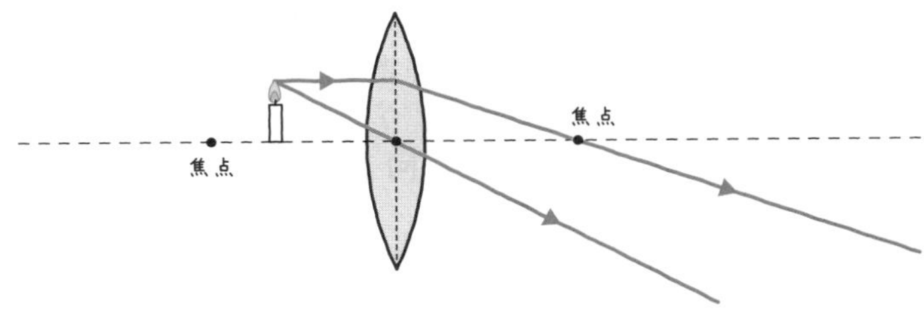

「あれ？　光がどこにも集まらないよ？」

たしかに凸レンズの右側では，光は集まらないね。でも，２本の線を左側にのばすと…

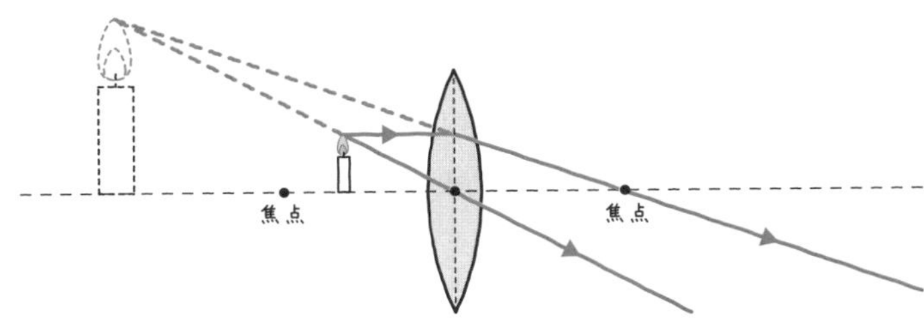

「あ！　光の線が集まった！」

正確にいうと集まってはいない。図の点線はあくまでも「そこから光がきたかのように見えている」ってことを教えているだけなんだ。上の図でレンズの右側からレンズをのぞくと，その点線の交わったところに，まるで像があるかのように見えるんだ。

「もしかして，この像にも名前があるんですか…？」

その通り！　これを**虚像**というよ。実像とはちがうから，きちんと区別して覚えよう。

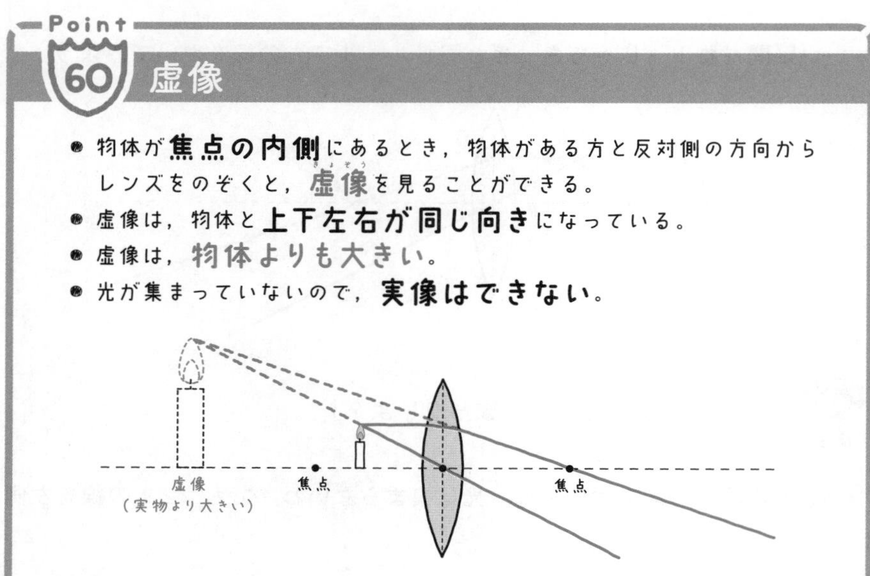

Point 60 虚像

- 物体が**焦点の内側**にあるとき，物体がある方と反対側の方向からレンズをのぞくと，**虚像**を見ることができる。
- 虚像は，物体と**上下左右が同じ向き**になっている。
- 虚像は，**物体よりも大きい**。
- 光が集まっていないので，**実像はできない**。

ルーペで小さなものを観察するときに見ているのがこの虚像なんだ。だから，ルーペで観察すると，実物より大きく見えるんだよ。

✔CHECK 24

つまずき度 !!!!!

➡ 解答は別冊 p.38

1　光軸に平行な光は，凸レンズを通過後，（　　　　）に集まる。
2　凸レンズから焦点距離の2倍よりも遠い位置に物体を置いた場合，できる像は物体よりも（　　　　）。

光と色の関係

光にはさまざまな色が存在する。わたしたちが色を認識しているときは，この光の中の色が重要な役割を果たす。ここでは，光と色の関係について学んでいこう。

人間の目に見える可視光線

2人とも見て！　虹ができているよ！

「本当だ！　きれい～！」

「虹って，どうしてあんなふうにいろんな色が見えるんですか？」

いい疑問だね。虹は太陽の光が水滴によって屈折し，色が分かれることで見られるんだ。実は光の色の種類によって屈折する角度が微妙にちがうから，さまざまな色に分かれて見えるんだよ。

「太陽の光ってそんなカラフルなんですか？」

太陽の光自体は白色っぽい光だよね。このような光を**白色光**というんだ。でも，この**白色光にはさまざまな色の光が混ざっている**んだ。

「白い光っていろんな色の光が混ざっているんですか？」

「いろんな色が混ざったら，逆に黒くなりそうですが…」

絵の具とかはそうだね。でも光の場合は，たくさんの色が混ざると白くなるんだ。光の三原色とよばれる赤色，緑色，青色をうまく使い分けることで，さまざまな色の光を生み出すことができるんだよ。テレビは，この光の三原色を利用して，画面に映像を映し出しているんだ。

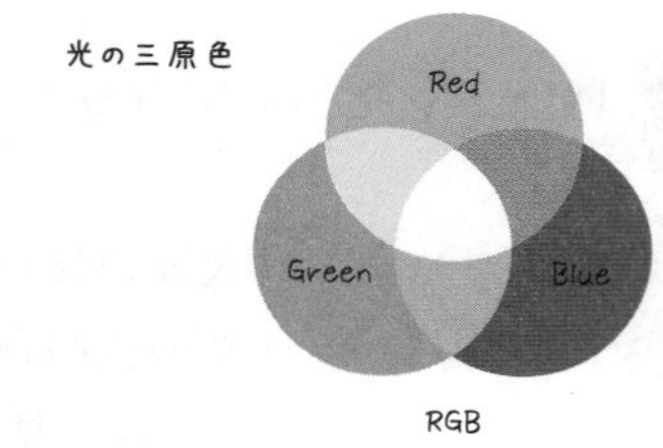

「そういえば虹も，赤→緑→青の順番になってますね。」

お！　よく気がついたね！　でもよく見てみると，赤から始まって，終わりは紫（むらさき）になってないかな。実はこれが，人が見ることのできる色の限界なんだ。このように人の目に見える光を**可視光線**（かしこうせん）というよ。太陽光には，もっとさまざまな色の光がふくまれているんだけれど，人の目で見ることができるのは可視光線だけなんだ。

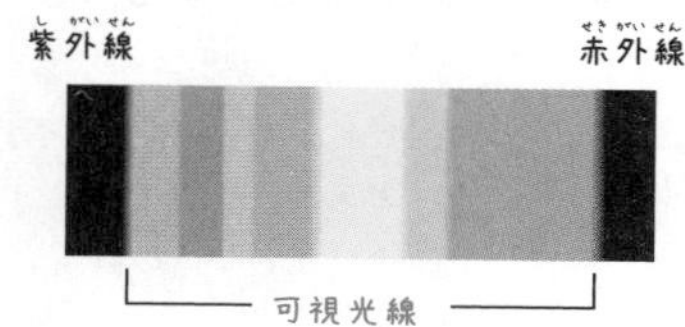

「ぼくたちって，ふだんどうやって物体の色を見ているんですか？」

物体って，光が目に届かないと見ることができなかったよね。それは色も同じなんだ。例えば**リンゴが赤く見えるのは，可視光線の中の「赤い光」がリンゴで強く反射して目まで届いているから**なんだ。ちなみにほかの色は，リンゴに吸収されちゃうんだよ。

「どういうことですか？」

さっき，光の三原色について紹介したとき，赤色と緑色と青色の光が合わさって白色ができていたよね。リンゴの表面は緑色と青色の光を吸収するから，残りの赤色が反射して見えているんだ。また，植物の葉が緑色に見えるのは，青色と赤色の光を光合成に使っているからなんだよ。わたしたちの目は，物体に当たった光のうち，吸収されずに残った光を，色として認識しているんだね。

CHECK 25　つまずき度 !　➡ 解答は別冊 p.38

1　虹の光がすべて混ざると(　　　　)色の光になる。
2　人が目で見ることができる光のことを(　　　　)という。

音の伝わるしくみ

光について学んだあとは，音について解説するよ。光も音も，日常生活にたくさんあふれている。音というのがどんなものかしっかり理解しよう。

音源は振動している！

光の次は音についてだ。音ってどうすれば出るかわかる？

「ものをたたいたり，楽器を演奏したりすれば出せますよ。」

そうだね。ちなみに，楽器などの音が出ている物体には，ある共通の特徴があるんだけど，何だかわかるかな？

「特徴…？　全然わかりません。」

「わたしもまったくわかりません…」

よし，じゃあぜひ覚えておこう。

Point 61 音の発生

- 音が発生している物体を**音源**または**発音体**という。
- 音源は**振動**することで音を出す。

「たしかに，太鼓をたたくと振動しますね！」

「ギターの弦もはじくと振動します！」

そう。楽器に限らず，音が出ているときはどんな物体でも振動している。それが細かすぎたり，短すぎたりして，わかりにくいだけなんだ。スピーカーで音を出しているときにさわってみてごらん。細かい振動が指を伝わってくると思うよ。

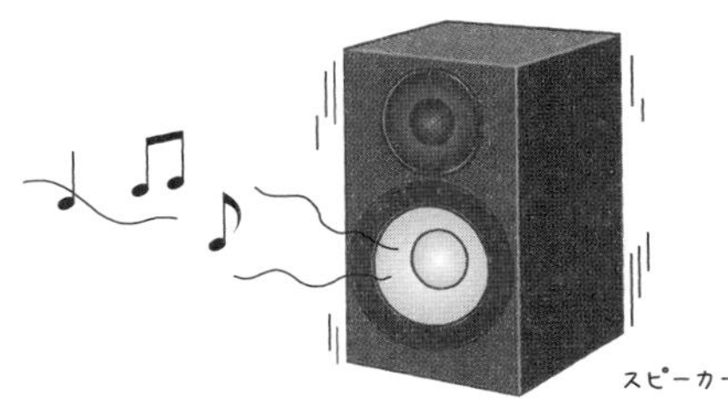

「本当だ！　指にふるえが伝わります。」

音はどうやって伝わるの？

「音源が振動することで音が発生するのはわかったんですが，物体がふるえているだけで，何で聞こえるんですか？」

いい疑問だね。たしかに楽器に耳をくっつけていなくても人は音を聞くことができる。これは，あるものが音を伝えているんだ。

「あるもの…？　音源と耳の間には何もありませんが。」

いや，空気があるよね。実は，音が伝わるときに空気が振動していたんだ。だから，楽器から発生した音は，空気を伝わって2人の耳に届いたんだよ。もちろん，水中だったら水を伝わって耳に届いただろうね。そして，そのときの音は**波**として伝わっていくんだ。

Point 62 音の伝わり方

- 音は**波**として伝わっていく。
- 音は固体，液体，気体を伝わる。ただし，音を伝える物質がないと，音は伝わらない。

「そういえば，音ってすごく速いってイメージがありますけど，実際どれくらい速いんですか？」

音の伝わる速さは，だいたいこのくらいだよ！

Point 63 音の伝わる速さ

- 音は空気中で**1秒間に約340m**進む。
- 音の速さを求める式

$$\text{音の速さ〔m/s〕} = \frac{\text{音が伝わる距離〔m〕}}{\text{音が伝わる時間〔s〕}}$$

「はやっ!!!」

「でも，そんなに速い音をどうやって測定したんですか？」

そうだなぁ。例えば花火で考えてみてほしいかな。花火を打ち上げた地点から，花火を見た地点まで1500m。花火が見えた瞬間から花火のドーンという音が聞こえるまでの時間が，約4.4秒だった。さて，音の速さはどれくらいかな？　計算してみよう。ちなみに光は1秒間に約30万km進むから，一瞬で伝わると考えていいよ。

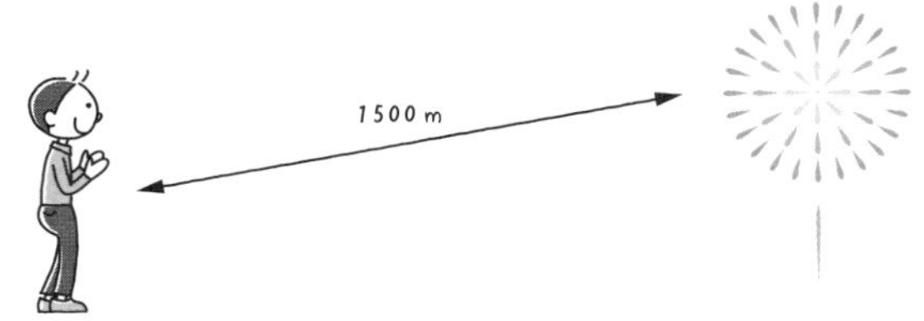

「ええっと，1秒間で進む距離を求めればいいから，1500ｍを4.4秒で割ると340.9…。1秒間に約341ｍ進みますね。」

正解！　ね，だいたい秒速340ｍでしょ。

振幅と振動数

今度は，音の大きさや高さについて学習していくよ。まずは音の大きさからだ。ここにモノコードという楽器がある。じゃあケンタ君，弦を強くはじいてみて。サクラさんは反対に弱くはじいてみようか。

「あ！　強くはじくと大きな音を出して，弦が激しく振動していますね！」

「反対に，弱くはじくと音は小さく，振動も小さいですね。」

その通り。音の大きさは，弦の振れ幅（ふれはば）に関係があるんだ。

Point 64

音の大きさと振幅

- 振動の振れ幅のことを**振幅**という。
- **振幅が大きい**ほど，音は**大きくなる**。

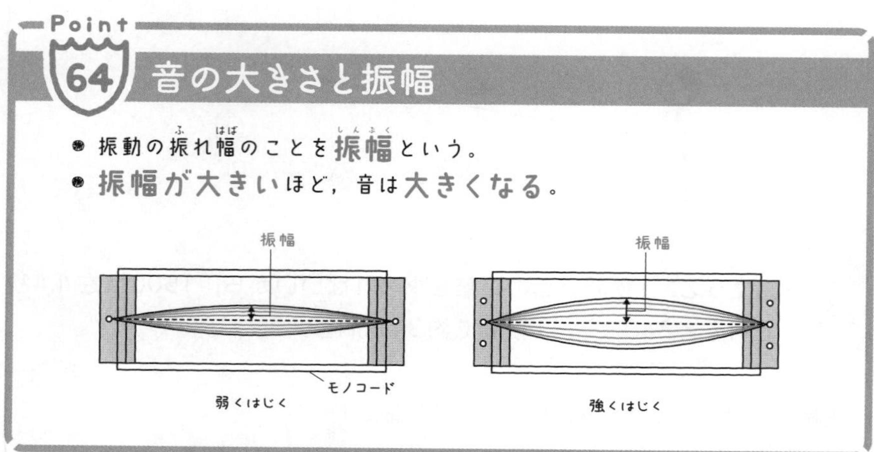

「弦の振幅が大きいと大きな音が出るのはわかりましたけど，高い音を出すにはどうすればいいんですか？」

いい質問だね。高い音を出すには，この３つの方法があるよ。

Point 65

音の高さと振動数

- １秒間に振動する回数のことを**振動数**といい，単位は**ヘルツ(Hz)**である。
- **振動数が多い**ほど，音は**高くなる**。

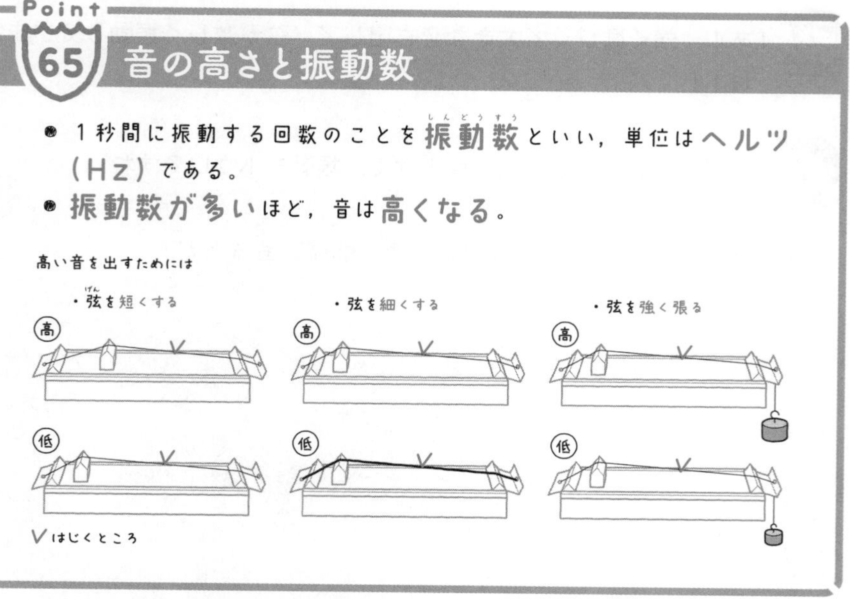

そして，音の振動のようすは**オシロスコープ**を使って画像で確認することができるんだ。

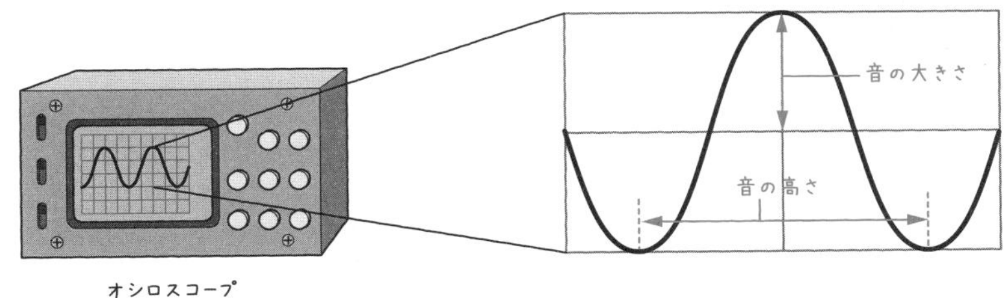

「おおー！　すげぇー。大きい音や高い音だとどうなるんです？」

実際に波形を確認してみようか。横軸(よこじく)に注目すれば音の高さ，縦軸に注目すれば音の大きさがわかるよ。

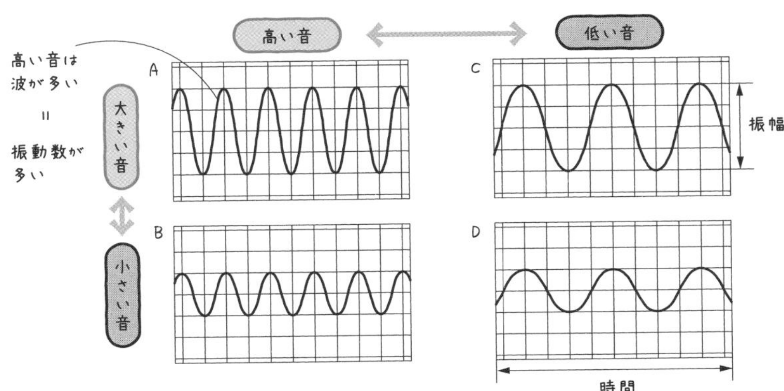

CHECK 26　つまずき度 ！！！！！　➡ 解答は別冊 p.38

1　音は音源が(　　　　)することで発生する。

2　1380m離(はな)れた地点に4.0秒で音が届いた場合，そのときの音の速さは秒速約(　　　　)mである。

力のもつ性質

３章最後の内容は「力」についてだ。理科の世界における力とは何なのだろうか。どのような種類の力があるのだろうか。いろいろな力について学んでいこう。

どんな力があるの？

「先生，すいません。さっきゴムでできた弦(げん)で音を出しながら遊んでいたら，ゴムが切れてしまいました…」

ほう。いったいどれくらいの力で引っ張ったんだろうね。それじゃあ，せっかくだし，力のもつ性質について学んでいこうか。まず，力のはたらきを大きく分けると，この３つに分類されるよ。

Point 66 力のはたらき

理科の世界では，**この３つのどれかが起こったとき，その物体には力が加わっている**ってことになるんだ。

「じゃあ，その力って具体的にはどんなものがあるんですか？」

すごくいろんな種類があるけど，今回はこれを紹介しようかな。

Point 67 力の種類

- ゴムなどが変形して，もとにもどろうとする力を**弾性の力**（**弾性力**）という。
- 地球が中心に向かって物体を引く力を**重力**といい，**すべての物体にはたらく**。
- 物体に押された面が，物体を垂直に押しもどすようにはたらく力を**垂直抗力**という。
- 物体と物体がふれていて動きを止めようとする力を**摩擦力**という。
- 重力や**磁石の力**（**磁力**），**電気の力**は離れていてもはたらく力である。

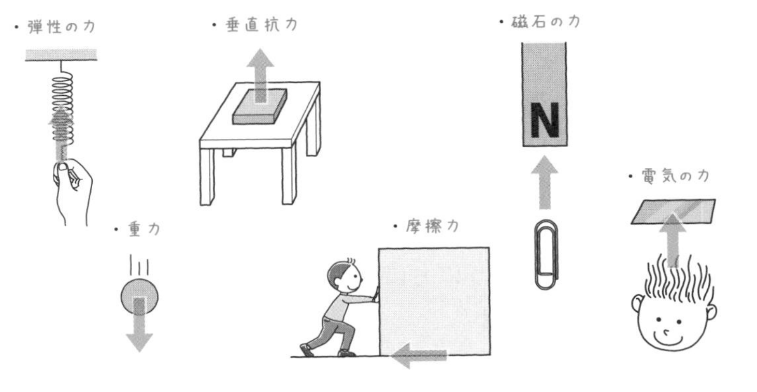

「ゴムとかスポンジとか，押してもあとでもとにもどりますよね。これが弾性の力ですね。」

「重力や磁石の力は知ってますよ！　でも垂直抗力って何ですか？」

垂直抗力というのは，簡単に言えば，面が重力や押す力に対抗する力かな。例えば机の上に本を置いたとき，本が机を突き破って地面まで落ちることなんてないでしょ。本当なら本には重力がはたらいているから，地表にふれるまで落ちてもおかしくないよね。でも，机で止まる。それは机が垂直抗力という力を本に加えているからなんだ。

「なるほど。たしかにこの力がなかったら，ものを置いたり，建物を建てたりできませんね。」

ついでに摩擦力なんかも影響しているよ。

「摩擦力がないと，どうなるんですか？」

ものを持つことができるのは，持っている部分に摩擦力がはたらくからだし，車が進むのはタイヤと地面の間に摩擦力がはたらくからなんだ。もし摩擦力がなかったら，何でもすべっちゃう。そしたら，ものは持てないし，前に進めないでしょ。氷の上なんかは摩擦力が小さいよね。

「たしかに！　氷の上ではよくすべる！　ていうか転ぶ！」

そうだよね（笑）　このように力について理解するときは，日常生活のことを考えるのがおすすめだよ。

✓CHECK 27

つまずき度 !!!!!

➡ 解答は別冊 p.38

1　面が物体を垂直に押しもどすようにはたらく力のことを（　　　　）という。

2　物体がふれ合っているところで動きを止めようとする力のことを（　　　　）という。

3-7 力の大きさをはかる方法

力にはいろいろなものがあるってことが，わかってもらえたかな？　それがわかったら，今度は力の大きさについてだ。重力と弾性の力を使って考えていこう。

重力の大きさはどうやって計算するの？

それじゃあ，力の種類もわかってもらえたことだし，今度は力の大きさをはかってみようか。

「力の大きさって数字にできるものなんですか？」

もちろん計算できるよ！　まずは地球のどこにでもある力，重力の大きさだ。

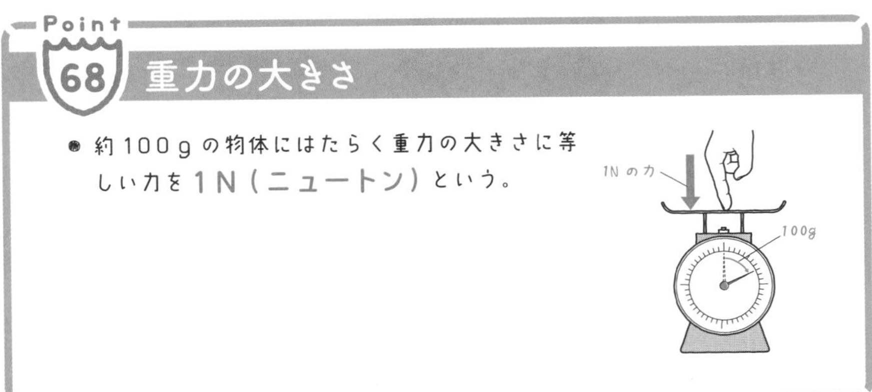

いま，先生は500gの飲み物をもっているんだけど，先生の手が飲み物を持つのに必要な力の大きさは何Nかわかるかな？

「100gで1Nだから，500gだと…5Nですか？」

正解！　つまり，何gかがわかればその物体の重力の大きさもわかるってことなんだ。

ばねののびは，ばねに加わる力に比例する！

力の大きさについて考える上では，ばねを用いるとわかりやすくなるよ。ばねに100g，200g，300gっておもりをつけていくと…

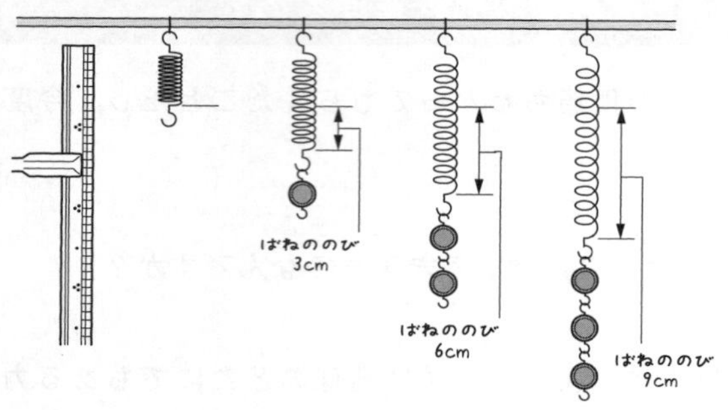

「あ！　だんだん，ばねが長くなっていってる！」

「100gのおもりのときは，ばねが3cmのびていますね。200gのときは6cm。300gのときは9cmのびています。」

100gの物体を支えるのに必要な力の大きさは1Nだったよね。つまり，ばねに1Nの力がかかると3cmのびるということなんだ。このばねとおもりの関係をグラフにしてみるよ。

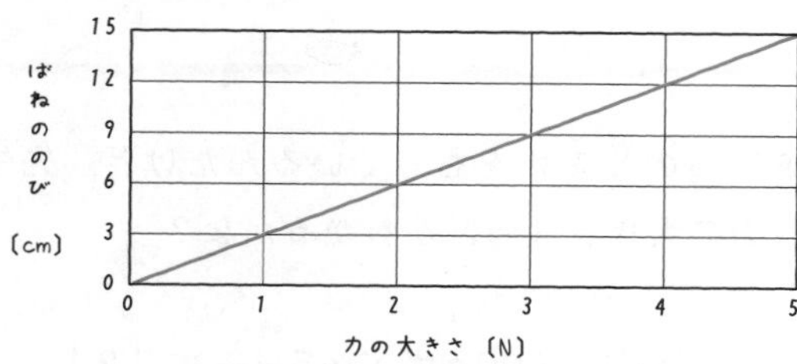

「力の大きさとばねののびが比例していますね。」

その通り！　これを**フックの法則**というんだ。

フックの法則

ばねののびは，ばねに加わる力の大きさに比例する。この法則を**フックの法則**という。

ばねののびは，ばねによって異なるので，必ずしも1Nで3cmのびるとは限らないから気をつけよう。じゃあ，フックの法則を使って1問解いてみよう。

次の問題に答えなさい。

右はあるばねののびと力の大きさの関係を示したグラフである。このばねが7cmのびるとき，何Nの力がばねにかかっているか。

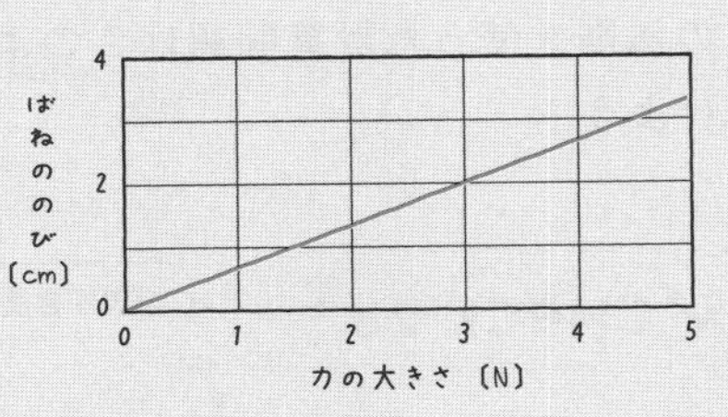

「あれっ，グラフを見てもわからない…」

「2cmのびるときに3Nの力がかかっているのはわかるけど…」

じゃあ，いっしょに解いていこう。まずサクラさんの言う通り，グラフから2cmのびるときに3Nの力がかかっているのはわかるよね。これを使って，比の計算をしよう。7cmのびるときの力をx〔N〕として…

解答

かけ算

2〔cm〕 ： 3〔N〕 ＝ 7〔cm〕 ： x〔N〕

かけ算

$2x = 21$

$\boldsymbol{x = 10.5}$ **N**

「本当だ！　簡単に計算できた！」

「グラフで読みとれるところの数字を使って，比の計算をすればいいんですね！」

そう！　求めたいところをxにして，比を使うと楽に解けるんだ。フックの法則を使った計算問題はこのようによく出されるから，しっかり身につけよう！

CHECK 28　つまずき度 !!　➡ 解答は別冊 p.38

1　100gの物体にはたらく重力と同じ大きさの力は約(　　　　)Nである。

2　ばねののびと力の間には(　　　　)関係があり，その法則のことを(　　　　)という。

3-8 力の表し方

力を紙の上でかく方法がある。今回はそのかき方について学んでいくよ。ポイントは3つだけ。それをしっかり理解して，どんな力でもかけるようにしよう。

重さと質量のちがいって何？

以前，密度を教えたときに質量について解説したけど，覚えているかな？

「えーっと，何となく覚えています。」

「物体の重さみたいなものですよね！」

実はちょっとちがうんだ。せっかくだから，ここで重さと質量のちがいを理解しておこう。

Point 70 重さと質量

- 物質そのものがもつ量のことを**質量**といい，場所によって変化しない。単位は**グラム（g）**や**キログラム（kg）**を使う。
- 物体にはたらく重力の大きさのことを**重さ**といい，場所によって変化する。単位は**ニュートン（N）**を使う。

例えば，月と地球で質量と重さをはかっているところを想像してみよう。質量は月でも地球でも同じだけど，**重さは，月ではかると地球の約６分の１**になるんだ。これは，月の重力が地球の重力の約６分の１だからなんだ。

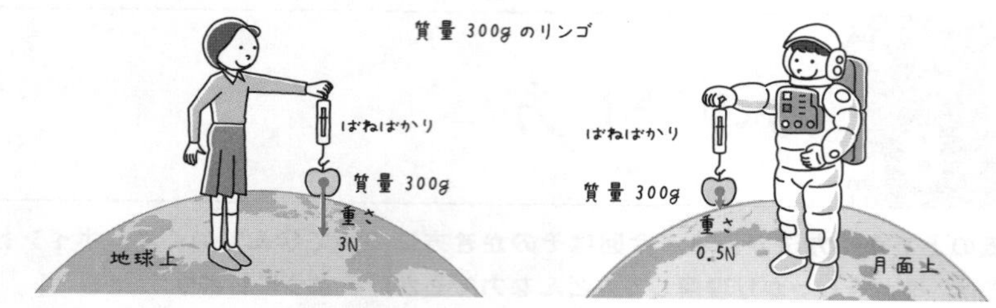

力はどうやって表すの？

力の種類やはかり方についてはわかったかな？　今度は，その力を実際にかけるようになってほしい。まずは下の図の場合，どのように力がはたらき，どうかけばいいか考えてみよう。

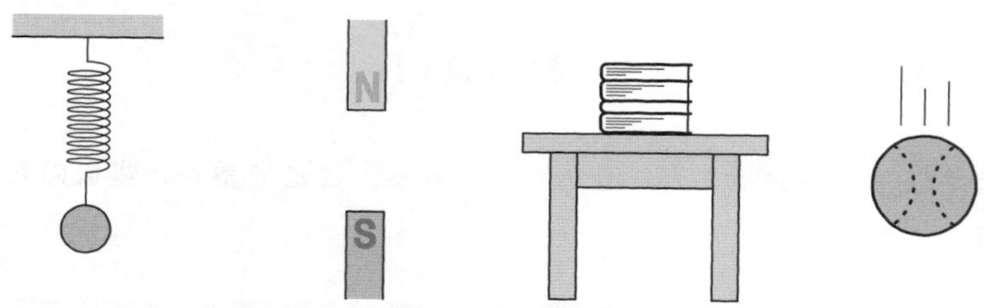

「いきなり言われてもかけません…」

そうだね（笑）まずは力をかくときのポイントを教えなきゃだね。

Point 71 力の表し方

力には**作用点**（さようてん），**力の大きさ**，**力の向き**があり，これを**力の三要素**という。

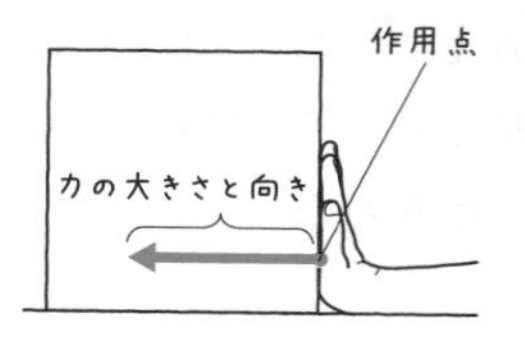

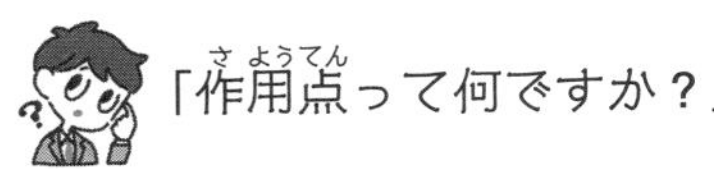

「作用点（さようてん）って何ですか？」

作用点は「力がどこからはたらいているのか」を意味しているよ。例えば，本を押すとき，同じ大きさや向きだとしても，押すところ（作用点）がちがうと，本の動き方がちがうよね。

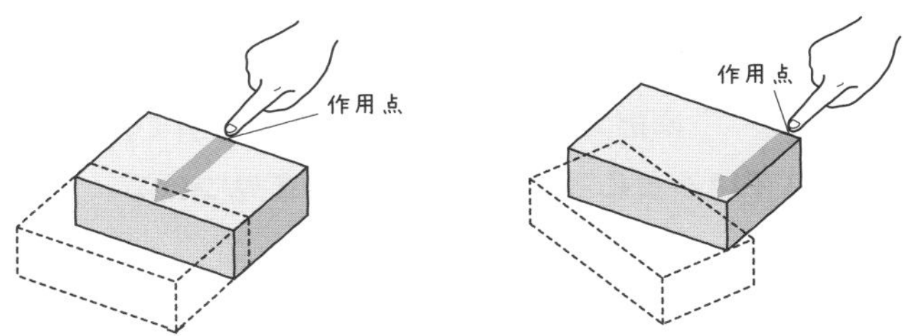

「たしかに動き方がちがいますね。だから，力の要素として重要なんですね。」

「向きや大きさは，変わるとちがう動きをするのがイメージできます！」

よし。それじゃあこの3つの要素をふまえて，さっきの図に矢印をかいてみよう。重力の矢印は，まん中から1本だけかけばいいからね。

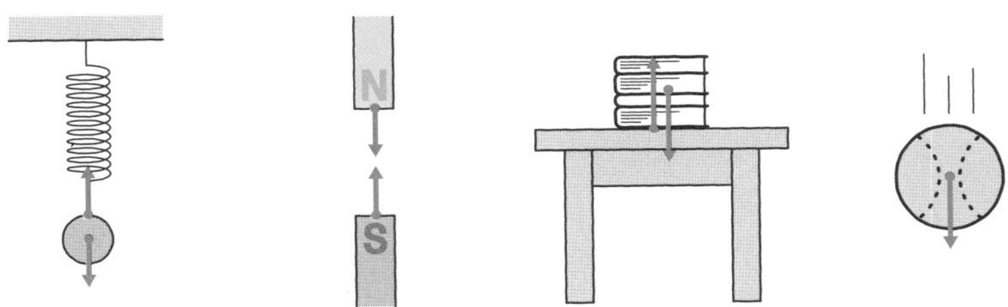

「かけました!!」

「矢印のかき方はよくわかったんですけど，どこにどんな力がはたらいているかって，どうすればわかるんですか？」

ちゃんと，見つけられるようになるコツがあるよ！

コツ **1．すべての物体にはたらく重力を見つける。**
2．物体がふれているところにはたらく力を見つける。
→摩擦力，垂直抗力，押す力や引く力，弾性の力など
3．離れているところからはたらく力を見つける。
→磁石の力，電気の力など

どうかな？　この順番に見つければ，だいたいの力は見つけられるはず。あとは練習あるのみ。くり返し練習して，経験を積むことで自然とどんな力がどこに作用しているかが想像できるようになる。がんばろう！

✓CHECK 29　つまずき度 !!!!!　➡ 解答は別冊 p.38

1　質量は場所によって大きさが(　　　　)。
2　重さは場所によって大きさが(　　　　)。

力のつり合い

ここでは力の関係について教えていこうと思う。綱引きでどちらも動かないとき，力はどうなっているのか考えてみよう。

力がつり合う条件とは？

運動会でさ，綱引き（つなひ）ってしたことあるよね？

「もちろんですよ！」

「毎年必ずやってます！」

そのとき，どれくらい力をこめてる？

「どれくらいって，そりゃあ，もてる限りの力全部ですよ。」

でも，力をこめているのに綱はほとんど動かないよね。なんで綱が全く動かないんだと思う？

「それは，向こうも同じくらい全力で引っ張ってるからじゃないですか？」

同じ大きさの力か…。でも，こういう場合はどうかな？

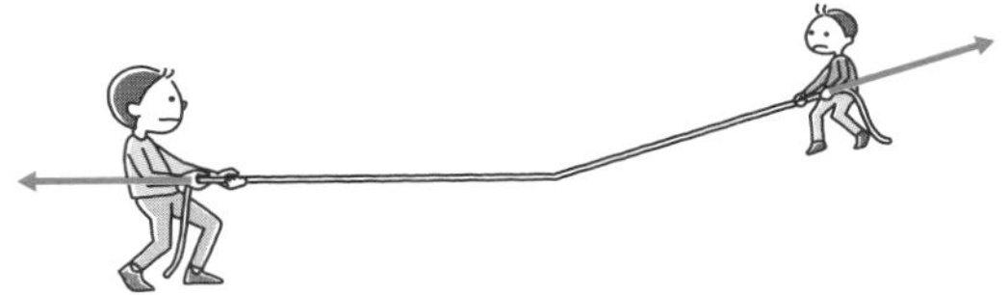

「これでも動かないんじゃないですか？」

「私はななめに動いてしまう気がします。」

おっ，２人で意見が分かれたね。実はサクラさんが正解で，この場合は動いてしまうんだ。動かなくなることを**力がつり合っている**というよ。力がつり合う条件には，次の３つがあるんだ。

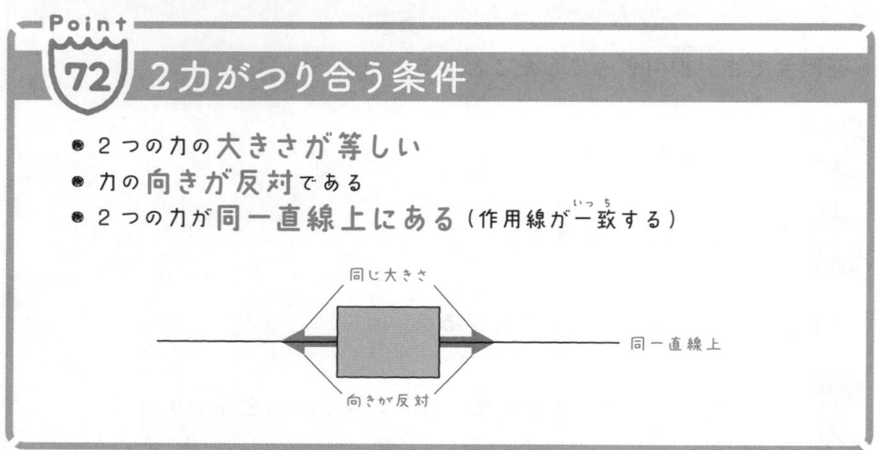

この３つのうち，**どれか１つが欠けても２つの力はつり合わない**んだ。逆にいうと，動いていない物体があれば，上の３つの条件を満たして力がつり合った状態にあるということだ。

✓CHECK 30　つまずき度 !!!!!　➡ 解答は別冊 p.38

1　物体にはたらいている2つの力がつり合っているとき，その2つの力は（　　　　）が等しく（　　　　）が反対で（　　　　）にある。

理科 お役立ち話 3

凸面鏡と凹面鏡の使い道

そういえば，凸レンズの話はしたけど，凸面鏡と凹面鏡の話はしていなかったね。凸面鏡は中心がふくらんでいる鏡で，凹面鏡は中心がへこんでいる鏡だよ。

「何かずいぶん使いにくそうな鏡ですね。」

実は凸面鏡も凹面鏡も，社会の中でとても役に立っているよ。まず，凸面鏡は，カーブミラーによく使われているね。

「たしかに，カーブミラーって丸みのある鏡が使われていますね。」

そうだろう。あれは，より広い範囲を見えるようにするためなんだ。

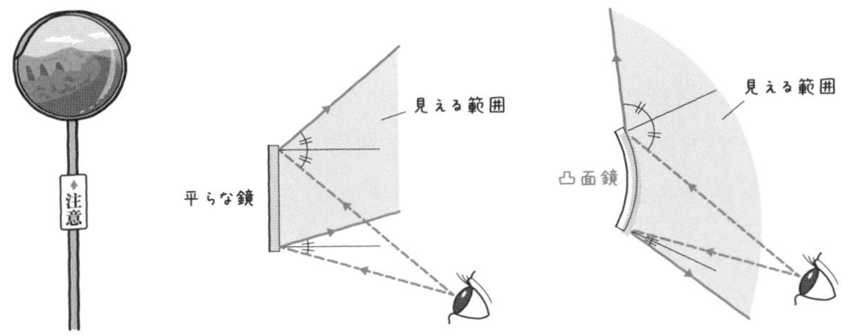

「本当だ。平らな鏡より，まん中がふくらんでいる凸面鏡の方が広い範囲が見えますね。」

ポイントはここでも，光の「反射の法則」が守られていること。交通事故をできるだけ減らすためには，広い範囲を見わたせるようになる必要がある。そのため，広い範囲を見ることができる凸面鏡がカーブミラーに使われているんだ。

「じゃあ凹面鏡は何に使われているんですか？」

代表例は懐中電灯（かいちゅうでんとう）の中にある鏡だね。

「懐中電灯？　あの中に鏡が入っているんですか？」

そうだよ。電球を中心に，その周囲が鏡になっているはずだ。

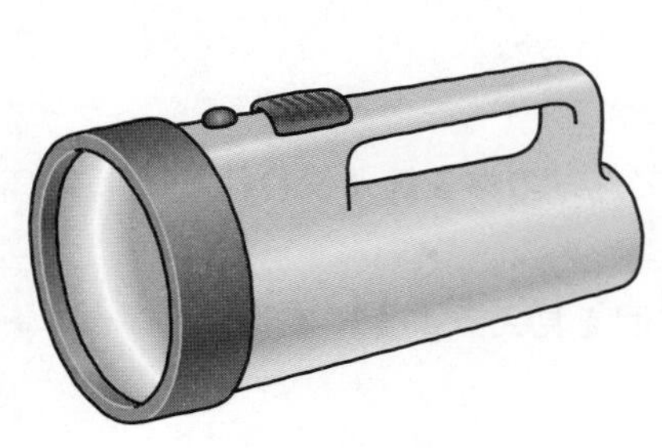

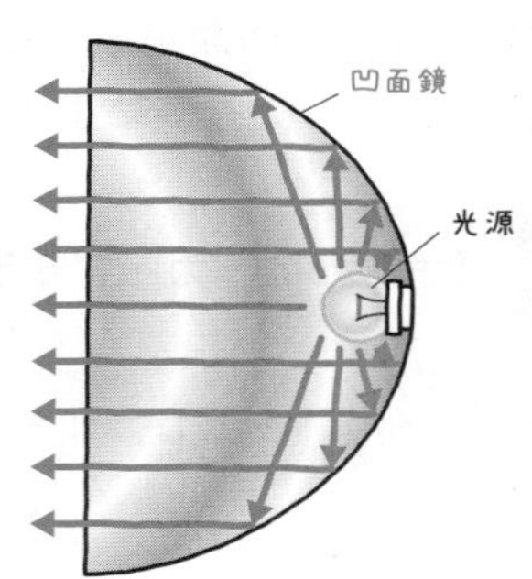

このように，電球のまわりに凹面鏡が存在するため，さまざまな方向に進む光を1つの方向に向けることができるんだ。このおかげで光がまとめられて，明るい懐中電灯にすることができるんだ。

「そうだったんですね！　すごく身近なところに使われていました。」

鏡はいろいろなところに使われているけど，その用途（ようと）に合わせて形が異なっていたりするから，今度注意深く見てみると面白いよ！

中学1年 4章

大地の変化

「そういえば，日本ってなんで地震（じしん）や火山が多いんだろう…？」

「たしかに，考えたことなかったかも。そもそも地震や火山がどうやって起こるのかも知らないし。」

ふだんは意識することはないけれど，大地は常に活動して，変化しているんだ。ここでは，その大地の活動や変化とともに，2人が疑問に思っている地震や火山の起こり方や活動などについて学んでいくよ。

4-1 火山の形と火山噴出物

日本はたくさんの火山があり，地震が多い国だ。この章では，火山と地震について学んでいくよ。覚えることが多いから，原理からしっかり理解しよう。

火山の形によってマグマのねばりけはちがう！

２人は火山が噴火(ふんか)したところって見たことある？

「さすがに生で見たことはないですね。」

「でもテレビでなら見たことあります！」

そう頻繁(ひんぱん)に起こる印象はないよね。でも，日本には多くの火山があって，さまざまな影響(えいきょう)を受けてきたんだ。

「火山の噴火といえば，**マグマ**ですよね。」

そうだね。地下にある岩石が，高温によってとけた物質をマグマとよんでいるけれど，実は火山の噴火のとき，マグマからできたものがいろいろと出ているんだ。これを**火山噴出物(かざんふんしゅつぶつ)**というんだよ。

Point 73 火山噴出物

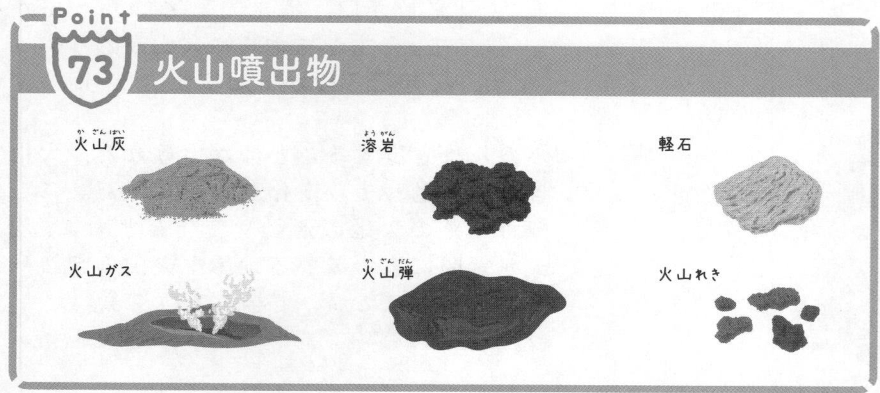

「マグマからいろいろなものができてるんですね！」

「そういえば噴火のシーンをテレビで見たときに，マグマが爆発みたいにふき出るのと，川みたいに流れ出るものがありました。」

おお！　よく見ていたね。実は火山の種類によって噴火のしかたがちがうんだ。噴火のしかたは大きく3種類に分けられるよ。

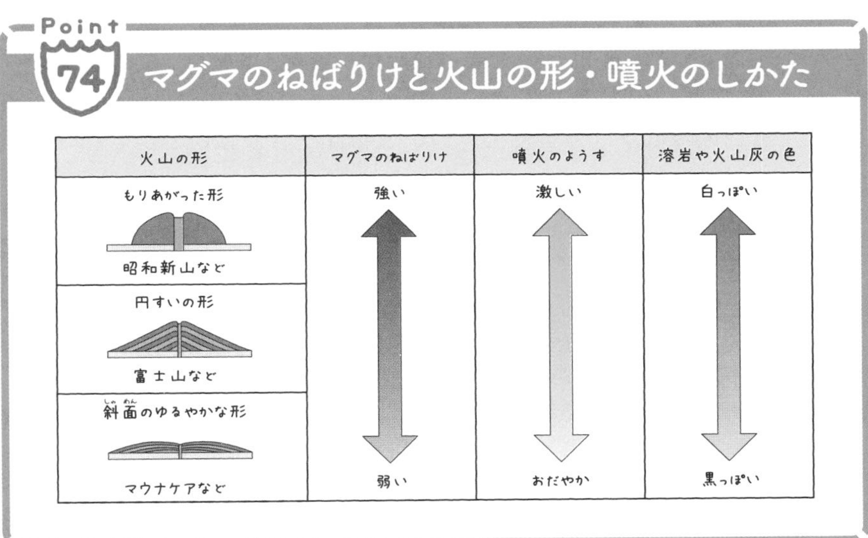

Point 74 マグマのねばりけと火山の形・噴火のしかた

火山の形	マグマのねばりけ	噴火のようす	溶岩や火山灰の色
もりあがった形 昭和新山など	強い	激しい	白っぽい
円すいの形 富士山など	↕	↕	↕
斜面のゆるやかな形 マウナケアなど	弱い	おだやか	黒っぽい

「マグマのねばりけ？　納豆みたいにねばねばするんですか？」

うーん，納豆とはちょっとちがうかな。マグマのねばりけというのは，サラサラしているかドロドロしているかを表しているんだ。例えばねばりけが弱いということは，マグマがサラサラしているということなんだよ。

「サラサラしているから，山が平らになるんですね！」

その通り！　このように，火山の形とマグマのねばりけには深い関係があるんだ。そして，**マグマのねばりけが強いほど噴火が激しくなる**んだよ。

「図を見ると，ねばりけが強いほど溶岩(ようがん)や火山灰(かざんばい)が白っぽいですよね。逆にねばりけが弱いと黒い…なぜですか？」

実は，**マグマのねばりけは，マグマにふくまれる成分の割合によって変わる**んだ。その成分がちがうってことは，そのマグマからできる火山灰や溶岩の色がちがっていてもおかしくないでしょ。

「黒いとねばりけが弱くて，白いとねばりけが強いというわけですね。」

そういうこと。そして，こうしたマグマが地上に出たら，いずれ冷えて固まるよね。冷えて固まったものが，溶岩や火山弾(かざんだん)，火山灰になるわけだ。

火山の噴火にそなえてハザードマップを確認！

「それにしても，何で日本って火山が多いんですか？」

簡単にいえば，日本の大地にマグマが多いからだろうね。

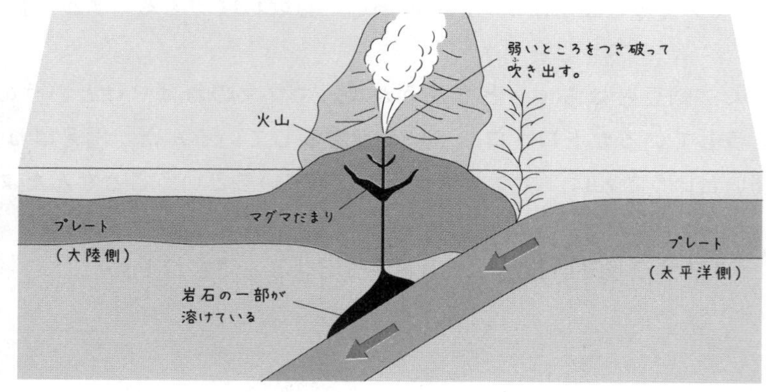

火山の地下には**マグマだまり**というところがあるんだ。マグマだまりよりもさらに地下のところでマグマは生み出され，マグマだまりに移動する。そして，マグマだまりにマグマがたまることで，火山の噴火が起こるんだ。つまり，マグマだまりがある部分に火山ができるわけだね。

「マグマだまりってそのまんまの名前ですね。わかりやすい！」

そうだね。しかも，このマグマだまりはどこにあるかを調べることができるんだ。マグマだまりを事前に調べて，どれくらいの規模の噴火がどこで生じるかを解析（かいせき）している人たちがいるんだ。

「え，じゃあその情報を知ることができれば，火山の噴火の被害（ひがい）を減らせるんじゃないですか？」

その通り。だから，火山が噴火して被災（ひさい）しそうな場所や，被災した際の避難経路（ひなんけいろ）などを示した地図，**ハザードマップ**というものがつくられているんだ。このマップを活用して，いざというときに避難できるようにしておくことが大切だよ。

つまずき度 !!!!!

➡ 解答は別冊 p.38

1　地下にある岩石がとけたものを（　　　　）という。
2　火山が噴火したときに出てくるものを（　　　　）という。

鉱物の種類と特徴

マグマのねばりけは，そのマグマが冷えて固まってできる岩石の色と関係があったね。今回はその色を決めている鉱物の種類と特徴について学んでいくぞ。

鉱物ってどんなもの？

「マグマのねばりけがちがうと火山灰の色がちがうって言ってましたけど，マグマにはどんな成分のちがいがあるんですか？」

じゃあ，マグマを調べてみようか。

「マグマを調べるっていっても，熱くて調べられないんじゃないんですか？」

そこで，マグマが冷えて固まった岩石や火山灰を調べるんだ。岩石を調べれば，その岩石をつくったマグマのことがよくわかるからね。

Point 75 鉱物の種類

- 岩石や火山灰は，**鉱物**という結晶の小さな粒が集まってできている。
- 鉱物には色のついている**有色鉱物**と，色のついていない**無色鉱物**がある。

岩石や火山灰をつくっている鉱物は，全部で約5700種類も見つかっているんだよ！

「5700種類!?　絶対覚えられません…」

「本当に5700種類もふくまれているんですか？」

正直，火山灰なんかにふくまれているのはそれほど種類が多くないんだ。代表的なものがこれかな。

	無色鉱物		有色鉱物			
鉱物名	石英	長石	黒雲母	角閃石	輝石	カンラン石
色	白か無色	白色かうすもも色	黒色	暗黒色か緑黒色	暗褐色	緑褐色
形や割れ方	不規則な形で，不規則に割れる	柱状や短冊状で，決まった方向に割れる	決まった方向にうすくはがれる	細長い柱状	短い柱状	不規則な形の小さな粒

「宝石みたいですね。種類によって形もちがうんだ。」

というか，宝石は鉱物の一種なんだよ。アクセサリーで使われる鉱物のことを宝石とよんでいるんだ。つまり，ルビーもサファイアも鉱物の一種なんだ。

「宝石とか正直興味ないですけど，石英とかの名前は覚えなくちゃいけないんですか？」

これはよく問題で出題されるから，ぜひ覚えよう。そのまま覚えるのは大変だからごろ合わせを教えるよ。

コツ ①せきをしたチョーさん，無職
石英　長石　無色鉱物
②夕食は，苦労を かくした 奇跡（きせき）の カンヅメ
有色鉱物　黒雲母　カクセン石　輝石　カンラン石

「そういえば，マグマのねばりけが強いと岩石が白っぽかったですよね…？　これって鉱物の種類によって決まるってことですか？」

お，よく気がついたね！　岩石の色は，有色鉱物がたくさんふくまれていると黒っぽくなり，無色鉱物がたくさんふくまれていると白っぽくなるんだ。

「鉱物の種類で色が決まるのはわかりますけど，鉱物とマグマのねばりけって関係あるんですか？」

もちろん。岩石はもともとマグマだったわけだ。ということは，岩石を構成する鉱物はマグマの成分といえる。つまり，鉱物がマグマの性質（マグマのねばりけなど）を決めているといっても過言ではないんだ。

「なるほど！　だから鉱物の種類によってマグマのねばりけも決まるんですね。」

CHECK 32　つまずき度 ！！！！！

➡ 解答は別冊 p.39

1　マグマが冷えて固まった岩石や火山灰は，結晶の小さな粒である（　　　　）が集まってできている。
2　黒っぽい岩石には（　　　　）鉱物が，白っぽい岩石には（　　　　）鉱物が多くふくまれている。

4-3 火成岩：火山岩と深成岩

ここでは，さっきのマグマが冷えて固まった岩石について学んでいくよ。さまざまな岩石や鉱物が登場して混乱しやすいから1つ1つ分けて考えられるようにしよう。

冷え固まる場所がちがう火山岩と深成岩

さて，鉱物の次はマグマが冷えて固まった岩石である**火成岩**について学んでいくぞ。火成岩は，**マグマが地表や地表の近くで急に冷えて固まった火山岩**と，**マグマが地下の深いところでゆっくり冷えて固まった深成岩**の2つに分けられるんだ。

Point 76 火山岩と深成岩

- マグマが**地表や地表の近く**で**急に**冷えて固まったものを**火山岩**という。
- マグマが**地下の深いところ**で**ゆっくり**冷えて固まったものを**深成岩**という。

コツ **火山岩と深成岩を合わせて火成岩と覚えよう。**

「どうして火成岩は，できる場所で2つに分けるんですか？」

それは，火成岩ができる場所が，岩石のつくりを決めるからだ。火成岩ができる場所によって，マグマの冷え方は変わる。そのため，岩石を構成する**鉱物の大きさが変わる**んだ。

Point 77 斑状組織と等粒状組織

- **火山岩**は**地表や地表付近で急に**冷えて固まるので**斑状組織**になっている。
- **深成岩**は**地下の深いところでゆっくり**冷えて固まるので**等粒状組織**になっている。

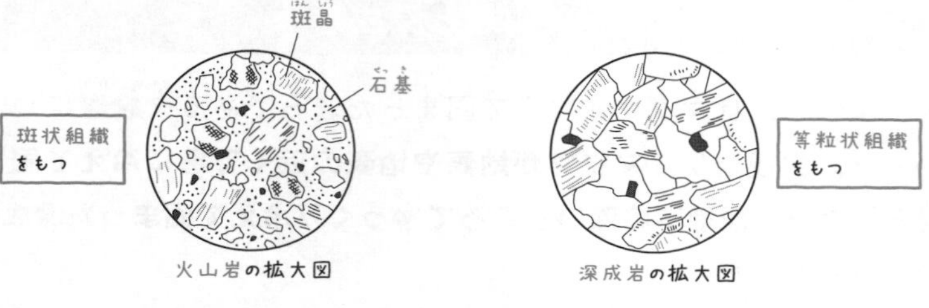

火山岩の拡大図　　深成岩の拡大図

「石基？　斑晶？　鉱物とはちがうんですか？」

鉱物はマグマが冷えて結晶になったものだったね。**石基はすごく小さな鉱物の集まりやガラス質**の部分で，**斑晶は大きな鉱物**のことだよ。

「火山岩は結晶が全体的に小さく，石基があるんですね。逆に深成岩は，大きな鉱物がすき間なく並んでいます。」

そうなんだ。温度の低い地表付近で急に冷えて固まると，同じものどうしがくっつき合う前に固まっちゃうから，鉱物が大きくなれないんだ。反対に，高い温度が維持されやすい地下深くでゆっくり冷えれば，同じものどうしがくっつきながら時間をかけて固まるから大きな鉱物まで成長するんだ。

コツ **①斑状組織の覚え方**

「斑」はまだらという意味。「斑状組織は乳牛の模様（斑模様）」と覚えよう。

②等粒状組織の覚え方

「鉱物の粒の大きさが等しい状態にある組織」と覚えよう。

マグマのねばりけで分類する火山岩と深成岩

「そういえば，火山岩や深成岩の色は鉱物と関係あるんですか？」

もちろんだとも。白っぽい火山岩もあれば黒っぽい火山岩もある。白っぽい深成岩もあれば黒っぽい深成岩もある。これは，マグマのねばりけに応じて分類した3種類の火山すべてで火山岩と深成岩ができるからなんだ。

Point 78 火山岩と深成岩の種類

火山の形状	もりあがった形 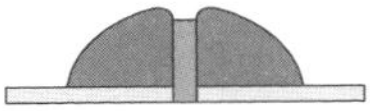	円すいの形 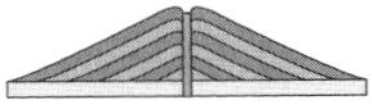	斜面のゆるやかな形 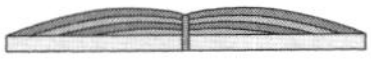
マグマのねばりけ	強い ←	→	弱い
火山岩	流紋岩	安山岩	玄武岩
深成岩	花こう岩	せん緑岩	斑れい岩
ふくまれている主な鉱物	石英，長石，黒雲母	長石，カクセン石，輝石等	長石，輝石，カンラン石
全体的な色	白っぽい ←	→	黒っぽい

コツ　無色鉱物とマグマのねばりけの関係

無色鉱物は有色鉱物よりもかたい傾向にある（ダイヤモンドをイメージ）。

→そのかたい無色鉱物が溶けたマグマはねばりけが強くなる。

→ねばりけが強いから，激しい噴火になる。

「……これ全部覚えなくちゃダメですか？」

覚えられるなら，ぜひ覚えてほしいかな。理屈で理解すればある程度は覚えることは減らすことができるけど，岩石の名前はさすがに覚えるしかないかなぁ。一応ごろ合わせはあるから活用してくれ。

コツ　岩石の覚え方

「強く刈り上げた白い新幹線は速い」

※マグマのねばりけが強く，白っぽい岩石から順に

（刈）火山岩は（り）流紋岩，（上）安山岩，（げ）玄武岩，

（新）深成岩は（幹）花こう岩，（線）せん緑岩，（速）斑れい岩

✓CHECK 33　つまずき度 !!!!!　➡ 解答は別冊 p.39

1　マグマが冷えて固まった岩石を(　　　　)という。

2　(　　　　)は地下の深いところで固まった岩石。そのため，(　　　　)組織をもつ。

地震のゆれと伝わり方

ここからは地震について学習するよ。日本で生活していると，何度となく地震が起こるよね。地震というものがどんなものか，説明できるように理解しよう。

小さなゆれの初期微動と大きなゆれの主要動

２人は，地震(じしん)を体験したことある？　ニュースでもよく報道されるよね。

「もちろんです。たまにゆれると怖(こわ)くなります…」

「あと，急に緊急地震速報(きんきゅうじしんそくほう)が鳴るとびっくりします！」

地震って怖いよね。それじゃあここでは，地震についていっしょに学んでいこう。まずは，地震が発生する地点の名前からだ。

Point 79 震源と震央

- 地震(じしん)の発生した地下の場所を**震源(しんげん)**という。
- 震源の真上にある地表の位置を**震央(しんおう)**という。

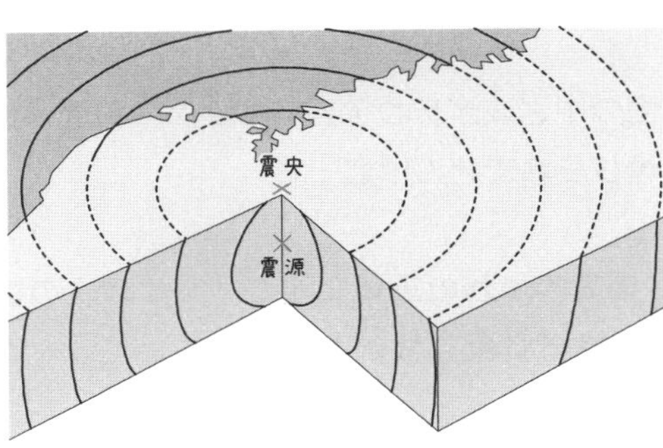

「震源(しんげん)は地震が発生した地点そのもののことをいうんですね。それに対して，震央(しんおう)は地図上での地点を指しているんですね。」

「地震って，震源という１つの地点から発生するのに，なんであんなに広い範囲(はんい)でゆれるんですか？」

実は，地震って音と似ている部分があるんだ。3章で音は音源を中心に波が広がって伝わるって学んだよね。地震もそれと同じで，**震源を中心に波が伝わってゆれが起こる**んだ。

Point 80 初期微動と主要動

- はじめの小さなゆれを**初期微動**(しょきびどう)といい，**P 波**が届いて起こる。
- 初期微動のあとにくる大きなゆれを**主要動**(しゅようどう)といい，**S 波**が届いて起こる。

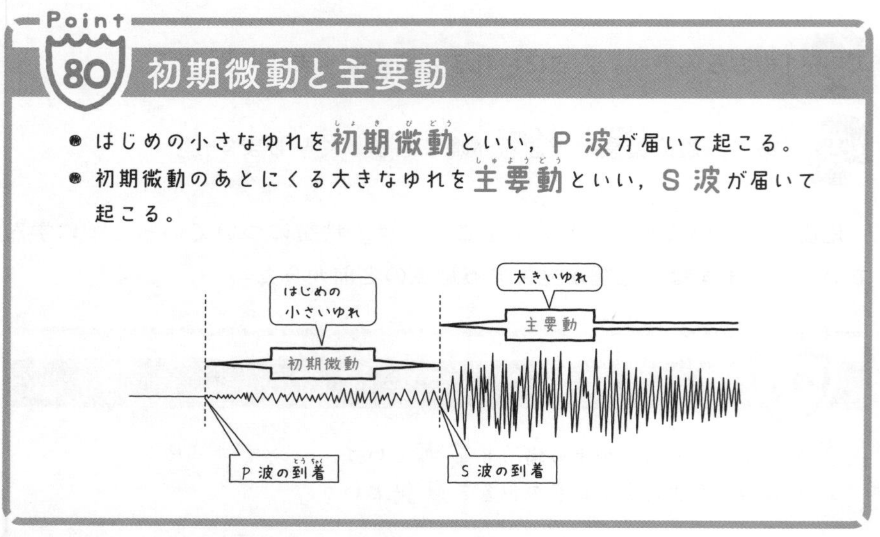

「え？　地面の中を波が伝わるんですか？　地面が波のように振動(しんどう)するなんて信じられませんけど…」

でも，その波が地震のゆれの正体なんだ。まずは次の図の**地震計**とグラフを見てほしい。地震計は紙に描針(びょうしん)が当たっていて，ふだんは紙がくるくる回っているだけなんだ。

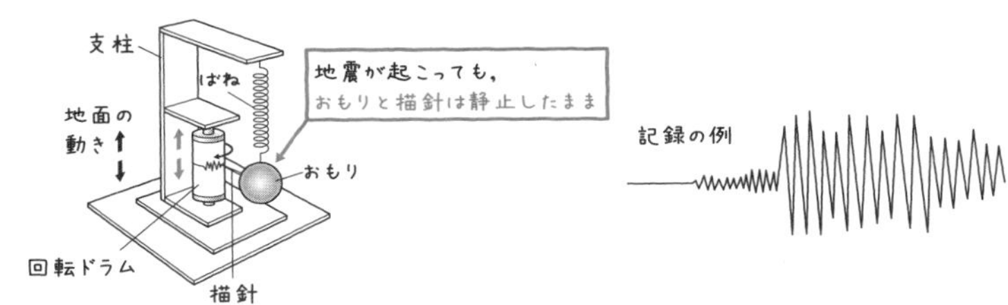

「地震が起こるとどうなるんですか？」

描針は動かずに，紙だけが動くようになっているんだ。地震が起こると，その地震のゆれの大きさに合わせて紙が動くんだ。ゆれが大きければ，その分，紙が大きく動いてグラフが大きく変動する。小さなゆれのときは，あまり動かないからグラフの変動も小さいんだ。

「そういえば地震がくるときって，最初に小さくゆれてから，大きなゆれがきている気がします。」

多くの地震ではゆれが２段階になっているよね。最初に小さくゆれ出し，あとから大きく激しいゆれがくる。その**最初のゆれが初期微動(しょきびどう)で，あとの大きなゆれが主要動(しゅようどう)**なんだ。

「でも，何でゆれが２種類あるんですか？」

地震は波が伝わって起こるって教えたよね。波には２種類あって，それがＰ波とＳ波なんだ。そして，**Ｐ波の方が伝わるのが速い**から先に到達(とうたつ)するんだよ。

コツ　**Ｐ波は「Primary」の，Ｓ波は「Secondary」の頭文字からきている。Primaryは英語で「最初の」という意味で，Secondaryは「２番目の」という意味。Secondaryは「第２」という意味のSecond（セカンド）からきているよ。**

地震のゆれは同心円状に広がる!

「初期微動って，長い時間感じるときとほとんど感じないときがあります。」

たしかに，**地震によって初期微動の長さってちがう**よね。それは震源からの距離によって地震の波が届くまでの時間がちがうからなんだ。

Point 81 地震のゆれの伝わり方と速さ

- 初期微動が始まってから，主要動が始まるまでの時間を**初期微動継続時間**という。
- 初期微動継続時間は**P波とS波の届く時間の差**である。
- 初期微動継続時間は**震源からの距離に比例して長くなる**。
- 地震が発生してからゆれるまでの時間は，**震源からの距離に比例して長くなる**。

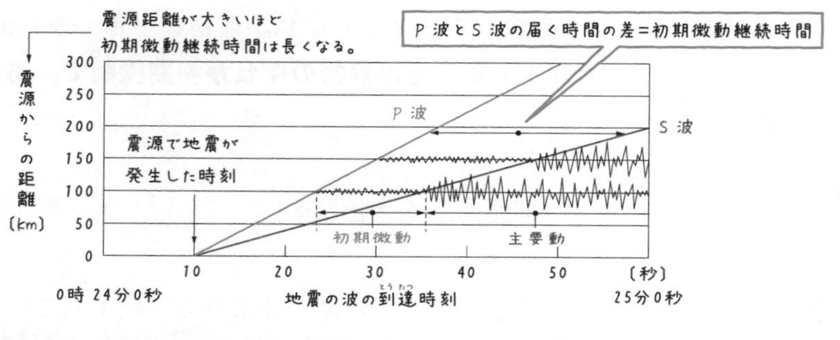

「震源から離れているほど，波がくるのに時間がかかるから，ゆれが起こるまでの時間が遅くなるんですね。」

そうだね。地表では**震央を中心に同心円状に地震のゆれが広がっていく**んだよ。

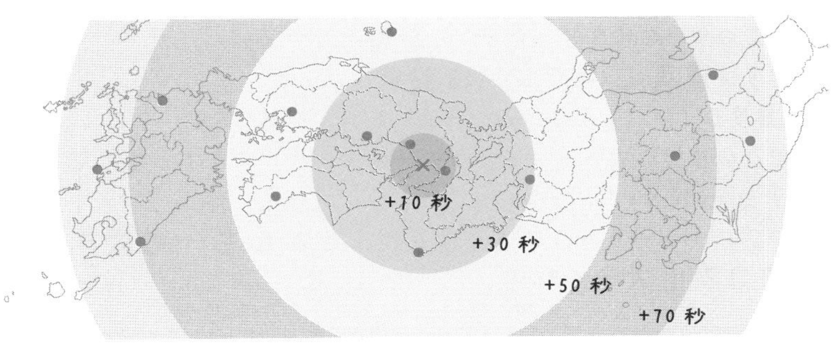

「地震が発生してからゆれるまでの時間や初期微動継続時間は，震源からの距離と深い関係があるんですね。」

その通り。**震源からの距離と初期微動継続時間は比例する**からね。初期微動継続時間がわかれば，震源からの距離がわかるんだ。この比例関係はとても大事だからしっかり理解しよう。

ゆれを表す震度とエネルギーを表すマグニチュード

2人は，「震度(しんど)5弱」とか聞いたことあるでしょ？

「あります！　震度5弱って聞くとすごいゆれを想像しちゃいます。」

「あと，マグニチュードという言葉も，地震のときによく聞きます。これはいったい何なんですか？」

たしかに震度5弱はすごいゆれだね。じゃあまずは，震度とマグニチュードがそれぞれ何を表しているかを学んでいこう。

震度とマグニチュード

- 地震のゆれの程度を表すものを**震度**という。
- 震度は**震度0～7の10段階**。
（震度0，1，2，3，4，5弱，5強，6弱，6強，7）
- 地震の規模の大きさ（エネルギーの大きさ）を表すものを**マグニチュード**という。
- マグニチュードが1大きくなると，**エネルギーの大きさは約32倍大きくなる**。

震度は地面の上でみんなが感じるゆれの大きさのことなんだ。基本的に，**震央に近いほど大きくて，離れるほど小さくなる**よ。

「そういえばマグニチュードは，震度みたいに震央から離れたら小さくなるってことがありませんよね。」

そう，**マグニチュードは地震のエネルギーの大きさを表している**から，マグニチュードと震源や震央からの距離との間に関係はないんだ。

「結局，マグニチュードと震度ってどんな関係があるんですか？」

マグニチュードが大きいほど地震の規模が大きくなりやすい。でも，マグニチュードが大きくても，必ず震度が大きくなるとは限らないんだ。震源の深さや地形などが地表のゆれ，つまり震度に影響を与えるんだ。例えば，マグニチュードが小さくても震源が浅ければ，震度は大きくなりやすいんだよ。

「マグニチュードだけでなく，大地のつくりなどもゆれの大きさに関係しているんですね。」

地震によって起こる災害

また，マグニチュードの大きさや震源の深さ，発生源の地形は震度だけでなく，ほかの災害にも大きな影響を与える。以下はその代表的なものだ。

Point 83

地震による災害

- 地震による災害として，**津波**(つなみ)，**液状化**(えきじょうか)，建物の**倒壊**(とうかい)などがある。
- 地震による大地の変動として，**断層**(だんそう)(→p.177)，**隆起**(りゅうき)(→p.183)，**沈降**(ちんこう)(→p.183)などがある。
- 災害の被害(ひがい)を少なくするために**緊急地震速報**(きんきゅうじしんそくほう)や**津波警報**(つなみけいほう)がある。

津波(つなみ)は地震による災害の代表的なものの1つだね。液状化(えきじょうか)は，振動によって地面の中の水分が土と分離(ぶんり)してしまい，建物などが沈(しず)んでしまうというものなんだ。

「大地を変えてしまうなんて，地震ってすごいんですね…」

そうだね。地震による災害はとても規模が大きくて，簡単に大勢の命をおびやかしてしまう。だからこそ，すばやく避難(ひなん)できるように緊急地震速報や津波警報(つなみけいほう)が開発されたんだ。これも現代の科学技術のおかげだね。

CHECK 34　つまずき度 !!!!!　➡ 解答は別冊 p.39

1　地震の発生した地下の場所を（　　　　）という。

2　地震が発生した直後から主要動が発生するまでの時間を（　　　　）といい，震源から遠いほど（　　　　）なる。

3　地震のゆれの大きさを表すものを（　　　　）といい，地震の規模の大きさを表すものを（　　　　）という。

中1 4章

地震が発生するしくみ

地震の特徴について理解したあとは，地震がどうやって起こるかを知ってもらうよ。地震が起こるしくみ，地震が起こる場所，それが理解できたらOKだ。

プレートの境界で発生する地震

「日本って地震が多いことで有名ですけど，そもそも何で日本では地震が多いんですか？　火山が多いから？」

たしかに疑問だよね。じゃあ，今回は地震はなぜ起こるのか，その代表例について学んでいこう。地震が起こるしくみがわかれば，どんな場所に地震が多いのかすぐわかるよ。まずは次の図を見てくれ。

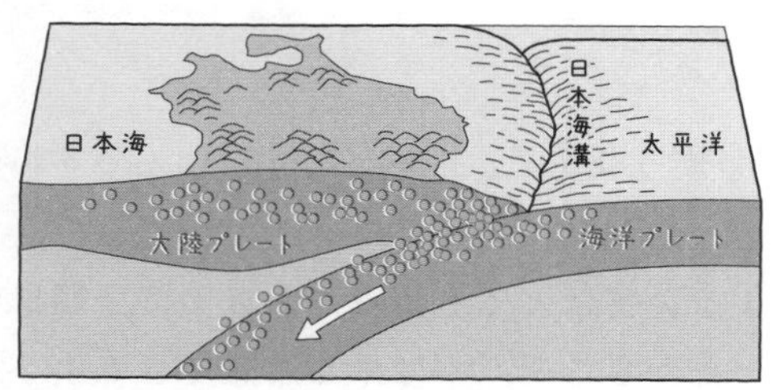

●：震源

この図は日本の断面図。表面にあるのが**プレート**だ。そしてプレートの境界には「**海溝**」という海底の溝ができやすいんだ。

「ほんとだ！　太平洋側のプレートが，大陸側のプレートの下に沈みこんで，溝ができていますね。」

実は，このプレートが少しずつ動いているんだ。この**プレートが動くことで，地下に存在する巨大な岩石や岩盤に大きな力がはたらく**んだよ。

「でもプレートが動くって，動き続けたら大地はどうなっちゃうんですか？　日本列島が海に沈んじゃいませんか？」

それは大丈夫。プレートが動き続けると，ある瞬間でもとの位置にもどるんだ。だから，そう簡単に日本列島が沈んでしまうってことはないんだよ。

「なんだ。ちょっと安心した。」

プレートの動きで日本が沈没する心配はない。だけど，このプレートがもとの位置にもどる瞬間，はかり知れない衝撃が生じて大きな地震となるんだ。プレートの動きをもう一度よく見てみよう。太平洋側のプレートが大陸側のプレートの下に沈みこんでいるよね。このとき，**太平洋側のプレートは大陸側のプレートを巻きこみ，引きずりこんでいる**んだ。

「太平洋側のプレートが大陸側のプレートを奥深くに連れていこうとしているんですね！」

その通り。そして，さっきも言った通り，この大陸のプレートが，あるところまで引きずりこまれると，ばねのようにもとの位置にもどろうとして地震が発生するんだ。だから，**プレートの境界ではとても多くの地震が起こる**というわけだ。しかも，このプレートの境界で起こる地震は規模が大きくなりやすく，海底で起こるから**津波**も発生しやすいんだ。

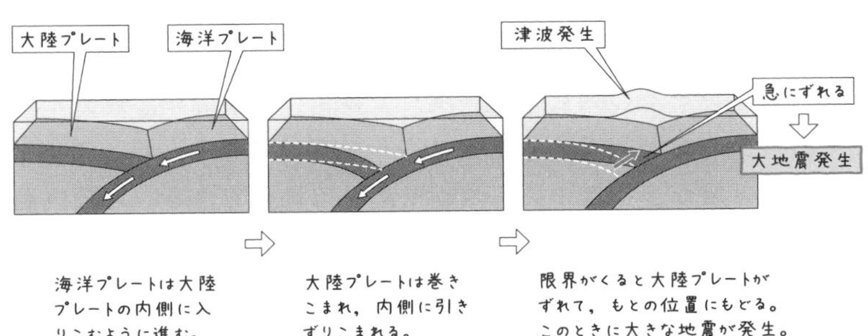

活断層によって起こる地震

「こんな大きなものが動いて力を加えていたら，地下深いところで大地が大変なことになっていそうですね。」

そうでしょ。実際，地下にある巨大な岩石や岩盤がその大きな力にたえきれずに破壊されることがある。その破壊によって生じる大きな衝撃もまた，地震の原因。さらに，その巨大な岩石が破壊されるとき，大地にずれができるんだよ。

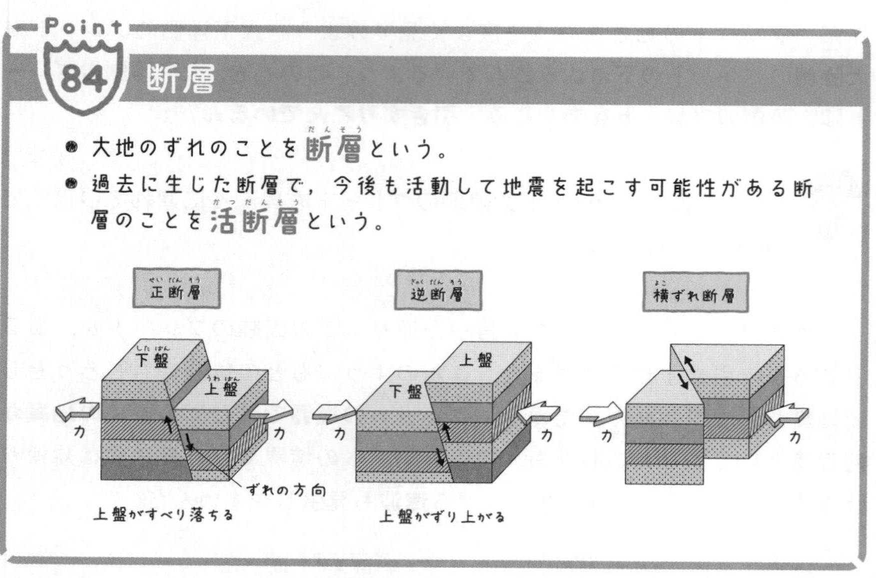

最初に見たプレートの図をもう一度見てみよう。実際に，過去に地震が起きた場所の分布を地図で見てみるとこんな感じになるんだ。プレートの境界で起こる地震が多いほかに，内陸で起こる地震もある。この**内陸で起こる地震は活断層によるもの**だ。

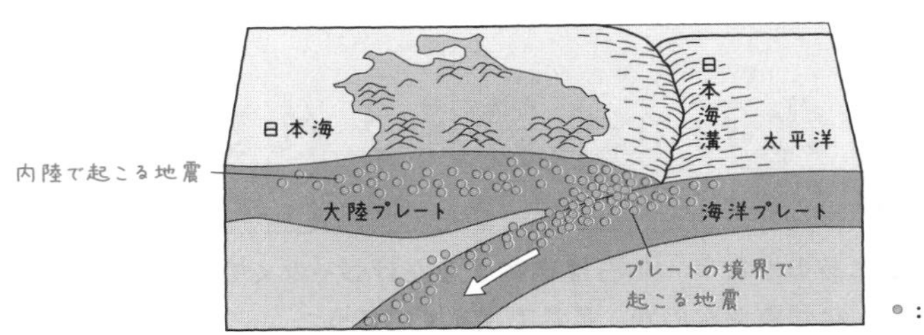

コツ　日本付近の地震の震源の数は太平洋側に多い。

「なんで日本海側は震源の深い地震が多いんですか？」

上の図を見てごらん。海洋プレートが沈みこんでいるでしょ。海洋プレートが深くなっていく分，震源も深くなっていくんだ。逆に，**太平洋側のプレートの境界では，日本海側に比べて震源の浅い地震が多いね**。

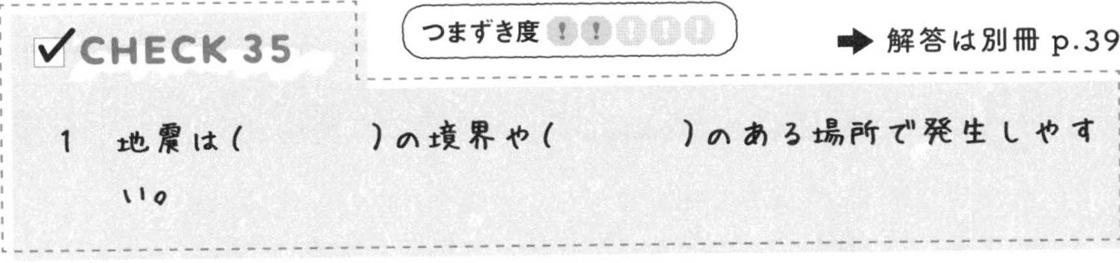

CHECK 35　つまずき度 ！！！！！　➡ 解答は別冊 p.39

1　地震は(　　　　　)の境界や(　　　　　)のある場所で発生しやすい。

化石から読みとれること

化石って見たことあるかな？　化石は鑑賞するだけじゃなくて，科学的な観点でも重要なものなんだ。なぜ重要なのか，ここで学んでいこう。

環境がわかる示相化石と時代がわかる示準化石

２人は化石って見たことある？

「アンモナイトとか，恐竜とか！　博物館で見たことありますよ。」

実は化石って，昔の地球がどうなっていたかを教えてくれる大事なものなんだ。だから化石のことを調べると，昔のことがわかってくるんだよ。

示相化石と示準化石

- 生物の死がいや足跡などが地層の中に残ったものを**化石**という。
- 地層が**堆積した当時の環境**を示す化石を**示相化石**という。
- 地層が**堆積した時代**を示す化石を**示準化石**という。

「示相化石と示準化石…名前が似ていますね。」

そうだね。まずは示相化石について説明しよう。例えば，サンゴってどんな海に生息しているか知っている？

「沖縄とかオーストラリアみたいなあたたかい海ですよね？」

そうそう。**サンゴは沖縄のようなあたたかくて浅い海に生息している。**じゃあ，全然ちがう場所の地層からサンゴの化石が見つかったとき，その地層は，当時どんな環境(かんきょう)だったといえるかな？

「ええと…どんな環境だったんだろう…？」

サンゴは今も昔も，生息している環境は変わらないんだ。つまり，サンゴの化石が見つかったということは，その地層は当時，あたたかくて浅い海だった可能性が高いということがわかるんだ。

「すごい！　化石だけで当時の環境がわかるんですね!!」

サンゴならあたたかい海，ホタテガイなら水温の低い海のように，示相化石として使われる生物は**生きられる環境が限られている**んだ。さまざまな環境下で生きられる生物（今でいうヒトなど）の化石が見つかっても，当時の環境はわからないから示相化石にはならないんだ。

示相化石となる生物	推定できる生活環境
サンゴ	あたたかく，きれいで浅い海
アサリ，ハマグリ，カキ	岸に近い浅い海
ホタテガイ	水温の低い浅い海
シジミ	湖や淡水(たんすい)の混じる河口付近
ブナ，シイ	温帯で，やや寒冷な地域の陸地

「それじゃあ，示準化石(しじゅんかせき)はどういうものなんですか？」

示準化石を説明する前に，1つ知っておいてほしいことがあるんだ。それは，地層や示準化石をもとにすれば，地球の歴史がわかるということ。そして，示準化石をもとにして時代を区分したものを**地質年代**というんだよ。

「地質年代…？　はじめて聞きました。」

地質年代は新しいものから順に，**新生代**，**中生代**，**古生代**って分かれているんだ。社会で学ぶ日本の時代分けとはちょっとちがうね。そしてこの時代区分をするのに重要なのが示準化石なんだ。

「時代分けはわかりましたけど…示準化石でどうやって時代を分けるんですか？」

ある特定の時代にしか生きていない生物の化石，これが示準化石なんだ。例えば，中生代にしか生きていないアンモナイトの化石が，とある地層から出てきたとしよう。そしたら，その地層は中生代のものだとわかるよね。

古生代	中生代	新生代
フズリナ サンヨウチュウ	アンモナイト キョウリュウ	ビカリア ナウマンゾウ

「つまり，示準化石が見つかれば，その化石があった地層がいつの時代にできたものかわかるってことですね。」

そういうこと。示準化石は，その化石をふくむ地層が堆積した時代を知る手がかりになるってわけだね。こうした示準化石として使われる生物にも条件がある。まず，**短い期間だけ栄えた生物に限る**んだ。

「何で短い期間でないといけないんですか？」

生きていた期間が長いと，何時代かを決定できないからね。だから，示準化石になっているものはすべて絶滅している生物なんだ。そしてもう1つ，示相化石と逆で**広い範囲に生息している**必要があるんだ。

「広い範囲？　何でですか？」

例えば，日本だけに生息していた生物じゃ，ほかの国の地層と比較できないから，時代を推測することはできないだろう？　できるだけ広い範囲に生息していた生物だと時代の推定がしやすくなるんだ。

✓ CHECK 36

つまずき度 !!!!

➡ 解答は別冊 p.39

1　その化石が見つかった地層の時代を示す化石を（　　　　）といい，当時の環境を示す化石を（　　　　）という。

2　地球の時代を区分したものを（　　　　）といい，新しい時代から順に（　　　　）（　　　　）（　　　　）と分かれている。

地層がつくられるしくみ

さっきからちょくちょく出ていた「地層」。これは，大地を調べるために欠かせない大事なものなんだ。ここでは地層のでき方について理解しよう。

地層は風化や侵食→運搬→堆積の順でできる

「さっき化石を勉強したときに，地層って言葉が出ていましたけれど，そもそも地層ってどうやってできるんですか？」

説明していなかったね。じゃあ，今回は地層がどうやってできるのか学んでいこう。地層ができるには，順を追って考える必要があるぞ。

Point 86 風化と侵食

- 地表の岩石が表面からもろくなり，くずれていく現象を**風化**（ふうか）という。
- 風化でくずれた岩石が，風や水によって削（けず）られることを**侵食**（しんしょく）という。
- 侵食によって，**V字谷**（ブイじこく）が形成される。

風化

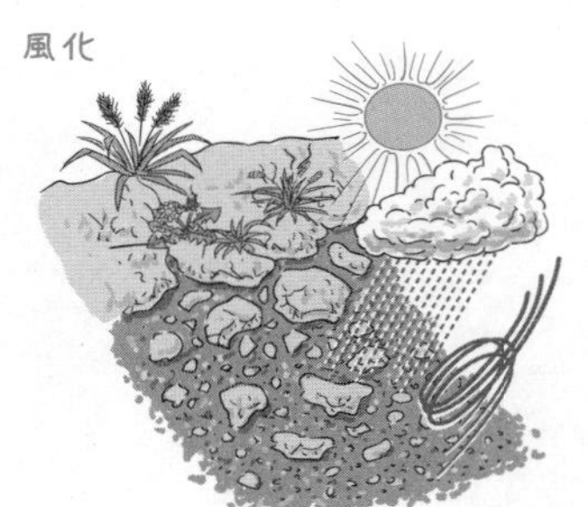

日光や風などによって，岩石の表面がもろくなり，くずれやすくなる

侵食

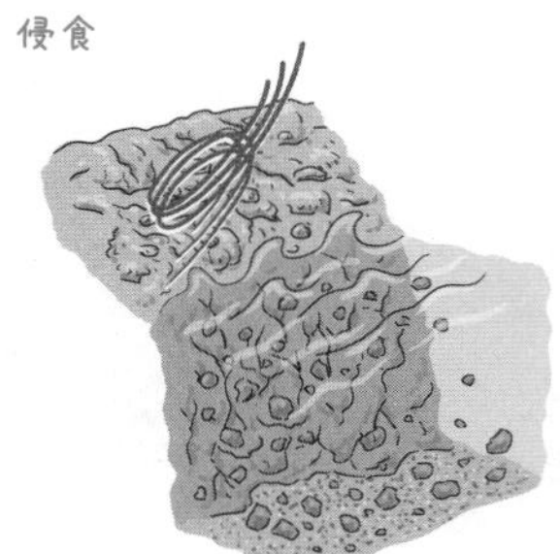

風や水によって削られる

「風化と侵食って，どちらも岩石がくずれていくことですか？」

うん，風化と侵食のはたらきは，似た部分があるよね。風化は，太陽の熱や急激な温度変化などによって，岩石の表面がもろくなり，細かくくずれたりすることをいうんだ。侵食は，風化によってもろく細かくなった岩石に，水などが侵入することで削りとられる現象のことなんだよ。こうした風化や侵食によってできたれきや砂，泥が地層のもとになるんだ。

「風化や侵食でできたれきや砂，泥がどうやって地層になるんですか？」

このあと，川で運ばれて積み上げられるよ。

Point 87 運搬と堆積

- 風化や侵食によってつくられたれきや砂，泥は川の水によって**運搬**される。
- 運搬されたれきや砂，泥は河口や海などに**堆積**する。
- 堆積することで，**扇状地**や**三角州**が形成される。

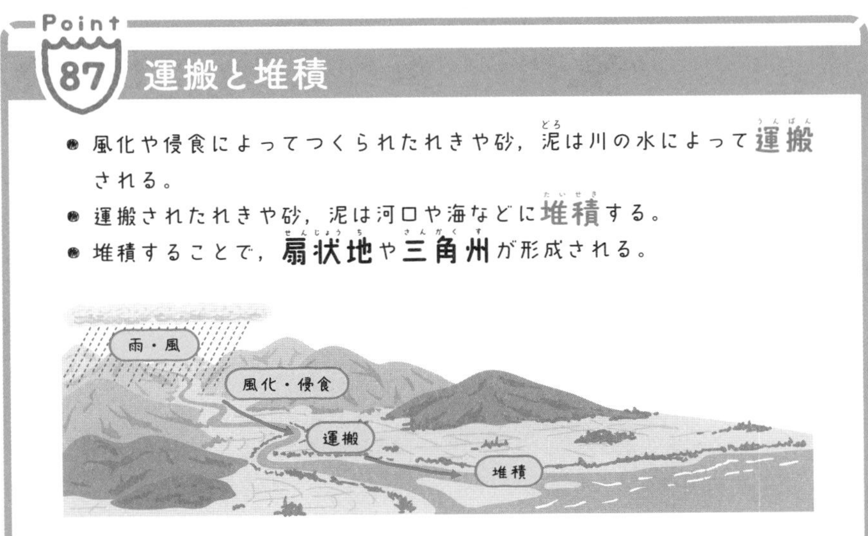

川の水には岩石を**侵食**する作用と，侵食でできたれきや砂，泥を**運搬**し，**堆積**させる，というはたらきがあるんだ。

「堆積したら大地の層ができるんですか？　運ばれただけじゃ，みんないっしょに積もって，層なんてできそうにないですけど…」

それがいっしょには積もらないんだ。れき・砂・泥で分かれて層ができるんだよ。

Point 88 堆積のしかた

- **れき＞砂＞泥**の順に粒が大きい。
- 川の水で流されたものは角がとれて**粒が丸くなっている**。
- 海底では**粒の大きいものほど河口側にあり，粒の小さいものほど河口から離れる**。

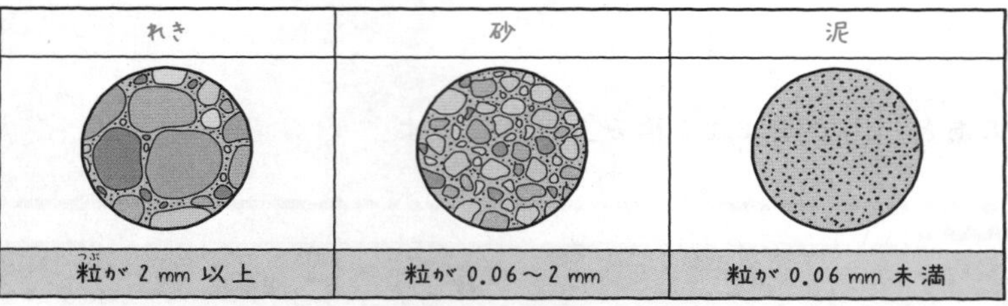

れき	砂	泥
粒が 2 mm 以上	粒が 0.06～2 mm	粒が 0.06 mm 未満

河口付近の海底のようすを見ると，どういう順番で堆積しているかな？

海水面が下降したとき

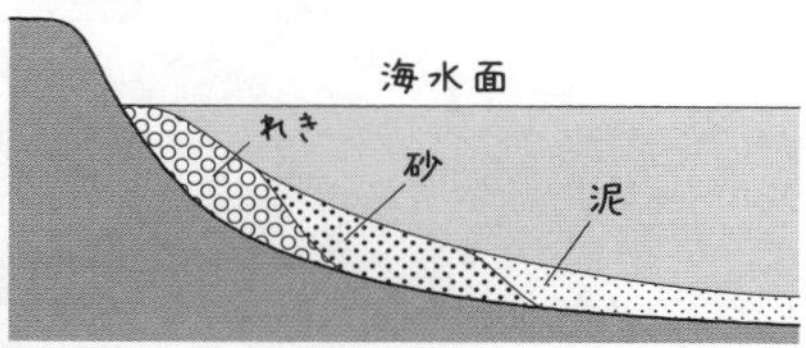

「れきが，河口付近でたまっていますね。それから次に砂，河口からいちばん遠くに泥が沈んでいます。」

正解！　粒の大きいものほどはやく沈むんだ。だから河口から見ると，れき→砂→泥の順番になるんだ。

「粒が大きいと，水の力でも遠くまで運べないですもんね。」

それと，基本的に層の下の方に大きい粒が，上の方に小さい粒が堆積するよ。こうして堆積したあとは，海底が隆起（りゅうき）して陸地になると，地上で地層が見られるようになるんだ。

CHECK 37 つまずき度 !!!!!

➡ 解答は別冊 p.39

1 （　　　）や（　　　）によって生じたれきや砂などが，川の水によって（　　　）され，河口や海に（　　　）することで地層が形成される。

堆積岩の種類とでき方

れきや砂，泥，さらには火山灰が積もると，最終的にはどうなるのだろうか。今回は積もり積もって，地層になったあとを追いかけてみるぞ。

さまざまな堆積岩

「れきや砂，泥が堆積して地層になったあとは，どうなるんですか？」

簡単にいうと，押しつぶされて岩石になるんだ。ほら，泥だんごをつくるときって，土をしめらせてからぎゅーっとにぎるでしょ。堆積したれきや砂，泥も同じなんだ。何年も堆積し続けると，何十トン，何百トンになるからね。それくらい重いと，押し固められて岩石になるんだ。堆積してできた岩石だから，**堆積岩**というんだよ。

「あれっ，前に習った火成岩とは何がちがうんですか？」

火成岩はマグマが冷えて固まってできたものだったね。じゃあ火成岩と堆積岩では何がちがうのか，砂岩と火山岩を比べてみようか。

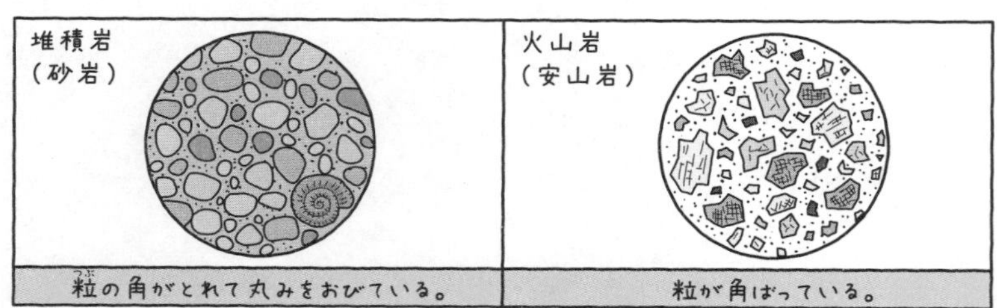

「火山岩の粒は角ばっていますね。それに粒の大きさはいろいろなサイズのものがあります。それに比べて砂岩は粒の大きさが同じくらいで，角がとれて丸くなっています。」

「あ！　砂岩には化石がある！」

２人ともいいところに目をつけているね。土砂はおもに，川の水によって運搬されるだろう。そのときに**れきや砂，泥はぶつかり合うことで角がとれる**んだ。だから**丸みをおびている**んだね。

「でも何で，粒の大きさが同じくらいになっているんですか？」

堆積するときに，粒の大きさ別に分かれて堆積するでしょ。その粒ごとに集まってできるから，粒の大きさがそろうんだ。そのほかにも，**化石をふくむことがある**っていうのも大事なポイントだ。堆積して岩石ができる過程で，生物の死がいが入りこんで化石ができるんだ。ちなみに堆積岩には次のような種類があるぞ。

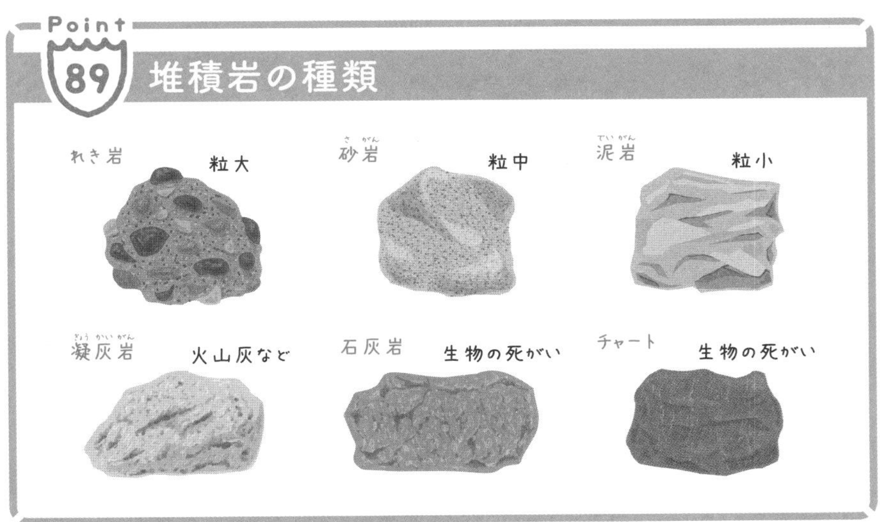

「川の水のはたらきでできる堆積岩は，さっきまでたくさん教わっていたから，イメージしやすいですね。でも，れき岩と砂岩と泥岩ってどうやって区別しているんですか？」

れき岩，砂岩，泥岩は粒の大きさによって区別しているんだ。

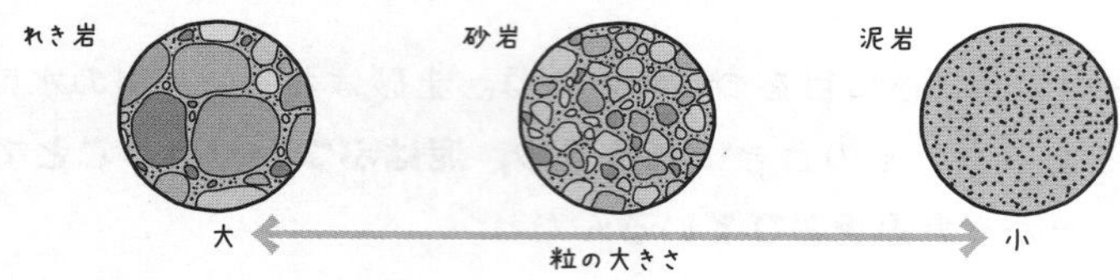

「**れき＞砂＞泥の順に粒が大きい**って覚えればいいんですね。」

そう，さっきの地層のでき方がわかっていればむずかしくないぞ。大きさは数字まで覚える必要はない。大きさの順番がわかれば十分だ。

「ほかの岩石はどう見分ければいいんですか？」

簡単なのは**凝灰岩**（ぎょうかいがん）だね。凝灰岩は火山灰などの火山噴出物（かざんふんしゅつぶつ）が固まってできているから，**堆積岩だけど粒が角ばっている**んだ。

「じゃあ石灰岩とチャートは何がちがうんですか？　どちらも生物の死がいが固まってできているんですよね？」

いちばん簡単な見分け方は，うすい塩酸をかけてみることだ。**うすい塩酸を石灰岩にかけると二酸化炭素が発生**するが，**うすい塩酸をチャートにかけても何も発生しない**んだ。それと，チャートはくぎで傷つけようとしても傷つかないくらいかたいことも大きな特徴（とくちょう）だ。

つまずき度 !!!!!

➡ 解答は別冊 p.39

1　生物の死がいなどが堆積してできた堆積岩のうち，うすい塩酸をかけると二酸化炭素が発生するのは（　　　　）である。

大地の変化を考える

これまで教えた地層はまっすぐできれいだった。でも，実際の地層は図で見るようにまっすぐになってはいない。なぜまっすぐではないのか，大地の変化を見ていくよ。

地層に力が加わるとしゅう曲や断層ができる

「この間，下校中に地層を見つけたんですけど，くねくね曲がってましたよ。教わったようにまっすぐじゃなかったです。」

それはきっと**しゅう曲**(きょく)した地層だね。大地はプレートの動きによって常に変化しているから，地層も曲がったりずれたりするんだ。

Point 90 しゅう曲と断層

- 地層が波打つように曲げられることを**しゅう曲**(きょく)という。
- 地層が断ち切られて層がずれることを**断層**(だんそう)という。

しゅう曲

断層

「断層は前にやりましたけど，しゅう曲はどうやってできるんですか？」

しゅう曲は，地層に力が加わって押し曲げられることでできるんだ。

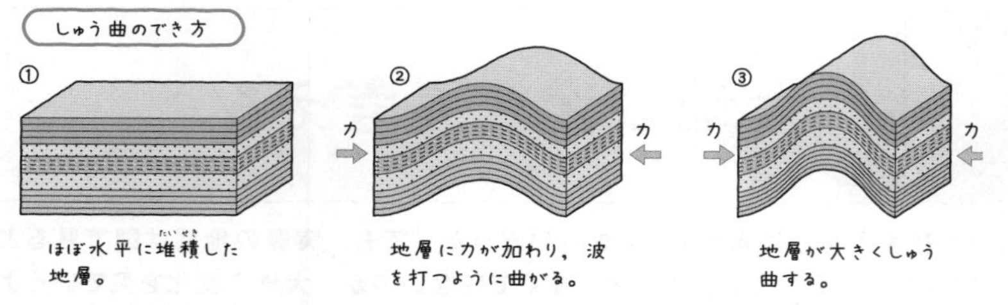

地層には情報がたくさん！

「そういえば，地層からはかつてその地がどんな環境だったのか，いつの時代にできたのかがわかるって言っていましたね。」

そう！　地層にはさまざまな情報がつまっているんだ。

Point 91 地層からわかること

- 地層は基本的に**下の方が古く，上の方が新しい。**
- **示準化石**があれば，その地層の**時代が推定**できる。
- **示相化石**があれば，その地層の**当時の環境が推定**できる。
- **凝灰岩や火山灰**などの層があれば，**火山の噴火があった**とわかる。
- 火山灰や化石をふくむ層のように，同時代に起きたことを調べるために目印となる層を**鍵層**という。

次の地層を見てほしい。ここからいろいろなことがわかるんだ。

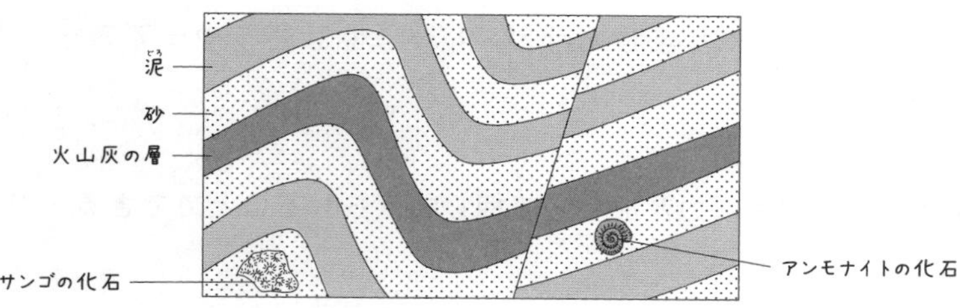

「化石はわかりやすいですね。アンモナイトがあるから，この層は中生代にできたものです。」

「あと，サンゴの化石があるってことは，当時ここはあたたかくて浅い海だったんですね。」

2人ともよくできているね！　素晴らしい！　じゃあ先生から1つむずかしい質問をしよう。**「この地域はかつて海底にあって，もともと海岸から遠かったんだけど，あるときに海岸に近づいた」**ことがわかるんだ。それはどこでわかるかな？

「ええ…わかりません…」

「海岸の話をしているから，砂岩や泥岩を見る必要がありそうですけど…，わたしもわかりません。」

サクラさん，いい着眼点をしているね！　堆積するものの粒の大きさは，海岸から近いほど大きいよね。海岸に近づくということは，より大きいものが堆積するようになるということだ。つまり，海岸が近づき，海水面が下がることで，**上の層の粒が大きくなる**んだ！　泥の層の上に砂の層があるところ。ここが，海岸に近づいたタイミングだ。

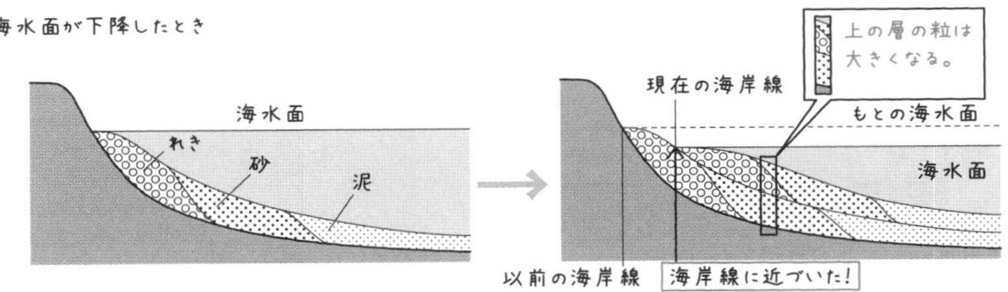

コツ　**れき，砂，泥の堆積のしかたに注目すると，堆積した当時の海岸からの距離や海の深さ，流れる水のようすなどがわかる。**

柱状図で地層を調べる！

「地層を調べるといっても，がけみたいに地層が見えていればわかりやすいですけど，そんながけ，ほとんど見たことないです…」

そうだね。昔の大地のことを知るためには地層を見る必要があるんだけど，そうそう地層が見れるがけって多くはないよね。そんなときには**ボーリング試料**を使うんだ。

「ボーリング試料？　ボウリング場に行けばいいんですか？」

そっちじゃない。簡単にいうと地面をほるんだ。

Point 92 柱状図

- 柱の形に地層を表したものを**柱状図**（ちゅうじょうず）という。

次の図は，ある3か所のボーリング試料をとって，柱状図（ちゅうじょうず）で表したものだよ。この3つの柱状図から，この地域の地層が，いつ，どのようにできたかがわかるんだ。

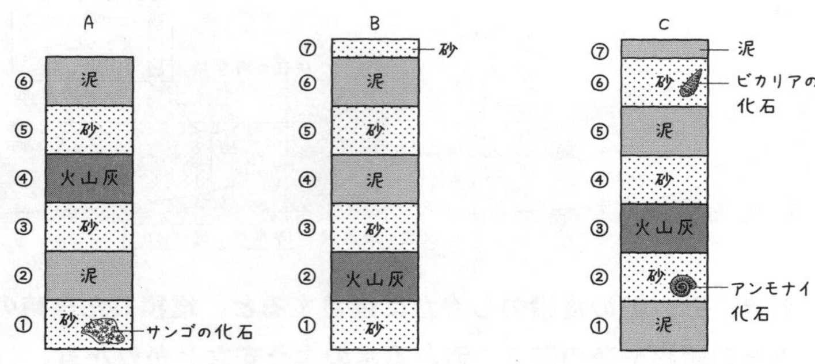

そしたら1つ問題を出そう。この中でいちばん標高が高いところでボーリング調査をしたのはどの地点だろう？

「えー，全部ほぼ同じ高さじゃないですか！　こんなの同じに決まってます！」

同じ高さだからといって，調査しているところの標高の高さまで同じとは限らないよね。だって同じ深さをほれば，柱状図の高さは全部同じになるから。ここで大切なのは，必ず同じ時代だといえる層があるということなんだ。

「同じ時代だといえる層…？」

それじゃあ，考え方を教えよう。**火山灰の層に注目する**んだ。火山灰の層は，火山が噴火（ふんか）したときなど火山活動があったときにしかできない。ということは，**同じ種類の火山灰の層は必ず同じ時代だといえる**よね。

「たしかに！　同じ火山活動ですもんね！」

そう，だから火山灰の層をつなげて，この位置をそろえてみるんだ。

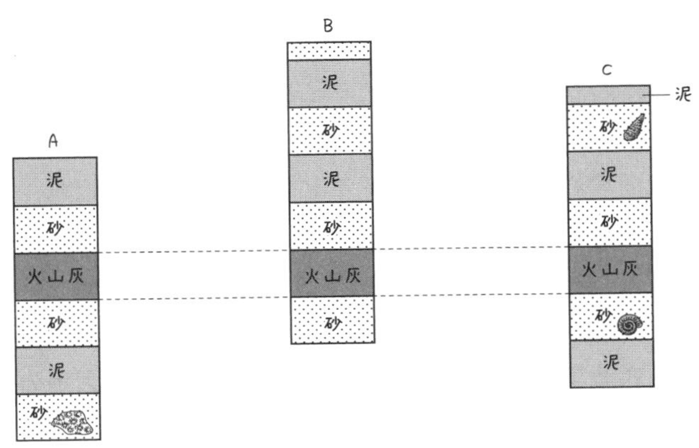

「あ！　B地点がいちばん高くなった！」

そう！　こうすることで，標高がちがうところでほった試料でも比較（ひかく）することができるようになるんだ。

土地の高さがずれる隆起と沈降

さて，地層の見方もわかってきたところで，最後に地形の形などに注目してみよう。こんな地形を見たことはないかな？　左側の図は，地形をなめ上から見た断面図になっているよ。

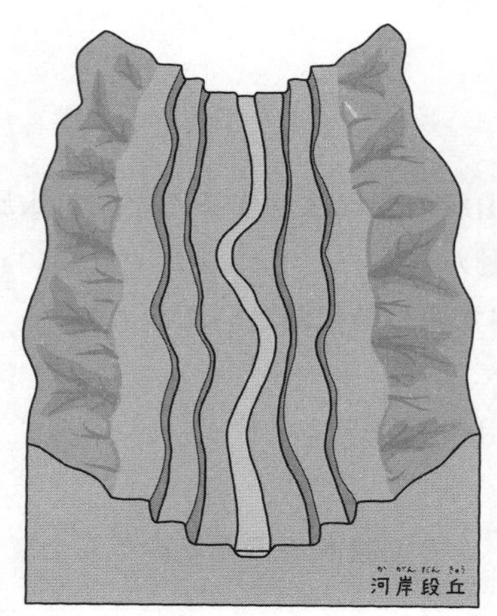

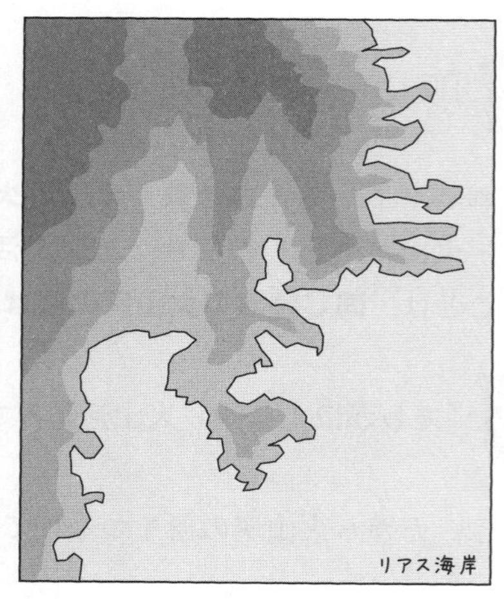

「どこだかわかりませんが，見たことはあります。」

「右側の海岸は，なんかギザギザになってますね。これ，どうやってできたんですか？　工事したわけじゃないですよね？」

もちろん自然の力だよ。この地形，左側は**河岸段丘（かがんだんきゅう）**といい，右側を**リアス海岸（リアス式海岸）**というんだ。これらは次のような大地の変動とかかわりがあるんだ。

隆起と沈降

- 土地が海面に対して，**高くなることを隆起**という。
- 土地が海面に対して，**低くなることを沈降**という。

「土地が海面に対して高くなるって，当たり前じゃないですか？」

「沈降の説明も，イメージがよくわからないです…」

ごめんごめん。もう少し補足して説明するね。隆起というのは，今の地点より陸地が高くなったり，今の地点より海面が低くなったりしたってことなんだ。まぁざっくりいうと，**今まで海や川の下にあった大地が陸に出てくること**をいうんだ。一方で沈降というのはその反対で，**海面が上昇したり大地が下がることで，陸地が海に沈んでいく**ことをいうんだ。

「なるほど！　それで，河岸段丘やリアス海岸は隆起や沈降とどんな関係があるんですか？」

例えば，**河岸段丘はその地が昔隆起したことがわかるんだ。またリアス海岸があるところでは，昔沈降したことがわかるんだよ**。地層だけでなく地形を見ることでも，地球に何があったのかその歴史がわかるんだよ。

河岸段丘とそのでき方

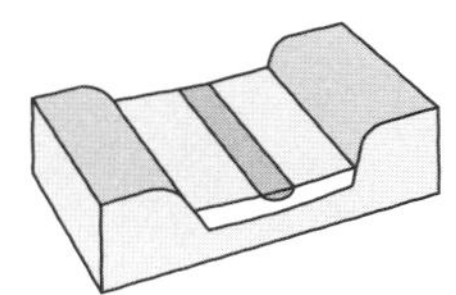

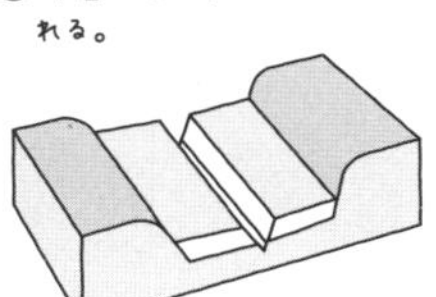

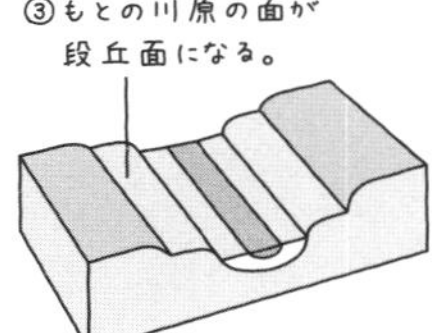

「地形や地層から大昔のことがわかるってすごいですね。大地のことなんて気にせずに過ごしていたから，全然気がつきませんでした。」

そう言ってくれてよかった！　その分覚えることがたくさんあって大変だと思うけれど，何度も見直しをして確認すれば，必ずわかるようになるからがんばってね！

CHECK 39　つまずき度 !!!!!

➡ 解答は別冊 p.39

1　地層が波打つように曲がることを(　　　　)という。
2　柱状図の中に，火山灰の層があったとき，(　　　　)があったとわかる。

緊急地震速報と津波警報のしくみ

「先生，緊急地震速報のしくみってどうなっているんですか？」

そうだねえ，簡単にいうと，日本のあらゆるところに設置した地震計がP波を感知したあと，気象庁が即座にその地震の影響を受けるであろう周辺地域に発表するんだ。強いゆれで被害が大きくなるのは，P波のあとにくるS波の方だから，P波とS波の伝わる時間の差を利用しているんだよ。

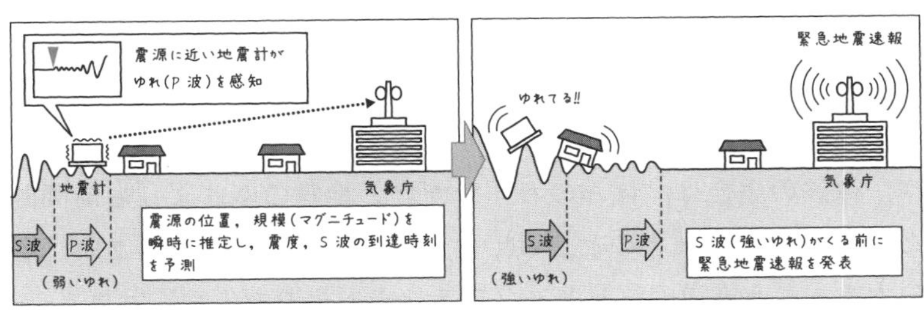

「へぇ〜…よくできていますね。」

弱点があるとすれば，震源に近いところでは予測が間に合わない場合があるってことかな。

「震源に近いと，P波とS波の時間差がほとんどないですからね。」

そういうこと。被害の大きくなりやすい震源付近ほど，予測が間に合わないことが多い。震源が海の沖合にあるのならまだしも，陸地だと時間差がほとんどなくて間に合わないことがあるんだ。

「ちなみに，津波は予測できないんですか？」

大丈夫。津波を予測する方法もつくっているよ。それが津波警報だ。

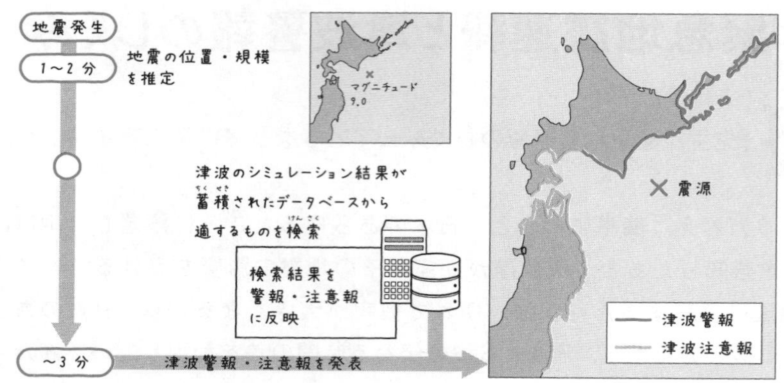

「津波の場合もＰ波，Ｓ波のように時間差があるんですか？」

いや，津波の場合は，ほんのわずかだけど地震のゆれよりも時間的に余裕があるから少し複雑なことをしているよ。地震が発生したあと，各地のゆれの大きさから震源の位置とマグニチュードをおおまかに計算するんだ。それにより，どの程度の津波が発生するか予想できるんだ。

「マグニチュードと位置だけでできるものなんですか？」

それを可能にするために，あらかじめ過去の地震のデータを大量に蓄積して，さらにそのデータからコンピュータにシミュレーションで計算させておくんだ。地震の起きていないときにね。その計算結果と一致するものを即座に調べ出して，どこにどのような規模の津波が起きそうか警報を出しているんだ。

「災害が起きてからではなくて，こうして災害のないときから準備しているんですね。」

中学2年 5章

化学変化と原子・分子

「化学変化って…2章でやった状態変化とはちがうのかな？」

「原子と分子って言葉は，はじめて聞きました。似た名前でまちがえそうです…」

化学変化は，状態変化とは全然ちがう変化なんだ。いったい何がちがうのか，それをこれから学習していこう。この化学変化を理解するためには，原子と分子について知ることが重要になるよ。

物質をつくる原子

まずは，原子について学んでいくよ。原子は微生物よりも非常に小さいものなんだ。その小さな世界を想像しながら考えていこう。

原子ってどんなもの？

２人とも，１年生の内容はしっかり理解できているかな？　これから，２年生の内容に入るけど，１年生の内容がわかっていないと，つまずいてしまうことがあるよ。

「う，そう言われると不安になってきた…」

不安なところやちょっと思い出せないところがあったら，そのたびに復習するようにしよう。わからないところをそのままにしたらだめだよ。

「はーい。それで，今回は何を勉強するんですか？」

今回は，この世界にあるものすべての基本，物質をつくっている**原子**（げんし）について学んでいこう。

「原子って何ですか？」

原子は，目で見ることができないほどの，すごく小さな粒（つぶ）なんだ。そうだなぁ…，例えば小さいころ，砂場（すなば）で遊ばなかったかな？

「遊びました！　よくみんなで，砂の城（しろ）とかつくりました。」

そうそう，その砂の城。遠くから見たら，灰色(はいいろ)の城にしか見えない。でも，どんどん近づいて見てみると，「砂の粒」が集まっていることがわかるよね。実は，原子というのはその砂の粒みたいなものなんだ。

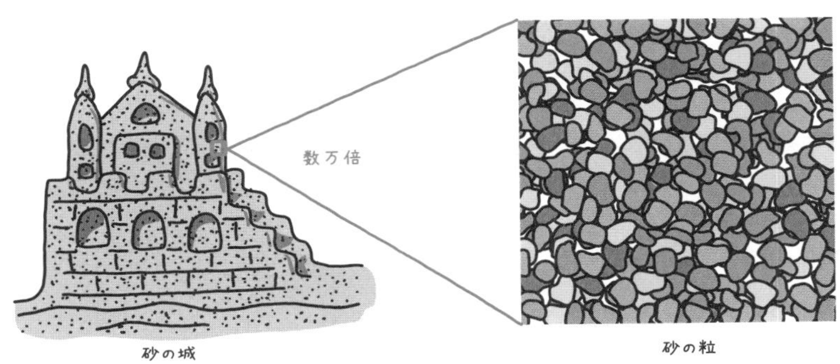

砂の粒が集まってできているのが砂の城だよね。これと同じで，世の中の物質は，すべて原子が集まってできているんだ。いま読んでいる本や持っているペン，そのペンを持つ手など，どんな物質でも，すべて原子が集まってつくられているんだよ。

Point 94 原子の性質

- **原子**(げんし)は物質をつくっている**最小の粒子**(りゅうし)であり，化学変化によって**それ以上分けることができない**。
- 原子は化学変化によって**なくならない。新しくできない**。そして**ほかの種類にもならない**。
- 原子は種類によって**質量や大きさが決まっている**。

「でも，小さいって，どれくらい小さいんですか？」

そうだな…例えば，1円玉はアルミニウム原子が集まってできているんだけど，そのアルミニウム原子1個の直径は，0.1mmの1000分の1の，そのまた1000分の1の，さらに1000分の1くらいの長さになるね。

「ええ！　すごい小さいんですね！」

元素を表す元素記号！

「小さいのはわかりましたが，原子の種類って，いったいどれくらいあるんですか？」

まず，原子の種類を**元素**(げんそ)というんだけど，その元素は確認されているだけで約120種類ほどある。しかも，近年日本人がニホニウムを発見するなど，元素は今後もふえる可能性があるんだ。

「120種類!?　たくさんありすぎて，名前を覚えるのも大変そうです…」

そうだよね。しかも，名前も各国でちがうからさらに大変なんだ。だから，世界中の科学者たちは「共通の記号」で元素を表しているんだ。これを**元素記号**(げんそきごう)というよ。代表例が次の表だ。元素記号を120種類全部覚えるのは大変だから，代表例だけでも覚えておこう。

水素	H	ナトリウム	Na
炭素	C	マグネシウム	Mg
窒素(ちっそ)	N	鉄	Fe
酸素	O	亜鉛(あえん)	Zn
塩素	Cl	銅	Cu
硫黄(いおう)	S	銀	Ag

「どうして，1文字のものと2文字のものがあるんですか？」

例えば，銅はラテン語で「Cuprum」と書くんだ。最初の1文字だけをとると，炭素と同じ「C」になっちゃうよね。だから最初の2文字をとって「Cu」にして区別しているんだ。

コツ　元素記号の表し方

- **アルファベット大文字1文字あるいは，アルファベット大文字1文字と小文字1文字**
- **読み方はアルファベットをそのまま読む**

「英語といっしょで，1文字目は大文字，2文字目は小文字なんですね。」

「元素に順番とかあるんですか？」

原子の構造（こうぞう）にもとづいてつけられた**原子番号**というものがあるから，その番号が順番になるかな。そして，その原子番号の順番に並べた表を**周期表**（しゅうきひょう）というんだ。周期表を見れば，似た性質をもつ元素を，横の行（ぎょう）や縦（たて）の列から判断できるんだ。周期表は19世紀の発見の中でも特に重要なものの1つだね。

CHECK 40　つまずき度 ！！！！！　➡ 解答は別冊 p.39

1　すべての物質は（　　　　）によってつくられている。
2　原子は種類によって（　　　　）や（　　　　）が決まっている。
3　原子を原子番号の順番で並べたものを（　　　　）という。

5-2 原子と分子のちがい

原子についてはしっかり理解できたかな？　ここでは原子と分子のちがいについて学習するよ。分子の性質を理解して，原子との関係を確認していこう。

分子は原子が結びついてできたもの

原子の次は，原子が結びついた**分子**(ぶんし)について学習していくよ。

「出たよー。どうして理科は似た名前のものがたくさん出てくるんですか？　まぎらわしくて，覚えにくいですよ。」

まぁ，これぱっかりはしょうがないよね。なげいてもしょうがないから，ポイントをおさえながら，1つずつ理解していこう。

Point 95 分子の性質

- **分子**(ぶんし)は**原子がいくつか結びついて**できており，その**物質の性質を示す最小の粒子**である。
- **原子の種類と数**によって，物質の性質が決まる。
- **分子をつくらない物質**も存在する。

Ⓗ Ⓗ	Ⓝ Ⓝ	Ⓞ Ⓒ Ⓞ	Ⓗ Ⓞ Ⓗ
水素分子	窒素(ちっそ)分子	二酸化炭素	水

さて，ここですごく大事なことを教えるよ。さっき，原子を教えたとき，「原子は物質をつくっている最小の粒子」と言ったよね。

「そうですね。『物質は原子がたくさん集まってできている』とも教わりました。」

そう。つまり，物質は原子まで分けることができる。だけど，原子まで分けると物質としての性質がなくなってしまうことが多いんだ。例えば，酸素とオゾン。酸素は空気中にあるものだよね。オゾンは「オゾン層」にあるんだけど…

「紫外線から守ってくれるんですよね。」

そうそう，環境問題とかでとり上げられるよね。この酸素とオゾンは，どちらも「酸素原子」でできている。でも，全然ちがう性質をもつんだ。

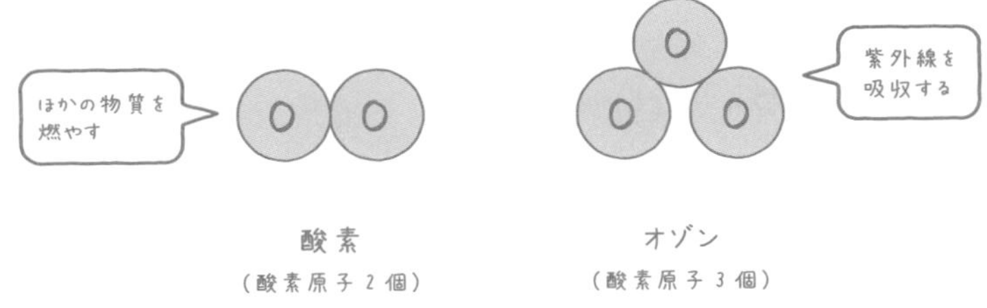

酸素原子が2個結びついたものは酸素分子，酸素原子が3個結びついたものはオゾンであるように，**「決まった種類の原子」が「決まった数で結びついている」ものを分子という**んだ。そして，**物質の性質は原子の種類や数の組み合わせで決まる**。だから，物質の性質は分子によって決まり，分子を分解してしまうと原子に分かれるため，その物質の性質がなくなってしまうんだ。

「酸素以外の例はありますか？」

例えば，水は酸素原子1個と水素原子2個が結合してできている。これが離れてしまったり，酸素原子や水素原子の数が変わってしまうと，別の物質になってしまって，水とは全くちがう性質になってしまうんだ。

「分子の名前の上にある，丸がくっついた絵は何ですか？」

これは**分子のモデル**といって，分子をつくる原子と原子のつながりを図で簡単に表したものなんだ。こんな感じのものが，空気中にふよふよしていたり，液体の中をゆらゆらしていたり，ぎゅっと集まって固体になっていたりすると想像しよう。

「こうした分子が物質の性質を決めるのですね。」

「人のからだも，大きな家もビルも，全部分子でできているんですね。すごいです。」

すごいよね。この世界は，このようなたくさんの分子が集まってできているんだ。ただ，中には例外も存在する。多くの金属や食塩（塩化ナトリウム）などは，**分子をつくらない物質**なんだ。

「分子をつくらない物質？　じゃあ，どうやってできているんですか？」

分子をつくらない物質は，簡単にいえば原子からできているってこと。多くの原子が規則正しく，たくさん並んでいるんだ。

「同じのがたくさん並んでる感じですか？」

そうだね。同じ種類の原子や原子の組み合わせが規則正しく並んで物質をつくっているんだ。こういった物質の場合，分子が物質をつくっているわけじゃないんだよ。原子が直接物質を構成しているんだ。

コツ　**分子をつくらない物質の例**

- **金，銀，銅，マグネシウム，鉄などの金属**
- **金属以外では炭素，塩化ナトリウム，酸化銅など**

✓ CHECK 41

つまずき度 !!!!!

➡ 解答は別冊 p.39

1　物質の性質を示す最小の粒子が（　　　　）である。

2　分子は，決まった種類と決まった数の（　　　　）が結びついている。

5-3 物質の表し方と化学式

ここでは，物質を化学式で表す方法と物質の分類について教えるよ。さっき教えた元素記号を使って，理科の世界での共通の言葉を勉強しよう！

物質を表す化学式

先生，ちょっと疲れたから手ぬきしていい？

「え～，ちゃんと教えてくださいよぉ。」

だってさ，ずっと分子モデルをかいていると疲れるんだよ。分子モデルじゃなくて「**化学式**」で書きたいんだ。

「化学式？　式って聞くと数学を思い出して，やる気が…」

ああ，式といっても，数学で使われるような式じゃないよ。化学式は，元素記号を使って物質を表したものなんだ。つまり，分子モデルを記号にしたってこと。例えばこんなふうにね。

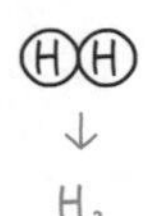

↓ H_2

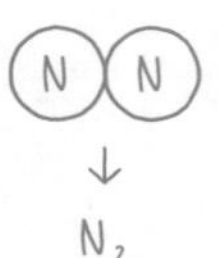

↓ N_2

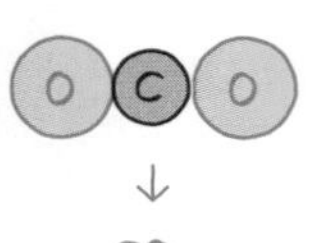

↓ CO_2

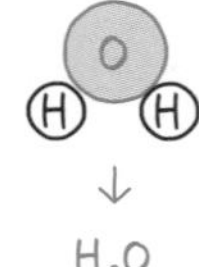

↓ H_2O

「でもやっぱり，こうした表し方には英語の文法のようにルールがあるんですよね。また覚えるのいやだなぁ。」

大丈夫！　英語の文法に比べて覚えることは少ない。たったのこれだけなんだ。

Point 96 化学式の表し方

- **分子をつくる物質の場合（例：二酸化炭素）**

①分子のモデルを記号に置きかえ。

(O)(C)(O) ➡ O C O

②同じ原子はまとめ，**右下にその個数を書く。**

O C O ➡ O_2 C

③**日本語の名前のうしろから**記号を書く。

二酸化炭素 ➡ CO_2
（二酸 → O_2，炭素 → C）

- 分子をつくらない物質の場合（例：塩化ナトリウム）

①集まっている原子の割合をもとに，最小単位で代表する。

塩素とナトリウムが1：1で集まっている ➡ Cl Na

②③は分子をつくる物質の場合と同じ。

塩化ナトリウム ➡ NaCl
（塩 → Cl，ナトリウム → Na）

下の表に，よく出てくる化学式の一例をあげたよ。まずは，この表にある化学式を覚えておこう。そしてほかの化学式は，出てきたときに覚えるようにしよう。

水素分子	H_2	塩化ナトリウム	NaCl
酸素分子	O_2	酸化銅	CuO
塩素分子	Cl_2	酸化銀	Ag_2O
水	H_2O	硫化鉄（りゅうかてつ）	FeS
二酸化炭素	CO_2	アンモニア	NH_3

物質の分類は２パターン！

化学式を書けるようになったら，次は物質の分類について教えるよ。まずは**純粋な物質**（**純物質**）と**混合物**だ。

純粋な物質と混合物

- **１種類の物質**からできている物質を**純粋な物質**という。
- **２種類以上の物質**が混ざり合った物質を**混合物**という。
  例：空気，食塩水など

「空気や食塩水は混合物なんですね。たしかにいろいろ混ざってますもんね。」

空気は，窒素や酸素などが混ざっているから混合物だね。食塩水は，食塩と水が混ざっているので同じく混合物。水素や銅みたいに，１種類の物質だけのものは純粋な物質だね。では，次は「**単体**」と「**化合物**」だ。

Point 98

単体と化合物

- **１種類の元素**からできている物質を**単体**という。
- **２種類以上の元素**からできている物質を**化合物**という。

「さっきの純粋な物質や混合物と似ていて，ややこしいな…」

単体と化合物は，純粋な物質をさらに分類したものだよ。**純粋な物質と混合物は物質の種類の数で分類している**のに対して，**単体と化合物は物質をつくる元素の種類の数で分類している**んだ。

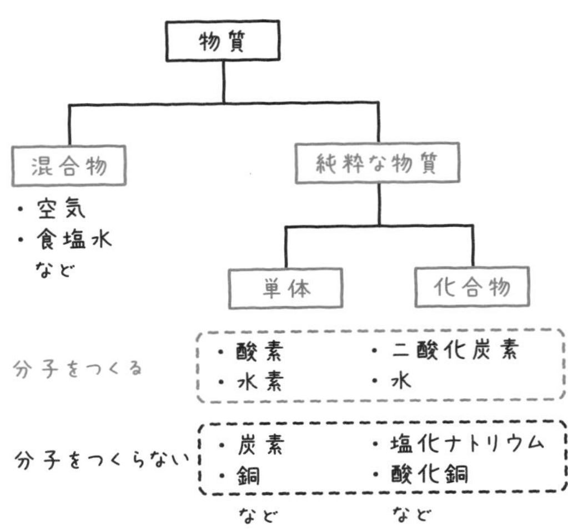

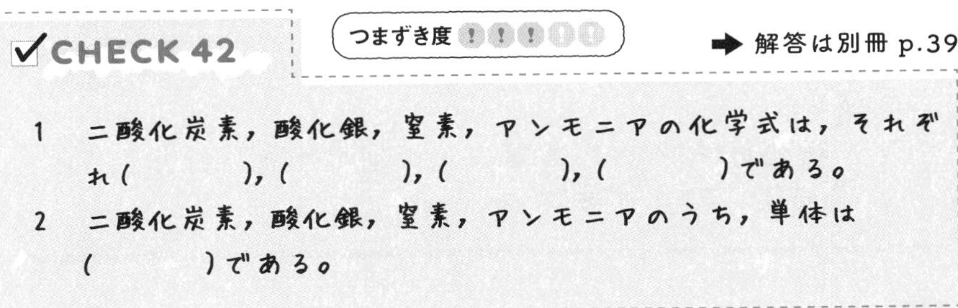

CHECK 42

つまずき度 !!!!!

➡ 解答は別冊 p.39

1　二酸化炭素，酸化銀，窒素，アンモニアの化学式は，それぞれ（　　　），（　　　），（　　　），（　　　）である。

2　二酸化炭素，酸化銀，窒素，アンモニアのうち，単体は（　　　）である。

物質の分解

ここでは，加熱や電流によって物質を分解できることを知るのが目標だ。どうすれば物質が分解できるのか。どんなふうに分解されるのか学んでいこう。

2種類以上の物質に分ける分解

ここからは，物質の分解のしかたや分解したらどうなるのかについて学んでいくよ。その前に，まずは**分解**がどういう現象か学ぼう。

分解

- **もとの物質とは別の物質ができる変化**のことを**化学変化**という。
- **1種類の物質が2種類以上の別の物質に分かれる化学変化**のことを**分解**という。

「機械や道具の分解だったら，部品ごとにバラバラになるってことですよね。それと同じ感じなのかな…」

そうだね。その分解のイメージで大丈夫だよ。例えばボールペンで考えよう。ボールペンを分解すると，インクの入った芯，芯が出ないようにする上下のキャップ，それをおおうプラスチックのケースに分かれるよね。それと同じイメージだ。

「つまり，同じ元素は使うけど，組み合わせが変わるから別の物質になるってことですね。」

その通りだ。組み合わせがちがうということは，全く異なる物質になっているということなんだ。いくつかの分解を例にして確認してみよう。まずは，炭酸水素ナトリウムの分解だ。炭酸水素ナトリウムを加熱すると，何に分解されると思う？

「炭酸と水素とナトリウム！」

おおう…そのまんまの回答をありがとう（笑）　でも残念，ちょっとちがうんだ。じゃあ実際に，炭酸水素ナトリウムの分解の結果を見てみよう。

Point 100 炭酸水素ナトリウム（$NaHCO_3$）の熱分解

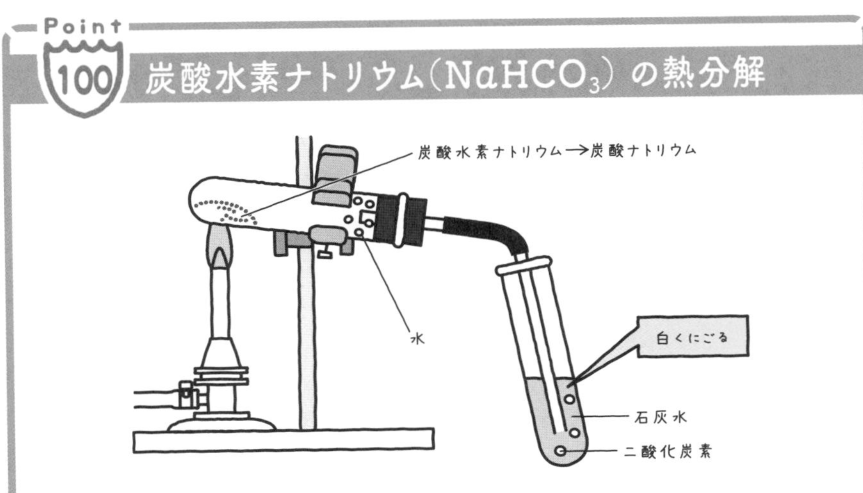

- 加熱による分解を，特に**熱分解**という。
- 炭酸水素ナトリウムを熱分解すると，**固体の炭酸ナトリウム（Na_2CO_3），液体の水（H_2O），気体の二酸化炭素（CO_2）**が発生する。
- 加熱しているところに水が流れてしまうと，**急に冷やされて試験管が割れるおそれがあるため，試験管の口を少し下げておく。**

コツ　炭酸ナトリウム（Na_2CO_3）は炭酸水素ナトリウム（$NaHCO_3$）から水素原子（H）が減った分，ナトリウム（Na）がふえている。

「炭酸ナトリウムと水と二酸化炭素に分解されるんですね。でも，どうしてその3つができたとわかるんですか？」

それをいまから確認していくよ。まずは二酸化炭素だ。

「二酸化炭素は，**石灰水に入れると白くにごります。**」

その通り。石灰水に通して白くにごれば，それは二酸化炭素だったね。じゃあ，水と炭酸ナトリウムはどうだろうか？

「残りの2つは知らないです…」

まぁ，しょうがないよね。まだ習っていないんだもの。というわけで，水を確認するときには**青い紙の塩化コバルト紙**を使うよ。また，炭酸ナトリウムの確認には**フェノールフタレイン溶液**だ。アンモニアの噴水の実験のときに使ったね。これらを使って水と炭酸ナトリウムを確認してみるよ。ケンタ君，試験管の口の部分に塩化コバルト紙を近づけてごらん。

「中に入れちゃっていいのかな…あ，うすい赤色に変わった！」

塩化コバルト紙は水にふれると青色から赤色に変わるんだ。じゃあ次は，フェノールフタレイン溶液。加熱する前の炭酸水素ナトリウムと，加熱したあとに得られた炭酸ナトリウムを水に入れてとかしてみて。

「炭酸水素ナトリウムは全部とけたけど，炭酸ナトリウムはとけ残りました。」

そうだね。とけ方がちがうね。じゃあ，そのとかした液にフェノールフタレイン溶液を加えてみよう。

「あ，はい。ええと……あ，色が変わった！　炭酸水素ナトリウムをとかした方はうすい赤色で，炭酸ナトリウムは濃い赤色でした。」

実はね，**フェノールフタレイン溶液はアルカリ性が強いほど濃い赤色になる**んだ。そして，**炭酸水素ナトリウムの水溶液は弱いアルカリ性で，炭酸ナトリウムの水溶液は強いアルカリ性**なんだ。だから，強いアルカリ性の炭酸ナトリウムの方が赤色が濃く出るんだよ。

コツ　**炭酸水素ナトリウムの熱分解でできる物質の確認方法**

- **気体：石灰水に入れると白くにごる。**
  ⇒二酸化炭素だとわかる。
- **液体：塩化コバルト紙が赤くなる。　⇒水だとわかる。**
- **固体：水にとかしてフェノールフタレイン溶液を加えると，濃い赤色になる。　⇒炭酸ナトリウムだとわかる。**

酸化銀は銀と酸素に分解される！

さて，分解によって全く性質の異なる物質に変化することがわかったかな？　次は酸化銀の熱分解を見てみよう。

Point 101 酸化銀(Ag_2O)の熱分解

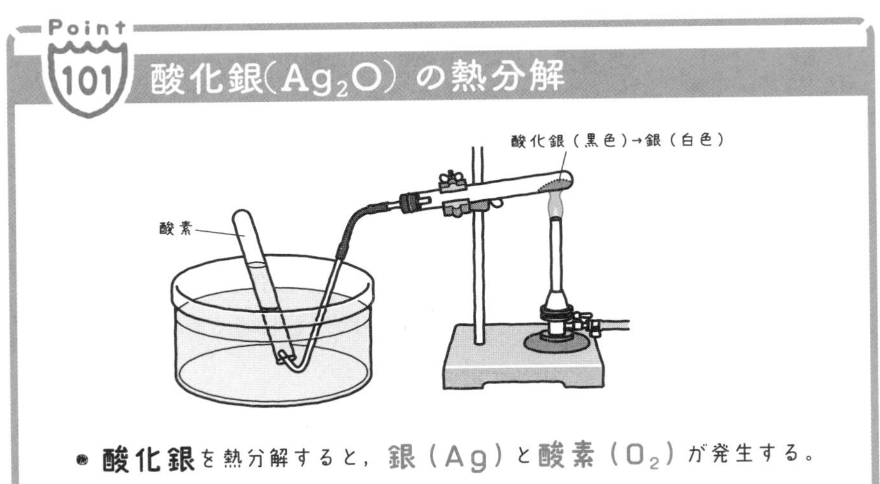

- **酸化銀**を熱分解すると，**銀（Ag）**と**酸素（O_2）**が発生する。

「銀！ そんな高価なもの使っていいんですか！」

まぁ，少量だからね。それに使うのはあくまで「酸化銀」。ほら，銀とちがって，真っ黒でしょ。

「本当だ。まっ黒で全然光ってない！ 銀とちがいますね。」

「でも加熱したら，酸化銀がだんだん白くなってきました。」

色が変化していくのは，分解が進んでいる証拠の１つだ。分解によって，酸化銀が銀になっているんだね。

コツ　酸化銀の熱分解でできる２つの物質の確認方法
・気体：線香が激しく燃える。⇒酸素だとわかる。
・粉末：白色で，電気を通したり金属光沢が出たりする。
⇒酸化銀に含まれる金属なので，銀だとわかる。

電気で分解する方法もある！

今度は少し変わって，**電気分解**をしていくよ。ここでは水の電気分解だ。

「電気分解って何ですか？」

さっきまでは，熱を加えて温度を上げることで分解したね。今度は電流を流すことで分解するんだ。ここでポイント。今回は水の電気分解だけど，**純粋な水だと電流が流れにくいから，少しだけ水酸化ナトリウムを加える**よ。これで電流が流れやすくなり，分解の手助けをしてくれるんだ。

「水酸化ナトリウムを混ぜちゃっても大丈夫なんですか？」

分解されるのはあくまで「水」だから大丈夫だよ。

Point 102 水(H_2O)の電気分解

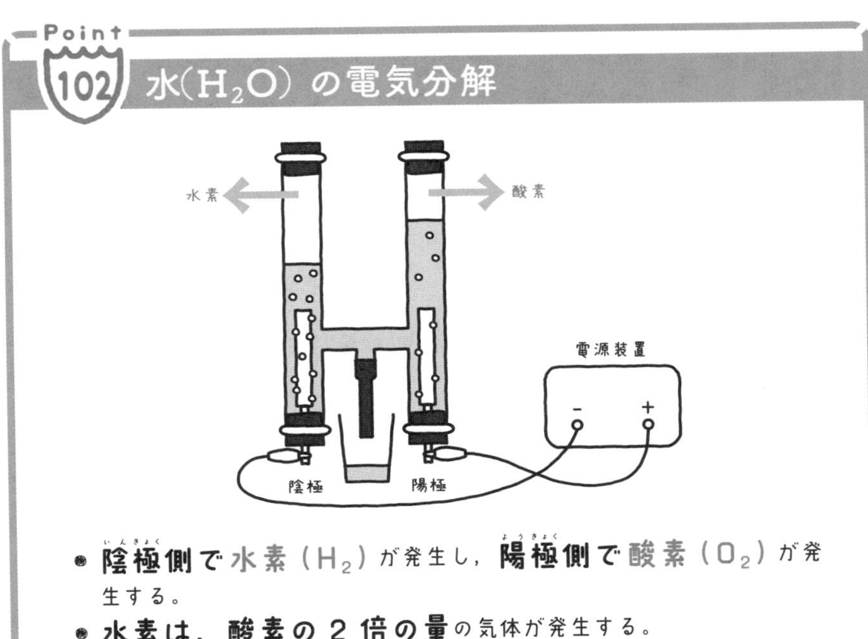

- **陰極側で水素(H_2)**が発生し，**陽極側で酸素(O_2)**が発生する。
- **水素は，酸素の2倍の量**の気体が発生する。

「何で水を分解すると，水素が酸素の2倍の量発生するんですか？」

それは，分子のつくりと化学反応を理解することでわかるよ。

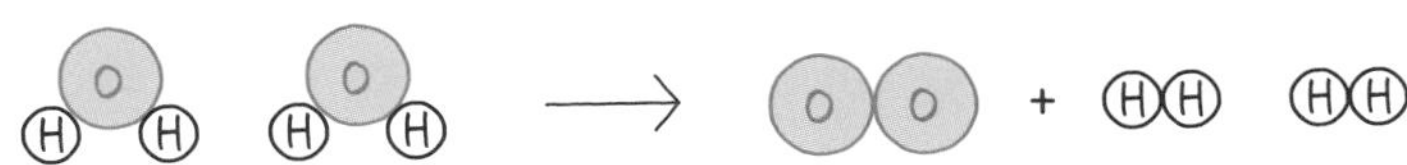

「2つの水分子が1つの酸素分子と2つの水素分子になってますね！」

その通り。そして，酸素は陽極側で，水素は陰極側で発生する。電気分解によって生みだされる酸素分子と水素分子の比が1：2だから，水素が酸素の2倍発生するんだ。

コツ　**水の電気分解でできる２つの気体の確認方法**

・陽極：線香を入れると激しく燃える。⇒酸素だとわかる。

・陰極：マッチの火を近づけると音を出して燃えて，水ができる。
⇒水素だとわかる。

CHECK 43　つまずき度 !!!!!　➡ 解答は別冊 p.39

1　炭酸水素ナトリウムを熱分解すると，気体の(　　　)，液体の(　　　)，固体の(　　　)ができる。

2　液体が水であるかを調べるために(　　　)色の(　　　)紙を使う。これは，水にふれると(　　　)色に変化する。

物質の結びつきと化合物

ここでは分解の逆，２種類以上の物質を結びつけてみよう。分解と同様に，反応することで異なる物質ができることに注目しよう。

物質が結びつく化学変化

分解の解説が終わったところで，次は物質どうしが結びつく化学変化についで学んでいこう。

物質の結びつき

- **２種類以上**の物質が結びつく化学変化では，別の**新しい物質ができる**。
- 結びつく前の物質と化合物では，**性質が全くちがう**。

「分解といっしょで，物質が結びついても性質が変わるんですね。」

そうだね。物質が結びつくのも分解も，どちらも化学変化だ。化学変化で物質そのものが変わるからね。化合物には，二酸化炭素や水，酸化銅，硫化鉄（りゅうかてつ）などがあるよ。

「化合物の多くに『化』って漢字がつくんですね。」

お，いいところに気がついたね。化合物というぐらいだから，「化」の漢字がつくのは多いよ。では，実際に物質が結びつく化学変化の例を見てみよう。

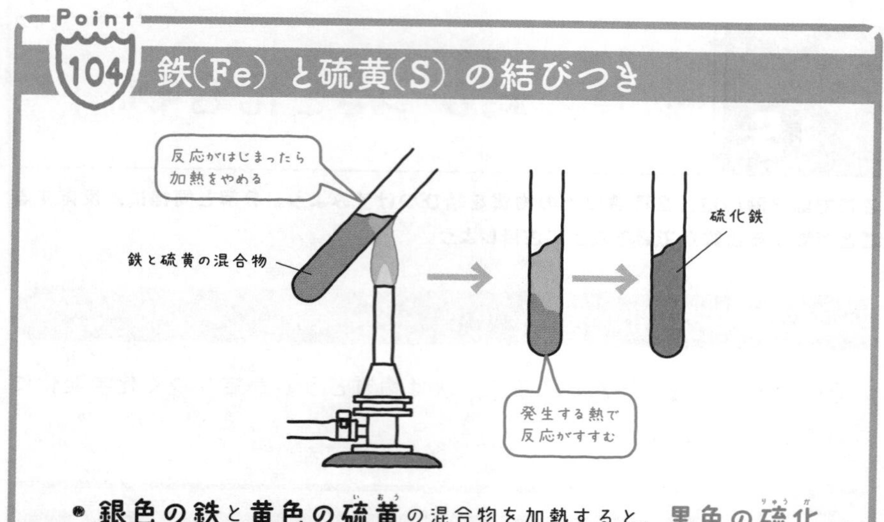

- **銀色の鉄**と**黄色の硫黄**の混合物を加熱すると，**黒色の硫化鉄（FeS）**になる。
- 硫化鉄は**金属の性質をもっていない。**
- **硫化鉄**に**うすい塩酸**を加えると，**硫化水素**が発生する。

さて，本当に硫化鉄は金属の性質をもっていないのか確認してみよう。硫化鉄を軽くたたいてみようか。

「あ，くずれてしまいました…」

そう，延性や展性がなくなり，硫化鉄は金属ではなくなってしまったことがわかるね。ちなみに磁石を近づけるとどうだろう。

「全然くっつかないですね。鉄だとくっついたのに…」

鉄の特徴の１つだった「磁石にくっつく」という性質もなくなってしまっているね。つまり硫化鉄は，鉄とは全くちがう物質ということがわかるんだ。今度は，鉄と硫化鉄それぞれにうすい塩酸を加えてみよう。

「鉄からは泡が出てきました。金属に塩酸だから…水素ですね！」

「うわ，くっさ！　硫化鉄からは卵が腐ったにおいがします！」

硫化鉄から発生した気体は硫化水素だね。このにおいは**腐卵臭**といって有毒だから，必ず手であおぐようにしてかぎ，換気に気をつけよう。でもこれで，鉄と硫化鉄から発生する気体がちがうこともわかったね。

コツ　**鉄と硫黄の結びつきでできる物質の確認方法**

・反応後の固体：黒色で金属の性質はなく，うすい塩酸を加えると硫化水素が発生する。⇒硫化鉄だとわかる。

つまずき度 !!!!!

➡ 解答は別冊 p.39

1　鉄と硫黄が加熱により反応して（　　　　）が生じる。

2　硫化鉄にうすい塩酸を加えると，（　　　　）が発生する。

5-6 化学反応式

以前学んだ化学式をさらに発展させて，化学反応式の表し方や，化学反応式が表している意味を学習するよ。理解して覚えるために，図を有効活用しよう。

化学変化を表す化学反応式

2人とも，この図を覚えているかな？

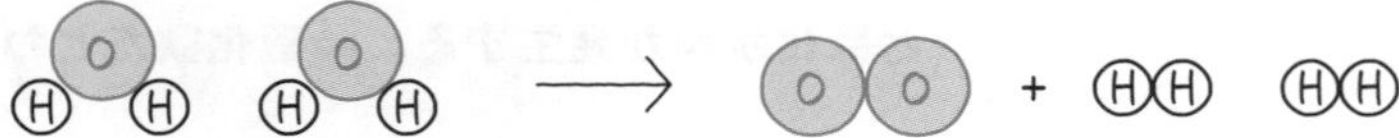

2つの水分子　　　　1つの酸素分子と2つの水素分子

「あ，水の電気分解のところで見たやつですよね。」

そうそう。実は，これを化学式で表したものを**化学反応式**というんだ。ここからは，この化学反応式を自分でつくれるように学んでいこう。

Point 105 化学反応式

- **化学式を用いて**，物質の化学変化を表した式のことを**化学反応式**という。
- 化学反応式を書くときにはきまりごとがある。

1. 矢印（→）の左側に**反応前の物質**をすべて書く。
2. 矢印（→）の右側に**反応後の物質**をすべて書く。
3. 矢印（→）の左側と右側では，それぞれの**原子の数が同じ**になる。
4. 各化学式の左側に，**分子や原子の数を数字で書く**。

例えば，さっき学んだ鉄と硫黄の結びつきの化学反応式はこうなるよ。

$$Fe + S \longrightarrow FeS$$

「数学では『＝』を使うのに，化学反応式では『→』を使うんですね。」

コツ **「＝」は「左と右が同じもの」という意味。化学変化の場合，反応の前後では物質も性質もちがう。だから「＝」ではなく，「変化しました」という意味をこめて「→」を使う。**

「矢印(→)の左側と右側では，それぞれの原子の数が同じというのは，どういう意味ですか？」

ちょっとわかりにくかったかな？　じゃあ今度は，水素分子と酸素分子の結びつきを例に，化学反応式をつくりながら説明しよう。まず水素分子と酸素分子の化学式は何だっけ？

「水素の化学式がH_2で，酸素の化学式がO_2でした。」

正解！　水素と酸素は反応前の物質だから「→」の左側に書くよ。じゃあ，矢印の右側には何を書けばいいかな？

「え～っと…水の電気分解で水素と酸素ができたから…水ですか？」

よくわかったね！　水の化学式がH_2Oだから，「→」の右側に書くよ。さて，式ができたけど何か違和感がないかい？

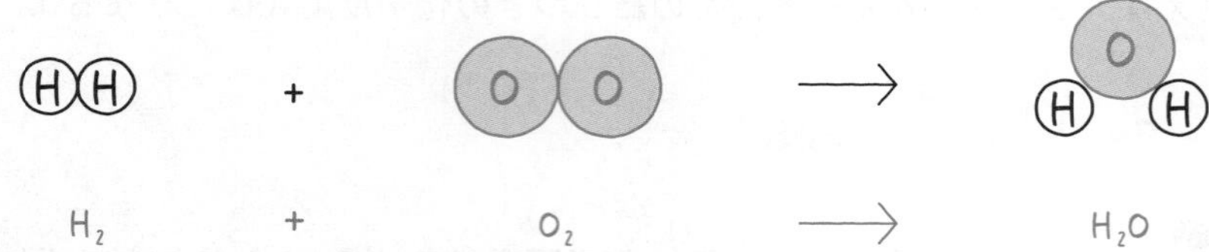

「う〜ん…矢印の左側と右側で酸素原子の数がちがうような…」

それ！　矢印の左側は酸素分子（O_2）が１つあるよね。だから，酸素原子（O）が２つあるってことになる。右側は，水分子（H_2O）が１つだから酸素原子（O）が１つしかない。つまり**酸素原子に着目すると，左側は２つあるのに対して右側は１つだけ**ということだ。矢印の左側と右側で酸素原子の数がちがうよね。でも，**必ず数はそろえなきゃ，酸素原子が１つなくなったことになってしまう**んだ。さぁどうしよう？

「ええ…。じゃあ水分子を２つにしちゃいましょう！　そうすれば矢印の左側と右側で酸素原子の数は同じになりますから（笑）」

いい発想だね！　実はそれが正解なんだ。それじゃあ，矢印の右側の水分子を２つにしてみるよ。

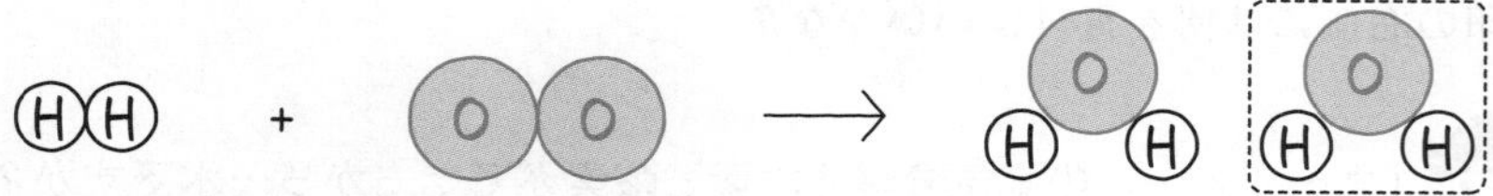

「ふざけて言ったつもりなのに当たってた！」

「でも今度は右側の水素原子が4つになっちゃった…」

「じゃあさっきみたいに，水素分子をふやしちゃえばいいんじゃない？」

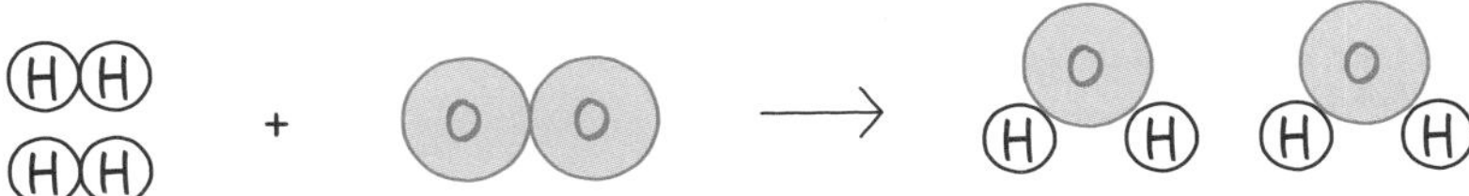

「あっ！　水素原子も酸素原子も矢印の左側と右側で同じ数になった。」

すごいね！　2人だけでできちゃった！　こうやって「→」の左右の原子の数が同じになるように意識することで，むずかしそうにみえる化学反応式も簡単につくることができるんだ。最後に，**それぞれの分子の個数を分子の左側に数字として書く**よ。

$$2H_2 + O_2 \longrightarrow 2H_2O$$

コツ　**数学の文字式と同じで，1は省略できる。例えば水素と酸素が結びつく化学反応式の場合，H_2OのOの右下に1は必要ないし，O_2の左側に1を書く必要もない。**

これで化学反応式の完成だ。考えることが多いから最初は大変かもしれないけど，練習していくうちに必ずできるようになるよ。ルールを理解してパズル感覚で試しながら，身につけよう。

化学反応式から反応する分子や原子の数の比がわかる！

「それで，この化学反応式が書けるようになって，何の意味があるんですか？」

OK。じゃあ次は化学反応式にどんな意味があるのか理解してもらおう。

化学反応式からわかること

- 矢印の**左側**を見れば**反応前の物質**がわかる。
- 矢印の**右側**を見れば**反応後の物質**がわかる。
- 各分子や原子の左側についている数字を見れば，**反応に関係する分子や原子の数や，その数の比がわかる**。

「分子や原子の数や，その数の比がわかるってどういうことですか？」

じゃあまた，水素と酸素の結びつきを例にして理解していこうか。それぞれの分子の左側の数字を見てみよう。まず，矢印の左側には水素分子2つと酸素分子1つがあることがわかるね。そして，その2種類の分子が反応すると，水分子2つができることがわかる。これは，**水素と酸素が常に2：1で反応する**ってことなんだ。

$$\underset{2}{\underline{2H_2}} \; + \; \underset{:\;1}{\underline{O_2}} \longrightarrow \underset{2}{\underline{2H_2O}}$$

「比が同じってことは…例えば水素分子が6つあったら，完全に反応するには酸素分子が3つ必要ってことですか？」

その通り。このように，化学反応式の数字を見れば，分子の比の関係がわかるんだ。分子がいくつずつ結びつくのか。あるいはいくつずつに分解するのか。そういったことがわかるんだ。これがわかれば，物質をつくるために，何をどれだけ準備すればいいのかわかるようになるんだよ。

CHECK 45　つまずき度 !!!!!　➡ 解答は別冊 p.39

1　酸化銀（Ag_2O）の熱分解の化学反応式は，
（　　　）Ag_2O →（　　　）$Ag+O_2$ である。

2　炭酸水素ナトリウム（$NaHCO_3$）の熱分解の化学反応式は，
（　　　）→（　　　）+（　　　）+（　　　）である。

酸化と燃焼

この単元では「酸化」と「酸化物」について理解することが目標だ。また新しい言葉が出てきてとまどうかもしれないけど，基本は物質どうしが結ぶつく化学変化だよ。

酸素と結びつく酸化や燃焼

突然(とつぜん)だけど，**酸化**(さんか)って聞いたことあるかい？

「年をとると，からだが酸化するとか聞いたことがありますが…」

それも酸化の一種だね。からだの酸化は見えにくいから，今回は，からだの外で起こる酸化について学んでいこう。

酸化と燃焼

- **物質に酸素が結びつく化学変化**のことを**酸化**(さんか)という。
- **酸化によってできた物質**のことを**酸化物**(さんかぶつ)という。
- 酸化の中で，特に**熱や光を出すような激しい酸化**のことを**燃焼**(ねんしょう)という。

「酸素と結びつく？　酸素って，空気中にいっぱいあるから，すぐに反応しそうですけど…」

そうだよ。空気中にある物質は酸素とふれ合っているため，常に酸化する可能性があるんだ。特に，多くの金属は空気中の酸素と反応して酸化しやすい。目に見えるほどすぐに変化しないことが多いけど，空気中に放置(ほうち)すると酸素と反応して酸化が起きているんだ。ほら，長い時間放置したくぎやねじはさびるだろう？　そのさびが酸化の証拠(しょうこ)なんだ。

「さびって酸化した結果だったんですね！」

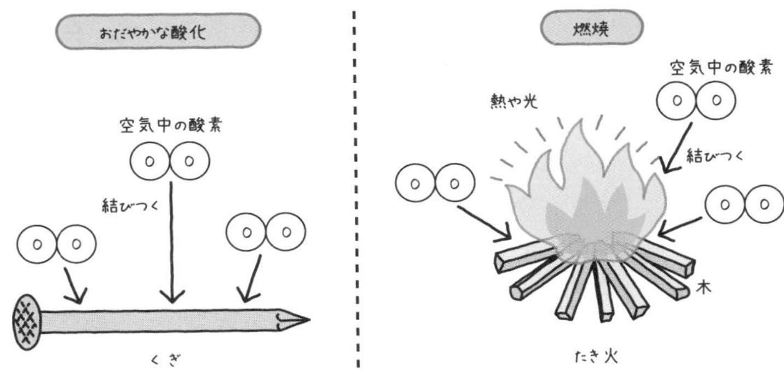

多くの場合，さびは鉄の酸化物だ。こうした，熱や光を出さないゆっくりとした酸化のことを「おだやかな酸化」ということが多い。逆に，たき火のように熱や光を出す酸化を**燃焼**というよ。ここからは，鉄や銅を例に，金属の酸化を調べてみよう。

Point 108 銅や鉄の酸化

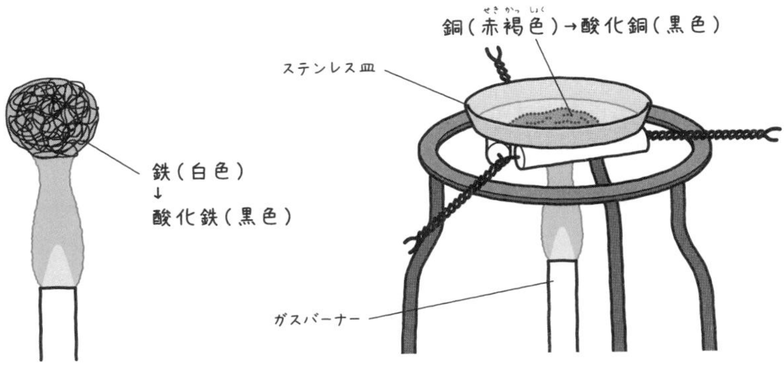

銅（赤褐色）→酸化銅（黒色）

ステンレス皿

鉄（白色）
↓
酸化鉄（黒色）

ガスバーナー

- 銅を加熱すると**黒色の酸化銅**ができる。
- 鉄を加熱すると**黒色の酸化鉄**ができる。
- 結びついた酸素の分だけ，酸化物はもとの金属よりも**質量が大きくなる**。
- 酸化物は**金属の性質をもたない**。

「放置しておけば酸化するのに，なんで加熱するんですか？」

長時間待っていられないからね。加熱して温度を上げることで酸素と反応しやすくするんだ。ただし，加熱してもその物質から熱や光が出てこなければ，それは「おだやかな酸化」になるから注意してね。

「燃焼の場合はどうなるんですか？」

燃焼も基本的には同じだよ。ただ激(はげ)しい反応をするというだけなんだ。実際にマグネシウムを例にしてみてみよう。

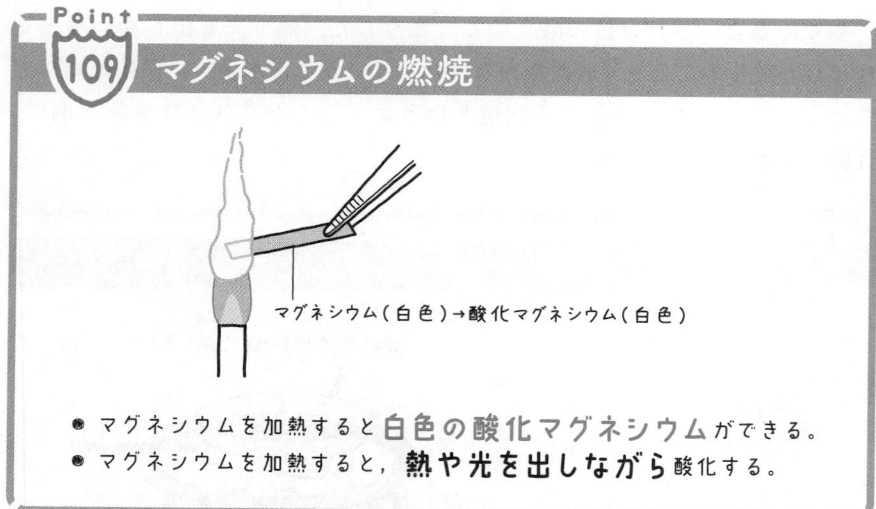

「酸化マグネシウムは白色なんですね。」

酸化銅や酸化鉄は黒色だから，酸化マグネシウムの白色はよく問われるよ。ぜひ覚えておこう。そして何より，おだやかな酸化でも燃焼でも，酸化物になると金属の性質を失うということをしっかり頭に入れておこう。

金属以外も酸化する！

これまで3つの金属の酸化を教えたけど，金属以外も酸化するんだ。その代表例が有機物。有機物の酸化を理解するために，まずは炭素と水素の酸化を学んでいこう。

「炭素って，バーベキューとかで使う炭に入ってるんですよね？」

そうだね。だから想像しやすいんじゃないかな。化学反応式にするとこんな感じ。木や炭を燃やすと二酸化炭素が出るのは有名だよね。もちろん，二酸化炭素だから石灰水に通せば白くにごるよ。

$$C + O_2 \longrightarrow CO_2$$

「水素の酸化はどうなるんですか？　水素って気体ですけど…」

水素に火をつけると爆発するよね。その爆発そのものが燃焼で，このときに酸化しているんだ。そして，水素が酸化すると水ができるんだ。

$$2H_2 + O_2 \longrightarrow 2H_2O$$

「ということは，水素の酸化でできた液体に青色の塩化コバルト紙をつければ，赤色に変わるはずですね！」

お，よく覚えていたね。炭酸水素ナトリウムの熱分解のときに使ったね。じゃあ，この炭素と水素の酸化をふまえて，有機物を酸化させた場合を考えてみよう。有機物は炭素原子や水素原子をたくさん含むものだ。

「炭素と水素をたくさんふくむなら，さっきみたいに有機物を燃やしたら二酸化炭素と水ができるってことですか？」

その通り！　**有機物を燃やすと，有機物の中の炭素が酸化して二酸化炭素に，水素が酸化して水になる**よ。しかもこのときに熱や光を出して激しく酸化するから，燃焼が起こっているんだ。だから，代表的な有機物である砂糖や木材，ガスバーナーやガスコンロのガスは，激しく熱と光を出して燃えるんだよ。この燃焼しているとき，空気中の酸素と反応しているんだ。

Point 110 有機物の燃焼

- 有機物には多数の**炭素**と**水素**がふくまれている。
- **炭素**を燃やすと**二酸化炭素**ができ，**水素**を燃やすと**水**ができる。
- 有機物を燃やすと**燃焼して**，二酸化炭素と水が発生する。

✓CHECK 46

つまずき度 !!!!!

➡ 解答は別冊 p.39

1　物質に酸素が結びつく化学変化のことを（　　　　）といい，その化学変化によってできた物質のことを（　　　　）という。
2　鉄が酸化してできた物質を（　　　　）という。
3　熱や光を出して激しく酸化することを（　　　　）という。

5-8 物質の還元

酸化の次は，逆の反応である還元だ。還元が起こっているとき，同時に酸化も起こっていることに注目して考えることが大事だよ。

酸化物から酸素をうばう還元

「酸素が結びついて酸化することはわかったんですけど，一度酸化したらもとにもどせないんですか？」

酸化の逆，つまり酸素を引きはがすことはできるよ。その反応が**還元**（かんげん）だ。

Point 111 還元

- **酸化物から酸素をうばう化学変化**のことを**還元**（かんげん）という。
- 還元が起こるときは**酸化も同時に起こっている**。
- 還元が起こると，酸素がうばわれる分，酸化物より**質量が小さくなる**。

「うーん…全然イメージがわきません…」

そうしたら，酸化銅と炭素を使って，還元のようすをくわしく見ていこう。酸化銅の粉末と炭素の粉末をしっかり混ぜて加熱していくよ。

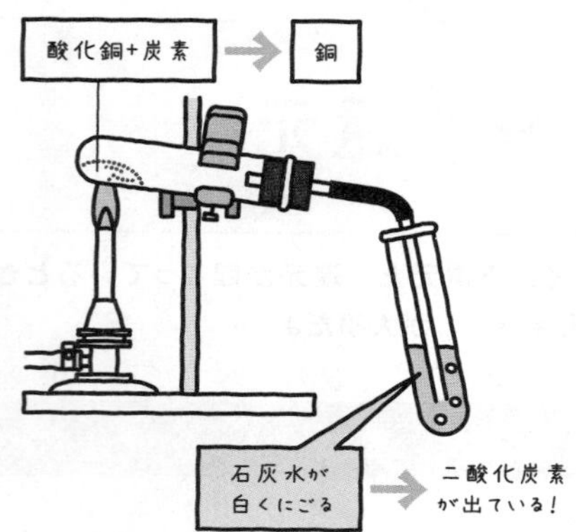

「どうして試験管の後ろの方を上げておくんですか？」

加熱する実験では水蒸気が出やすいからね。水蒸気が発生すると，その水分が加熱部（かねつぶ）に流れていってしまう。そうすると，**試験管が割れてしまうおそれがある**。だから水が加熱部に流れないように試験管の口の方を低くする必要があるんだ。

「炭酸水素ナトリウムの熱分解のときにも似たようなことをしていましたね。」

よく覚えていたね。あの実験でも同じように，試験管の口を少し下にしていたね。では，還元の実験に話をもどすよ。化学反応が終わったあと，石灰水はどうなっているかな？

「白くにごっています！」

石灰水が白くにごったということは，二酸化炭素ができたことがわかるね。これは酸化銅の酸素と炭素が反応したからなんだ。

「銅よりも炭素の方が，酸素と仲よしなんですね。」

サクラさんいい考え方しているよ。炭素と酸素，水素と酸素は特に仲よしなんだ。炭素と酸素，水素と酸素が結びつきやすいってことを覚えておくといいね。

「酸化銅の酸素が炭素と反応したということは，酸化銅は銅になったということですか？」

その通り！　ほら，もともと黒色だったのに，できたものは赤褐色になっているでしょ。では，この反応を化学反応式でまとめよう。

「還元と酸化が同時に起こっていますね！」

そうなんだ。このように，**還元と酸化は必ず同時に起こる**んだ。じゃあ，実験も終わったし，片づけに入るんだけど，ここで注意があるよ。

コツ　**液体が逆流してしまうのを防ぐために，必ず火を消す前に，石灰水が入っている方の試験管からガラス管をぬくようにする。**

ちなみに，炭素ではなく，水素を使って還元したときの化学反応式はこの通りだ。

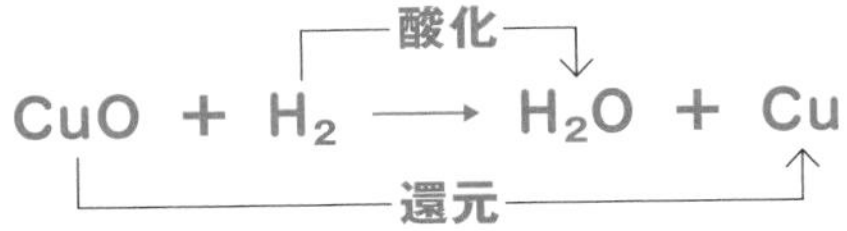

「やっぱり還元と酸化が同時に起こっています！」

「今度は水ができていますね。」

そう。酸化銅の酸素が水素にうばわれて還元したんだ。そして水素は酸素をもらって酸化し，水になったんだね。

コツ　酸化すると，結びついた酸素の分，質量が大きくなる。
還元すると，失われた酸素の分，質量が小さくなる。

CHECK 47　つまずき度 !!!!!　➡ 解答は別冊 p.39

1　酸化物から酸素をうばう化学変化を（　　　）という。
2　酸化銅と炭素を加熱して反応させると，炭素が酸化し，（　　　）が発生する。酸化銅は還元し，（　　　）になる。

5-9 化学変化による熱の出入り

ここでは，化学変化によって発生する熱やうばわれる熱について学んでいくよ。実験を行って，化学変化には熱の出入りが起こることを理解しよう。

熱が発生する発熱反応を見てみよう！

「そういえば，酸化のときに燃焼では熱や光が出るって言っていましたけど，化学変化が起こると必ず熱や光が出るんですか？」

いや，そうとは限らない。有機物の激しい燃焼などでは熱や光が出ることが多いけど，銅の酸化なんかは加熱しても熱や光が激しくは出ない。また，逆に熱を吸収（きゅうしゅう）する化学変化だってあるんだ。

「え，じゃあ化学変化によって，熱が出たり入ったりするってことですか？」

そういうことになるね。ここでは，熱が出る反応や熱を吸収する反応について学んでいくよ。まずは熱が出る反応からだ。

Point 112 発熱反応

- 化学変化によって**熱を放出（ほうしゅつ）する反応**を**発熱反応（はつねつはんのう）**といい，反応後に**温度が上がる**。

「発熱（はつねつ）反応って，どんなものがあるんですか？」

わかりやすいものだと，ガスコンロみたいな火が出るもの，つまり燃焼だね。また，火が出ていなくても発熱する反応はある。例えば，カイロも発熱反応であたためているんだ。

「カイロって，冬場に使うあのカイロですか？」

「え，あの紙みたいな袋(ふくろ)の中で化学変化が起こるんですか？」

そうだよ。あの袋の中で鉄を酸化させてあたためているんだ。実際に，カイロの中にある成分を使って，どれくらいあたたかくなるのか試してみよう。

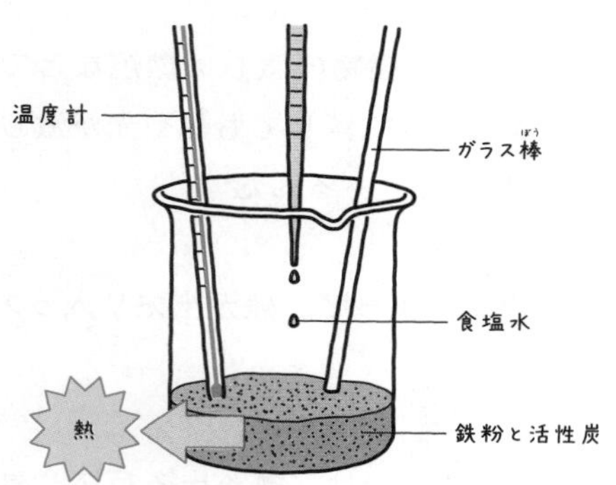

こんなふうに，鉄粉８ｇと活性炭(かっせいたん)の粉末４ｇを混ぜたものを用意した。温度計も忘れずにね。ここに食塩水をたらして混ぜれば反応するよ。

「意外とシンプルなんですね。あ，温度がどんどん上がってる！」

どれくらいの温度になったかな？

「最初は23℃だったのに，75℃まで上がりました！　すごい，ビーカーがあったかい…」

そう。物質を混ぜたあとは50℃以上も温度が上がったね。つまり，鉄の酸化によって熱が放出されたってことだ。カイロはこの発熱反応を利用して，わたしたちのからだをあたためてくれているんだ。まあ，実際わたしたちが使っているカイロは，温度が上がりすぎないように調整されているけどね。

温度が下がる吸熱反応もある！

今度は，逆に熱を吸いこむ反応を見てみよう。

吸熱反応

- 化学変化によって**熱を吸収する反応**を**吸熱反応**といい，反応後に**温度が下がる**。

吸熱反応の代表例は，水酸化バリウムと塩化アンモニウムの反応だ。水酸化バリウム3gと塩化アンモニウム1gを置く。そしたらぬれたろ紙をかぶせて準備は完了だ。2つの粉を混ぜながら温度の変化を観察しよう。

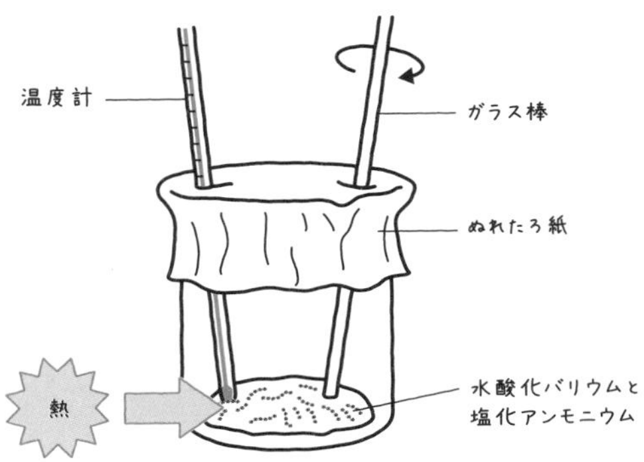

「混ぜる前の温度は…20℃ですね。それじゃあ混ぜます。」

「おお！　だんだん温度が下がってきた。え～っと4℃？」

そう。温度が下がったね。つまり，まわりから熱をうばう吸熱反応をしているんだ。これは反応することでエネルギーが必要になって，その外から熱としてエネルギーを得ているんだよ。だから温度が下がったんだ。

「なるほど。でもどうしてぬれたろ紙をかぶせたんですか？」

ああ，これかい？　これはね，反応するとアンモニアが発生するからなんだ。アンモニアはからだに毒だからね。ビーカーの外に出てきてしまう前に，ろ紙に吸いとらせてしまうんだ。

コツ　**アンモニアはとても水にとけやすい気体。そのため，ぬれたろ紙をかぶせておけば，ろ紙の中にある水に吸いとられる。**

CHECK 48　つまずき度 !!　➡ 解答は別冊 p.39

1　化学変化により熱が発生する反応を(　　　　)という。
2　化学変化により熱が吸収される反応を(　　　　)という。

5-10 化学変化と質量の関係

ここでは，化学変化の前後では物質の質量の合計が等しいことをたしかめるよ。すべての物質でいえる重要な法則だから，しっかり理解しよう！

化学変化の前後で質量は保存される！

「酸化や還元の説明のとき，酸素がくっついたり離れたりすることで質量が変わるって言ってましたよね。ということは，化学変化が起こると質量が変わるんですか？」

そうだね。化学変化が起こると物質が変化するから，質量も変わる。ちょうどいいし，今回は化学変化と質量の関係性について学んでいこう。最も重要なポイントが，**質量保存(しつりょうほぞん)の法則**だ。

質量保存の法則

- 化学変化の前後で，関係する**すべての物質の質量の合計が変化しない**という法則を**質量保存(しつりょうほぞん)の法則**という。

「化学変化の前後で質量の合計が変わらない？　たったいま，化学変化では質量が変わるって言っていませんでしたか？」

ちょっと混乱(こんらん)しちゃうかな。あれは，1つの物質に注目すると，質量が変化するという意味だ。質量保存の法則が意味するのは，**反応にかかわったすべての物質の質量の合計が変わらない**ということ。例えば，銅の酸化で考えてみよう。

$$2Cu + O_2 \longrightarrow 2CuO$$

2×64 g　16 g×2　　2×(64＋16) g

合計：160 g　　合計：160 g

「ほんとだ！　反応前と反応後の質量の合計は同じだ！」

そう，合計して考えれば質量は変わらないんだ。ただ，銅に注目してみると，CuがCuOに変化して，そのくっついたOの分，質量がふえているよね。だから，1つの物質に注目してみると，質量がふえたり減ったりすることがあるんだ。大切だからもう一度言うけれど，**全部足し合わせれば，常に質量は一定**。これが質量保存の法則だ。

質量保存の法則を実験で確認しよう！

では，質量保存の法則が本当に成り立つのか，実際に2つの実験で確認してみよう。まずは硫酸(りゅうさん)と塩化バリウムの反応だ。

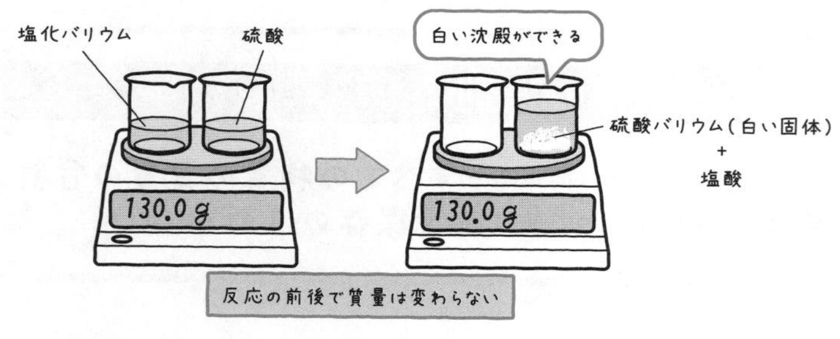

$$H_2SO_4 + BaCl_2 \longrightarrow BaSO_4 + 2HCl$$

硫酸　塩化バリウム　硫酸バリウム　塩酸

今回は硫酸10.0 gと塩化バリウム水溶液20.0 g，50.0 gのビーカー2個を準備したよ。電子てんびんの数値も，合計した130.0 gになっているね。じゃあ，混ぜてみようか。

「あ！　混ぜたら白くにごった！」

それが硫酸バリウムだよ。硫酸と塩化バリウムが反応して硫酸バリウムと塩酸になったんだ。さて質量はどうかな？　ビーカーの分も合わせて，混ぜる前と同じ130.0ｇになっているはずだ。

「たしかに130.0ｇですね。質量の合計が変わっていません。」

「でも何で，硫酸バリウムができると白くなるんですか？」

硫酸バリウムは水にとけにくいんだ。だから，水にとけずに残ってしまうんだよ。これを**沈殿**（ちんでん）というんだ。

いまのは沈殿(固体)ができる反応だったね。今度は気体ができる反応を見ていこう。同じビーカーを使って，炭酸水素ナトリウム10.0ｇとうすい塩酸15.0ｇを混ぜ合わせて，反応の前後で質量がどうなるか確認するよ。

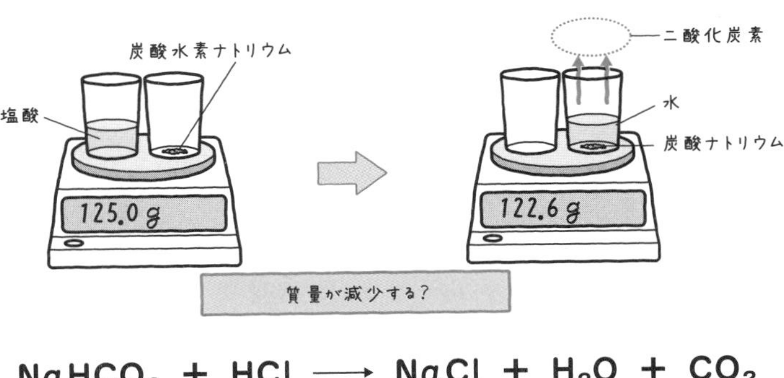

$$NaHCO_3 + HCl \longrightarrow NaCl + H_2O + CO_2$$

「あれ，125.0ｇになってないですよ！　軽くなっちゃってます！」

おどろかなくて大丈夫！　実はこれ，**二酸化炭素が発生して空気中に出ていく**んだ。出ていく分，質量が小さくなってしまったんだよ。だから，気体が出入りできない容器でやってみると…

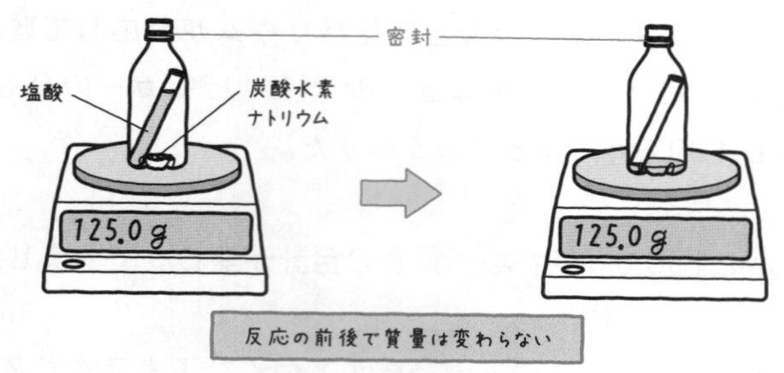

「同じ125.0gになってますね！　発生した気体も質量の計算に入れないといけないんですね。」

そう。気体が出たり入ったりしなければ，質量は変化しないんだ。やっぱり，どんな反応でも質量は反応の前後で同じであることが確認できたね。これが質量保存の法則だ。

コツ　気体の移動がない限り，反応の前後で質量は変わらない。

CHECK 49　つまずき度 ！！！！！

➡ 解答は別冊 p.40

1　化学変化の前後ですべての物質の質量の合計は（　　　　）。この法則のことを（　　　　）という。

2　鉄20gを空気中で加熱したところ，加熱後の質量は28gになった。このとき，（　　　　）gの酸素が鉄と反応した。

反応する物質の割合

ここでは，反応する物質の質量の間には一定の関係があることを学習するよ。計算が入って大変かもしれないけど，1つずつ理解して乗りこえよう。

物質が結びつくときの質量には決まった比がある！

「変な質問だったらすみません。化学変化って，同じものを入れたら，必ず同じものができるんですか？」

ん？　どういう意味だい？

「例えば銅の酸化の場合，$2Cu+O_2 \longrightarrow 2CuO$ って言ってましたけど，CuO_2やCu_2Oが生まれることはないのかなーって。」

ああ～，なるほど！　すごくいい質問だ。先に答えを言ってしまえば「基本的に決まっている」だね。銅の酸化反応では，CuO_2やCu_2Oがつくられることはまずないよ。CuOができるんだ。それは化学変化に規則性があるからなんだ。

「同じものができるってことは，同じ量の物質を反応させれば，必ず同じ量のものができるってことですか？」

そう，その通り。**化学変化に必要な原子の数や質量は常(つね)に決まっている**んだ。銅の酸化反応を例に見てみるよ。

$$2Cu + O_2 \longrightarrow 2\underline{CuO}$$

銅原子と酸素原子が1つずつ結びつく

「2つの銅が1つの酸素分子と反応して，2つの酸化銅になっていますね。」

そうだね。この化学反応式が表しているのは，2つの銅原子に対して，1つの酸素分子が反応するということ。言いかえれば，1つの銅原子に対して1つの酸素原子が反応しているってことだ。つまり，**銅原子と酸素原子の個数は常に1：1の比で反応している**んだよ。

「じゃあ，銅原子が2つあったら酸素原子が2つ反応して，銅原子が3つあれば酸素原子も3つ…」

そう！　それがすごく大事な考え方だ！　そして覚えているかな？　すべての原子は種類によって質量が決まっているよね。原子の個数の比が常に同じということは…

「反応のときの質量も，決まった比がある！」

その通り！　化学変化が起こるとき，その物質の質量の比は常に一定なんだ。銅と酸素の結びつきの場合，銅64ｇは，酸素16ｇと反応するんだ。もし，銅が640ｇあれば，酸素は160ｇ必要になる。

「64ｇと16ｇか…覚えるの大変だなあ。」

そしたら，割り算して簡単な数字で比を覚えてしまおう。銅64ｇと酸素16ｇが反応するということは，銅:酸素＝64:16だ。どちらも16で割ると，**銅：酸素＝4：1**になるね。

「おお！　これなら覚えられそうです！」

「反応する物質の比が決まっているなら，反応したあとにできる物質との比も決まっているんじゃないんですか？」

いいねぇ！　その考えは当たりだよ。反応する物質どうしの比が一定であるだけでなく，反応によってできる物質の比も一定になるんだ。今回の酸化銅の場合，反応でできる**酸化銅も一定の割合でできている**んだよ。例えば，銅が4g，酸素が1gあるなら，酸化銅は5gできるはずだ。つまり比は，**銅：酸素：酸化銅＝4：1：5**になるんだ！

Point 115 銅と酸素が反応する質量の比

銅　：　酸素　：　酸化銅

4　：　1　：　5

※銅＋酸素 ⟶ 酸化銅なので，質量保存の法則が成り立っている。

「これって，銅と酸素，どっちかが少なかったらどうなるんですか？例えば，銅は4gあるけれど，酸素が0.5gしかない場合とか。」

そういう場合は**少ない方に合わせる**必要があるね。**多い方は反応せずに残る**んだ。

コツ　**もし仮に，銅が1000gあっても，酸素が1gしかなければ，銅は4gしか反応しない。残りの996gの銅は反応せずにそのままで，できる酸化銅は5gになる。**

このように化学変化では，その化学変化ごとに割合や比が決まっているんだ。比が決まっているということは，**反応する物質や，反応の前後の物質の質量は比例の関係になっている**ということだよ。確認のために，実際にいくつか問題を解いてみようか。

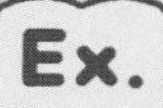

次の問題に答えなさい。

ここに質量のわからない銅がある。これを空気中で加熱し，完全に加熱し終わったときに質量を測定したところ，15gであった。最初にあった銅は何gか求めよ。なお，加熱前の物質と加熱後の物質の質量の関係は以下のグラフのようになっている。

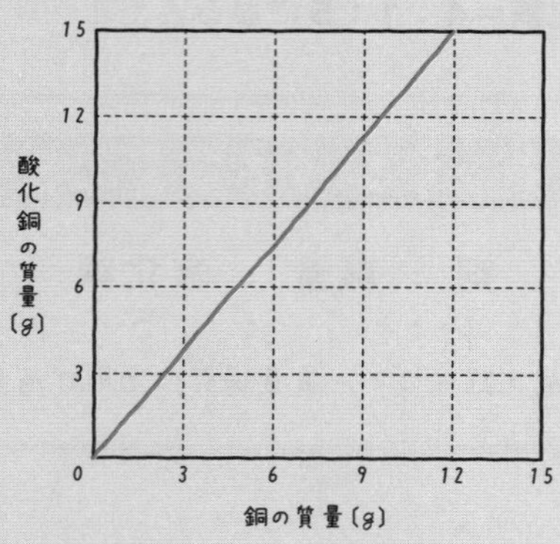

コツ　酸素は空気中にたくさんあるため，わざわざ「酸素と反応させた」と書かないことがある。そのため，ただ加熱した場合は，酸素との反応を疑うようにしよう。

「え～っと，グラフで酸化銅が15gのところを見ると，12gの銅が結合していることになっているから，12gですか？」

すばらしい！　正解だ！　これはグラフを見れば一発だったね。もしグラフから直接求められない場合は，比を使うことで求めることができるよ。その方法も解説しておくね。

解答 銅と酸化銅の比を使って計算する。

銅　酸化銅　　銅〔g〕　酸化銅〔g〕

$4 : 5 = x : 15$

これを計算すると，$5x = 4 \times 15$

$x =$ **12g**

よし，今度はマグネシウムの酸化の問題だ。

Ex. **次の問題に答えなさい。**

マグネシウム24gを空気中で加熱する実験をしていたが，途中で中断した。中断したあとの質量を測定したところ，32gであった。このとき，反応で結びついた酸素の質量と反応しなかったマグネシウムの質量を求めよ。なお，マグネシウムを完全に加熱した場合の，加熱前の物質と加熱後の物質の質量の関係は以下のグラフのようになっている。

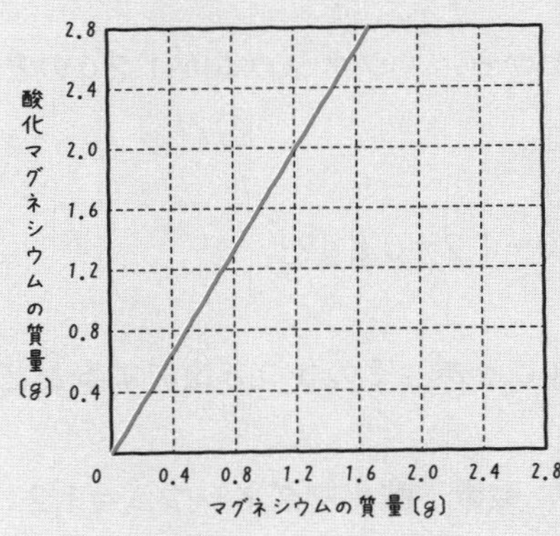

「なんか複雑(ふくざつ)ですね…何から考えればいいんだ？」

「わたしも全然わかりません…」

ちょっとむずかしすぎたかな。じゃあ，先生といっしょに解いていこう。まず，こうした問題は，グラフからマグネシウムが完全に反応するときの，それぞれの物質の質量の比を求めるんだ。グラフの中でマグネシウムの質量が1.2gのところを見てごらん。

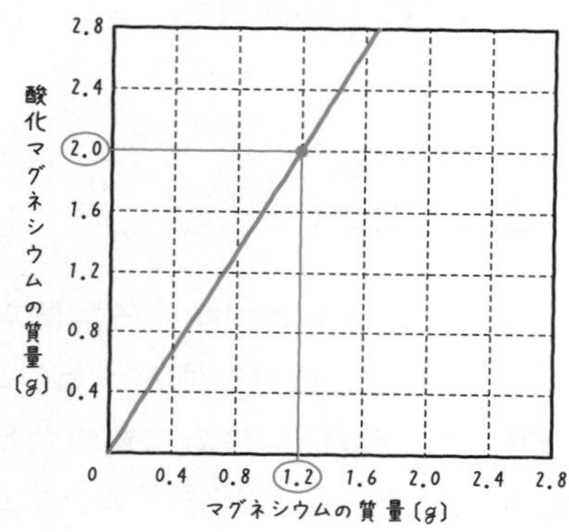

「マグネシウムが1.2gのとき，酸化マグネシウムは2.0gですね。」

そうだね。このことから，マグネシウムが1.2gのとき，酸素が何g結びつくかわかるかい？

「え〜っと，2.0−1.2＝0.8g?」

よし。いいぞ。それじゃあ，その３つを比にするとどうなるかな？

「マグネシウム：酸素：酸化マグネシウム＝1.2：0.8：2.0　です！」

OK！　じゃあ，銅のときと同じように，比を簡単にしておこうか。全部10倍してから４で割ると簡単になるよ。

「3：2：5になりました！」

マグネシウムと酸素が反応する質量の比

マグネシウム ： 酸素 ： 酸化マグネシウム
3 ： 2 ： 5

よし，この比も覚えておくと便利だから，ぜひ覚えておこう。それじゃあ，問題の続きだ。いま，マグネシウムが24gあるんだよね。つまり，さっき求めた比の8倍だ。これを用いてほかの質量も求めてみよう。

「酸素は8倍すると16gで，酸化マグネシウムは40gです。」

「先生待ってください！　問題文では，酸化マグネシウムが32gとなっています。数字が合いません。」

そう，おかしいよね。最後に質量をはかったときは32gだった。24gのマグネシウムすべてが酸素と反応してできるはずの40gに到達していない。だから，**酸化マグネシウムになっていないマグネシウムがあるって考えられる**んだ。

「でもそれって，どうやって計算すればいいんですか？」

マグネシウムは全部反応したわけではないけれど，**酸素は全部反応している**よね。だから，反応した酸素の質量を使って計算していくんだ

解答　まずは結びついた酸素の質量を求める。結びついた酸素の質量は，加熱したときに増加した質量分なので，32－24＝**8 g**

次に，反応したマグネシウムの質量を求める。先ほど求めた酸素の質量を用いて，反応したマグネシウムの質量を求めると，

マグネシウム　酸素　マグネシウム〔g〕　酸素〔g〕

3 ： 2 ＝ x ： 8

これを計算すると，$2x = 24$

$x = 12$g

ただ，このxは反応したマグネシウムの質量なので，反応していない分のマグネシウムの質量を求めると，

「もとのマグネシウムの質量－反応したマグネシウムの質量」より，

24－12＝**12g**

コツ　**完全には反応していない場合，結びついた酸素の質量で比を考えると，計算できるようになる。**

✓ CHECK 50

つまずき度 ！！！！！

➡ 解答は別冊 p.40

1　下の図は銅の質量と，その銅を完全に酸化したときにできる酸化銅の質量の関係をグラフにしたものである。今回，20gの銅を用意して加熱したところ，完全には反応せず，加熱後にできた物質の質量は22gであった。このとき，反応した酸素の質量は（　　　）gであり，反応しなかった銅の質量は（　　　）gである。

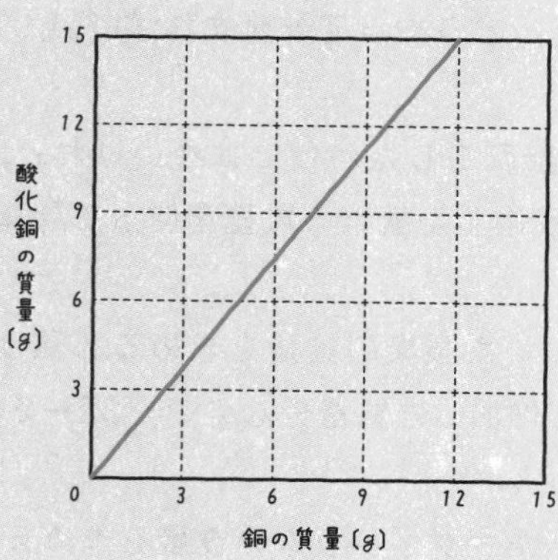

理科 お役立ち話 5

鉄棒は最初からさびている？

「酸化ってあったじゃないですか。空気に酸素がふくまれているから，空気にふれていれば酸化が進むってことですよね。」

まぁ，そういうことになるね。空気にふれている限り，どうしても酸素と反応してしまうね。金属なんかは放置しているといつの間にか酸化してさびてしまう。

「でも，学校にある道具って金属なのにさびていないものがありますよね。あれってさびない金属を使っているんですか？」

もちろん，そういうさびにくい金属を使っているものもある。ただ，鉄棒などに使われる「鉄」はどうしても酸化してさびてしまいやすい。雨にもふれるしね。でもさびにくいのは，すでに酸化されているからなんだ。

「すでに酸化されている？　ということはさびているってことですか？」

まぁ，言いようによってはそうとも言えるね。実はさびた鉄，つまり酸化鉄には種類があるんだ。代表的なのが，赤サビ（Fe_2O_3）と黒サビ（Fe_3O_4）。よく，くぎやねじが雨ざらしになって赤くなっているのが赤サビだね。

「あー，赤いサビはよく見ますね。ボロボロになっていますよね。」

そうだね。鉄は放っておくと，大体，この赤サビになってしまうんだ。やっかいなことに，この赤サビは，一部がさびるとどんどん進行して，全体をさびさせてしまう。つまり，まわりの鉄（Fe）をどんどん赤サビ（Fe_2O_3）に変えてしまうんだ。そうすると形がくずれ，ボロボロになってしまう。このような現象を腐食（ふしょく）というんだよ。

「建物（たてもの）が老朽化（ろうきゅうか）してくずれるのは，この腐食などが原因なんですよね。でも，どうすれば腐食を防ぐことができるのでしょう。」

そのために，鉄棒の場合は黒サビでおおってしまうことが多いんだ。鉄が酸素にふれて赤サビになってしまうのが，鉄の腐食の原因。だとすれば，酸素と反応しないもので鉄をおおってしまえばいいんだ。そうすれば，内部の鉄が酸素にふれて反応することはないでしょ。そのおおうものが，黒サビ（Fe_3O_4）。黒サビは「すでに酸化されている」から，空気中の酸素と反応して酸化することがほとんどないんだ。

「すでに酸化されているものでおおう！　かしこいな！　でも，その黒サビは赤サビのように，中の鉄まで酸化を進めてしまうことはないんですか？」

それがないから，黒サビは便利なんだ。このように，表面を特定の物質でおおうことで，さびや腐食から守っているものは結構多い。化学の知識があるからこそ，できることだね。

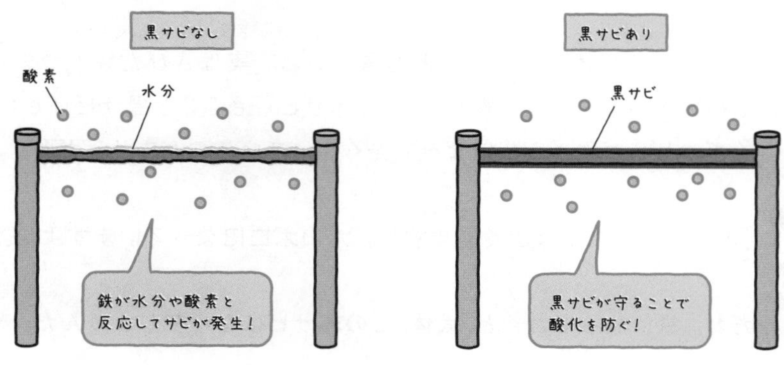

中学2年 6章

生物のつくりとはたらき

「生物…というか，そもそも自分のからだのことについてすら全然知らないなあ。」

「わたしはスポーツをやっているから，筋肉のはたらきくらいは知っておきたいな！」

からだのつくりやはたらきについて知ることは，運動や食事などの日常的な生活習慣に役立つよね。この単元では，ヒトと植物のからだのつくりとはたらきについて解説しよう。

細胞の構造とはたらき

ここから生物の学習が始まる。まずは生物のからだを構成している細胞について学ぶよ。細胞とはどんなものなのか，どのようにして細胞を観察するのか確認しよう。

動物と植物の細胞ではつくりがちがう！

さて，ここからは生物のからだについて勉強するよ。まずは，からだをつくる**細胞**(さいぼう)について説明していこう。

「細胞って…何か聞いたことあるけど，何だったかなぁ。」

人間，人間以外の動物や植物など，多くの生物のからだは，この細胞がたくさん集まってできているんだ。レンガの家でたとえると，家自体が生物のからだで，1つ1つのレンガが細胞ってことになるね。このように，細胞は生物のからだをつくる最小の単位となっているんだ。

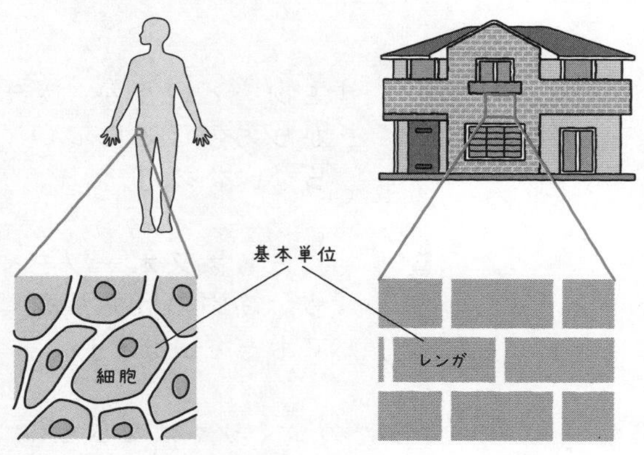

「え？　目も口も，皮膚(ひふ)も骨も全部細胞でできているんですか？」

そうだよ。全部細胞からできている。でも，基本的なつくりはいっしょなんだ。ここで，動物と植物の細胞を比較してみよう。

細胞の基本的なつくり

- 動物と植物に共通して**核**，**細胞膜**の２つがある。
- 植物の細胞の中にある**緑色の粒を葉緑体**といい，ここで**光合成**が行われる。植物が緑色に見えるのは，葉緑体があるためである。
- **液胞**は細胞の中のいらなくなったものをためておくところである。
- **細胞壁**は植物の細胞の形を維持して，植物のからだを支えている。
- 核を除く，細胞膜とその内側の部分を合わせて**細胞質**という。

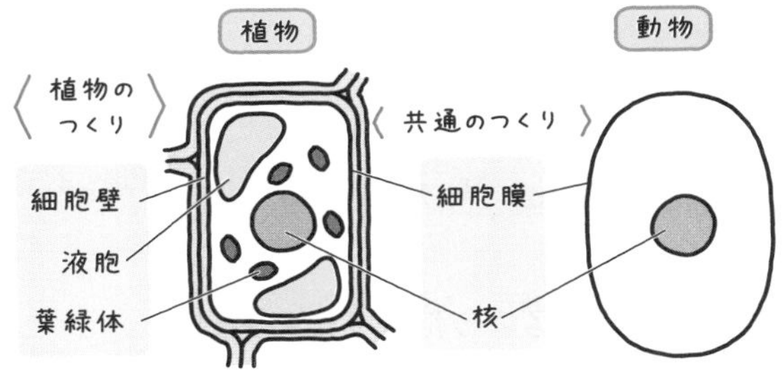

「動物と植物，共通しているのは核と細胞膜ってことですね。」

「核や細胞膜ってどんなことをしているんですか？」

細胞膜は細胞全体を包みこみ，細胞の外のあらゆるものから細胞を守っているんだ。核の役割はすごくむずかしいから，いまは核の観察のしかたを学ぶ方が大事かな。

「どうやって核を観察するんですか？」

顕微鏡で観察するときに，そのままでは透明で見えにくいんだ。だから，核に色をつけて見やすくするんだよ。色をつけるのには，**酢酸オルセイン液**や**酢酸カーミン液**という染色液を使う。これを使うことで，核が赤色に染まって見やすくなるんだ。

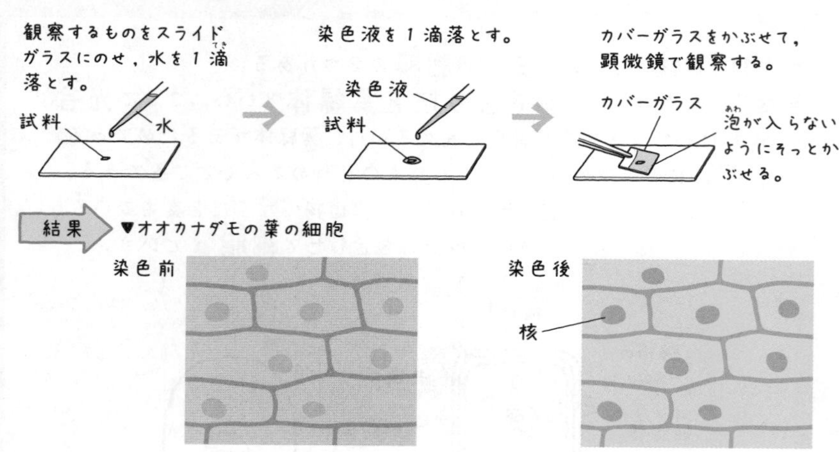

「本当だ！　核が見えるようになりました。」

細胞も呼吸をしている！

植物と動物の細胞では，核と細胞膜が共通していたね。そのほかに共通する細胞のはたらきとして，**細胞の呼吸**があるんだ。

「呼吸って，酸素を吸って二酸化炭素をはくことですよね。」

「細胞も呼吸をしているって…なんか不思議ですね。」

Point 118 細胞の呼吸

- 細胞が酸素を使い，栄養分を分解してエネルギーをとり出すことを**細胞の呼吸**という。このとき，二酸化炭素と水ができる。

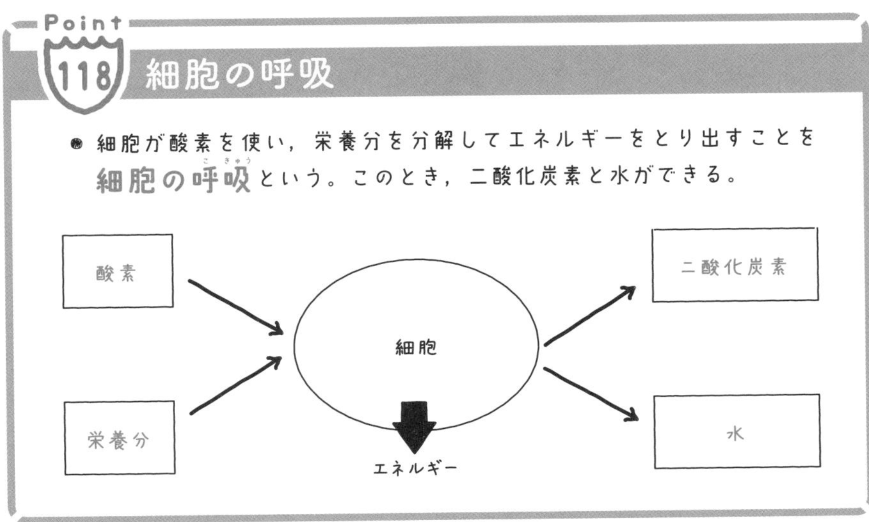

実はね，動物が口や鼻で酸素を吸っているのは，酸素を細胞に届けるためなんだ。**細胞は酸素と栄養分を使って，生きるためのエネルギーを生み出さなくちゃならない**。だから，細胞も呼吸をして，酸素をとりこんでいるんだね。何が使われて，何が生み出されているのか，その点をきっちり理解しておこう。

単細胞生物と多細胞生物では細胞の数がちがう！

「細胞は生物のからだをつくる最小の単位と言っていましたけど，それなら，細胞1個でも生きていくことはできるんですか？」

環境が整っていればできるよ。1個の細胞からできている生物を**単細胞生物**といい，単細胞生物以外の生物を**多細胞生物**というよ。多細胞生物は，多くの細胞がそれぞれちがう役割をもって生きているから，複雑なしくみになっているんだ。

単細胞生物の構造は単純なものが多く，生きるために必要なことは，ほとんどが細胞質で行われているんだ。一方，多細胞生物は，同じからだでもそれぞれの場所によって細胞が全くちがい，生きるためにそれぞれの細胞がちがうはたらきをしているんだよ。

「場所によってちがう？　どういうことですか？」

例えば目や鼻などの器官ごとに役割がちがうのはイメージできるよね。その器官のおおもとになっている細胞は，それぞれの器官のはたらきをするために最適な形や大きさになっているんだ。

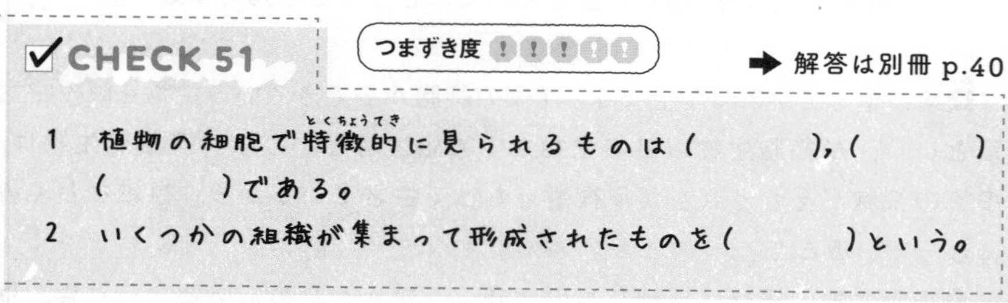

➡ 解答は別冊 p.40

1　植物の細胞で特徴的に見られるものは（　　　），（　　　）（　　　）である。

2　いくつかの組織が集まって形成されたものを（　　　）という。

葉緑体で行われる光合成

細胞や組織，器官の関係性を理解したあとは，植物のからだのはたらきについて学んでいくよ。まずは，動物にはできない光合成から解説しよう。

光合成には日光が必要！

「さっき葉緑体は，植物の細胞にしか存在しないって言いましたよね。その葉緑体って何をしているんですか？」

光合成（こうごうせい）だよ。基本的に植物にしか光合成ができないのは，葉緑体が植物にしかないからなんだ。

「ちょっと待って。そもそも光合成についてよくわからないから，そこから教えてください。」

オーケーオーケー。じゃあここからは光合成について学んでいこう。ではまず，植物が育つのに必要なものって何かな？

「そりゃあもちろん，水に，土の栄養分に……えーっと……。」

それと日光もあるね。植物が光合成を行うには日光（光）が不可欠なんだ。

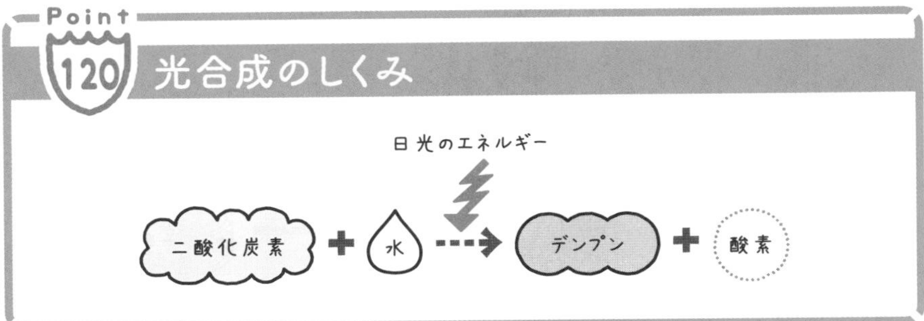

また，光合成が行われているのは，おもに葉だ。だから，日光をできるだけたくさん浴びるために，植物は葉のつけ方を工夫しているんだ。

コツ　できる限り日光の当たる面積をふやすために，おたがいの葉が重ならないようについている。

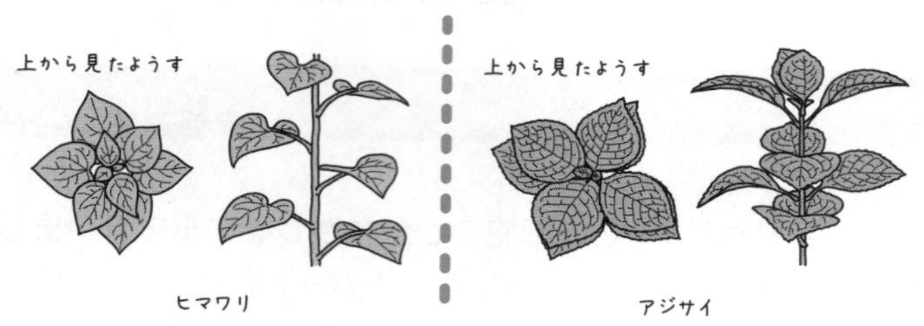

「植物の葉で，たまに，部分的に色がぬけて白くなったものがありますが，あれって何で白いんですか？」

お，白い葉のことを知っているか。葉が白くなった部分を「ふ」というよ。**ふの部分には葉緑体がない**んだ。せっかくだから，ふのある葉を使って，光合成をするには日光と葉緑体が必要であることを確認してみようか。

対照実験ってどんな実験？

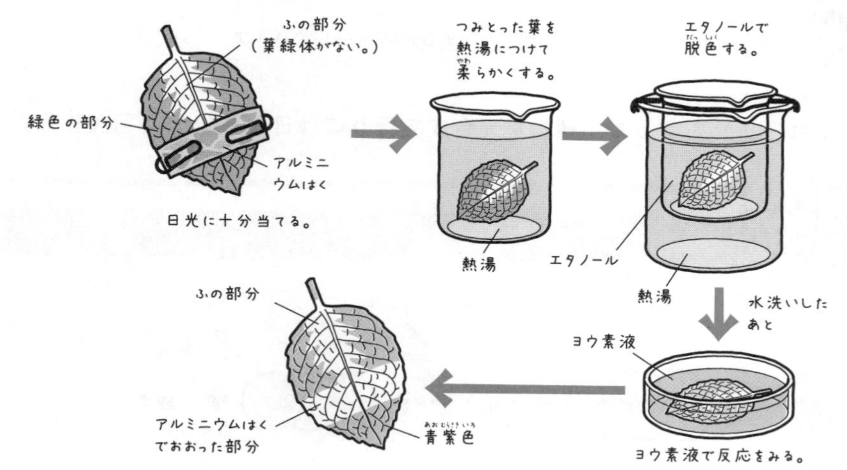

「ふの部分はわかりますが，何でアルミニウムはくでおおったんですか？」

アルミニウムはくでおおうことも必要な条件なんだ。もう1回確認しておきたいんだけれども，今回知りたいことって何だったっけ？

「ええと，光合成には日光が必要かどうかです。」

「あと，葉緑体で光合成が行われているかもですね。」

そうだよね。ケンタ君の言ってくれた「日光が必要かどうか」を確認するために，**葉に，日光が当たる場所と当たらない場所をつくって比較（ひかく）する**んだ。同じように，サクラさんが言ってくれた「葉緑体で光合成が行われているかどうか」を確認するために，**緑色の場所と緑色ではない場所に日光を当てて比較する**んだ。こういう実験方法を**対照実験（たいしょうじっけん）**っていうんだよ。

Point 121 対照実験

- 知りたい条件以外を同じにして行う実験のことを**対照実験（たいしょうじっけん）**という。

さて，実験の結果を確認してみよう。どんな結果になっていたかな？

「日光が当たった葉の緑色の部分だけが，青紫色に変化していました！」

ヨウ素液（そえき）はデンプンに反応すると青紫色（あおむらさきいろ）に変わる。だから，光合成が行われて，デンプンがつくられた場所は青紫色に変化したんだ。

つまり，日光が当たらなければデンプンはできないし，日光が当たっていても葉緑体が存在しない「ふの部分」であれば，デンプンはできないってことだね。このことから，**光合成には葉緑体と日光の両方が必要**だってことがわかったね。

光合成は二酸化炭素をとりこんで酸素を出す！

「日光をデンプンに変えられるなんて，植物はすごいなあ。」

おっと，何も日光がデンプンになっているわけじゃないぞ。日光はあくまでもデンプンをつくるように葉緑体をはたらかせるためのエネルギーなんだ。葉緑体がデンプンをつくるために，つまりは光合成をするためには日光だけでなく，デンプンの材料になる**二酸化炭素**と**水**が必要なんだ。

「水は根から吸い上げているのでわかりますけど，植物って二酸化炭素をとりこんでいるんですか？」

そういうことになるね。実際に二酸化炭素をとりこんでいるのか，そして，本当に酸素ができているのか実験で確かめてみよう。

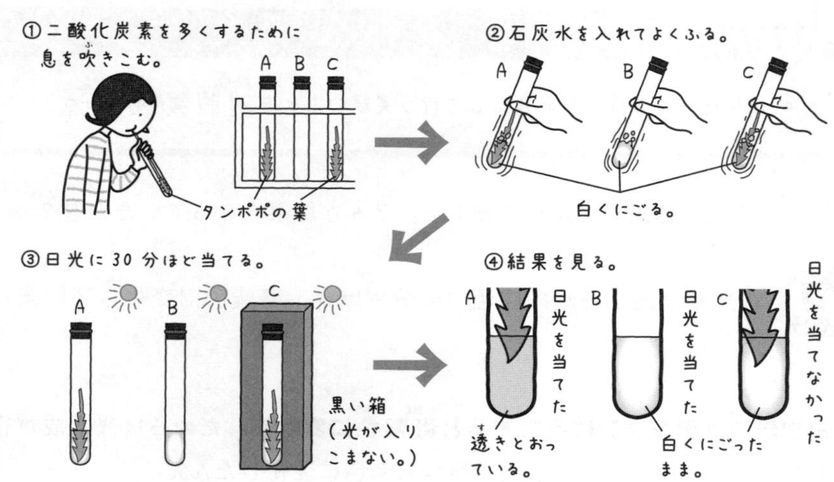

「石灰水はもう何度も出てきましたね。覚えてます！」

「タンポポの葉を入れて日光を当てたAの試験管では，石灰水が透明(とうめい)になりました！　一方で，葉に日光を当てていないCの試験管や，葉を入れていないBの試験管では，白くにごったままですね。」

植物がない，もしくは**日光を当てていないと光合成が行われず，二酸化炭素が減らない。**だから白くにごったままなんだ。植物を入れて日光を当てると光合成が行われるから，その試験管の中で二酸化炭素が減って，石灰水が透明になったんだ。次に，それぞれの試験管に線香の火を近づけてみよう。どうなるかな？

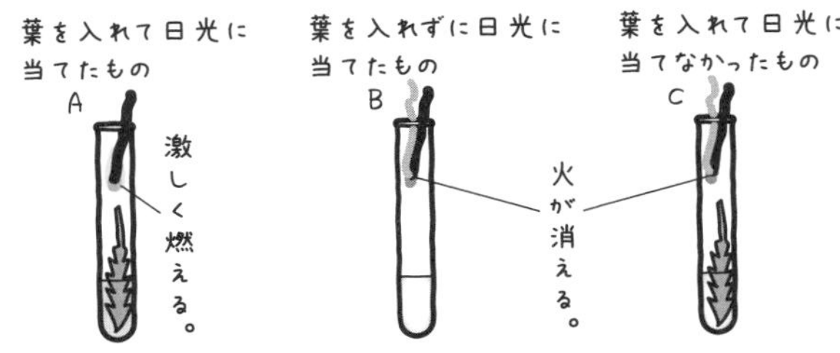

「葉に日光を当てた試験管では，すごい勢いで燃えましたね。」

「逆に，葉に日光を当てていない試験管や植物を入れていない試験管では，火がすぐに消えましたよ。」

ものがよく燃えるということは，酸素がそこにある証拠(しょうこ)だね。つまり中の植物に日光を当てることで，光合成が行われて二酸化炭素が減り，酸素がふえたってことだ。

「じゃあ結局，植物は日光を当てると**デンプンと酸素をつくる**ってことですか？」

そう。植物の中にある葉緑体は日光のエネルギーを使って**水と二酸化炭素を材料に，デンプンと酸素をつくる**んだ。これが光合成だよ。もう1つ，せっかくだから**BTB液**を使った実験も試してみようか。

BTB液

- BTB 液は**酸性**(さんせい)であれば**黄色**，**中性**(ちゅうせい)であれば**緑色**，**アルカリ性**であれば**青色**に変化する。

このBTB液を使って，さっきの実験での試験管が何性になっているかを確認してみよう。

「あっ，葉に日光を当てた試験管だけ，青色になっています！」

「ほかの2つは黄色ですね。」

このBTB液が黄色になるということは，その水溶液が酸性であるということなんだ。これは，**二酸化炭素が水にとけたことで酸性を示している**んだよ。反対に，青色になった試験管は**二酸化炭素が減ったため，アルカリ性になった**ということなんだ（酸性とアルカリ性については，11章で勉強するよ）。BTB液でも，光合成によって二酸化炭素が減ったことが確認できたね。

✓CHECK 52　つまずき度 !!!!!　➡ 解答は別冊 p.40

1　植物は光を受けて(　　　　)を行っている。
2　光を受けた葉にヨウ素液をたらすと(　　　　)色に変化する。

植物の呼吸と蒸散

植物は光合成によりデンプンをつくることがわかった。では，植物は何のためにデンプンをつくっているのだろう？　そのデンプンの使い道である，呼吸について解説しよう。

植物も呼吸をしている！

光合成の次は，植物の**呼吸**について学んでいこう。

「え？　植物って口も鼻もないのに呼吸するんですか？」

実は動物に限らずほとんどの生物は呼吸をしているんだ。「細胞の呼吸」のところでも教えた通り，呼吸によって生きるために必要なエネルギーが生み出される。それは植物でも同じことなんだ。

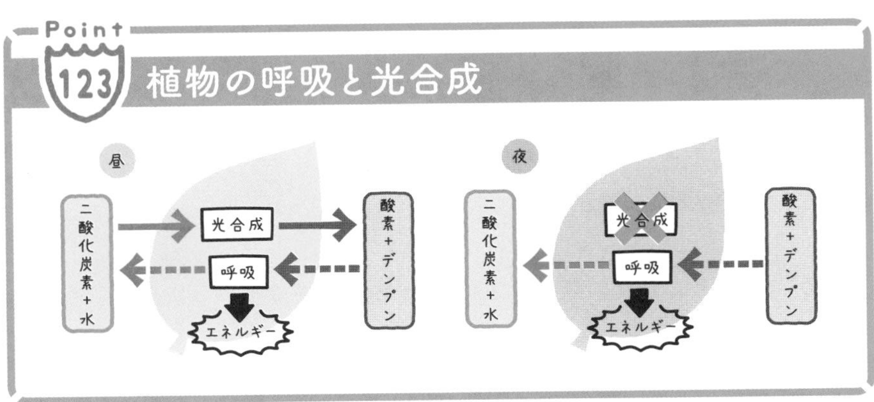

「酸素をとりこんで二酸化炭素を出しているということは…呼吸って光合成の逆ですか？」

そう，光合成の逆なんだ。光合成のときは二酸化炭素をとりこんで，酸素を出していたよね。

「あれ？　でもそれなら，さっきの光合成の実験はおかしくないですか？　昼でも呼吸して二酸化炭素を出すなら，光合成で使っていたとしても二酸化炭素が減らないですよね。それなのに石灰水が透明(とうめい)になったのはどうしてですか？」

それはね，**昼は呼吸よりも光合成の方がさかんに行われる**からなんだ。呼吸によって出される二酸化炭素より，光合成によってとりこまれる二酸化炭素の方がはるかに量が多いんだ。だから，昼は**全体で二酸化炭素が減っていた**んだよ。植物に日光を当てず，呼吸だけをさせつづけると，二酸化炭素はふえていくよ。

根から吸い上げた水は，葉から出ている！

突然(とつぜん)だけど，復習。葉緑体で行われる光合成に，必要なものが3つあったよね。この3つが何か思い出せるかな？

「まず日光でしょ。あとは，二酸化炭素と…」

「水じゃなかったかしら。」

そう，日光と二酸化炭素と水だ。じゃあ，植物はその3つをどこからとりこんでいるのかな？

「日光と二酸化炭素は葉からとりこんでいましたね。あと水は…ふつうに考えれば根っこ？」

その通り。日光と二酸化炭素は葉が直接とりこむことができる。水は根から吸い上げているね。その水は茎(くき)を通って葉に輸送(ゆそう)されるんだ。

「でも，植物って肺や筋肉があるわけでもないのに，どうやって水を根から葉まで吸い上げているんですか？」

いい気づきだ。水を葉までもち上げることを可能にするのが**蒸散**だ。蒸散とは，簡単にいえば葉から水が出ていく現象のことなんだよ。

蒸散

- 根から吸い上げられた水が葉から水蒸気となって出ることを**蒸散**という。
- 蒸散は葉の表側よりも**葉の裏側の方がさかん**に行われる。

「葉から水が出ていく？　水なんて出ていますかね？」

水が出ていくとはいっても，目では見ることができない，水蒸気として出ていくんだ。

「どうして葉から水が出ていくと，根から水を吸い上げることができるようになるんですか？」

いい質問だね。しくみとしてはストローで水を吸い上げるのと似ているね。茎がストローのような役割を果たしているんだ。ストローから水を吸い上げると，コップの中にある水がストローの中を上がってくるでしょ。葉から水を出すことで，茎の中の水が上がって根から水が吸い上げられるんだよ。このように，蒸散は，地中にある水や水にとけた養分を吸い上げるために必要なんだ。

「なるほど。その…蒸散は葉の裏側の方がさかんだっていうのは，どうやったらそんなことわかるんですか？」

蒸散がどこでさかんに行われているか，それを確かめる実験方法があるんだ。今からそれをやってみよう。次の図の４つを，吸い上げられて減る水が多い順に並べかえてみようか。

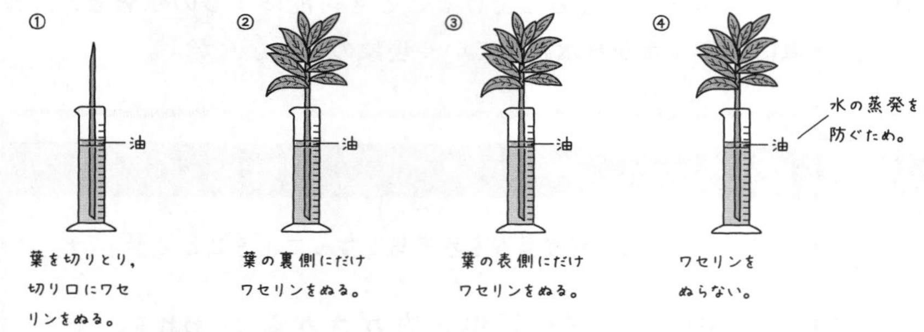

コツ　**ワセリンをぬる理由：ぬった場所の蒸散をできなくするため。**
油を入れる理由：水面からの水の蒸発（じょうはつ）を防ぐため。

「え〜っと，④→③→②→①の順に水が減りました！」

蒸散がたくさん行われるほど水が吸い上げられると言えるよね。だから，何もしていない④がいちばん蒸散しているから，水がいちばん多く減ったんだ。そして蒸散は葉の裏側でさかんに行われているから，葉の裏側にワセリンがぬられていない③が２番目，その次が葉の裏側にワセリンをぬった②で，いちばん蒸散をしていないのが茎だけの①ってことだ。この問題はよく出るから，しっかり理解しておこうね。

つまずき度 !!!!!

➡ 解答は別冊 p.40

1　植物は昼も夜も（　　　　）をしている。
2　葉から水蒸気が出る現象のことを（　　　　）という。
3　蒸散は，葉の（　　　　）側でさかんに行われている。

維管束の役割

光合成や蒸散をするためには，水や養分を輸送しなければならない。ここでは，その輸送する経路である維管束について学ぼう。

道管と師管の束である維管束

「結局，根から吸収した水や養分は，どうやって茎(くき)を通って葉までたどり着いているんですか？」

お，まだきちんと説明していなかったね。結論からいうと，**道管(どうかん)**や**師管(しかん)**というところを通って運ばれていくんだ。

Point 125 道管・師管・維管束

- **根**が吸い上げた水や水にとけた養分は**道管(どうかん)**を通る。
- **葉**でつくられた栄養分は**師管(しかん)**を通る。
- 道管と師管の束を**維管束(いかんそく)**という。

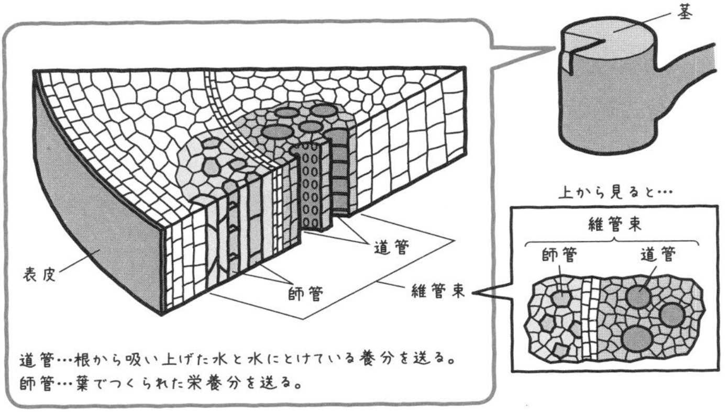

茎
上から見ると…
維管束
師管
道管
表皮
道管
師管
維管束

道管…根から吸い上げた水と水にとけている養分を送る。
師管…葉でつくられた栄養分を送る。

根から吸い上げたものは道管を通り，葉でつくられたものは師管を通るんだ。通り道はきちんと分かれているから覚えておこう。

コツ **道管は根から吸い上げた水や養分を，師管は葉でつくられたデンプンを全体に送っている。道管は水，師管は養分と覚えてしまうとまちがえてしまうので注意。**

「道管と師管が束ねられたものが維管束…って，管は何本もあるんですか？」

そうだね。道管も師管もそれぞれ１本じゃない。何本もあって，それらがすべていくつかの束になっているんだ。そして**道管は維管束の内側に，師管は維管束の外側にある**んだよ。あくまでも「茎の中」じゃなくて「維管束の中」で見るのがポイントだ。

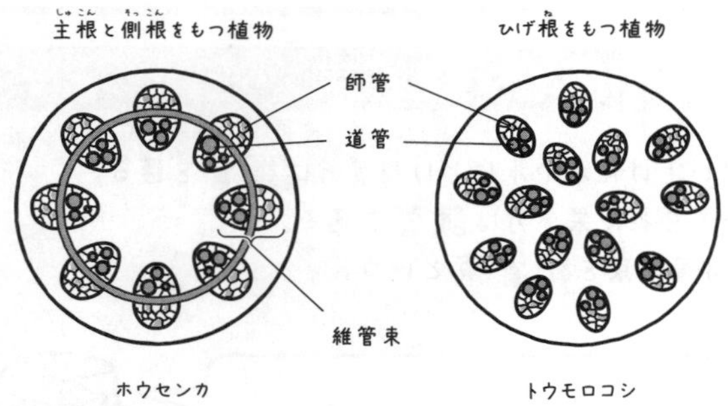

コツ **道管と師管の位置の覚え方**

- **道管：水道管は家の内側に通せ**
- **師管：家の外には敷かん（じゅうたんなどをイメージ）**

「たしかに維管束の中では道管が内側ですね。」

「植物によって維管束の並び方がちがうんですね！」

お，いいところに気がついたね。**根が主根と側根に分かれている双子葉類は，茎の維管束が輪になって並んでいる**んだ。そして，**ひげ根をもつ単子葉類は，維管束が茎の中でバラバラに散らばっている**んだよ。

「ひげ根は根がバラバラだから，維管束もバラバラって覚えると楽ですね。」

「じゃあ，根の維管束はどうなっているんですか？」

根での維管束の並び方は茎とちがうから気をつけよう。根では道管も外側寄りにあることが多い。根では土の中の水や養分を吸いやすくするために，道管も外側にあった方がいいからなんだ。

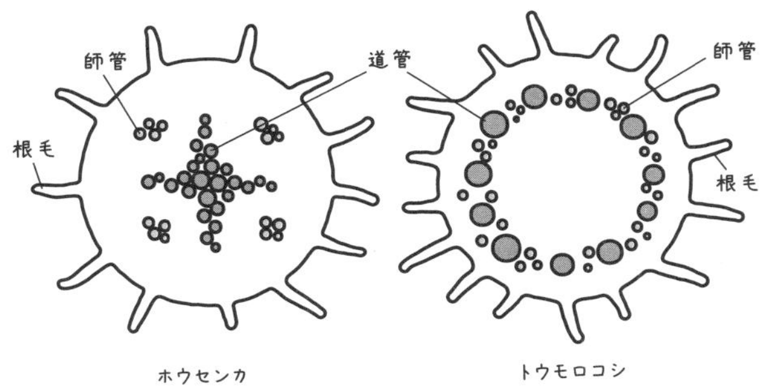

「こうやって根から茎，茎から葉へと，根が吸い上げた水や養分が道管を通って全体にいきわたるんですね。」

そうだね。そして，葉でつくられたデンプンなどは，葉から茎へ，茎から根へと師管を通して送られるんだ。

葉での維管束は葉脈になっている！

じゃあ，今度は葉のつくりについて教えよう。まずはこの２つの葉を用意した。このちがいが何だったか覚えているかな？

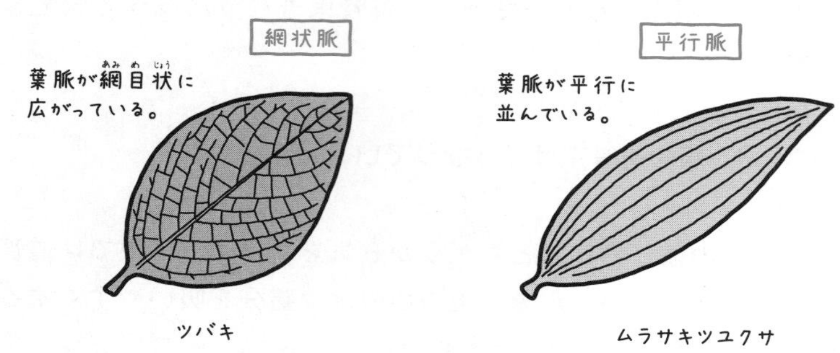

「葉脈がちがいますね。ツバキの葉は葉脈が網状脈で，ムラサキツユクサは平行脈になっています。」

よく覚えていたね。双子葉類は網状脈の葉をもち，単子葉類は平行脈をもつんだったね。実はこの葉脈は，茎にある維管束が枝分かれして，葉までのびてきたものなんだ。

Point 126 葉のつくり

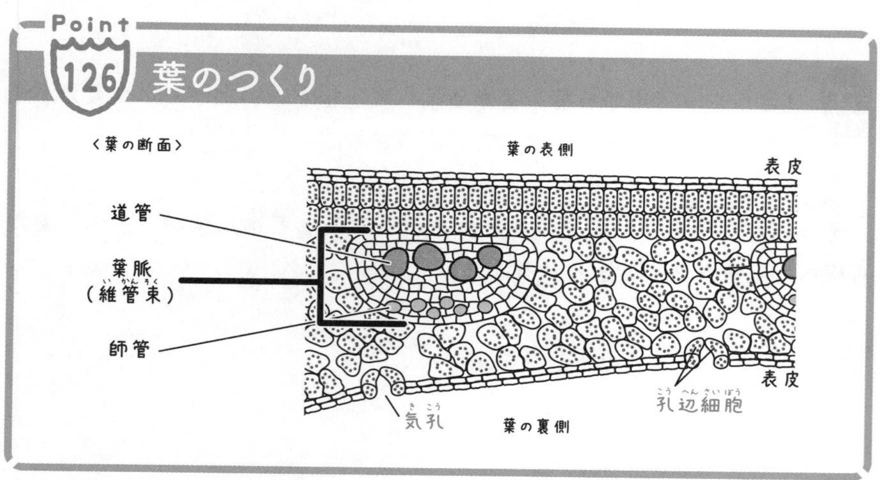

「道管が葉の表側にありますね。必ず表側なんですか？」

そうだよ。茎では維管束の内側に道管，外側に師管があったよね。その維管束を葉までのばしてみるとどうなるかな？

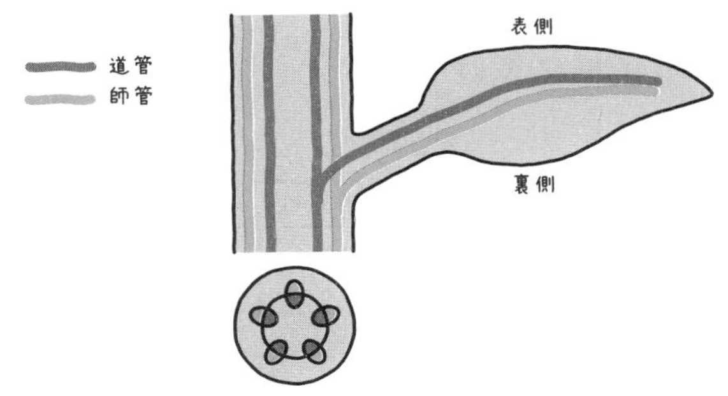

「ほんとだ！　必ず道管が表側になりますね。」

「さっきの葉のつくりの図を見ると，葉の表面の細胞の並び方がやたらきれいですね。それに，細胞も小さくなっています。」

葉のいちばん外側の細胞は，すき間なく並んでいるよね。葉の表面はいろいろなものにふれる可能性が高いから，頑丈につくるために細胞がすきまなく並んでいるんだ。この葉の表面のことを**表皮**っていうんだよ。

「たしかに，細胞がぎゅっと集まっていたら，こわれにくくなりそうですよね。あれ？　葉の裏側には穴があるんですね。」

これは**気孔**というんだ。**酸素や二酸化炭素，水蒸気などの通り道**だね。そして，気孔のまわりにある2個の三日月みたいな細胞が**孔辺細胞**で，この細胞が気孔を開いたり閉じたりしているんだ。

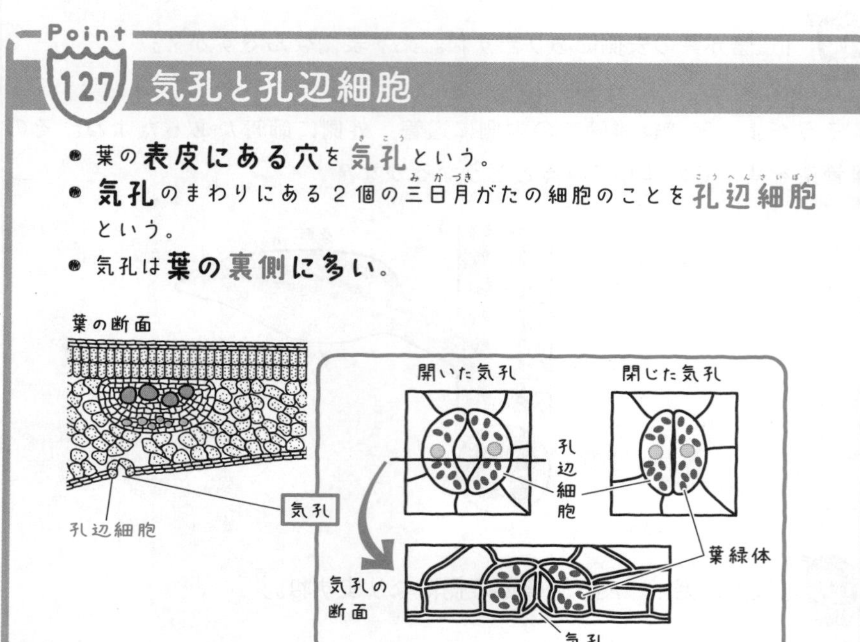

「そういえば蒸散の実験で，葉の裏側の方が蒸散がさかんに行われるって言っていましたけど，それって葉の裏側に気孔が多いからですか？」

素晴らしい気づきだ！　まさにその通りで，蒸散の実験でワセリンを葉の裏側にぬると，気孔がふさがれて蒸散で出ていく水蒸気が減ったため，水の量があまり減らなくなったんだ。

「なるほどー！　ここにつながっていたわけか～。」

そう，ここまで教えた内容は1章の内容と合わせてきちんと理解しておくことをおすすめするよ。植物はどれもつながりがあるから，そのつながりを意識することで，理解が深まり，覚えやすくなるよ。

✓CHECK 54

つまずき度 !!!!!

➡ 解答は別冊 p.40

1　根から吸い上げた水や養分は（　　　　）を通って輸送される。

2　葉の表面には穴があり，これを（　　　　）という。

6-5 食物の栄養分と消化

光合成ができない動物は，食物を食べなければ生きていけない。ここからは，動物がどのようにして食物から栄養分を手に入れているか，学んでいくよ。

三大栄養素の炭水化物，タンパク質，脂肪！

植物の次は動物について学んでいくよ。まずは食物(しょくもつ)についてだけど，2人は**炭水化物**(たんすいかぶつ)や**タンパク質**，**脂肪**(しぼう)って聞いたことない？

「名前は聞いたことあります。でも，脂肪や炭水化物がダイエットの敵(てき)ってことぐらいしかわかりません…」

なるほどね。今回はその３つの栄養分に関して解説するよ。**三大栄養素**(さんだいえいようそ)といわれ，ダイエットや筋トレなど，日常的な話にも関連してくるぞ。

Point 128 炭水化物，タンパク質，脂肪

- デンプンやブドウ糖などを**炭水化物**(たんすいかぶつ)という。
- アミノ酸がいくつも結合したものを**タンパク質**という。
- モノグリセリドと脂肪酸(しぼうさん)からなるものを**脂肪**(しぼう)という。

炭水化物はその名前の通り，炭素と水の化合物なんだ。これは，米や小麦，ジャガイモなどの「主食」とよばれる食物に多くふくまれているよ。

コツ **ヨウ素液と反応して青紫(あおむらさき)色に変化するのは，基本的にデンプン。炭水化物すべてが青紫色に変化させるわけではない。**

「それじゃあ脂肪は何にふくまれているんですか？」

バターやサラダ油とかの油だね。こういった**脂肪と炭水化物はからだの中のエネルギー源になる**んだ。エネルギーを使わないと，炭水化物でも脂肪でも，皮下脂肪（ひかしぼう）という形で体にたくわえられる。だから，この２つをとり過ぎると太るんだよね。

「タンパク質はエネルギー源にはならないんですか？」

んー…使われることは使われるけど，**タンパク質のおもなはたらきは，からだをつくること**だね。筋肉など，からだや細胞（さいぼう）をつくるのに大切なんだ。また，三大栄養素以外のカルシウム・鉄などの**無機物（むきぶつ）**や，**ビタミン**なども必要な栄養分だぞ。

だ液によるデンプンの分解

「運動した直後にプロテインを飲むと，効率よく吸収されるとか言いますよね。でも，吸収ってよくわかってないんです。」

なるほど。実は炭水化物・タンパク質・脂肪はそのままじゃ大きすぎて，からだにとり入れることができない。だから小さくバラバラに分解するんだ。このように，栄養分を小さく分解することを**消化**といい，小さくなった栄養分をからだにとり入れることを**吸収**というんだ。つまり，消化してから吸収という順番だね。まずは消化について解説しよう。

「どの栄養分の消化から教えてくれるんですか？」

まずは炭水化物であるデンプンについて，実験を通して教えよう。実験の準備として，Ａの試験管にはデンプン溶液とだ液を，Ｂの試験管にはデンプン溶液と水を入れたよ。そして，ＡとＢの試験管を40℃ほどにあたためるよ。

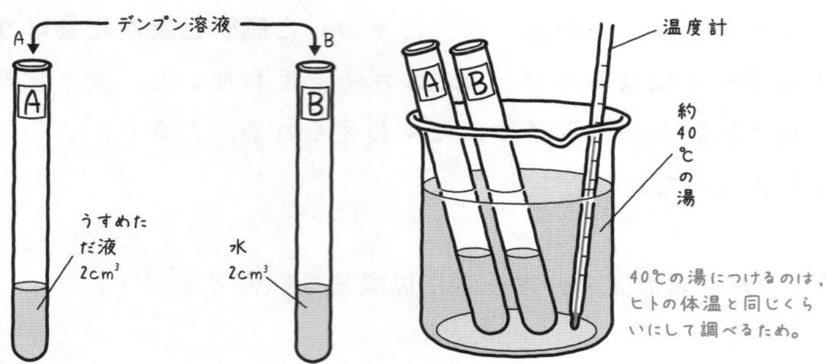

「何で40℃くらいにする必要があるんですか？」

だ液の中には**消化酵素**（こうそ）というものが入っているんだ。この消化酵素がデンプンを分解してくれるんだよ。**消化酵素がいちばんよくはたらくのは体温と同じくらい**か，ちょっと高いくらいなんだ。だから40℃にあたためる必要があるんだね。それじゃあ，そのAとBの試験管にヨウ素液を入れてみよう。どうなるかな？

「もし本当にだ液の中にある消化酵素がデンプンを分解するなら，だ液といっしょに入れたAの方はデンプンがなくなっているはずですよね。だから，Aの方のヨウ素液は変化しないと思います。」

いい予想だね！　それじゃあ結果を確認してみよう。

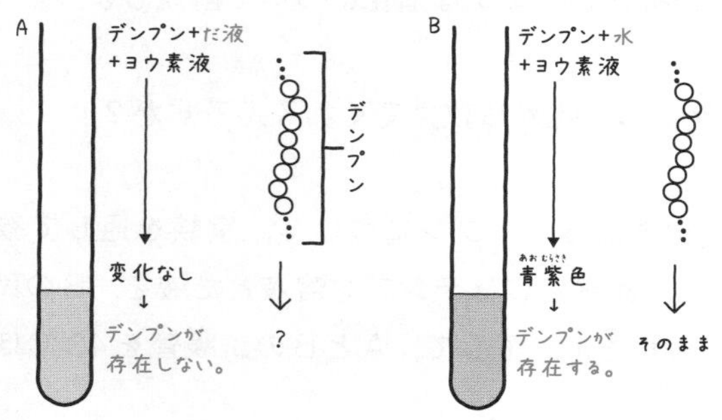

「やっぱり！　当たっていました！」

「たしかにデンプンはなくなりましたけど，結局何に分解されたのかわかりません…」

そもそもデンプンは，ブドウ糖がたくさんつながった大きな分子なんだ。それが，**だ液の中の消化酵素によって，ブドウ糖やブドウ糖が２つつながった麦芽糖（ばくがとう）などに分解される**んだ。本当にブドウ糖や麦芽糖に分解されているのか確認してみようか。さっきの実験と同じように準備した試験管に，今度はヨウ素液ではなく**ベネジクト液**を入れて加熱してみるよ。

「ベネジクト液？　何ですかそれ。」

ベネジクト液は，**ブドウ糖や麦芽糖などのブドウ糖が数個つながった小さな分子がある状態で加熱すると，赤褐色（せきかっしょく）の沈殿（ちんでん）をつくる**んだ。だから，これらの小さな分子ができたか確認できるんだ。よし，結果を確認してみよう。

Point 129

だ液のはたらき

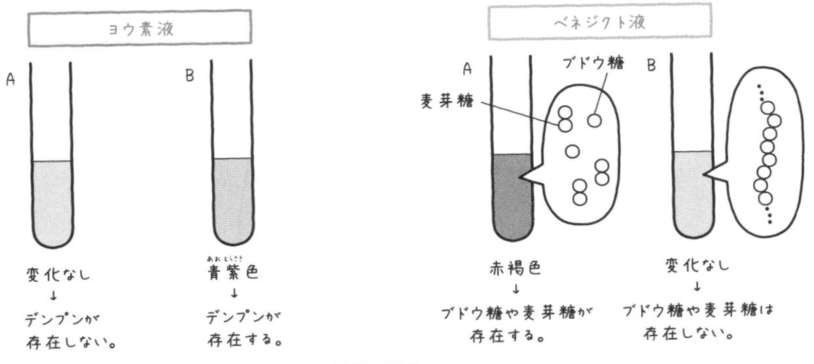

- だ液はデンプンを**ブドウ糖や麦芽糖（ばくがとう）など**に分解する。

「ホントだ！　Aの試験管で赤褐色の沈殿ができましたね。ってことはだ液によってデンプンが麦芽糖などに分解されたんですね。」

ほかの栄養分はどのように消化されるの？

「デンプンがだ液によって分解されることはわかったのですが，ほかの栄養分だとどうなんですか？」

三大栄養素とは炭水化物，タンパク質，脂肪の3つだったよね。消化のしかたもこの3種類でちがうんだ。だ液は炭水化物を分解できるけど，タンパク質や脂肪は分解できない。まずは，消化のはたらきをする器官を学んでから，実際に三大栄養素がどのように消化されるか学んでいこう。

Point 130 消化の道すじ

● 食物は「口→食道→胃→小腸→大腸→肛門」の順に通る。これらの通り道をまとめて**消化管**という。

まず知ってほしいのは消化に必要な器官，**消化器官**だ。消化器官ではおもに食物の栄養分をとりこむために食物を消化，つまり分解しているよ。胃や小腸などが消化器官の代表例だね。

「口ではだ液によってデンプンが消化されていましたけど，胃や小腸などでも同じように何か液体が出ているんですか？」

そうだね。**口ではだ液**が，**胃では胃液**が，**小腸では肝臓でつくられる胆汁やすい臓でつくられるすい液が出されている**んだ。これらの液を**消化液**というよ。ちなみに，**胆汁は肝臓でつくられたあと，いったん胆のうでたくわえられている**ぞ。

「だ液の消化酵素がデンプンを分解するって言ってましたけど，ほかの消化液の中にも消化酵素があるんですか？」

胆汁だけ消化酵素はふくまれないね。**胆汁は脂肪を消化するわけじゃなくて，消化しやすくするだけ**なんだ。だ液と胃液，すい液は消化酵素をふくむよ。それぞれふくまれる消化酵素の種類はちがうけどね。

「だ液の中の消化酵素はデンプンを分解するんですよね。じゃあほかの消化液には，何を分解する消化酵素が入っているんですか？」

胃液の中の消化酵素はタンパク質を分解するよ。すい液の中には，いろんな種類の消化酵素がふくまれ，デンプン，タンパク質，脂肪の３つとも分解することができるんだ。さらに小腸の壁にある消化酵素は，デンプンとタンパク質を分解してくれるんだ。

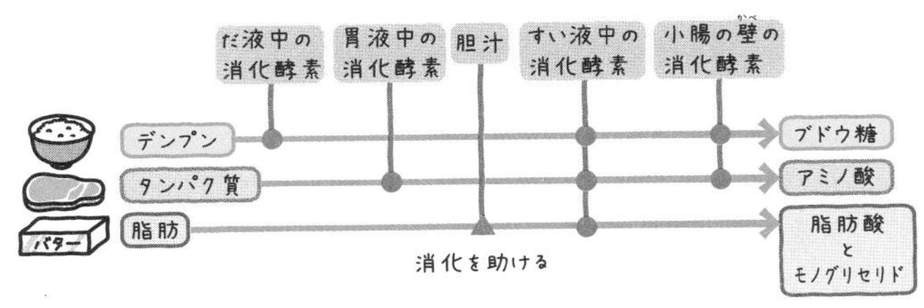

「おお！　この図を見れば，簡単に覚えられそうです！」

CHECK 55

つまずき度 !!!!!

➡ 解答は別冊 p.40

1　三大栄養素は，(　　　　)と(　　　　)と(　　　　)である。

2　タンパク質は(　　　　)液，(　　　　)液，小腸の壁の消化酵素によって，アミノ酸に分解される。

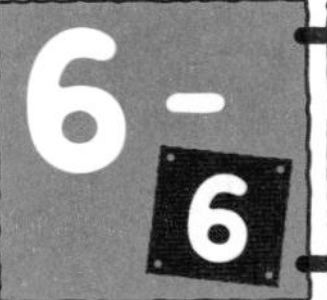

栄養分の吸収

消化器官で消化された食物は，栄養分となってからだに吸収される。からだがどうやって効率よく吸収しているのか，考えながら学んでいこう。

消化されたあとは毛細血管とリンパ管に吸収される！

「消化されたあと，栄養分は吸収されるんですよね？　どうやって吸収されるんですか？」

おもに**小腸でからだの中に吸収される**よ。小腸は栄養分の吸収を担(にな)う，重要な器官なんだ。

Point 131

栄養分の吸収

- 栄養分は**小腸の柔毛**(じゅうもう)で吸収される。
- 柔毛は小腸の**表面積を大きくしている**。
- **ブドウ糖**と**アミノ酸**は柔毛の**毛細血管**(もうさいけっかん)に入る。
- **脂肪酸**(しぼうさん)と**モノグリセリド**は柔毛の中で脂肪にもどり，その後，柔毛の**リンパ管**に入って，最終的には血管の中へと入っていく。

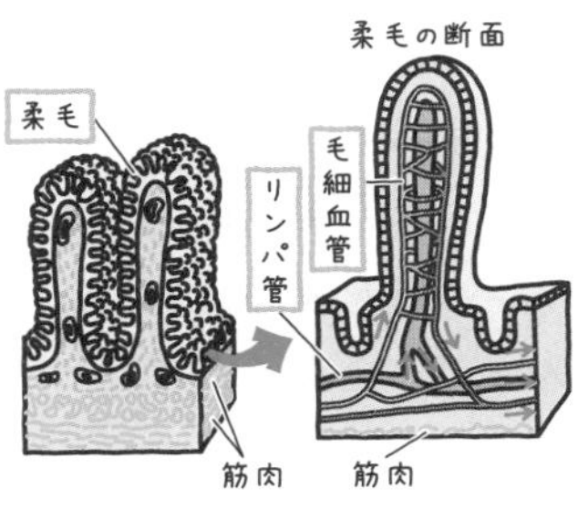

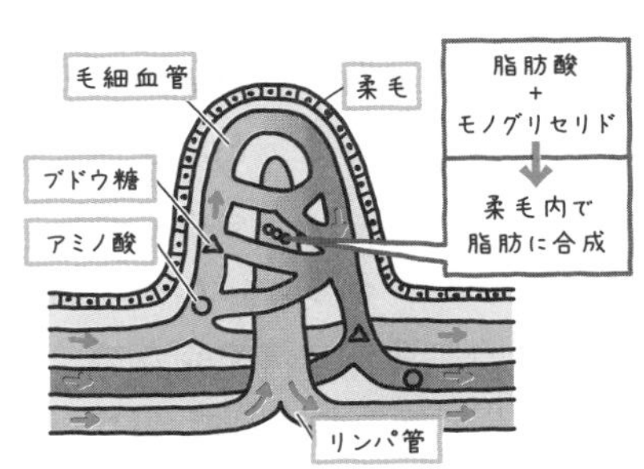

「栄養分は柔毛で吸収されるんですね。」

そうだね。**柔毛**は小腸の特徴的な構造の1つだ。この柔毛によって，小腸はとても大きな表面積になっているんだ。表面積が大きいってことは，栄養分にふれる面積が大きくなるだろう。そのおかげで，吸収する効率もよくなってたくさん吸収できるようになるんだ。

「消化されてできたブドウ糖やアミノ酸，脂肪酸やモノグリセリドは，この柔毛から吸収されるんですね。」

その通り。注意すべきは，吸収される栄養分によって，入るところがちがうということ。**ブドウ糖とアミノ酸は，柔毛の毛細血管へ，脂肪酸とモノグリセリドは脂肪にもどったあと，柔毛のリンパ管へ入る**んだ。

コツ **生物はときどき，突起がたくさんあり，でこぼこした構造をもつ。その理由のほとんどの場合が表面積を大きくするためだ。今回の小腸や植物の根の根毛も同じ理由だから覚えておこう。**

吸収されたあとの栄養分のゆくえは？

「それじゃあ吸収されたあとはどうなるんですか？」

毛細血管に入った**ブドウ糖やアミノ酸は，太い血管に合流して肝臓へいく**んだ。肝臓を通ったあとに全身をめぐってエネルギーとなったり，からだの成長に使われたりするよ。特にブドウ糖はエネルギーに，アミノ酸はタンパク質をつくるもとになる。脂肪は，リンパ管を通ったあとにリンパ管が首付近の血管と合流するため，血管に入って，全身を回る。そしてエネルギーとして使われるんだ。

栄養分の利用と貯蔵

- ブドウ糖の一部は**肝臓**（かんぞう）へ運ばれ，必要に応じて全身へ送られる。
- **ブドウ糖や脂肪**は細胞（さいぼう）が活動するための**エネルギー**となる。
- **アミノ酸**は**からだや細胞をつくる**タンパク質の材料となる。

「そういえば，細胞（さいぼう）の呼吸により，栄養分と酸素を反応させてエネルギーを生み出していましたね。」

その栄養分こそが，糖や脂肪なんだ。細胞の呼吸によって，酸素がブドウ糖や脂肪と反応して，エネルギーが生み出されるんだ。そのとき，同時に二酸化炭素と水ができるんだけど，二酸化炭素はいらないものだから出されるね。

「でも，食べていないときは，エネルギーはどこから得ているんですか？」

ずっと食べているわけにはいかないからね。余った分を貯蔵して，運動など多くのエネルギーが必要なときにとり出しているんだ。だから，運動しないと太り，運動するとやせるんだよ。

✔CHECK 56

つまずき度 ！！！！！

➡ 解答は別冊 p.40

1　より効率よく栄養分の吸収を行うために，小腸の壁面（へきめん）に無数の突起である（　　　　）が存在する。

2　ブドウ糖やアミノ酸は小腸の（　　　　）に，脂肪酸とモノグリセリドは吸収されたあと脂肪にもどり，（　　　　）に入る。

肺のつくりと呼吸

食物は消化され，吸収されたあとにエネルギーとなった。ここではそのエネルギーをとり出すために必要な酸素をどのようにからだにとり入れているのか学んでいこう。

肺胞で酸素と二酸化炭素を交換している！

「エネルギーをつくるのに酸素が必要なんですよね。細胞は，その酸素をどこから手に入れているんですか？」

そうだね。これは細胞の呼吸じゃなくて，みんながふだん行っている呼吸が関係してくるよ。もちろん，呼吸といえば肺だね。まずは肺のつくりやしくみについて学んでいこう。

「やっぱり呼吸が関係するんですね。酸素をとり入れるって呼吸のイメージがあったから納得です。」

まず，空気は鼻や口から入ることは知っているよね。その空気はのどにある**気管**とそれが枝分かれした**気管支**を通って，肺の奥にある**肺胞**にいくんだ。

「肺胞…その肺胞ではどんなことをしているんですか？」

肺胞は小さな袋で，たくさん集まってブドウのふさのようになっている。そのまわりをたくさんの**毛細血管**がとり囲んでいて，肺胞から毛細血管の中を流れる血液に酸素が入っていくんだ。また血液の中の二酸化炭素は肺胞の中に出されるんだよ。つまり，**肺胞で酸素と二酸化炭素の交換が行われる**ってことだね。

Point 133 酸素をとり入れる道すじ

- 肺胞は毛細血管にとり囲まれていて，**肺胞から血液に酸素が送りこまれ，血液から肺胞に二酸化炭素が放出されている。**

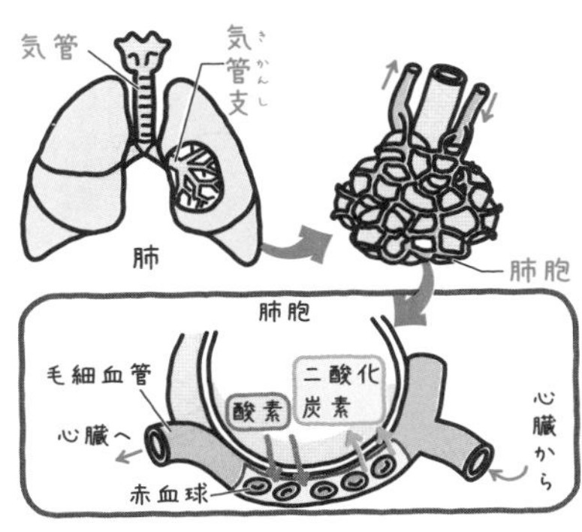

「なるほど！　だから，吸う空気よりはき出す空気の方が酸素が少なくて，二酸化炭素が多いんだ！」

そういうこと。酸素を血液の中にとり入れて，二酸化炭素をからだの外に出すことが肺の役割なんだよ。

「でもいったいどうやって肺は空気を吸いこんだり，はき出したりしているんですか？　吸うときにふくらんで，はくときに縮んでいるような気がしますが…」

肺の呼吸運動はとても大事だね。でも，肺自身がふくらんだり縮んだりすることはできないんだ。周囲の筋肉，特に**横隔膜**（おうかくまく）**やろっ骨**（こつ）を動かす胸の筋肉がその肺の膨張（ぼうちょう）や収縮（しゅうしゅく）をコントロールしているんだよ。

「筋肉が？　それでどうやって空気を吸うんですか？」

ちょっと不思議に思うかな？　じゃあこんな実験をしてみよう。ペットボトルの中の風船が，肺にあたるものだ。外側のゴム膜を引っ張ったら中の風船はどうなるかな？

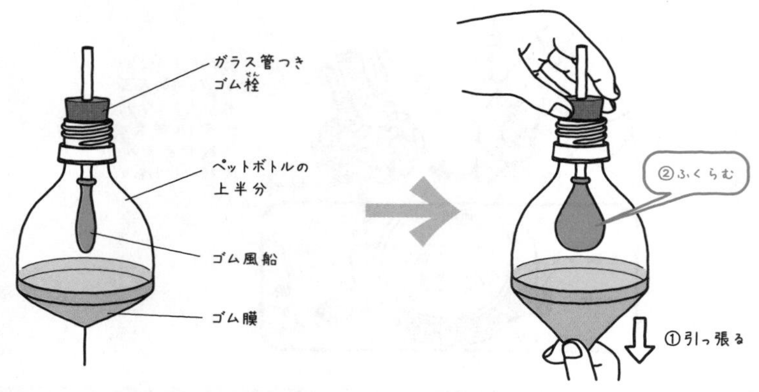

「あ！　少しふくらみましたね！」

そう。それが呼吸運動の正体。その引っ張ったゴム膜が，横隔膜にあたるものなんだ。横隔膜が上下に動くことで肺が縮んだりふくらんだりするんだよ。こうやって空気を吸いこんで，酸素を血液，そして全身の細胞に送るんだ。

つまずき度 !!!!!

➡ 解答は別冊 p.40

1　肺は自ら動くことができないため，ろっ骨を動かす胸の筋肉と（　　　　）が肺をふくらませたり，縮ませたりしている。

2　（　　　　）によって，肺の表面積が大きくなっている。

血液のはたらきと循環

これまでの学習で，何度か血液という言葉が出てきた。特に，栄養分や酸素は血液によって運ばれていたはずだ。今回はその血液の役割について解説していくよ。

血液は何をしているの？

ここまでの学習で，栄養分や酸素は血液によって運ばれると学んだよね。今回はその血液を細かく見ていくよ。

「血液って，ただの赤い液体じゃないんですか？」

それがちょっとちがうんだな。血液は大きく分けて，細胞（血球）などの固形成分と，液体成分である**血しょう**(けっ)に分けられるんだ。

Point 134 血液の成分

- 血液の液体成分を**血しょう**(けっ)という。また，血しょうの一部は毛細血管から組織へしみ出る。この液体を**組織液**(そしきえき)という。
- 血液の固形成分には**赤血球**(せっけっきゅう)，**白血球**(はっけっきゅう)，**血小板**(けっしょうばん)が存在する。

「血しょうと組織液はどうちがうんですか？」

基本的には同じだよ。**血管の中にあれば血しょう，血管の外にあれば組織液**というんだ。毛細血管には，細胞は通れないけれど液体は通れるくらいの小さな穴があいている。だから血しょうと組織液は，毛細血管と組織の間を行き来しているんだ。そうやって，血しょうと組織液は細胞でできた二酸化炭素をとかして肺胞まで運ぶし，小腸から吸収した栄養分を全身の細胞に運ぶんだ。

「細胞のすみずみまで運ばないといけないから，血しょうは毛細血管からしみ出ることができるんですね。」

「あれ？　酸素はどうやって運ばれるんですか？」

酸素は，赤血球が運んでいるんだ。

Point 135

赤血球・白血球・血小板

- **赤血球**には**ヘモグロビン**がふくまれており，**酸素を運搬**する。
- **白血球**は**ウイルスや細菌と戦い，からだを守る**はたらきがある。
- **血小板**は出血したとき，**血液を固める**作用がある。

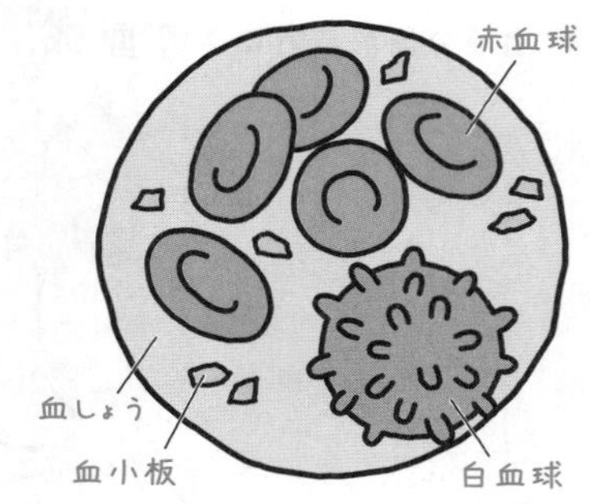

「何で酸素はわざわざ赤血球によって運ばれるんですか？　二酸化炭素は血しょうにとけこんでいるのに…」

そりゃあ**酸素は液体にとけにくいから**さ。一方で，**二酸化炭素は水に少しとけるから，血しょうで運ぶことができる**んだ。ちなみに，赤血球の中にあるヘモグロビンが酸素と結びつくことで，酸素を全身に運べるんだよ。**赤血球が赤いのは，このヘモグロビンが赤いから**なんだ。

血液と似ているリンパ液とは？

「赤血球のほかにも，白血球（はっけっきゅう）は細菌（さいきん）とかから身を守ってくれるし，血小板（けっしょうばん）は出血を止めてくれるし，血液にはからだを守るために必要なものがいろいろとふくまれているんですね。」

そうだね。血液は酸素や栄養分の運搬（うんぱん）のほかにも，からだの中に病原体（びょうげんたい）が侵入（しんにゅう）しないようにする防御（ぼうぎょ）機能ももっている。白血球は細菌を食べて殺してくれるし，血小板はかさぶたのもとになるものなんだ。また，全身をめぐるものといえば，血液のほかに**リンパ液**もあるよ。

Point 136 リンパ管とリンパ液

- 組織液の一部は**リンパ管**に入る。リンパ管を流れる組織液を**リンパ液**という。

「リンパ管ってどこかで出てきたような…脂肪（しぼう）でしたっけ？」

栄養分の吸収のところで出てきたね。脂肪はほかの栄養分とちがって，毛細血管ではなくリンパ管にとりこまれるんだったね。

「リンパ液って何をしているんですか？」

血液と似ていて，水や栄養分，不要物の運搬をしているよ。その不要物には二酸化炭素もふくまれるね。ちがう点は赤血球がないことかな。そしてリンパ液は，最終的に首の下の**静脈**(じょうみゃく)に合流して血液に入るんだ。

心臓は血液を全身に送っている！

「植物は蒸散によって水を全身に送っていましたけど，人間の血液は，どうやって全身に送られているんですか？」

それは心臓だね。心臓は血液を全身に送るポンプの役割をもっているんだ。

Point 137 心臓のはたらき

- 心臓は**拍動**(はくどう)によって**血液を全身に送る。**
- 心房(しんぼう)と心室(しんしつ)の間には**弁**(べん)があり，**逆流を防いでいる。**

※矢印は血液の流れを表している。

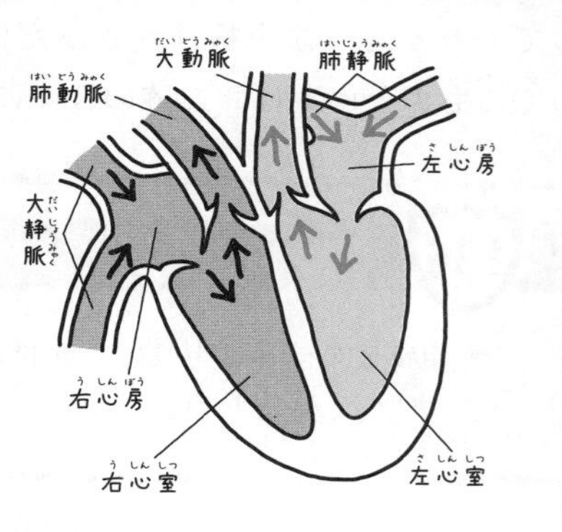

「心臓には4つの部屋があるんですね。心房(しんぼう)と心室(しんしつ)は何がちがうんですか？」

心房は血液を受けとる部屋，心室は血液を送り出す部屋だ。心房と心室が交互(こうご)にふくらんだりしぼんだりすることで，血液を肺や全身に送ることができるんだよ。

コツ **心房と心室の覚え方**
「王室(おうしつ)の消防(しょうぼう)」
大きい心室，小さな心房

「心臓から血液が出るのはわかるんだけどさ，血液って全身にくまなく送られるものなの？　心臓ってこぶしくらいの大きさしかないんでしょ。そんなんで全身に送れているの？」

よく知ってるね。心臓はにぎりこぶしくらいの大きさしかない。でも心臓の筋肉はとても強くて，収縮したときにはすごい力がかかるから，全身に血液を送ることができるんだ。

血液はどうやって循環しているの？

「そんなにすごい力だと，血管が破裂(はれつ)したりしないんですか？」

破裂しないように，心臓から血液が送り出される側にある血管，つまり**動脈(どうみゃく)の壁(かべ)は厚くなっている**んだ。実際に血液が送り出されるたびに動脈がふくらむんだ。これが脈拍(みゃくはく)（ドクドクした感覚）の正体なんだよ。

「じゃあ，逆に静脈(じょうみゃく)は壁が厚くないんですか？」

静脈は動脈よりも血流が弱いから，動脈よりは厚くはないかな。逆に，血液の流れが弱いから逆流してしまう可能性があるんだ。だから**静脈には逆流を防ぐために弁(べん)がある**んだよ。

動脈と静脈

- **心臓から送り出される**血液が通る血管を**動脈**(どうみゃく)という。
- **心臓にもどる**血液が通る血管を**静脈**(じょうみゃく)といい，**逆流を防ぐ弁がある。**

「動脈と静脈の間はどうなっているんですか？」

動脈と静脈の間には毛細血管があるよ。毛細血管は静脈よりも壁がうすい。栄養分や酸素を，不要物や二酸化炭素と交換(こうかん)するために，すごくうすくなっているんだ。

「あれ？　そういえば心臓と動脈と静脈と毛細血管ってどういう順番で流れているんですか？」

いい疑問だ。じゃあ次は，血液の循環(じゅんかん)について細かく見ていこう。出発点を肺にして考えるとわかりやすいよ。

「心臓じゃなくて肺をスタートにするんだ…。何でですか？」

血中にふくまれる酸素と二酸化炭素の量が大事なポイントになるからね。酸素の量を基準に考えると，わかりやすくなるんだ。肺胞に流れ着いた血液は，二酸化炭素を肺胞の中に放出して，肺胞にある酸素をとりこんでいる。つまり，肺から出てきた直後の血液が**いちばん酸素を多くふくんでいる**よね。

Point 139 血液の循環

- 肺から心臓にもどる血管を**肺静脈**，心臓から肺に送り出される血管を**肺動脈**，全身から心臓にもどる血管を**大静脈**，心臓から全身に送り出される血管を**大動脈**という。
- 血液は肺の毛細血管で酸素を受けとったあと，
  肺静脈→左心房→①「左心室→大動脈→全身の毛細血管→大静脈→右心房」→②「右心室→肺動脈→肺の毛細血管→肺静脈→左心房」……
  という流れで循環している。
- ①の流れを**体循環**といい，②の流れを**肺循環**という。

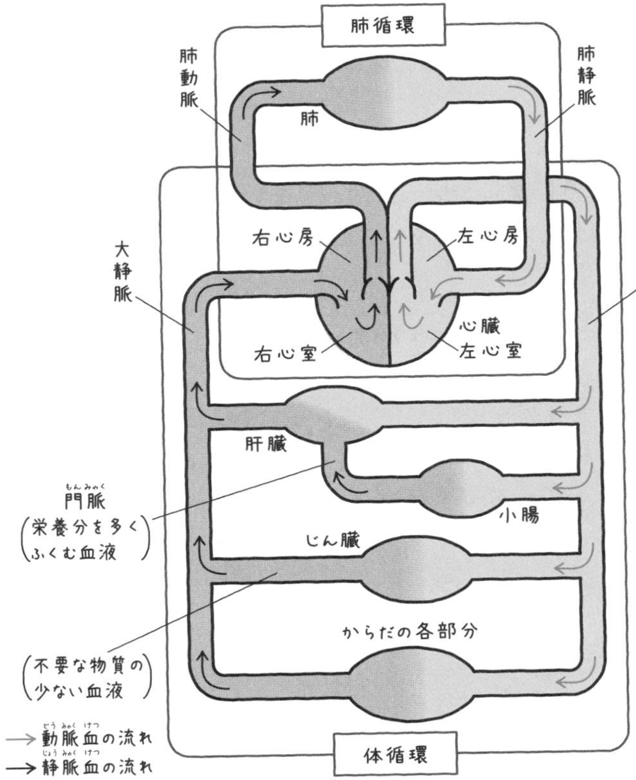

肺循環
肺動脈
肺静脈
肺
右心房
左心房
大静脈
大動脈
心臓
右心室
左心室
肝臓
門脈（栄養分を多くふくむ血液）
小腸
じん臓
からだの各部分
（不要な物質の少ない血液）
→動脈血の流れ
→静脈血の流れ
体循環

「肺で酸素をとりこんだら，その血液を全身に送るために心臓にもどるんですね。」

その通り！　肺から出たばかりの血液には酸素が多くふくまれているから，**肺静脈**(はいじょうみゃく)**と大動脈**(だいどうみゃく)**を流れる血液には酸素が多くふくまれている**んだ。この酸素が多い血液を**動脈血**(どうみゃくけつ)というよ。逆に，**肺動脈**(はいどうみゃく)**と大静脈**(だいじょうみゃく)**には酸素が使われたあとの血液が流れているから二酸化炭素が多くふくまれている**。この血液を**静脈血**(じょうみゃくけつ)というよ。

コツ　**動脈：心臓から出ていく血管**
静脈：心臓にもどってくる血管
動脈血：おもに大動脈を流れる血液
静脈血：おもに大静脈を流れる血液

この血液の循環はとても大事だからしっかりと覚えるんだよ。あと，もし余裕(よゆう)があったら門脈(もんみゃく)についても知っておいてほしい。門脈は**消化管から吸収された栄養分をたくさんふくむ血液を肝臓**(かんぞう)**に運ぶ**血管なんだ。

✓CHECK 58　つまずき度 !!!!!

➡ 解答は別冊 p.40

1　血液の液体成分を（　　　）といい，これが毛細血管から組織へしみ出ると，（　　　）とよばれる。

2　酸素を多量にふくむ血液を（　　　）といい，この血液は（　　　）や（　　　）などの血管を通っている。

不要物の排出

細胞が活動すると，二酸化炭素以外にも不要物が出る。その不要物はどのように排出されるか学んでいこう。

不要物はじん臓でこしとられる

「さっきの話なんですが，何で栄養分はわざわざ肝臓(かんぞう)に運ばれるんですか？」

小腸で吸収した栄養分の中に，からだに害となる物質がないかチェックするためなんだ。さらに，**肝臓はその害となる物質を無害な物質に変えるはたらきもある**よ。

Point 140 肝臓のはたらき

- 消化管から吸収された**栄養分をたくわえる。**
- **胆汁(たんじゅう)をつくる。**
- 体内の**有害な物質を無害な物質に変える。**
  例:**アンモニア→尿素(にょうそ)**

「体内にアンモニアができてるんですね…知らなかった…」

不要になったタンパク質を分解するときなど，人が生きるうえではどうしてもアンモニアができてしまうんだ。そして，このアンモニアはからだにとって強い毒。だから，**肝臓がアンモニアを尿素(にょうそ)という害の少ない物質に変えている**んだ。

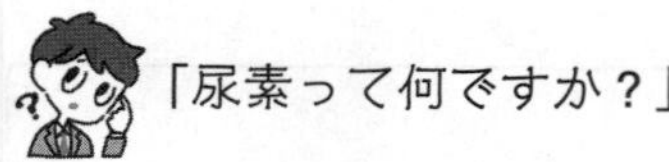

「尿素って何ですか？」

尿素はおもに尿にふくまれるもので，無害ではあるがからだに不要なものなんだ。この尿素は**じん臓**でとり除かれるんだよ。

Point 141 不要物の排出

- **じん臓**では血液の中にある**尿素などの不要物をこしとっている。**
- こしとられた不要物は**輸尿管**を通り，**ぼうこう**に送られ，最終的に**尿**として排出される。
- 不要物は**汗せん**でもこしとられ，汗となって体外に出る。

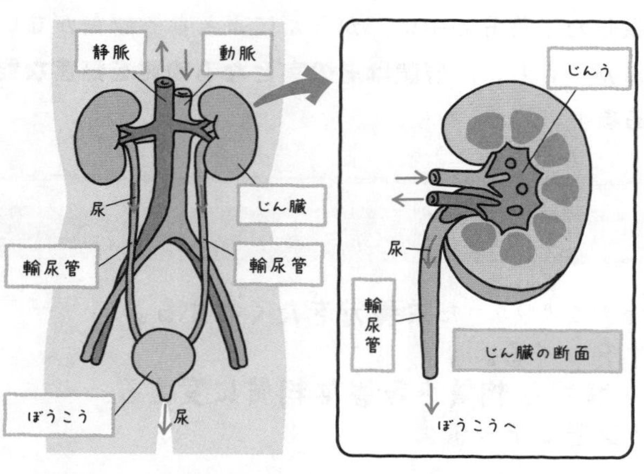

尿素は血液中にとけてじん臓に運ばれる。じん臓では栄養分などの必要なものは血液に残し，不要物を輸尿管に送るんだ。そして，ぼうこうへ運ばれるんだよ。

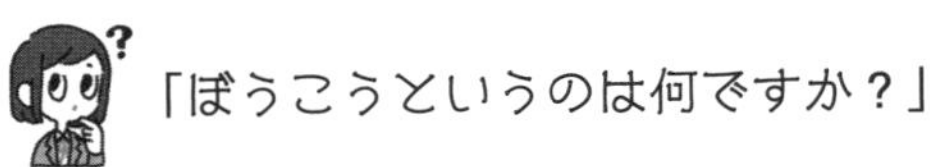

尿をためておくところだね。ある程度たまったら尿が排出（はいしゅつ）されるんだ。

CHECK 59　つまずき度 !!!!!　➡ 解答は別冊 p.40

1　肝臓は毒性の強い（　　　　）を毒性の弱い尿素に変える。できた尿素は輸尿管を通って（　　　　）に運ばれて，不要物としてこしとられる。

6-10 感覚器官と刺激

ここからはわたしたちヒトや動物がどのようにして外の世界を感じとっているか勉強していくよ。実際に自分で感じとりながら理解するといいよ。

どうやって見たり聞いたりできているの？

目を閉じるとまわりが見えないし，耳をふさぐと音の聞こえが悪くなるよね。これが何でだかわかる？

「そんなもの，目で見て，耳で聞いてるからでしょ。」

じゃあ，暗いところから明るいところに急に出るとまぶしく感じる理由って何でだかわかる？

「えー？　そんなの考えたこともないや。」

今回はそんな外の世界からの刺激を受けとる**感覚器官**について学んでいくよ。まずは外界の刺激を受けとる器官の種類としくみについて理解しよう。

Point 142 感覚器官と刺激

- 外界からの刺激は**感覚器官**が受けとり，**神経**を通って脳へ伝わる。脳に伝わったとき，はじめて**刺激**として認識できる。

「そもそも刺激って何ですか？」

刺激というのは自分の外にあって，人が感じとることのできるもののことだ。例えば音や光，熱やにおいなどだね。そしてその刺激を受けとるものを感覚器官というよ。

コツ **感覚器官が受けとり，脳へ伝わって生じる感覚は，五感とよばれるものだ。目は視覚，耳は聴覚，皮膚は触覚，舌は味覚，鼻は嗅覚だ。**

それじゃあ，いちばん身近な感覚器官，目から教えていこう。目は，「見る」ために必要な視覚にかかわる感覚器官だ。受けとっている刺激はもちろん光。これはもうわかるよね。

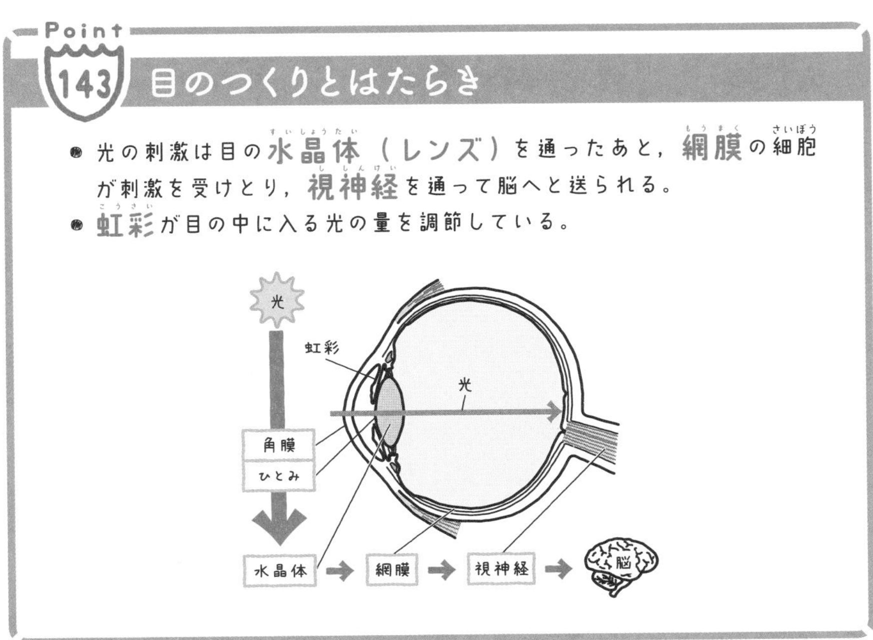

「つまり光の刺激は，光→水晶体→網膜→視神経→脳っていう順番で伝わるんですね。」

そう，よく理解できているね。じゃあ目の次は耳について。耳は，音の刺激を受けとる感覚器官だよね。

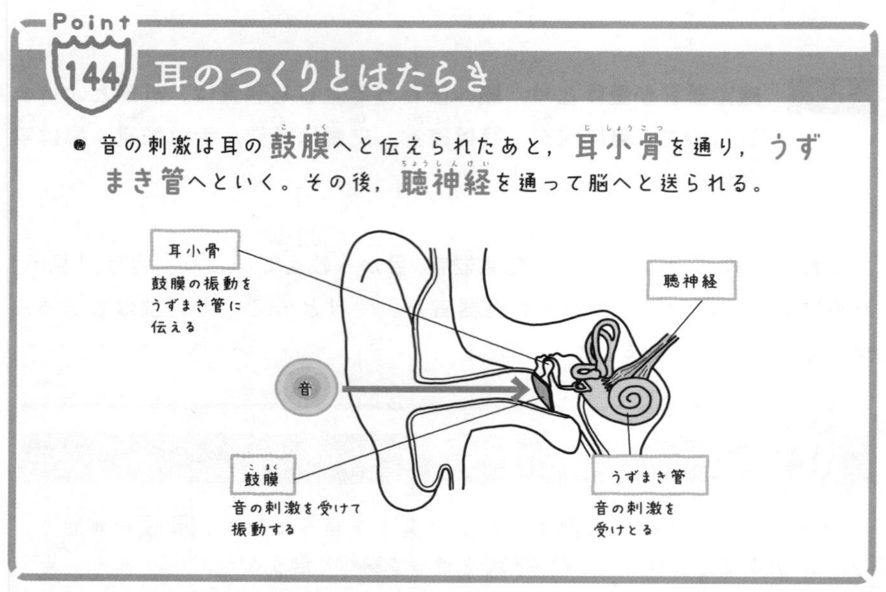

耳のつくりとはたらき

- 音の刺激は耳の**鼓膜**へと伝えられたあと，**耳小骨**を通り，**うずまき管**へといく。その後，**聴神経**を通って脳へと送られる。

音は空気が振動して伝わるってことを覚えているかな？

「覚えてますよ！　弦をはじいて確認しましたし！」

おお，いいね。物体が振動することで空気が振動する，その振動こそが音の正体だったよね。振動した空気は耳の中にある鼓膜に届いて，その鼓膜が振動するんだ。さらに振動した鼓膜は耳小骨というからだの中でいちばん小さい骨を振動させ，その振動によって今度はうずまき管という管の中にある液体が振動する。うずまき管には刺激を受けとる細胞があって，振動の刺激を信号にかえる。その信号が聴神経から脳へと伝わるんだ。

「すごい！　じゃあ，目や耳以外の感覚器官はどうなんですか？」

そうだな…例えば鼻であれば「におい」という刺激を受けとって脳へと伝えている。皮膚は痛みや熱さ，冷たさといった刺激を脳へと伝えているね。大切なことは，感覚器官で刺激を受けとったら，最終的には神経を通じて脳へと伝わるということだ。

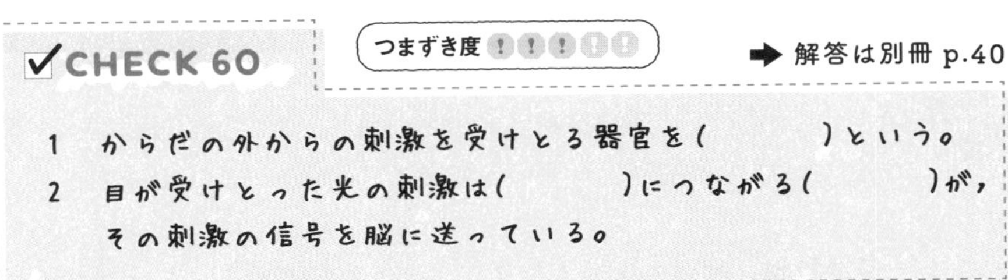

✓CHECK 60　つまずき度 !!!!!

➡ 解答は別冊 p.40

1　からだの外からの刺激を受けとる器官を(　　　　)という。

2　目が受けとった光の刺激は(　　　　)につながる(　　　　)が，その刺激の信号を脳に送っている。

刺激の伝達と神経

刺激は感覚器官→神経→脳の順に伝わって脳が刺激を認識することを学んだね。次は，その神経の種類や役割，そしてどのように脳へ伝えているかを解説するよ。

刺激はどう伝わるの？

「そういえば，よく運動神経がいいとか悪いとかいいますよね。それと，さっきの解説でいっていた神経とは関係があるんですか？」

ああ，**運動神経**は刺激(しげき)を伝える神経とはまた別の神経だね。全部の神経が脳に刺激を伝えているわけじゃないんだ。それじゃあ今回は，神経の種類と役割について教えよう。

Point 145 中枢神経と末しょう神経

- 神経は大きく分けて**中枢**(ちゅうすう)**神経**と**末**(まっ)**しょう神経**がある。
- 中枢神経には**脳**と**せきずい**がある。
- 末しょう神経は中枢神経から細かく枝分かれした神経で，**感覚神経**と**運動神経**がある。

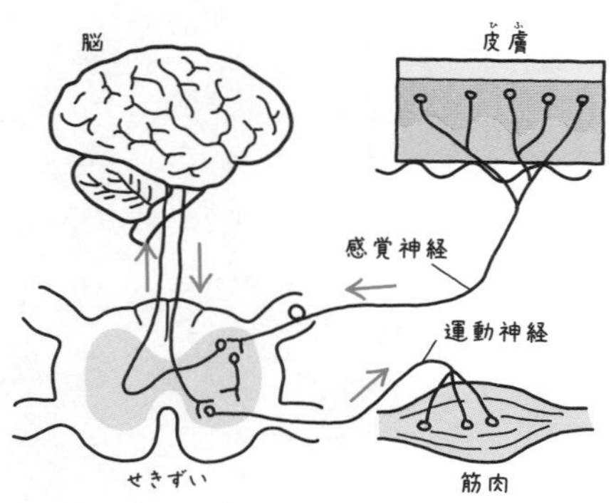

「うわぁ～なんかいろんな神経があって覚えられないよ。」

大丈夫。順を追って説明するから，図を見ながら流れを追いかけてみてほしい。まず感覚器官で受けとった刺激は，信号として**感覚神経**を通ってせきずいにいく。そして，せきずいから脳へと伝わっていくんだ。

「脳へと伝わった刺激はどうなるんですか？」

脳ではその刺激を感じとって，その刺激に対してどのように反応すればよいか決めるんだ。脳が決定した反応は命令の信号としてせきずいへいき，その後，運動神経へと伝わるんだ。運動神経はうでやあしといった運動器官の筋肉につながっていて，刺激に対して反応して動かすことができるんだよ。

「なんか例をあげて教えてくださいよ。イメージできないです。」

そうか。じゃあこんな実験をしてみようか。何も言わずに，先生がものさしを落とすから，できるだけ早くつかんでね。

「えーっと，10cmのところでつかみました。」

うん。正直，長さとかどうでもいいんだけどね。

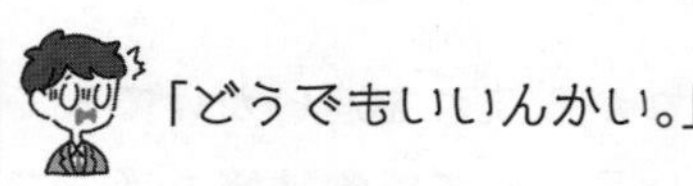

大事なのは，先生がものさしを落としてからケンタ君がものさしをつかむまでの一瞬（いっしゅん）のできごとなんだ。

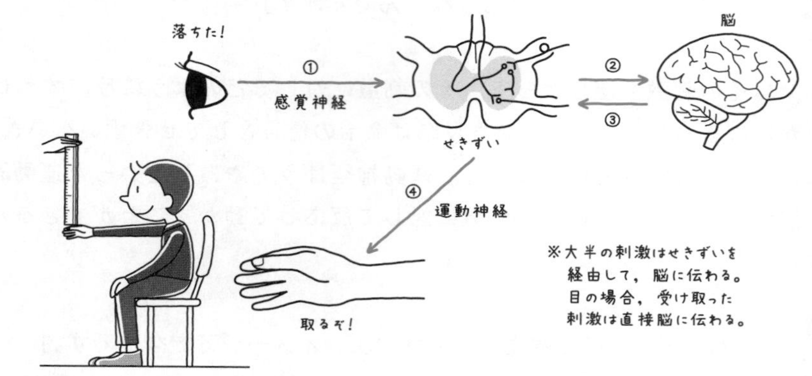

「すご！　あの一瞬でそんなことが起こっていたんですか！」

「でも先生，目の前に物体が飛んできたときとか，何も考えずに勝手に反応しているときがありますけど，あれって脳での命令なんですか？」

お，いい質問だね。それは脳を経由しない**反射**（はんしゃ）という反応なんだ。やけどするくらい熱いものにさわったときとか，目の前に急に物体が飛んできて思わずよけたときとかもそうだね。

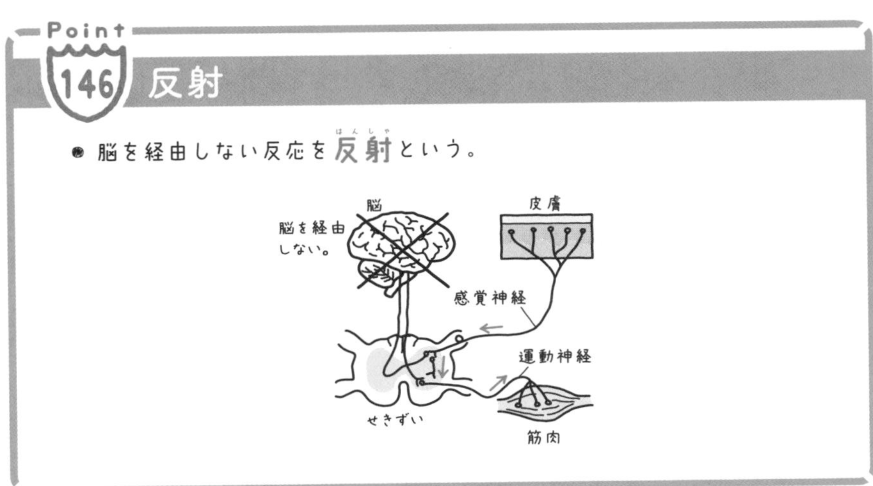

Point 146 反射

- 脳を経由しない反応を**反射**（はんしゃ）という。

「食べ物を口に入れただけで，だ液が出てくるとかは？」

それも反射だね。反射というのは脳を経由しない，脳が命令を下さないということなんだ。だから，「思わず」とか「無意識に」といわれる行動は，たいてい反射なんだよ。ちなみに「反射神経」なんて神経は，からだには存在しないから気をつけてね。

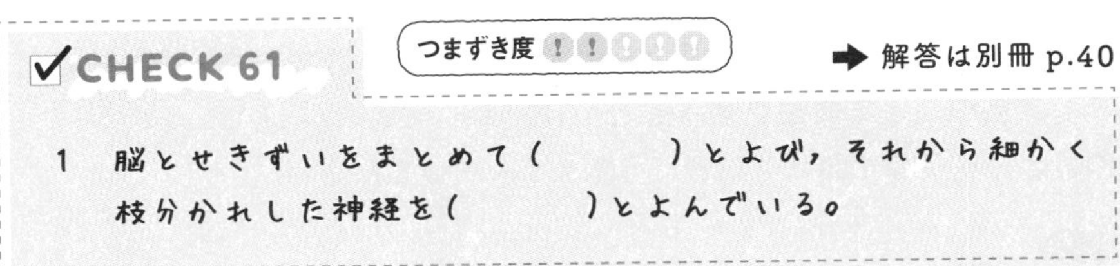

CHECK 61　つまずき度 !!!!!　➡ 解答は別冊 p.40

1　脳とせきずいをまとめて（　　　　）とよび，それから細かく枝分かれした神経を（　　　　）とよんでいる。

筋肉と運動のしくみ

脳からの命令を運動神経が伝えて筋肉が動くことはわかってもらえたかな？　今回はどうやってからだが動いているのか解説するよ。

からだはどう動いているの？

「脳からの命令を運動神経が伝えて筋肉に届くと言っていましたけど，その命令で筋肉が動いてからだが動くんですか？」

うん。筋肉と関節でからだを動かせるんだ。今回は筋肉と骨がどのようにはたらいたら，からだが動くか説明しよう。からだがどのように動くかを学ぶためには，まずは**筋肉**と**骨格**の役割やどんな場所にあるのかを知る必要があるね。

「骨格が体格を決めますからね。スポーツではとても大事です。」

骨格というのは人間でいえば骨全体のことだ。骨格の役割は**からだ全体を支えていること**，**脳や内臓といったやわらかい器官を守っていること**，そして**筋肉による運動をすること**だね。骨には筋肉がついていて，その筋肉によって**関節**を曲げることが可能となっているんだ。

「肩とか関節は動かせますけど，ほかの部分は動かないですよね。」

「同じ関節でも，肩やあしのつけ根はぐるぐる動かせますけど，ひじやひざは反対方向へは曲がらないですよね。」

そうだね。じゃあヒトはどのように運動しているのか，筋肉と骨の関係を見ていこう。

Point 147 運動のしくみ

- ヒトの筋肉は**けん**で骨につながり，**関節**を動かすことができる。
- 骨には**2つ以上の筋肉**がついており，一方の筋肉が**縮み**，もう一方の筋肉が**ゆるむ**ことで，関節の曲げのばしができる。

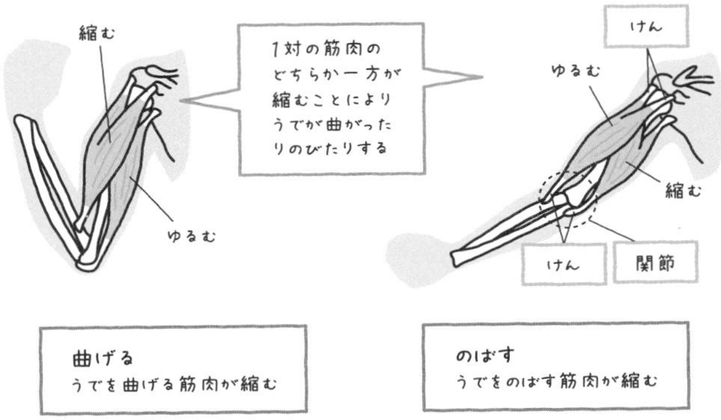

縮む
ゆるむ
1対の筋肉のどちらか一方が縮むことによりうでが曲がったりのびたりする
けん
ゆるむ
縮む
けん
関節

曲げる
うでを曲げる筋肉が縮む

のばす
うでをのばす筋肉が縮む

「けんは筋肉と骨をつないでいるんですね。これはたしかに重要ですね。」

筋肉はけんによって骨とつながり，関節を動かすことができるんだ。そのとき，**動かす方向は決まった方向だけ**なんだ。

「うでを曲げるときに筋肉を縮めるというのはわかるんですけど，のばすときって筋肉はゆるむだけじゃないんですか？」

実は筋肉は，関節の内側だけじゃなくてその反対側，関節の外側にもあるんだ。そして，その外側の筋肉が収縮してうでをのばしているんだよ。

「ということは…うでを曲げるときは内側の筋肉が縮んでいて，外側の筋肉はゆるんでいる。逆にうでをのばしているときは内側の筋肉はゆるんでいて，外側の筋肉は縮んでいるんですね。」

その通り！　よく理解できているね。このように，関節の曲げのばしは２つ以上の筋肉が組み合わさったはたらきなんだ。一方の筋肉が縮んでいるとき，もう一方はゆるんでいるんだよ。ポイントは１つの筋肉は１つの方向にしか縮んだりゆるんだりできないってこと。これがわかればOKだよ。

✓CHECK 62　つまずき度 !!!!!　➡ 解答は別冊 p.40

1　骨全体のつくりをまとめて（　　　　）という。
2　筋肉と骨を接合している部分を（　　　　）という。
3　骨と骨の接合部を（　　　　）という。

理科 お役立ち話 6

ダイエットと栄養の話

「いやーしかし，食べ物の話をするとおなかが減ってくるね。」

「わたしは逆だわ…炭水化物(たんすいかぶつ)と脂肪(しぼう)は食べる量を減らすわ…。」

君たちくらいの成長期はしっかり食べないとだめだぞ。特に，近年の日本人女性には「やせすぎ」が多いといわれている。身長や骨格形成に悪影響(あくえいきょう)が出てしまうから，必要な栄養分はしっかりとるべきだよ。

「でも…やっぱりモデルや女優の体形ってあこがれますし。」

じゃあ，こんな話をしよう。「食べないと逆に太る」話だ。人間，というか生物のからだってよくできていてね。からだに栄養分が足りないと感じると省エネモードに切りかわるんだ。

「省エネモード？」

そう。少しの栄養分だけでからだを動かせるようになり，余った栄養分はできる限りからだにたくわえて次にそなえようとするんだ。…つまり脂肪をたくわえるんだね。

「えー！　食べないと脂肪がたまりやすいからだになるんですか？」

まさにそういうこと。そもそも，今でこそ人間は食べ物を好きなときに好きなだけ手に入れることができるようになったけど，これは人類の歴史の中でほんの最近のこと。「いつどんな食べ物を手に入れられるかわからない」時代の方が長かったわけだ。

「なるほど。それで栄養分をためられるようになったんですね。」

「でも，いったいどうやって…？」

簡単に言えば，エネルギーをたくさん使う部分を減らすんだ。例えば筋肉。筋肉はものすごいエネルギーを使うから，食べ物が手に入らない飢えた状態になると真っ先になくなっていく。

「うわ！　それは困る！」

そして体が飢えると，「今は食べ物が手に入りにくい世界」だと感知して，脂肪をつくれるときにつくっておこうとするんだ。筋肉が減り，脂肪をためやすくなる，つまり，太りやすい体質になるってことだね。

「ええ〜〜，じゃあ，食事制限しちゃだめじゃないですかぁ…」

だからもう一度言うけど，君たちくらいの成長期は基本的に食事制限なんてしない方がいいの。もし本当に太りすぎで悩んでいるのなら，食事制限でやせようとするのではなく，たっぷり運動しよう。その方が，やせやすい体質が手に入るし，おいしい食べ物を思うように食べられるよ。

中学２年　7章

電気の性質とその利用

「電気って毎日使っているのに，中学ではまだ教わってなかったですね。」

「小学校で電磁石を学んだから，電気と磁石の関係も，もっとくわしく知りたいな！」

電気はいまの社会では欠かせないものになっているよね。そしてサクラさんの言う通り，電気と磁石には密接な関係があるんだ。電気の分野では計算問題もいくつか出てくるけど，少しずつでいいから最後までやり切ろうね。

電流が流れる道すじ

ここからはわたしたちの生活に欠かせない電気について学習していくよ。まずは，「回路」というものを理解して，自分で回路図をかけるように練習していこう。

電流と電子は移動の向きが反対！

ここからは，2年生の理科の中で最もややこしいとされる電気についてだ。大変だと思うけど，自分のペースでいいからしっかり理解していこうね。

「そんなにむずかしいんですか？　電気って身近にあるからわかりやすそうなもんですけどね。」

「それで，電気はまずは何を学べばいいんですか？」

まず大事なのは**回路**(かいろ)と**電流**(でんりゅう)だ。回路は電流が通る道路みたいなもので，電流がこの回路を流れているんだ。

Point 148 電流と回路

- 電流が流れる道すじを**回路**(かいろ)という。
- 電子(でんし)が流れる量を**電流**(でんりゅう)という。
- **電流は＋極から－極へ**流れる。
- **電子は－極から＋極へ**流れる。

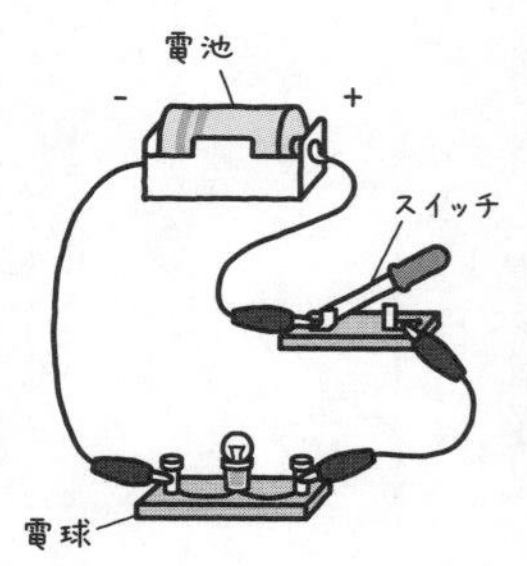

「電池 → スイッチ → 電球 → 電池というふうに，全部がつながって輪になっているんですね。」

そう。**どこか１か所でも回路に切れ目ができていたら，電流が流れない**んだ。

「電流と電子で移動の向きが反対なんですね。何でですか？」

ややこしいよね。実は最初に電流の向きを定義した人が，「電流は＋極から－極に流れる！」って決めたから，みんなそれに従っただけなんだ。でも，あとから**電子**という物質が見つかって，その電子が－極から＋極に移動していることが確認されたんだ。だから反対になってしまったんだよ。

「ちなみに…電子ってなんですか？」

電子というのは，**電気の力をもつすごく小さい粒**だよ。それこそ原子より小さいんだ。この電子が回路を通っているんだよ。

「じゃあ，この電子が流れることが電流ってことですか？」

そうだね。その考えでいいよ。そして電子のポイントは**マイナスの力をもつ**ってことだ。だから電子は電池の＋極側に引かれるんだ。

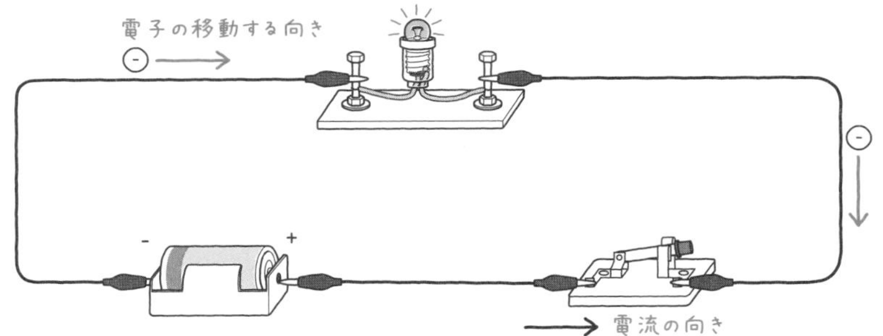

「まるで磁石のN極とS極が引かれ合うみたいですね。」

そうそう，その発想が大事。電子がマイナスの力をもっていることさえ知っていれば，電子が－極から＋極に流れるのは自然に覚えられるでしょ。

回路は直列回路と並列回路の２種類！

さて，ここからはその回路を図でかけるようにしていくよ。

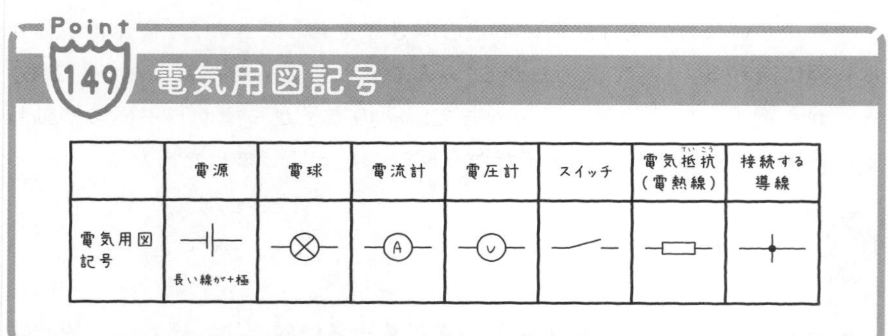

Point 149 電気用図記号

	電源	電球	電流計	電圧計	スイッチ	電気抵抗（電熱線）	接続する導線
電気用図記号	長い線が＋極						

「これだけですか？　これならすぐ覚えられそう！」

実際にはもっとあるけど，いまはこれだけ覚えておこう。それじゃあ，実際に回路図をかいてみるよ。ただし，回路図をかく際にはいくつかの注意点があるんだ。

コツ　回路図のかき方

１．回路図にかきたいものの種類と数と順番を確認する。
２．枝分かれの位置と本数を確認する。
３．回路が途中で切れないように，すべて直線でつなぐ。
※曲がる場合は直角に曲げる。

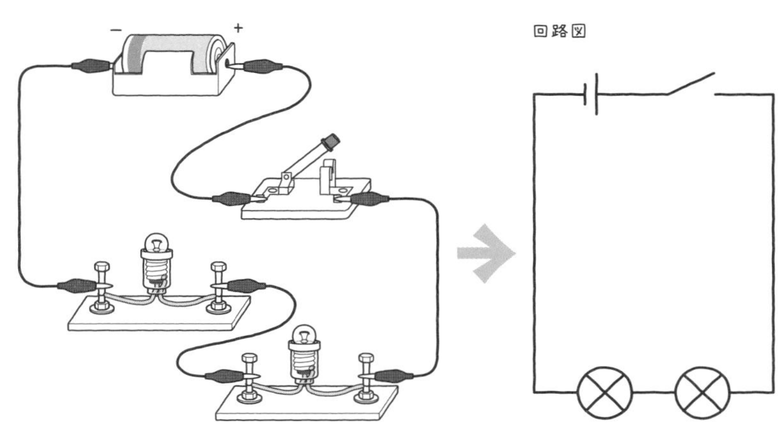

「なるほど。がんばってかけるように練習します！」

「回路って，全部この配置なんですか？」

いや，大きく分けて2種類あるんだ。電流の通り道が1本だけの回路のことを**直列回路**，途中で分かれて2本以上ある回路のことを**並列回路**というんだ。

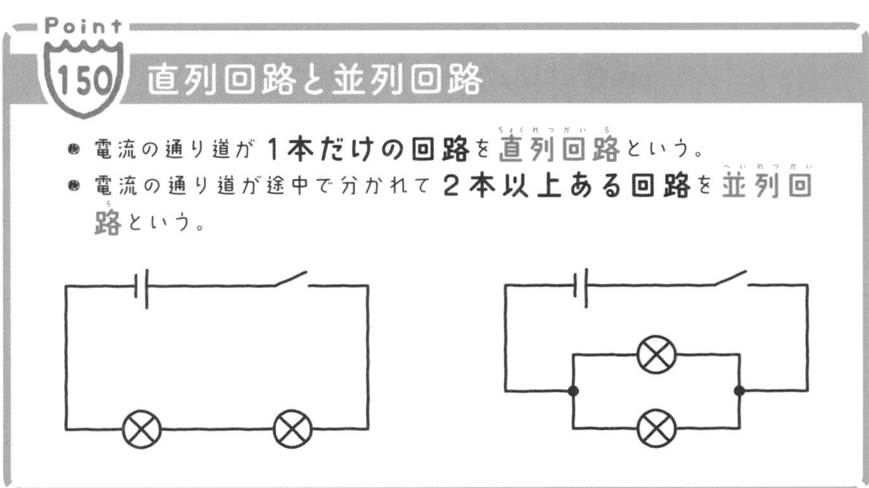

Point 150

直列回路と並列回路

- 電流の通り道が**1本だけの回路**を**直列回路**という。
- 電流の通り道が途中で分かれて**2本以上ある回路**を**並列回路**という。

図を見るとわかるかな。**直列回路では輪が1つしかできない**けど，**並列回路では2つ以上の輪ができる**んだ。今後は回路図がたくさん出てくるから，直列回路なのか並列回路なのかを注意深く見るようにしよう。

✓CHECK 63　つまずき度 !!!!!　➡ 解答は別冊 p.40

1　電流は(　　　)極から(　　　)極へと流れる。
2　電流の通り道が1本だけの回路を(　　　)回路といい，2本以上ある回路を(　　　)回路という。

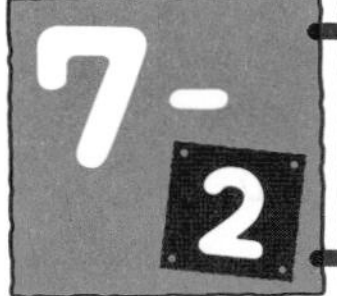

7-2 回路を流れる電流の大きさ

電気についての基礎知識がわかったところで，今度は電流について学んでいくよ。電流は，電子が回路を流れているというイメージをもつようにしよう。

電流って何だろう？

回路については大丈夫(だいじょうぶ)かな？　今度は回路を流れる電流について学ぶよ。

Point 151 電流の大きさと電流計

- 電流の大きさは**アンペア（A）**で表される。
- **1A＝1000mA**である。mAはミリアンペアと読む。
- 電流は**電流計**で計測する。
- 電流計は回路に対して**直列につなぐ**。

「いきなり覚えることがたくさんですね…。きっつ…」

そうだね。こういうときは別のたとえで理解してしまうのがいいよ。例えば，回路は道路，電子は車，電池はガソリンスタンドだと考えよう。

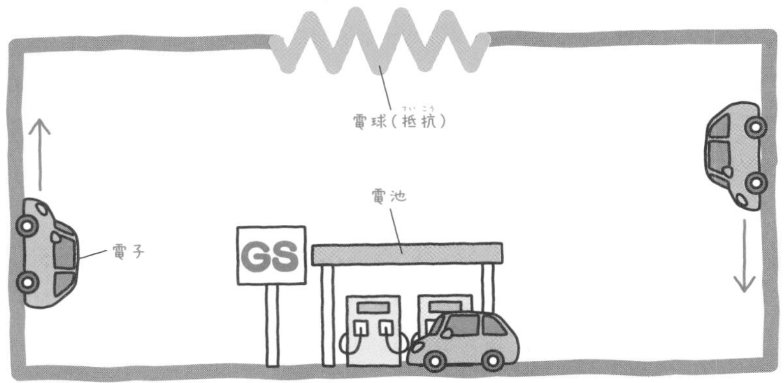

「それで，電流はこのたとえだと何になるんですか？」

電流は，この図でいうところの車の数になるんだ。どれだけの数の車が通るか，それが電流なんだよ。そして，その電流の大きさをはかるのが**電流計**だ。

「何で電流計は直列につなぐんですか？」

ちょっと考えてみようか。電流の大きさは通った電子の数だから，電流計は電子の数，つまり車の数を数えてくれるんだ。もし並列につなぐと…

「そっか！　並列だと道が分かれてしまうから，通る車の数が変わってしまうんですね。通る車の数を全部数えるには，直列じゃないと見逃(みのが)してしまいますからね。」

その通り。電流計は車の数を数えたいわけだから，全部数えるためには直列でつなぐ必要があるよね。それと電流計を使うときには，直列でつなぐことのほかにもう１つ注意点があるんだ。

コツ　**電流計をつなぐときは，いちばん大きな電流をはかる部分（５Ａ）からつなぐ。小さい電流をはかる部分につないでしまうと，大きな電流が流れて，電流計がこわれるおそれがある。**

回路における電流の関係とは？

「電流計のつなぎ方の話を聞いていて気になったんですが，直列回路と並列回路で電流の大きさの関係って変わりませんか？」

いい着眼点だね！　まさにその通りで，電流の大きさの関係は回路によって変わるんだ。

Point 152 回路における電流の関係

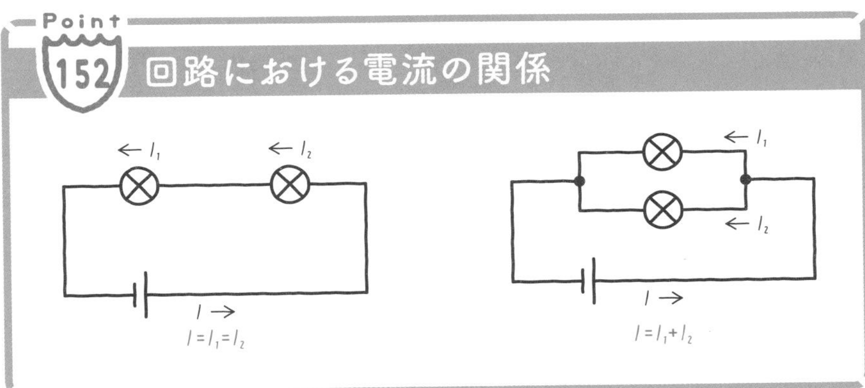

「文字だけじゃわかりにくいです…。さっきのたとえで教えてくれませんか？」

オーケー(笑)。じゃあ，次の図を見てほしい。車が通る数を見ると理解が深まると思う。

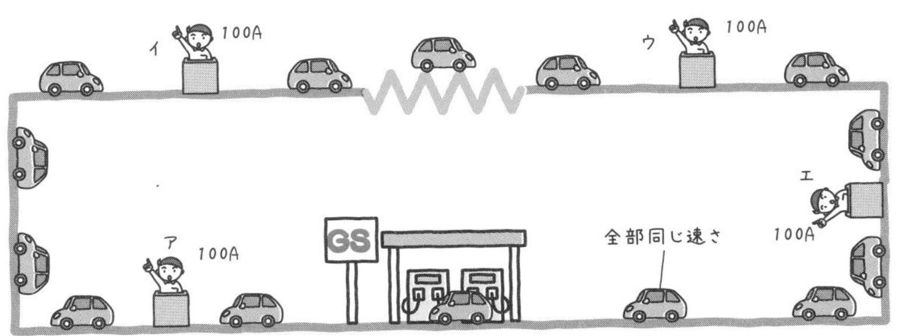

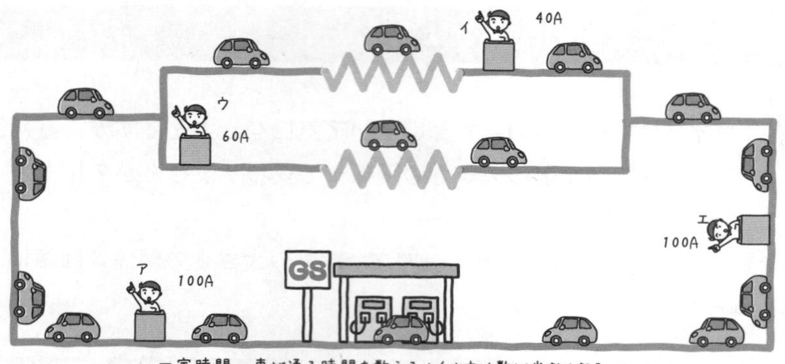

一定時間，車が通る時間を数える⇒イやウは数が少なくなる

仮に電池から100Ａの電流が出たとしよう。直列回路では特に分かれ道がないからどの地点ではかっても100Ａだ。一方，並列回路では，枝分かれしていないアの地点では100Ａのままだけど，枝分かれしたあと，上のイの道では40Ａ，下のウの道では60Ａになっているね。これは，上の道を通りたい車もいれば，下の道を通りたい車もいるからなんだ。でも，エの地点では分かれて走っていた車が合流したため，再び100Ａになるんだ。

「なるほど，何となくイメージできました。」

「電流の大きさは，直列回路はどこでも同じで，並列回路は場所によってちがうんですね。」

よし！ このあと電圧(でんあつ)や電気抵抗(ていこう)について説明していくけれど，似たような関係がたくさん出てくるから，１つずつ整理して覚えていってね。

CHECK 64　つまずき度 !!!!!

➡ 解答は別冊 p.40

1　電流の単位を記号で表すと（　　　）である。
2　電流を計測する機器のことを（　　　）という。
3　（　　　）回路では電流の大きさはどこでも等しい。

回路に加わる電圧の大きさ

電流の次は電圧だ。電圧は車のたとえでいうと，車を動かすガソリンにあたる。電圧とはどのようなものなのか，いっしょに理解していこう！

電圧って何だろう？

電流については理解できたかな？　今度は**電圧**について学習するよ。

「電圧？　聞いたことはあるけど…」

電圧というのは電流を流そうとする力のことを言うんだよ。言いかえれば，電池が電子をどれだけ流せるかってことだね。

Point 153 電圧の大きさと電圧計

- **電圧**(でんあつ)は**電流を流そうとするはたらき**のことである。
- 電圧の大きさは**ボルト（V）**で表される。
- 電圧は**電圧計**で計測する。
- 電圧計は回路に対して**並列につなぐ**。

「じゃあ電圧は，車のたとえでいうと何になるんですか？」

電圧は，車を動かすガソリンってとこかな。ちなみに，電圧を与えるものは電池や電源だから，さっきと同じように，電池はガソリンスタンドにたとえるよ。

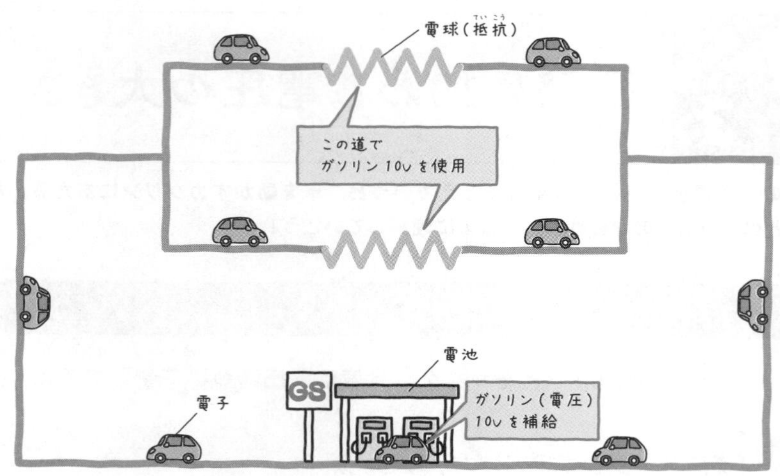

車はガソリンスタンドでガソリンを補給して道路を走り出すよね。こんな感じで，電子は，電池で電圧の力を受けて回路を進むんだ。そして，電圧を考えるときに覚えておいてほしいルールが２つあるんだ。

「ルール？　いったい何ですか？」

１つ目は，**回路の導線を通っているときにはガソリン（電圧）は使っていない**※ということ。あくまでも電球（抵抗）の道を通るときにガソリンを使うんだ。そして２つ目が，**ガソリン（電圧）はガソリンスタンド（電池）にもどってくるまでに必ずすべて使いきる**ということだ。

※本当は使っているが，無視できる程度

「え？　ふつうの道ではガソリンを使っていないんだ。」

うん。現実とはちがっちゃうけれど，電気の世界ではふつうの道はガソリンを必要としないんだ。

「ガソリンを使いきるというのは，どういうことでしょうか？」

例えば，電池で10Vのガソリン（電圧）を蓄(たくわ)えたとしよう。そうしたら，次に電池にもどってくるまでに必ずどこかで10Vを使っているんだ。

「そうなんですね！　じゃあ，その電圧はどうやってはかるんですか？」

電圧計を使ってはかるよ。電圧計はつないだ2か所の電圧の差をはかっているんだ。だから，**電圧計は回路に並列につなぐ**必要があるんだ。

「電圧の差？　ん〜…よくわからないなぁ。」

じゃあまた，車のたとえで説明しよう。電圧計はA地点を走っている車のガソリンの量と，B地点を走っている車のガソリンの量をはかって，その差を出しているんだ。

「なるほど！　ガソリンの量の差を調べているんですね。」

あ，それと電流計の場合と同じで，**電圧計もいちばん大きな電圧をはかる部分（300V）からつなぐ**ようにしよう。

回路における電圧の関係とは？

「もしかして電圧も直列回路と並列回路で大きさの関係って変わるんですか？」

よく気がついたね！　電圧では次のような関係があるんだ。

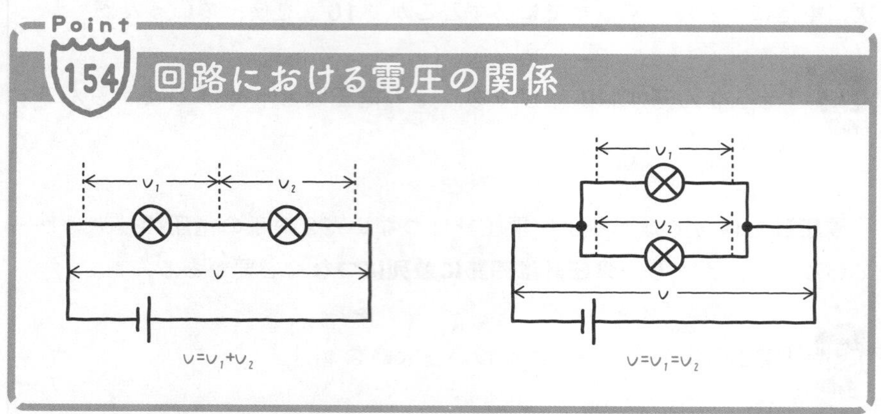

これも車がもっているガソリンにたとえてみるよ。A地点とB地点とC地点に着目しよう。

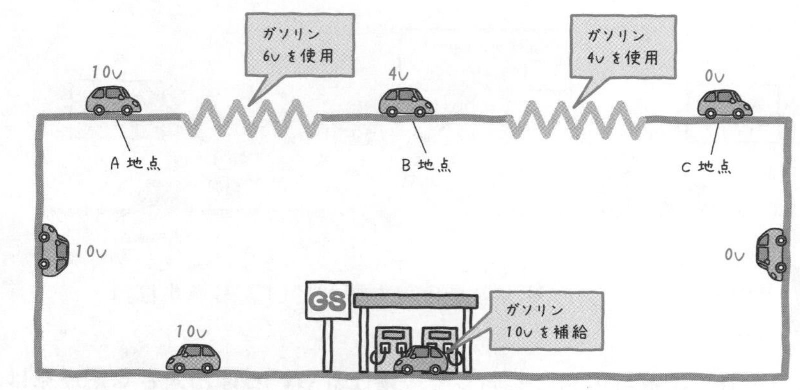

「これって，A地点とB地点の間に最初の電球があって，B地点とC地点の間に次の電球があるってことですか？」

そう。まず，ガソリンスタンド（電池）で10V補給して出発した車は，A地点を通過する。そのときのガソリン（電圧）の量は，ふつうの道しか走ってないから10Vのままだね。次に，車は最初の電球を通過して，B地点に進む。最初の電球ではガソリン6Vが使われたから，B地点のガソリンの量は4Vになるね。ここで，さっき伝えた2つ目のルール，**ガソリン（電圧）はガソリンスタンド（電池）にもどってくるまでに必ずすべて使いきる**というのが重要になってくる。

「え，どういうことですか？」

ガソリンスタンド（電池）では10Vのガソリン（電圧）を蓄えたよね。これは次にガソリンスタンドにもどるまでに必ず使いきらなきゃいけない。A地点からB地点を通過するときにすでに6V使っているから，B地点からC地点を通過するときには残りの4Vをすべて使わなきゃいけないということだ。つまり直列回路では，**全体に加わる電圧の大きさが，各電球に加わる電圧の大きさの和と等しい**んだ。

「あれ，並列回路はどうなんですか？」

並列回路も考え方は同じだ。並列回路の場合は，ガソリンスタンド（電池）から出た車が再びもどってくるまでに，電球の道を1か所しか通らないから，**電球の前とあとの差は常に一定**なんだ。つまり，**並列回路ではそれぞれの電球に加わる電圧の大きさは等しく，また，全体に加わる電圧の大きさとも等しい**んだ。

CHECK 65　つまずき度 !!!!!　➡ 解答は別冊 p.41

1　電圧の単位を記号で表すと（　　　）である。
2　電圧を計測する機器のことを（　　　）という。

電流の大きさと電気抵抗

電圧の大きさは電池や電源によって決まる。それじゃあ電流は何によって決まるのか。今回は電流と電圧の関係を理解するために，電気抵抗について学ぶよ。

電流をさまたげる電気抵抗

「そういえば，電流の大きさや電圧の大きさってどうやって決まっているんですか？」

するどい質問だね。さっき，電圧について教えたときを思い出してほしい。電圧は車にたとえると何だっけ？

「ガソリンですね。それで，電池がガソリンスタンドですよね。」

そうだね。ガソリンスタンド（電池）でガソリン（電圧）を補給するときは，入れるガソリンの量を決めるよね。これと同じように，**電池や電源が電子に加える電圧の大きさを決めている**んだ。

「全体の電圧の大きさは，電池が決めていると。じゃあ，電流の大きさはどのように決まっているんですか？　これも電池が決めているんですか？」

いや，**電流の大きさを決めているのは「電圧」と「電気抵抗（ていこう）」の2つ**なんだ。

「電気抵抗？　何ですかそれ？」

電流の流れにくさを表すものを電気抵抗というんだ。電気抵抗のことは，ただ単に**抵抗**ということもある。

電気抵抗とオームの法則

- 電流の流れにくさを**電気抵抗**（ていこう）という。単位は**オーム（Ω）**。
- 電圧と電流は**比例関係**にあり，これを**オームの法則**という。

$V\,〔V〕= R\,〔Ω〕\times\ I\,〔A〕$
電圧 ＝電気抵抗 × 電流

「電流や電圧に続いてこんなものまで…」

大丈夫（だいじょうぶ）。また車の話で考えれば，きっと理解できるよ。

「電気抵抗って，車のたとえだと何になるんですか？」

たくさんのガソリンが必要なくらい荒（あ）れた道かな。電気抵抗はまさにそれなんだ。電流や電圧の説明のときに，ギザギザの道で表していたよね。**電気抵抗は，電熱線（でんねつせん）やモーター，電球などの電圧を必要とするもののこと**をいうんだ。

「電気抵抗っていうくらいだから，電流が流れにくくなるんですかね？」

そうだよ。だから，**大きい電気抵抗のある回路に多くの電流を流すためには，大きな電圧が必要**なんだ。車にたとえると，荒れた道にたくさんの車を通すためにはたくさんのガソリンが必要ってことだ。

「なるほどー。何かわかりそうな気がしてきたぞ。」

こうしてたとえで考えるとわかるでしょ？　オームの法則も車にたとえるとわかりやすい。あるガソリンスタンド（電池）では，１回で６Ｖのガソリン（電圧）を補給できる。そして，荒れた道（抵抗）を通るとガソリンが２Ｖ消費される。さぁ，ガソリンスタンドは１回のガソリン補給で何台の車（電流）を走らせることができるかな？

「6÷2で3だから，1回で3台の車を走らせることができるはずです。」

正解！　これで，ガソリンを電圧，荒れた道を電気抵抗，車の台数を電流にすれば完璧（かんぺき）さ。

コツ　電圧と電気抵抗と電流の関係を示す３つの式は，すべて同じものを式変形している。

・電圧〔V〕＝電気抵抗〔Ω〕×電流〔A〕

・電流〔A〕＝$\dfrac{\text{電圧〔V〕}}{\text{抵抗〔Ω〕}}$

・抵抗〔Ω〕＝$\dfrac{\text{電圧〔V〕}}{\text{電流〔A〕}}$

導体，半導体と絶縁体

「ところで，導線を通るときは，本当に電圧は必要ないんですか？車の場合，きれいな道でも，ガソリンは消費しますよ。」

たしかにその通りだ。実は，導線部分にも電気抵抗はある。だから，電流を流すには少なからず電圧が必要なんだ。でも，その抵抗が無視（むし）できるくらい小さいから，計算に入れていないだけなんだ。

導体と半導体と絶縁体

- 電気抵抗が小さく，**電流を通しやすい物質**を**導体**(どうたい)という。
- 電気抵抗が大きく，**電流を通しにくい物質**を**不導体**(ふどうたい)，もしくは**絶縁体**(ぜつえんたい)という。
- 導体と不導体の間くらいの電気抵抗をもつ物質を**半導体**(はんどうたい)という。

「無視できるくらい小さいってどれくらいですか？」

よく導線で使われる銅の抵抗値はだいたい0.017Ωくらいだ。ね，ほとんど0に近いでしょ。だから無視できるんだ。

つまずき度 ！！！！！

➡ 解答は別冊 p.41

1　電流と電圧が比例する関係のことを(　　　　)の法則という。
2　電気抵抗が小さく，電流を通しやすい物質のことを(　　　　)という。

7-5 複数の抵抗と全体の抵抗

電圧と電流，そして抵抗の関係は理解できたかな？　では，もし抵抗が複数あった場合，電圧や電流はどのように変わるのだろうか。

回路全体の電気抵抗

ここからちょっとむずかしくなるんだけど，さっき教えた抵抗(ていこう)を，2つ回路に組みこんでみようと思うんだ。もちろん，直列と並列の両方でね。

「う～む，なんかややこしくなる予感がする…」

Point 157 電気抵抗の合成

- **直列回路**のとき，全体の抵抗は**各部分の抵抗(ていこう)の和**となる。
- **並列回路**のとき，全体の抵抗は**各部分の抵抗より小さく**なる。

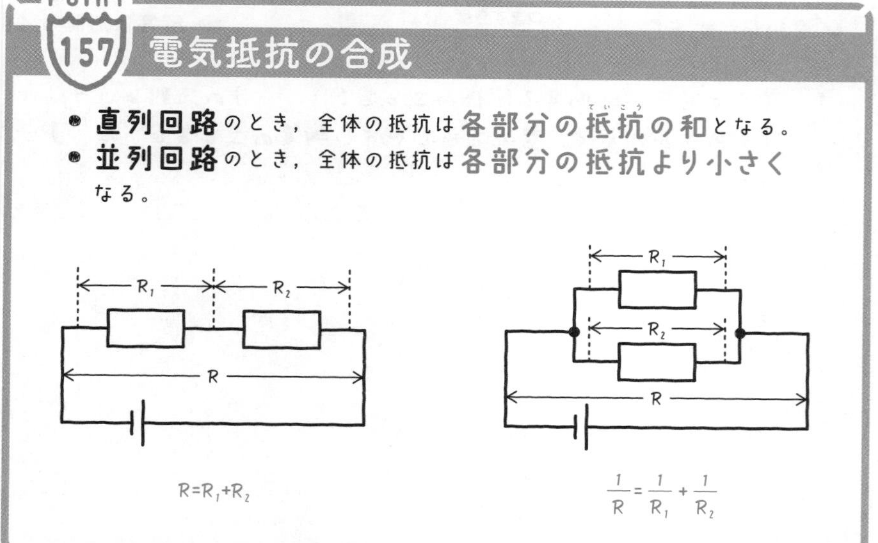

$R=R_1+R_2$

$\frac{1}{R}=\frac{1}{R_1}+\frac{1}{R_2}$

とりあえず，抵抗が2つある場合はこのように表すことができる。直列ではそのまま抵抗を足して，並列では逆数(ぎゃくすう)にするんだ。逆数っていうのは分数の分母と分子を逆にするってことね。

「この式は考えるより覚えた方が早いかもしれないなぁ…」

むずかしそうであれば，まずは直列回路だけでも覚えてしまおう。そのあと，並列回路はその逆数を使うと覚えよう。そうしたら，ここからよく出る問題を解いてみよう。

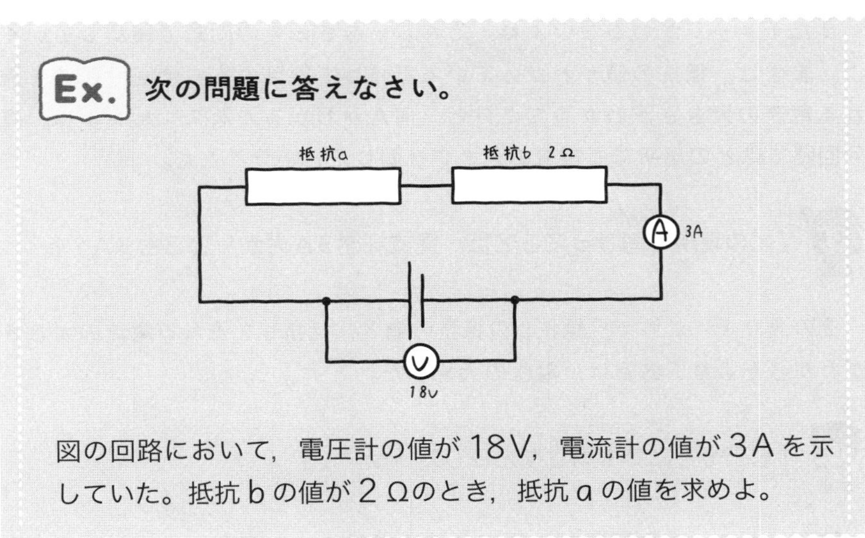

Ex. 次の問題に答えなさい。

図の回路において，電圧計の値が18V，電流計の値が3Aを示していた。抵抗bの値が2Ωのとき，抵抗aの値を求めよ。

「え？　何この問題。見たことないんですけど…」

これは直列回路の問題だね。こんなふうに，抵抗が2つ直列につながっているときの電流や電圧，抵抗の値を求める問題がよく出題されるんだ。今回は抵抗aの値を求める問題だね。さて，どうやって求めるかな？

「やばい…何をすればよいかまったくわからない…」

「わたしも…。何も思い浮(う)かばない…」

2人とも心配しないで。今から先生といっしょに解き方を覚えれば大丈夫だから！　まず，こういった回路の問題を解く上ですごく大切なことを教えるよ。それは，**抵抗に着目する**ということだ。

「抵抗に着目…？　どういうことですか？」

まだイメージがわかないよね。それじゃあさっきの問題で確認していくよ。まずは，抵抗の値がわかっている抵抗bに着目する。今回，ここを流れる電流の大きさがわかるんだけど，何Aかわかるかな？　ヒントは，直列回路ではどの場所でも電流の大きさが同じだということだ。

「どの場所も同じってことは…電流計が3Aだからここも3A？」

その通り！　これで，抵抗bの抵抗の値と，抵抗bを流れる電流の大きさがわかったよね。あとは，電圧の大きさだ。

「電圧もどこでも同じなんでしたっけ…？」

残念ながら，**直列回路では電圧の値は場所によって変わってしまう。**合計が電池と同じ18Vになるんだけれど，抵抗aと抵抗bでそれぞれ何Vかということは，この回路を見ただけではわからないんだ。

「えぇー！　じゃあどうすればいいんですか？」

そこでオームの法則の出番だ。さっきも言ったけれど，抵抗bでは抵抗の値と電流の大きさがわかっている。だから，オームの法則を使えば電圧の大きさを求めることができるんだ。

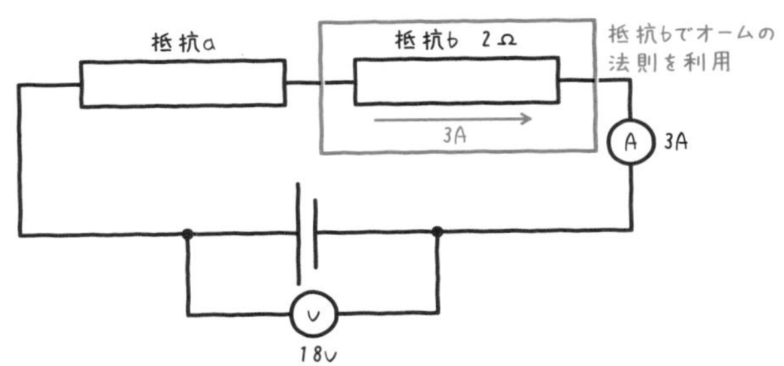

抵抗bに対して，オームの法則を用いて電圧の大きさを求めると，

電圧＝2Ω×3A＝6V

となるわけだ。

「本当だ！　しかも計算が簡単でした。」

「待てよ？　電圧の合計が電池と同じになるということは…抵抗aの電圧は18V−6V＝12Vってことか？」

ケンタ君いいねえ！　その通り，これで抵抗aの電圧が12Vとわかったね。じゃあ今度は，抵抗aに着目するよ。抵抗aについて，電圧以外にもう1つわかるものがないかな？

「あ，電流だ！　直列回路ではどこでも同じなんだから，抵抗aでも3Aなはずです。」

サクラさんも素晴らしい！　これで，抵抗aでもオームの法則を使う準備が整った。それじゃあ抵抗の値を求めるために計算していくよ。

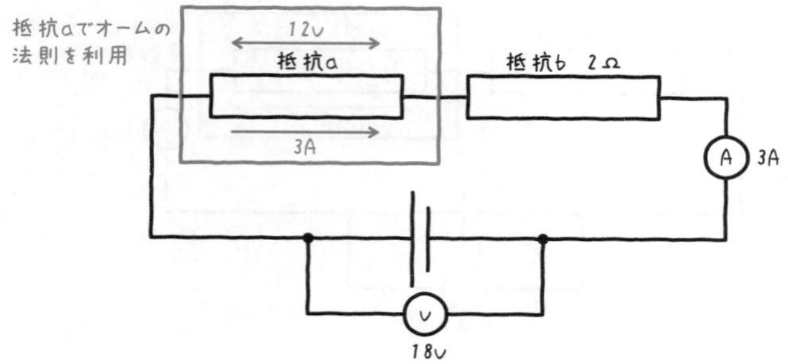

オームの法則を用いて抵抗aの大きさを求めると，

$$\text{抵抗}=\frac{12\,\text{V}}{3\,\text{A}}=4\,\Omega$$

となるわけだ。

「すごい，本当に求められた。」

「ひとつひとつの計算は簡単ですけど，求めるための手順が大変ですね…」

まあいきなりはむずかしいよね。でもたくさん問題を解くことで，きっと解けるようになるさ。もう一度言うけど，大事なのは**抵抗に着目すること**と，**抵抗ごとにオームの法則を使って計算すること**だ。これさえ覚えておけば，すぐにできるようになる。念のため，いまの問題の解法をおさらいするよ。

解答 抵抗bの抵抗の値が2Ω，抵抗bを流れる電流が3Aなので，抵抗bに対してオームの法則より，

$$V=2\times3=6\,\text{V}$$

抵抗aを流れる電流が3A，抵抗aに加わる電圧の大きさは18−6=12Vより，抵抗aに対してオームの法則を用いると，

$$R=\frac{12}{3}=\mathbf{4\,\Omega}$$

さて，もう1問出すよ。次は並列回路だ。先生のヒントなしで挑戦してみよう。

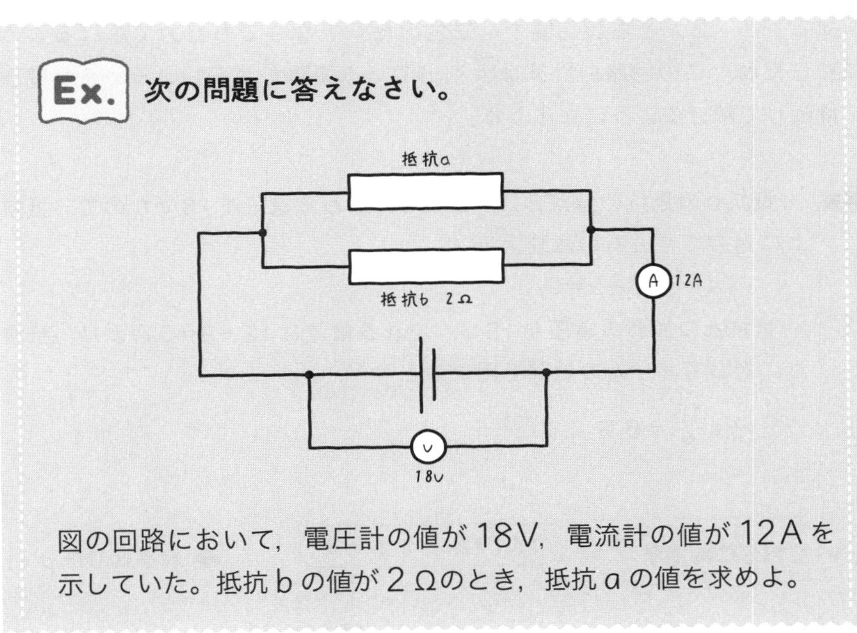

図の回路において，電圧計の値が18V，電流計の値が12Aを示していた。抵抗bの値が2Ωのとき，抵抗aの値を求めよ。

「よし，さっきと同じように考えてみよう。まずは2Ωがわかっている抵抗bに着目してみて…」

「そしたらあれだよね，並列回路だから電圧が等しいから…抵抗bの電圧も18Vだ。」

「お，そしたらオームの法則使えるじゃん。抵抗bに流れる電流だけわからないから，18V÷2Ω＝9Aだ。」

「あれ，このあとどうすれば…あ，抵抗aに流れる電流がわかる！電流計が12Aで，抵抗bでは9Aだから，抵抗aに流れる電流は，12－9＝3Aですね。」

「そしたら，またオームの法則だね。抵抗aの電圧は18V，電流は3Aだから，求める抵抗は18V÷3A＝6Ωです。」

すごい！　2人とも超完璧(ちょうかんぺき)！　先生のヒントなしでも自力で解けるようになったね。この回路の計算はよく出てくる問題だから，いろいろな問題に挑戦して解けるようになろうね。

解答　抵抗bの抵抗の値が2Ω，抵抗bに加わる電圧が18Vなので，抵抗bに対してオームの法則より，

I〔A〕＝18÷2＝9A

抵抗aに加わる電圧が18V，流れる電流は12−9＝3Aより，抵抗aに対してオームの法則を用いると，

$$R=\frac{18}{3}=\mathbf{6\,\Omega}$$

CHECK 67　つまずき度 !!!!!　➡ 解答は別冊 p.41

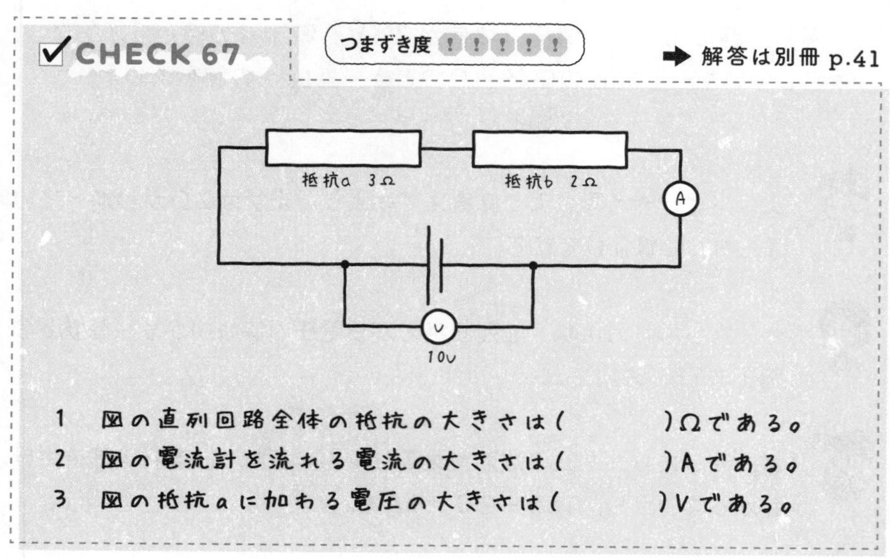

1　図の直列回路全体の抵抗の大きさは（　　　）Ωである。

2　図の電流計を流れる電流の大きさは（　　　）Aである。

3　図の抵抗aに加わる電圧の大きさは（　　　）Vである。

7-6 電力と電力量

電圧，電流，電気抵抗を理解したら，次は電力を学んでいくよ。ここまでのことが理解できていれば，むずかしいことはあまりないから安心してね。

電力は何を表している？

さて，電流や電圧，電気抵抗(ていこう)の次は**電力**や**電力量**について学習していくよ。

「また，電なんたらが……ややこしい……」

しかも，今回は電力と電力量。似ているけどちがうから気をつけてね。まずは電力だ。

Point 158 電力の表し方

- 電気がもつ，さまざまなはたらきをする能力を**電気エネルギー**という。
- **1秒あたり**に使われる電気エネルギーの量のことを**電力**という。
- 電力の単位は**ワット（W）**で表され，以下の式で求められる。

電力〔W〕＝電圧〔V〕×電流〔A〕

「あれ？　電気がもつエネルギーですか？　それって，電圧のことではないんですか？」

電圧とはちがうんだ。電圧は電子を流すはたらきのことだったね。電力は**電気エネルギーが1秒間に使われる量**を表すんだ。

「私，**ワット（W）**って単位知っています。60Wや40Wって書いてあるのを電球や家電製品で見たことあります。」

よく知っているね。そうやって家電製品などに記載(きさい)されている電力を**消費電力**というんだ。ワット数が大きいほど，短時間で大きなエネルギーが使われるから，同じ電圧ならワット数が大きい電球ほど明るく光るんだよ。

「その消費電力が電気エネルギーってことですか？」

正確にいうなら，**電力（W）は1秒あたりの電気エネルギー**だね。実は，電圧や電流は1秒ごとにしか計測していないんだ。もし全体の電力を知りたいのなら，電力に時間をかける必要があるんだ。それこそが**電力量**だね。

発熱に使われるエネルギー

電力は1秒あたりに消費される電気エネルギーの量と教えたね。だから，その電力に「使った時間」をかけると，実際に消費した電気エネルギーが求められるんだ。

Point 159 電力量と発熱量

- 電気器具などで消費された電気エネルギーの量を**電力量**という。
- 電力量の単位は**ジュール（J）**が使われ，以下の式で求める。
  電力量〔J〕＝電力〔W〕×時間〔s〕
- 電熱線はすべての電力量を熱に変換(へんかん)する。
  発熱量〔J〕＝電力〔W〕×時間〔s〕
- **水1gを1℃上昇(じょうしょう)させるのに必要な熱量は約4.2J**である。

例えば，600Wの電気ポットを1分間使ったとすると，電力量は600〔W〕×60〔s〕＝36000〔J〕になるんだ。

ワット時（Wh）という単位を使うことがある。これは１秒あたりの電力ではなく，１時間あたりの電力のことを指す。

「さっきの回路の問題よりも全然簡単に求められますね！」

「これなら，ぼくもすぐにできるようになりそう！」

その意気だ！　電力と電力量は言葉が似ているし単位も覚えにくいから，とてもまちがいやすい。注意深く覚えるんだよ。特に，電力量を求めるときの時間は「秒」であることを忘れないようにね。

CHECK 68　つまずき度 !!!!!　➡ 解答は別冊 p.41

1　ある電熱線に6Vの電圧を加えたとき，2Aの電流が流れた。この電熱線の電力は（　　　　）Wである。

2　1の電熱線に6Vの電圧を加え，10秒間電流を流した。このときの電力量は（　　　　）Jである。

7-7 静電気の特徴

雷と静電気って，同じだって知っていたかな？　ここからは電気がどうして流れるか教えていくよ。「電子」についてもう一度深く学んでいこう。

静電気の性質

さっきまで計算も多くて式もたくさん覚えないといけなかったから，ちょっと大変だったかな？

「記号とか式とかはしばらく見たくないです…」

ちょっと大変だったよね。ここからは計算が1つも出ない内容だ。その分，原理やしくみをきっちりと理解する必要があるけどね。それで，今回学んでいくのが**静電気**(せいでんき)だ。

「静電気は知っていますよ。冬場にバチッとくるやつですよね。」

そう，それだね。冬場は特に乾燥(かんそう)しているし，厚着(あつぎ)をするから静電気が発生しやすいんだ。

Point 160 静電気と電気の力

- **異なる種類の物質**を摩擦(まさつ)したときに物体が帯(お)びる電気のことを**静電気**(せいでんき)という。
- 電気には**プラス(＋)の電気**と**マイナス(－)の電気**が存在する。

「こすったら，静電気が起こるのは知っていますよ！　下敷(したじ)きで髪(かみ)の

毛をこすると毛が逆立ちますよね。」

お，よく知っているね。**静電気は物体どうしをこすり合わせると発生するんだ**。ただ，ちがう物質どうしじゃないとダメなんだ。同じものどうしをこすり合わせても意味がないんだぞ。

「何でですか？」

結構かんちがいされやすいんだけど，静電気ってバチッて電気が流れることではないんだ。静電気というのは静かな電気，つまり流れていない電気のことを指すんだ。

「え，流れない電気？　どういうことですか？」

静電気というのは，プラスまたはマイナスの電気をためた状態のことをいうんだ。ちがう物質をこすり合わせることで，一方の物質にはプラスの電気が，もう一方の物質にはマイナスの電気がたまった状態になるんだよ。

「どうやってプラスとマイナスの電気がたまるんですか？」

ここがポイント。何もしていないとき，物質にはプラスとマイナスが同じ数だけあるんだ。だけど，こすり合わせることでマイナスの電気が移動して，一方の物質がプラス，もう一方の物質がマイナスとなるんだよ。

「プラスの電気が移動することはないんですか？」

移動するのはマイナスの電気をもつものだけなんだ。マイナスの電気をもつもの，つまり**電子**だね。ちがう物質がこすり合わされると，電子をためやすい物質は全体としてマイナスを帯びた状態になる。逆に電子を渡(わた)すことができる物質は，プラスを帯びた状態になるんだ。

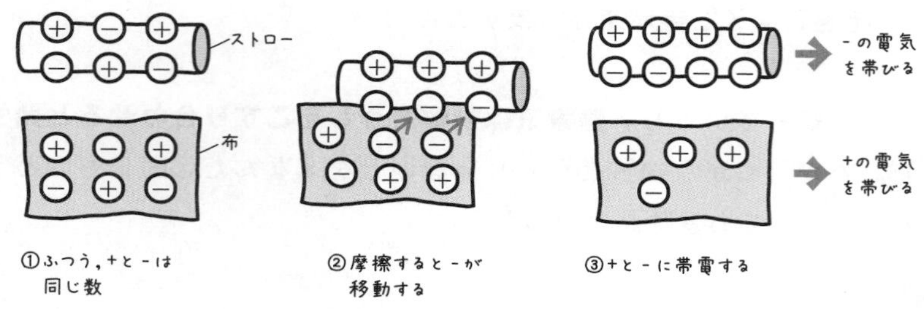

「なるほど。じゃあ，なんで下敷きと髪の毛がくっつき合うんですか？」

まず，髪の毛は電子を渡しやすく，下敷きは電子を受け取りやすいんだ。つまり，髪の毛はプラスの電気を帯びて，下敷きはマイナスの電気を帯びるんだ。そして，電気は**プラスとマイナスが近づくと引き合うんだ。逆にプラスどうし，マイナスどうしが近づくと，反発し合う**よ。このように電気によって発生する力を，**電気の力**というんだ。**電気の力は，離れていてもはたらくことができる**んだよ。

「静電気がプラスまたはマイナスの電気をためている状態なら，その静電気で電気を流すことはできないんですか？」

できるよ。さっき，電子が動くって教えたよね。そして，電流とは電子の流れのことだったね。うまくやれば静電気を使って電気を流すことができるんだ。実際にやってみようか。

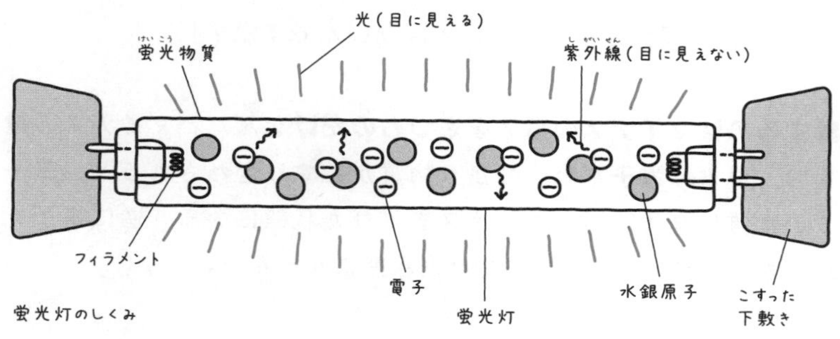

蛍光灯のしくみ

「たしかに，蛍光灯（けいこうとう）が光りました。電気が流れた証拠（しょうこ）ですね。」

こすった下敷きには多くの電子が存在する。その電子が蛍光灯に流れこむことで，電流が流れて光るんだ。

CHECK 69

つまずき度 !!!!!

➡ 解答は別冊 p.41

1　異なる種類の物質を摩擦したときに物体が帯びる電気のことを（　　　）という。

2　プラスの電気を帯びた物質どうしを近づけると（　　　）。

7-8 放電と電流

静電気がたまったあとに起こる放電も，電池から電流が流れるのも，その正体は「電子の移動」。今回はその電子の移動を実際に目で見て確認しよう。

放電による電子の移動

電流って，いったい何だったか覚えているかな？

「え〜っと…何だったかなぁ。」

「たしか，電子が流れる量ですよね。電子が−極から＋極に流れて，電流の流れはその逆向きでした。」

よく覚えていたね。で，さっきの静電気も同じように電子が動いていたよね？　今回は，その電流や静電気のもととなっている電子の動きについて解説していくよ。まずは**放電**(ほうでん)から紹介(しょうかい)しよう。

Point 161 放電と真空放電

- 電気（電子）が空間の中を移動する現象のことを**放電**(ほうでん)という。
- 気圧を低くした空間（真空）に起こる放電を**真空放電**(しんくうほうでん)という。

放電でいちばん想像しやすいのが「雷(かみなり)」かな。雷って，空気の中を電子が動いた瞬間(しゅんかん)の光なんだ。

「え，あれって電子だったの？　でも電子って目に見えないくらいすんごく小さいんじゃないの？」

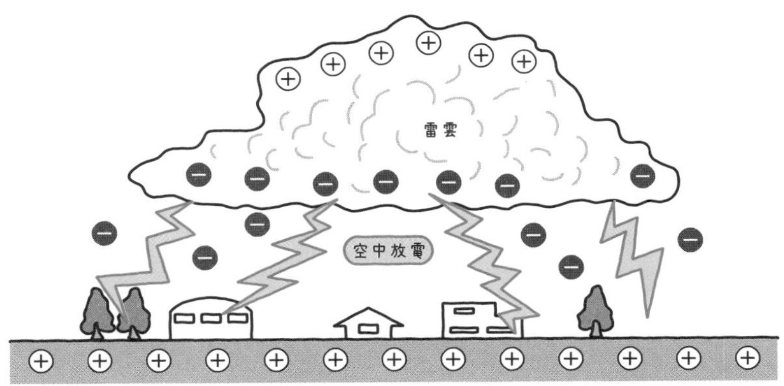

小さいよ。でも雷の場合，それはもう気の遠くなるほど多くの電子が動いているんだ。こうした雷のように，**空間を通って離れていたところへ電子が移動することを放電という**んだ。こうした放電を利用している道具もあって，それが蛍光灯やネオン管だね。

「さっき，静電気のときにやりましたね。蛍光灯は放電によって光っているんですね。」

そうだね。蛍光灯やネオン管の中は，より抵抗を小さくするために，真空に近い状態になっているんだ。空気で満たすと，大きな電圧や電流が必要になってしまうからね。

「真空…？　それって宇宙みたいな？」

そうそう。よく知っているね。蛍光灯やネオン管の中は，気体がほとんどない状態になっているんだ。この**真空中に電子が放出されることを真空放電**というよ。それじゃあ，実際に放電を見てみようか。

電子線が曲がる条件

電子の動きや向きを見やすくするために，**電子線**をしぼって，蛍光板の入った放電管を使うよ。

「電子線？」

電子線というのは，－極から放出された電子が＋極に向かう道すじのことだ。放電のときに見える光もこの電子線だね。

Point 162 **電子線と電子の動き**

- 放電管の中で－極から＋極に向かう電子の流れを**電子線**（**陰極線**）という。
- 電子線は**＋極のある方へ曲がる**。

「それで，この電子線を使って何をするんですか？」

実は，この放電管には電子線をつくる電極とは別に，電極板が用意されているんだ。そこに電気を流してみよう。

「あ，電子線が電極板の＋極がある方に曲がりましたね。」

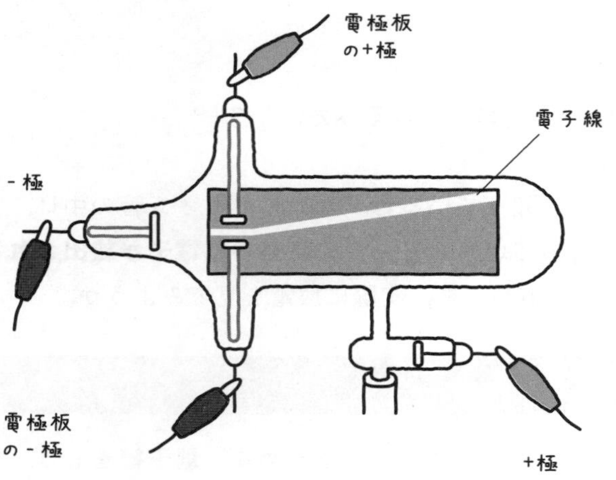

電子線は電子が流れているものだったね。そのため，電子線自体はマイナスを帯びている。だから**＋極のある方へ向かう**んだ。このことからも，電子は＋極に引きつけられること，つまり，マイナスの電気を帯びているとわかるね。

導線の中の電子の動き

「放電のときに空間の中を電子が－極から＋極に移動することはわかったのですが，導線の中ではどうなっているんですか？」

導線の中でも同じように電子が動いているんだ。じゃあ，今回は，導線内の電子について解説しよう。

Point 163 導線を流れる電子と電流

- 電子は**マイナスの電気**をもつとても小さい粒(つぶ)で，質量がある。
- 電圧を加えると電子は**－極から＋極へ動き出す**。この電子の流れが電流の正体であるが，電流は**＋極から－極に流れる**。

導線って，銅やアルミニウムといった金属が多いよね。実は，金属の抵抗が小さいのは，**金属の中に自由に動く電子がたくさん存在している**からなんだ。ふだん，この電子は金属の中を自由に動き回っているんだけど，電圧を加えたときだけはちがうんだ。

「じゃあ，電圧を加えるとどうなるんですか？」

電圧が加わると，自由に動いていた電子が一斉(いっせい)に同じ方向に向かうんだ。

「それが，－極から＋極の向きということですね！」

そういうことだ。このように，電子が電池や導線の中を一定の方向へ動くことを電流というんだ。まぁ，電流の場合は＋極から－極と定義しちゃったから，電子の動きと逆向きなんだけどね。

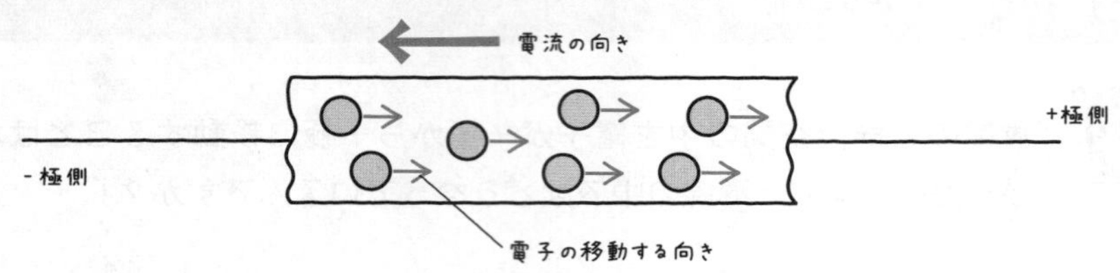

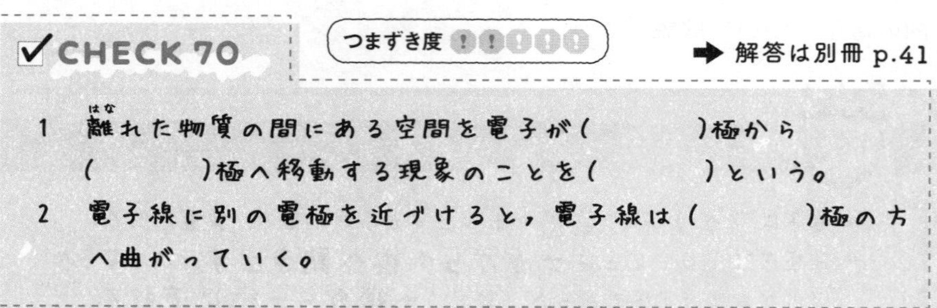

CHECK 70　つまずき度 !!!!!　➡ 解答は別冊 p.41

1　離(はな)れた物質の間にある空間を電子が(　　　)極から(　　　)極へ移動する現象のことを(　　　)という。

2　電子線に別の電極を近づけると，電子線は(　　　)極の方へ曲がっていく。

磁石のはたらき

電気と磁石は深い関係にある。小学生のころに教わった磁石の性質や電磁石を思い出しながら，新しいことを学んでいこう。

磁石のまわりのようす

ここからは電気と磁石の関係性について学んでいくよ。まずは，磁石の性質について，復習しながら学んでいこう。磁石に方位磁針(ほういじしん)を近づけると，方位磁針が動くのは知っているよね。

「それと，離(はな)れていた鉄も磁石にくっつきますよね。磁石どうしでもくっついたり反発したりします。」

そうだね。そうした磁石による力のことを**磁力**(じりょく)というんだ。そして，その磁力がはたらいている空間のことを**磁界**(じかい)**（磁場**(じば)**）**というんだよ。

Point 164 磁力と磁界

- 磁石どうしや，磁石と鉄などの間にはたらく力を**磁力**(じりょく)という。
- **S極どうし**または**N極どうし**を近づけると**反発し合い**，**N極とS極**を近づけると**引き合う**。
- 磁力がはたらく空間を**磁界**(じかい)といい，磁界の向きにそってかいた線のことを**磁力線**(じりょくせん)という。磁力線は**N極から出てS極に入る**。
- 磁界中で方位磁針の**N極が指す向き**のことを**磁界の向き**という。

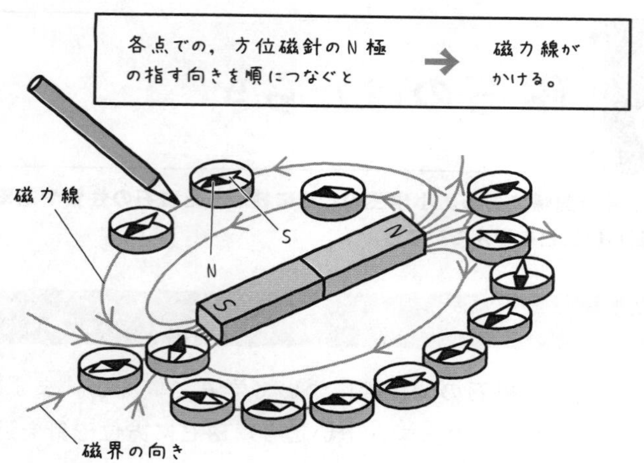

「たしかに，矢印がN極から出てS極に向かっていますね。」

そう。そして，**磁力線の間隔が狭く，密になっているところは磁力が強い。逆に間隔が広いところは磁力が弱い**んだ。磁力線の図を見ると，磁石の先端の磁力線が密になっているのがわかるね。

コツ　**磁力線のかき方**

1．磁力線はN極からS極へ向かう

2．磁力線は枝分かれせず，交わることもない

3．磁界が強く，磁力が大きいところは，磁力線の間隔が狭い

「磁力にも向きがあったんですね。知らなかったです。」

つまずき度 !!!!!

➡ 解答は別冊 p.41

1　磁石は鉄などを引きつける力をもつ。この力を（　　　　）といい，この力がはたらく空間のことを（　　　　）という。

7-10 電流がつくる磁界と力

電流が流れると，磁力が生まれ，磁界ができる。電磁石というやつだ。今回は，電磁石のつくり方や，電流によって発生する磁界について学んでいこう。

まっすぐな導線の磁界

小学生のときに電磁石をつくったのは覚えているかな？

「う，忘れてしまいました…。電磁石って何でしたっけ？」

そうか。じゃあ，少しずつ思い出しながらゆっくりでいいからついてきてくれ。電磁石とは，電気でつくった磁石のことだ。漢字のままだね。

「たしか，導線（コイル）に電流を流して，くぎのような鉄しんを入れると，磁石みたいになるんですよね。」

そうそう，それそれ。まずは，まっすぐな導線に電流が流れた場合，どのような磁界が発生するか見てみよう。ここに，電流を流した導線がある。そのまわりはどうなっているかな？

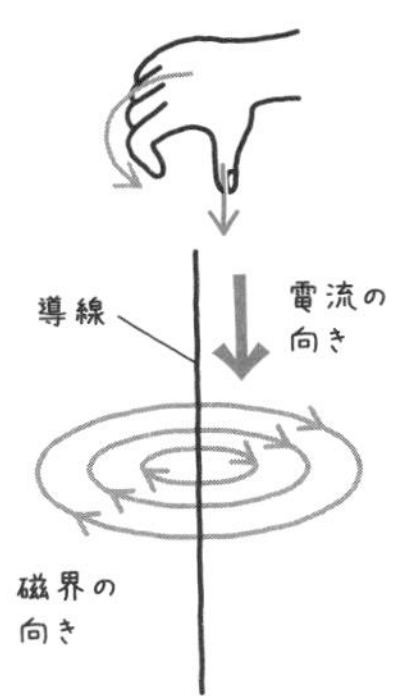

「導線を中心に何個も円ができていますね。」

お，いいね。まず，まっすぐな導線のまわりでは，導線に対して**同心円状の磁界ができる**んだ。

Point 165

導線のまわりに生じる磁界

- 電流のまわりの磁界は，電流（導線）を中心に**同心円状**にできる。
- 電流のまわりの磁界は電流の進行方向に対して**右回り**にできる。これは**右ねじの法則**といわれる。
- 磁力を強くするには，**電流を大きくする，コイルの巻き数をふやす，コイルに鉄しんを入れる**などの方法がある。

「なるほど。ねじを回したときに進んでいく方向を考えればいいんですね。覚えやすいです。」

「これって，電流を強くするとどうなるんですか？」

電流を大きくすれば，磁界の磁力も大きくなるんだ。導線の本数をふやしても同じで，磁力が強くなる。

電気と磁力が生む力

「コイルに電流を流すと，磁界が生まれるんですよね。じゃあ，そのコイルに磁石を近づけると，反発し合ったり，引き合ったりするんですか？」

もちろんだとも。電流の流れたコイルと磁石の間には反発し合ったり，引き合ったりする「力」が発生するんだ。

Point 166 磁界の中で電流が受ける力

- 磁界の中で電流が受ける力は**磁界の向き**と**電流の向き**によって決まる。
- 受ける力の向きは**フレミングの左手の法則**でわかる。
- 受ける力の大きさは**電流を大きくするほど**，また，磁石の**磁界を強くするほど大きくなる**。

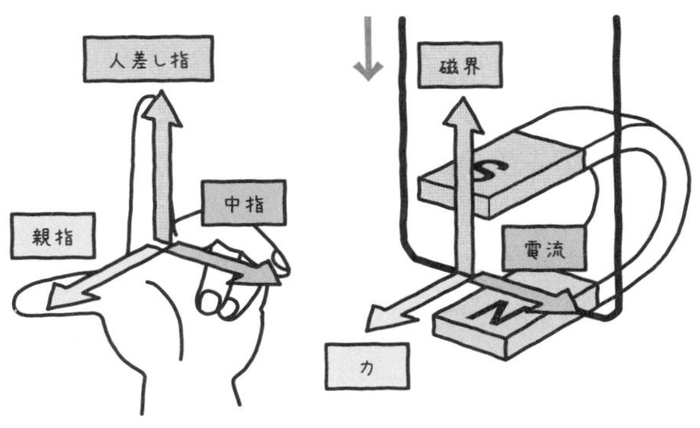

「フレミングの左手の法則？　右手じゃないんですか？」

右ねじの法則は右手だったけど，これは左手。注意してね。中指，人差し指，親指をそれぞれ垂直にたててごらん。**左手の中指が電流の向き，人差し指が磁界の向き，親指が力を受ける向き**になるんだ。

「いちばん長い中指が電流で，いちばん太い親指がいちばん力強い感じがするから力の向きですね。」

お，いいね。そういうイメージは覚えるのに役立つね。また，中指，人差し指，親指の順番に電・磁・力と覚えるのもいい。電磁力ってなんだか覚えやすいでしょ。

「それで，この法則は何に使えるんですか？」

さっき，コイルに電流を流すと磁界が発生したよね。そのときに，まわりに磁石があると力が発生するんだ。その力の向きを考えるのに役立つよ。それぞれ，電流の向きと磁界の向きに注目しよう。電流は＋から－。磁界はＮ極からＳ極だ。電流と磁界，そしてコイルの受ける力の向きがフレミングの左手の法則の通りになっているでしょ。

コツ　**法則の使い分け**
右ねじの法則：導線やコイルが登場したとき
フレミングの左手の法則：コイルと磁石が登場したとき

電流か磁界の向きを逆にすれば，もちろん力の向きも逆になる。うでがねじ曲がりそうだけど，がんばって自分で調べてみるといいよ。

	図の状態	磁石の向きを変える	電流の向きを変える	両方の向きを変える
電流の向き	左 → 右	左 → 右	右 → 左	右 → 左
磁界の向き	下から上	上から下	下から上	上から下
力の向き	手前	奥	奥	手前

「本当だ。電流の向きや磁石の向きを変えると，力の向きも変わってますね。」

「磁石と電気で力が発生するなら，その力をいろんなことに利用できそうですね。」

実は利用されているんだ。いちばん使われるのはモーターだね。モーターは，洗濯機（せんたくき）や電車のような，物体を回転させるのに使われる装置（そうち）だよ。その原理を見てみようか。

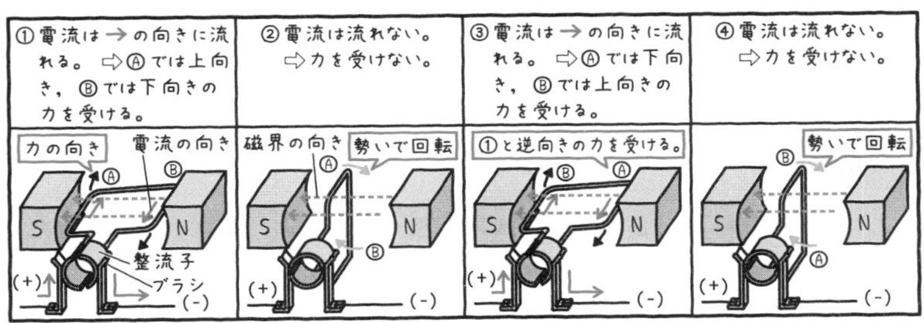

モーターの原理を理解する上で重要なポイントは，整流子の存在。モーターのコイルは，この整流子のおかげで，90°回転すると一瞬電流が流れなくなるんだ。これによって，コイルが回転しているにもかかわらず，電流と磁力の方向関係は常に一定に保たれるんだ。

「電流の向きと磁力の向きが変わらないということは，コイルは常に同じ向きに力が加わりますね。」

そういうこと。だから，モーターは止まることなく回転し続けることができるんだ。電流の流れが一瞬なくなる整流子がないと，回転せずに止まってしまうんだよ。これが，モーターが回転する原理だ。こうやってフレミングの左手の法則を使えば，モーターの回転する向きがわかったり，そのしくみを理解するのに役立つでしょ。

コツ　モーターのコイルの場合，コイルの位置が動いてしまうため，磁力の向き（人差し指）を基準に考えると左手を合わせやすくなる。

つまずき度

➡解答は別冊 p.41

1　電流を流したコイルに発生する磁力を強くするには，(　　　)を大きくする，コイルの(　　　)をふやす，コイルに(　　　)を入れる，などの方法がある。

発電機のしくみと電磁誘導

ここでは，これまで教えたさまざまな法則を使っていくよ。基本は同じだから，わからなかったら前にもどって復習しよう。

磁力を使って電気を生み出す

「さっきのモーターとか見ていて思ったんですが，磁石の中でコイルを動かしたらどうなるんですか？」

面白い着眼点(ちゃくがんてん)だね。簡単にいえば，電気が生まれるんだ。みんなが家庭でコンセントから得ている電気は，基本的にこの方法でつくられているんだよ。

「えっと…つまり，発電所では，磁石やコイルを動かすことで，電気を発生させているってこと？」

そういうこと。動かす方法はいろいろあるけど，基本的には磁石やコイルを動かして電気を生み出しているんだ。こうして電気を発生させることを**電磁誘導(でんじゆうどう)**というんだ。そして，このときに発生した電流のことを**誘導電流(ゆうどうでんりゅう)**というんだよ。

Point 167 電磁誘導と誘導電流

- コイルの中の磁界を変化させることで電圧が生じ，電流が流れる現象のことを**電磁誘導(でんじゆうどう)**といい，流れる電流を**誘導電流(ゆうどうでんりゅう)**という。
- 誘導電流の向きは，磁石の**N極またはS極が近づくか遠ざかるかで異なる**。

コツ　**電磁誘導：電気を磁石によって誘導すること**
誘導電流：電磁誘導によって生み出された電流のこと

「磁石のある場所でコイルを動かすだけで，電流が生まれるってすごいですね。」

もちろん，コイルの中で磁石を動かしても電流が発生するよ。**コイルのまわりの磁界が変化すること**が，誘導電流が発生する条件なんだ。それじゃあ，実際に電磁誘導を起こしてみよう。

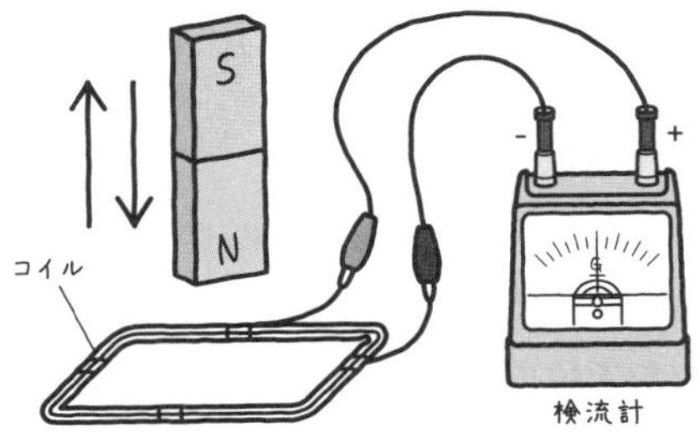

コツ　**検流計は電流の流れる向きを検出するための計測器**

「コイルに磁石のN極を近づけたとたん，検流計の針がプラスの方に振れましたね。」

ということは，このコイルの場合，N極を近づけるとプラスに動くことがわかったね。今度はコイルの中から引っ張り上げよう。どうなるかな？

「マイナスの方に針が振れました！　さっきの逆ですね。」

N極を近づけたらプラスに振れる場合，N極を遠ざければマイナスに振れるんだ。じゃあ，今度はS極を近づけたらどうなるかな？

「さっきと逆で，S極を近づけたらマイナスに振れるんじゃない？」

いい予測だ。N極を近づけたらプラスに振れる場合，S極を近づけたらマイナスに振れるんだ。そして，S極を遠ざければプラスに振れるよ。

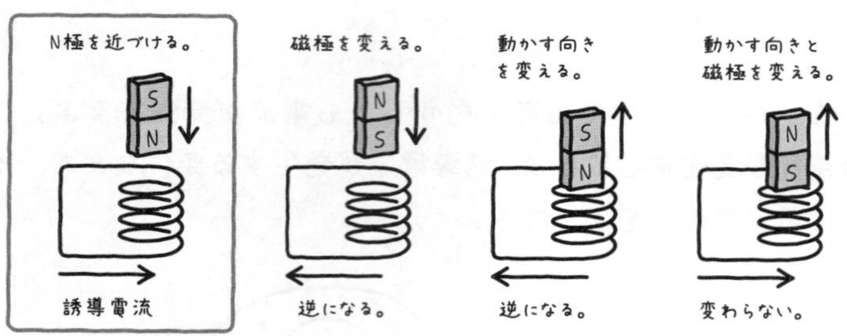

コツ　**誘導電流の向きは，**

・磁石（またはコイル）の動かす向きを逆にする
・磁石の極を逆にする
・磁石を動かす位置（上からか下からか）を変える
・コイルの巻きつける向きを逆にする

のうち，どれか１つを満たすと電流の向きが逆になり，２つ満たすともとに戻る。

「最初と何が変わったのかがわかれば，電流の流れる向きが予想できるんですね。」

その通り。これはよく問題として問われるから，基準となる向きに注目して，そのあと「何が逆になっているか」に注目して考えよう。

「これって，磁石のN極をコイルに近づけたら，必ずプラスの方向に流れるんですか？」

そうとは限らない。コイルの巻いている向きや検流計の接続のしかたなどで，変化することがある。だから，「このコイルの場合」と注意書きをしたんだ。

「向きはわかりましたけど，電流の大きさはどうすれば変えられますか？」

大きな電流を発生させるには，次の3つの方法がある。

コツ　誘導電流を大きくする方法

- **すばやく磁石（またはコイル）を動かす**
- **コイルの巻き数をふやす**
- **磁石を強力にする**

「へー。このような電磁誘導の技術を昔の人がつくってくれたから，いまの社会では電気を自由に使うことができるんですね。」

そうだね。昔の研究者がそういった法則を見つけて，技術をつくり上げたからこそ，今の便利な生活があるともいえるね。

「でも，磁石やコイルを動かし続けないと電気が流れないんですよね？　それって大変じゃないですか？」

いい疑問だ。もちろん昔の人たちも，上下運動を続けるのは大変だということに気づいた。だから，ずっと電気を生み出すために，磁石を動かしやすくする方法を開発したんだ。それが，発電機だよ。

「発電機？　聞いたことはありますが，電磁誘導を利用しているんですか？」

そうなんだ。発電機は磁石を回転させることで，コイルにN極が遠ざかったり，近づいたりする装置だ。S極も同様だね。つまり，回転している間は常に磁界が変化しているから，誘導電流が流れ続けるんだ。

電流の向きの変化

ここで，**直流**(ちょくりゅう)と**交流**(こうりゅう)について説明しておこう。

「うわ，また新しい単語が出ましたね…」

むずかしくないから大丈夫(だいじょうぶ)(笑)。今まで電池や電源を使って，電気について教えてきたよね。その電池や電源は直流を流していたんだ。**あらかじめ＋極と－極が決められていて，回路を常に同じ方向に流れる電流を直流という**んだ。

「向きが決まっているのが直流？　じゃあ交流は，向きが決まっていないんですか？」

そうだね。**交流の場合は，電流の向きが周期的に変化する**んだ。向きだけじゃなくて，電流の大きさも変わるよ。

Point 168 直流と交流

- **常に一定の向きに流れる**電流のことを**直流**(ちょくりゅう)という。
- **向きと大きさが周期的に変化する**電流のことを**交流**(こうりゅう)という。
- 交流が１秒間に同じ向きに流れる回数を**周波数**(しゅうはすう)といい，単位は**ヘルツ（Hz）**である。

「へぇ～。電気は全部，＋極と－極が決められているものだと思っていました。決まっていないものもあるんですね。」

うん，決まってないものもたくさんある。いちばんわかりやすいのはコンセントからの電流だね。ほら，コンセントって＋極も－極もないでしょ。

「え，コンセントからの電流も交流なんですか？　交流って，向きが変わるってことは電流が流れない瞬間があるってことですよね？でも，実際に家で使うときは，ずっと電気はついてますよ。」

その疑問を解くためには，**周波数**というものを理解する必要がある。ここでいう交流の周波数というのは，**「1秒間に，何回同じ方向に電流が流れたか」を示すもの**だ。例えば周波数が1 Hzなら，1秒間に1往復の電流が流れたということ，50 Hzなら，1秒間に50往復の電流が流れたということだ。ちなみに，東日本だと50 Hzで西日本だと60 Hzの交流が流れているんだよ。

「1秒間に50往復!?　ってどれくらいの速さなんでしょう…？」

50往復ってことは，同じ方向に50回ずつ流れるということだから，電流の向きが切り替わる瞬間が1秒間に100回あるってこと。つまり，0.01秒ごとに右回りと左回りを交代しているってことだ。いい換えれば，0.01秒に1回，電流の流れない瞬間があるんだよ。

「たしかに，これじゃ，電流が流れない瞬間があっても，一瞬すぎてわからないですね。」

そう。人間の動体視力を超えた速度で電流の向きが切り替わっているから，気がつかないだけなんだ。実際は，ものすごい速度で点滅しているんだよ。

「電流の向きの変化を見ることはできないんですか？」

直接はむずかしいけど，特別な器具を用いれば確認できるよ。今回はオシロスコープを使ってみよう。

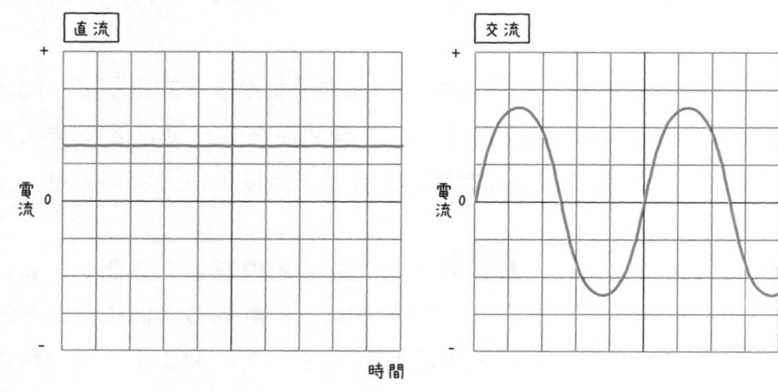

「あれ？　この機械どこかで見たことあるような…」

3章で，音の振動（しんどう）や振幅（しんぷく）を見えるようにするために使った道具だね。実はあれ，音を電気の信号に変換（へんかん）して，画面にグラフとして映していたんだ。今回は，電流の向きや大きさをグラフにして映すよ。

「直流のときはずっとまっすぐで，交流のときは波打っていますね。」

このグラフを見ると，直流の場合は電流の向きが一定で変わらないことがわかるね。それに対して交流は，電流がプラスに行ったり，マイナスに行ったり，電流の向きがせわしなく変わっているよね。

「交流の場合，向きだけじゃなく大きさも常に変化しているんですね。でもその変化は，常に同じ動きをしています。」

その２つもポイントだ。交流は,電流の「向き」と「大きさ」が「周期的に」変化しているというのが，このオシロスコープからわかるね。

「交流は向きが変わるってことは…さっき，発電機を使って生み出した電流も交流ですか？」

そうなんだ。発電機は電磁誘導のしくみを応用していて，電流の向きや大きさが変化するから，交流なんだよ。

「オシロスコープ以外の調べ方はないんですか？」

発光(はっこう)ダイオードでも調べられるよ。**発光ダイオードはある一方向からの電流しか受けつけず，正しい向きの電流がきたときだけ光る**んだ。それじゃあ，直流の場合と交流の場合を比較(ひかく)しよう。

「直流だと，正しくつないだ発光ダイオードだけが光っていますね。交流だと点滅(てんめつ)しています。…でもなんで？」

直流は電流の向きが変化しないから，正しい向きにつながっている発光ダイオードだけが光り続ける。まちがった向きにつながっているものは光らないよ。それに対して，交流は電流の向きが変化するから，正しい向きになった瞬間だけ光るんだ。そのため，点滅するんだね。

✓CHECK 73　つまずき度 !!!!!　➡ 解答は別冊 p.41

1　コイルから磁石をすばやく引き抜くと，電流が流れた。この現象を(　　　　)といい，流れる電流を(　　　　)という。

2　交流が1秒間に同じ向きに流れる回数を(　　　　)といい，単位を記号で(　　　　)と書く。

7-12 放射線とその利用

放射線は危ないものというイメージが強いかもしれない。でも，電気と同じで，上手に使えばとても便利なものだ。ここでは，その放射線の性質と利用について学ぼう。

放射線について

最後に，**放射線**(ほうしゃせん)について解説するよ。

「放射線？　電気と何か関係あるんですか？」

途中(とちゅう)，電子線というものを教えたのは覚えているかな？　放射線は，その電子線に似ているんだ。また，電気と同様に，放射線も大切な科学技術。それでいて，危険性もある。きちんと理解してもらうために，放射線について説明していこう。

「たしかに名前はよく聞くけど，放射線が何なのか，よく知らないです。放射線っていったい何なんですか？」

じゃあ，重要ポイントをまとめるよ。

Point 169 放射線の種類と性質

- **放射線**(ほうしゃせん)を出す物質を**放射性物質**という。
- 放射線には**α線**(アルファ)，**β線**(ベータ)，**γ線**(ガンマ)，**X線**(エックス)などが存在する。
- 放射線は**透過性**(とうかせい)があり，X線とγ線が最も高い透過性をもつ。次にβ線の透過性が大きく，α線の透過性が最も小さい。
- 放射線の性質を利用して，**レントゲンの技術やがんの治療**(ちりょう)**など**に応用されている。

実は自然界にも放射線は存在しているんだよ。

「え！　存在するんですか？　それって危なくないんですか？」

それは心配いらないよ。こういった自然界にある放射線は**自然放射線**といって，人体に害のない程度のとても弱いものなんだ。宇宙から降り注いでいたり，地面から放出されていたり，食べ物にふくまれていたりするんだよ。

「へぇ～。じゃあ，人間も動物も，ふつうに生活していたら，絶対に放射線を浴びるんだ。え，それじゃあ，なんであんなに危険危険って言われるの？　こんなに自然にあるのに…」

それは人の手によって，放射性物質が集められることで，その集められた場所に強力な放射線が放出されるからだろうね。実際に，自然放射線くらいの量であれば全く問題なくても，その100倍，1000倍…と，強い放射線を受けたら，やっぱり健康を害する。がんなどの病気にかかってしまったり，最悪の場合は命をおとしてしまったりすることだってある。

「じゃあ，やっぱり避けられるなら，避けた方がいいんですね。でも，危険なものであることに変わりないのに，なんで，この放射線をありがたがって使っているんですか？」

ほかにはない，特別な力があるからね。その1つが**透過性**だ。

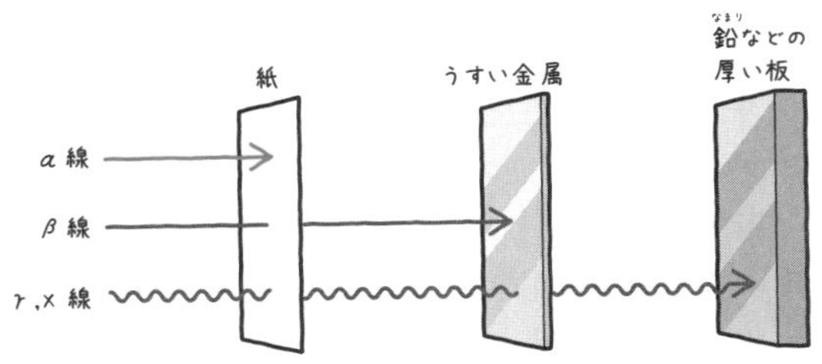

「そういえば，病院のレントゲン撮影には放射線が使われていると聞いたことがあります。」

特に，γ線とX線は大きい透過性をもつ。この透過性を利用して，人のからだの中を，手術なしで調べられるようにしたのがレントゲン検査だ。このほかにも，空港の手荷物検査にもX線が使われているね。

「ほかには何かありますか？」

大きなエネルギーを生み出したり，ほかの原子・分子の構造を変えたり，生物の細胞を破壊したりするのに使われるね。例えば，病院で使用する治療器具は清潔な状態にしないといけない。けれど薬品などが使えないものもある。そのような場合には，放射線を当てることで菌を殺すことができるんだ。また，がんの治療にも，放射線のもつ細胞を破壊する力が利用されているし，ジャガイモの芽が発芽しないようにするのにも，放射線が使われている。

「ジャガイモの芽には毒があるから，調理する前に取らなきゃいけないって言いますよね。放射線でその芽が出ないようにできるなんて便利ですね。」

そうなんだ。うまく使えばとても便利なもの。でも，誤った使い方をしたら大変なことになる。これは電気も同じだね。だからこそ，きちんと理科について学び，理解し，知識を得ることが大事なんだね。

✓ CHECK 74　　つまずき度 !!!!!

➡ 解答は別冊 p.41

1　放射線を出す物質を（　　　　）という。

2　放射線のうち，X線は最も（　　　　）が大きく，その性質を利用してレントゲン検査などに使われる。

理科 お役立ち話 7

電気抵抗がゼロになる超伝導

2人は超伝導という言葉を聞いたことある？

「超伝導？　なんか必殺技みたいですね。」

簡単に言えば，電気抵抗がゼロになる物質のことだね。

「あれ？　電気抵抗って，導線でも少なからずあるんですよね？」

銅など，導線に使われる一般的な金属は，電気抵抗が非常に小さい。それでも抵抗があると教えたね。でも，金属をかなりの低温になるまで冷却すると，抵抗が完全にゼロになってしまうんだ。これを超伝導体という。

「電気抵抗がゼロって…どうなるんですか？」

理論上は，電気抵抗ゼロの物体に電流を流したとき，永遠に電流が流れ続けることになる。抵抗が少しでもあれば，電気エネルギーが熱などに変わってしまうけど，抵抗がゼロなら，そういった損失も発生しないんだ。

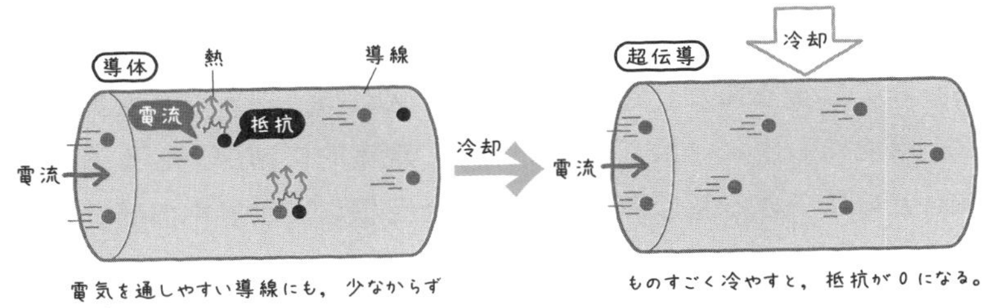

電気を通しやすい導線にも，少なからず抵抗がある。

ものすごく冷やすと，抵抗が0になる。

「いやまぁ，すごいけど…何の役に立つんですか？」

例えば，核磁気共鳴画像撮像装置（MRI）。これは，大きなコイルの中に人間を入れることで，手術せずに体の中のことがわかる医療機器なんだ。特に，脳の病気などを発見するのに，MRIは大活躍しているよ。

「パパがMRIで検査を受けたって言っていましたけど，あれって電磁石だったんですね。」

そう。からだの中をより細かく検査するためには，よりきれいな画像が要求される。そこで役に立つのが超伝導。超伝導なら，大きな電流を得ることができる。こうして超伝導を使うことで，これまで見つけることのむずかしかったからだの小さな変化などをとらえることができるようになったんだ。

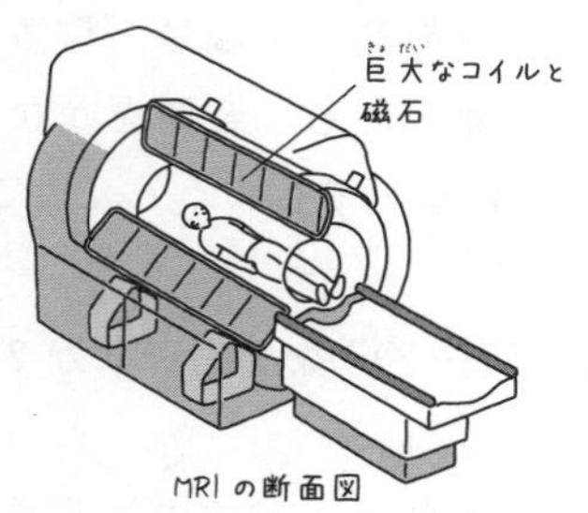

MRIの断面図

「へぇ〜，すげぇ！　それならほかにもいろいろ使えそうですね。」

ほかにも活用しようと研究が進められているよ。例えば，発電所からの送電線。遠くにある発電所から電気を輸送すると，その輸送中に電気の一部が失われてしまうんだ。超伝導を活用できれば，そういった無駄な電気が減る。環境にも優しいね。いままさに，現実的に制御できる温度でも電気抵抗をゼロにできる超伝導物質の開発を目標に，世界中の研究者ががんばって研究しているんだよ。

中学2年 8章

気象と天気の変化

「天気といえば，雨の日は外で部活ができなくなるからこまります。何で雨は降るんだろう…」

「たしかに，天気の変化や季節の変化って，何で起こるのかわからないかも。」

天気はふだんの生活に密接にかかわっているよね。いったいなぜ，天気は変化するのか。今回はそれが理解できるように，気象や天気について学んでいこう。

気象とその調べ方

ここからは天気について学習するよ。天気について理解するためには，グラフや図を理解することが大事になる。まずは，そのグラフや図を読み解けるようにしよう。

大気のようすを表す気象とその調べ方

2人は**気象**って言葉を知っているかな？

「天気予報は毎日見ますけど，気象が何かと言われても…」

「なんとなく天気と関係あるのかな～と思うくらいですね。」

そうだよね。それじゃあ，気象とその調べ方などについて解説していくよ。さっそく答えを言ってしまうと，気象とは**大気の状態の変化によって起こるあらゆる自然現象**のことなんだ。

「大気って…何ですか？」

大気というのは，地球を包んでいる気体のことだね。まぁ，すごく規模の大きい，屋外の空気だと思ってもらって構わないよ。

「大気で起こる自然現象ってどんなものがあるんですか？」

気温が変わったり，雲ができたり，風がふいたり，霜が降りたり…いちばんはやっぱり天気が変わることかな。これらの自然現象を調べることで，天気予報が可能になっているんだ。

「ずっと気になっていたんですが，いったいどうやって天気を予想しているんですか？」

気象要素を調べて，過去の天気と比べて予想しているんだ。気象要素には**雲量**(うんりょう)，**気温**，**湿度**(しつど)，**気圧**(きあつ)，**風向**(ふうこう)，**風力**(ふうりょく)**（風速）など**があるぞ。

「ぼくも気象要素を調べてみたいかも！」

いいね。自分でやろうとすることは理解を深めてくれる。それじゃあ，それぞれの気象要素の調べ方，つまり気象観測の方法について解説しよう。まずは天気についてだ。天気は晴れやくもり，雨，雪が主流だよね。

「そういえば，雨や雪は見ればわかりますが，晴れとかくもりってどうやって決まっているんですか？　雲の量が中途半端(ちゅうとはんぱ)なとき，晴れかくもりかって判断しにくいです。」

それにはね，しっかりとした基準があるんだ。

Point 170 雲量の表し方

● 雲量(うんりょう)は空全体を１０としたときの，**雲の量の割合**で表す。

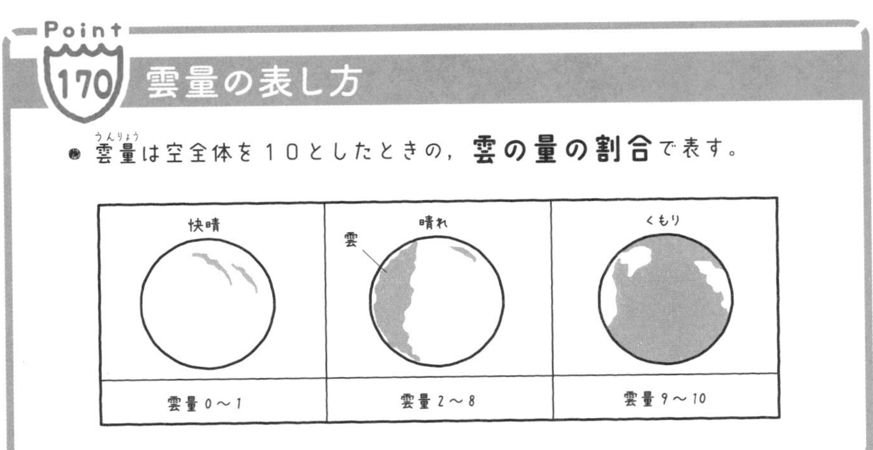

空のようすを写真で撮(と)ったり，スケッチしたりして，それをもとに全体の割合を調べているんだ。そしたら次は気温だ。気温ってどうやってはかればいいかわかるかな？

「温度計ではかるんでしょ？」

「百葉箱の中で気温をはかった覚えがあります。」

よく覚えているね。気温は温度計ではかるんだけど，ただ単にはかればいいわけじゃない。常に**日かげになっていて，風通しのよい，地上から約1.5 mのところではかる**んだよ。

「なんで，そんな細かく決めているんですか？」

まず，日なただと太陽の光であたためられてしまうよね。そして，風通しをよくしないと湿度(しつど)が高くなって，温度が下がってしまうんだ。また，地上からの高さによっても温度が変化する。だから，さっきの条件を守らないと正確に温度をはかれなくなってしまうんだ。

「正確に温度をはかることができなければ，日にちや場所でのちがいを比べることができなくなってしまいますね。」

そうだね。だからルールを決めて，いつ，どんな場所でも同じように温度をはかることができるようにしているんだ。よし，次は湿度だ。

「湿度ってよく耳にするけど，いったい何ですか？」

空気のしめり気を表すものを**湿度**というんだ。湿度が高いほど，空気中に水分が多い状態だから，雨の日は湿度が高くなるんだ。この湿度は**乾湿計**(かんしつけい)を使ってはかるよ。

「どうやってはかるんですか？」

まず，**乾湿計は乾球(かんきゅう)温度計と湿球(しっきゅう)温度計からできている**。乾球温度計は，2人が知っているふつうの温度計といっしょだ。それに対して，**湿球温度計は球の部分をしめらせておく温度計**なんだ。ぬれたガーゼなどを球に巻いておくんだよ。

「何のためにしめらせておくんですか？」

液体ってね，気体になるときに温度を下げるんだ。注射をされる前にアルコールをぬると，スーッとして冷えるでしょ。あれは，アルコールが蒸発するときに温度をうばっているからなんだ。

「それだと，湿球温度計の数値が低くなっちゃいませんか？」

そこがポイントなんだ。湿度が低ければ，ガーゼの水が蒸発して湿球温度計から熱がうばわれる。熱がうばわれるということは，温度計の数値が水でぬらしていない場合に比べて低くなるよね。つまり，たくさん蒸発すればするほど，乾球温度計と湿球温度計の示度の差が大きくなるってことなんだ。これを利用して，**湿度表**というものを使って湿度を求めるよ。

Point 171 湿度表

● **乾球と湿球の示度の差**を使って湿度を求める。

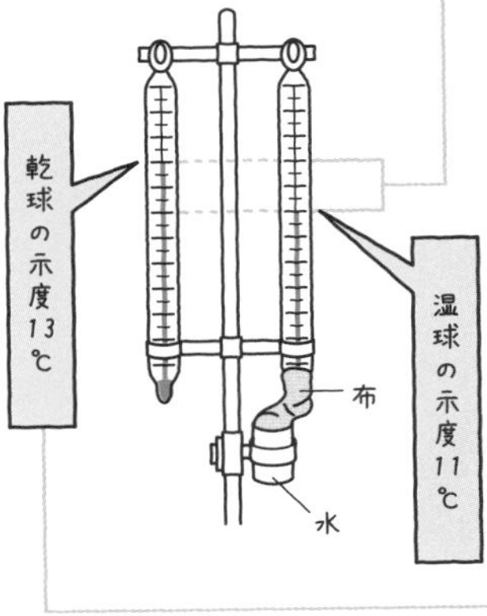

示度の差 13-11=2(℃)

乾球の示度 13℃

湿球の示度 11℃

布

水

〈湿度表の一部〉

乾球の示度〔℃〕	乾球と湿球との差〔℃〕 0.0	0.5	1.0	1.5	2.0
16	100	95	89	84	79
15	100	94	89	84	78
14	100	94	89	83	78
13	100	94	88	82	77
12	100	94	88	82	76
11	100	94	87	81	75

湿度は77％である

「乾湿計も，はかるためにはルールが決まっているんですか？」

もちろんだとも。常に同じ場所，同じ条件ではかるからこそ，時間ごとの湿度の変化がわかるんだ。

「そういえば，気圧はどうやってはかるんですか？」

アネロイド気圧計や**水銀気圧計**などを使うんだ。しくみはちょっと難しいから覚える必要はないかな。気圧についてはあとで詳しく解説するよ。

「じゃあ，風向と風力はどうやって計測するんですか？　機械とかなくても，ある程度感覚でわかりそうですけど。」

たしかに昔は機械を使わず，煙のなびく方向や，どのようになびいているのかで判断していたんだ。でもいまは**風向風速計**が使われることが多いかな。こっちの方が正確だからね。

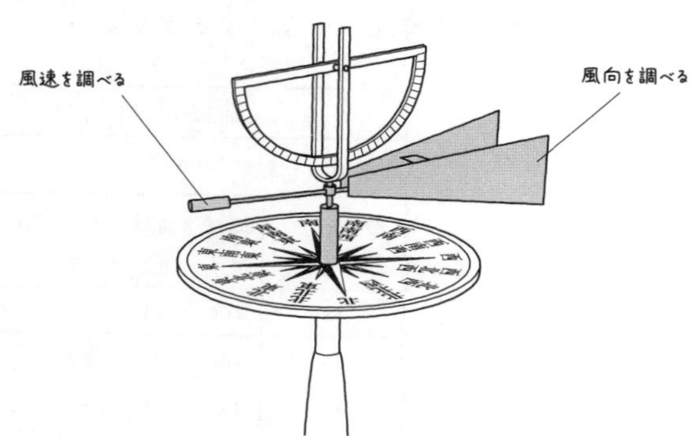

風向は北や南，北東といった方位を使って示すんだけど，注意しないといけないのが，**ふいてくる方向の方位**を示すってことだ。例えば，北東の風といったら，北東からくる風なんだ。

「北風がふくと寒いのは，北の方角が寒いからですよね。」

おおざっぱにいえば，そういうことだね。北風を思い出すとまちがえなくていいよね。

「毎日天気予報をやっていますけど，こうした気象要素って，毎日はかっているんですか？　そうだとしたら大変じゃないですか…」

すごく大変だね。だから機械の力を借りているんだ。気象要素を観測する機械は地上だけでなく，海上，上空，果ては宇宙にもあって常に気象を観測しているんだ。そして，それを**天気図の記号**で表現しているよ。

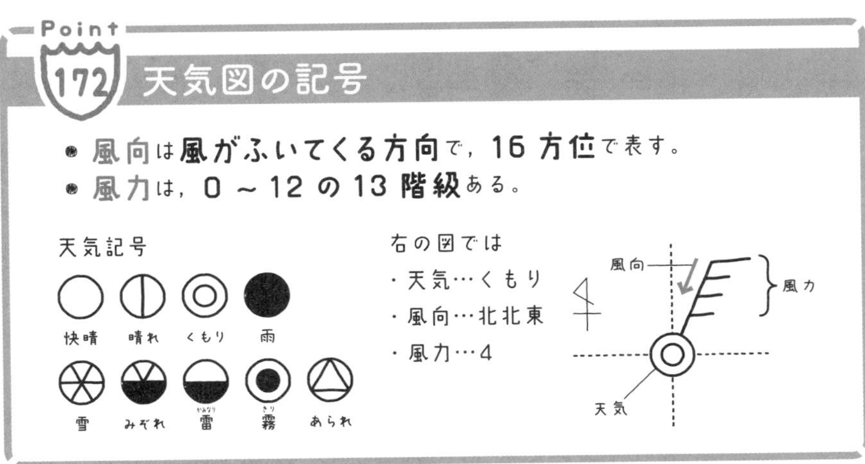

観測器としては，アメダスや気象衛星ひまわりが有名だよね。気象庁では，気象衛星などから気象に関する情報やデータを集めて，天気予報などに役立てているんだよ。

気温と湿度の変化

「それで，さっきはかった気象要素のデータって，どうやって見てい

けばいいんですか？」

気象要素のデータをきちんと読み解くのは，それこそ気象予報士になるくらい，長い時間の訓練が必要になる。とはいえ，少しは読み解けるようになってもらいたい。だから，今回は1日の間で，気温や湿度がどのように変化するのか，天気や気圧の関係を考えていこう。ここに晴れの日と雨の日の各気象要素を測定したデータを用意した。このデータから，何かわかることはあるかな？

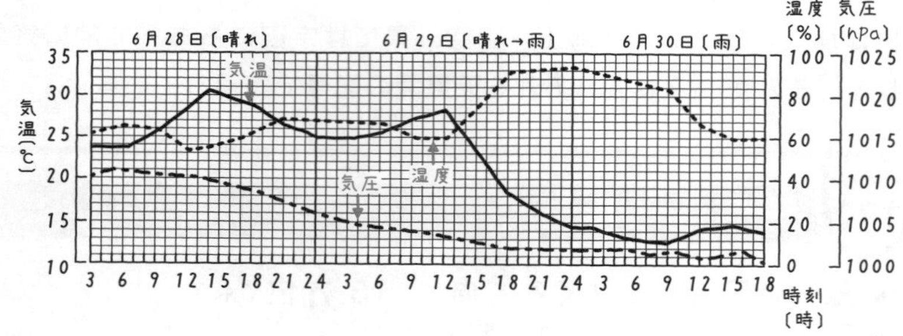

「気温は，晴れの日の昼をちょっと過ぎたあたりがいちばん高くて，雨の日はあまり高くならないんですね。」

「逆に湿度(しつど)は，昼間が低くて夜が高いんですね。雨の日はずっと高いままです。」

そうだね。**湿度の変化は気温の変化の逆になる**と思ってくれていいよ。そして，**くもりや雨になると，湿度が高くなる**。**気温は日の出直前が最も低くて，午後2時ごろが最も高い**んだ。ほら，朝起きるころがいちばん寒いだろう。これは地面が太陽であたたまっていないからだね。

Point 173 気象の変化

- 晴れの日は，**気温と湿度の変化が逆**になる。
- 雨やくもりの日は，**気温の変化が小さく，湿度は高い**。
- 晴れの日の気温は，**日の出直前に最も低く**なり，**午後2時ごろに最も高く**なる。

「気圧は，天気に何か関係があるんですか？」

基本的に，気圧が低いときはくもりや雨になりやすく，気圧が高いときは晴れになりやすいよ。

CHECK 75

つまずき度 

➡解答は別冊 p.41

1　雲量が7だったときの天気は（　　　）である。

2　雨が降ると湿度は（　　　）なりやすい。

気圧と圧力

気象の変化を理解するためには，気圧を知ることがとても重要。気圧とは，いったいどんなものなのか。圧力とともにその内容について理解しよう。

気圧の正体

「結局，気圧っていったい何ですか？　さっきから名前だけ出てきていますけど，いまいちよくわかんないです。」

そうだねぇ…2人は似た名前の「水圧（すいあつ）」という言葉を聞いたことがあるかな？

「なんか，海に深くもぐるとつぶされそうになるやつでしたっけ？」

そう，それだ。水圧というのは，水がもつ圧力。気圧というのは，大気がもつ圧力。だから，気圧のことを**大気圧（たいきあつ）**ともいうんだよ。

Point 174　気圧

- 大気の重さによって生じる圧力のことを**大気圧（たいきあつ）**（**気圧**）という。
- 気象情報で使われる気圧の単位は**hPa（ヘクトパスカル）**。
- 海面の気圧は**約 1013 hPa**であり，これを基準として**1気圧**という。

「え！　じゃあ，気圧によってつぶされそうになることもあるんですか？」

ものすごく気圧の高いところに行けばね。地球上の自然界にそんなところはないから安心して。そもそも人間は，常に大気による圧力を受けて生活しているんだよ。

「え，でもわたしたちはつぶれてないですよ？」

たしかにつぶれていないね。それは，生まれたときから常に圧力を受けているからなんだ。水圧や気圧というものは，水や大気の質量によって引き起こされている。水の中にもぐれば，自分のからだの上にある水の重さの分，水圧を受ける。気圧も同じで，自分のからだの上にある大気の重さが圧力になっているんだ。

「じゃあ大気に重さがあるってこと？　感じたことないですけど。」

もちろん，あるよ。空気の中には窒素(ちっそ)や酸素の分子があるって教えたよね。あれだって存在しているわけだから，ちゃんと質量がある。だから，空気にもちゃんと質量があって，人間は無意識のうちにその重さを受けとっているんだ。この重さこそ，気圧なんだ。

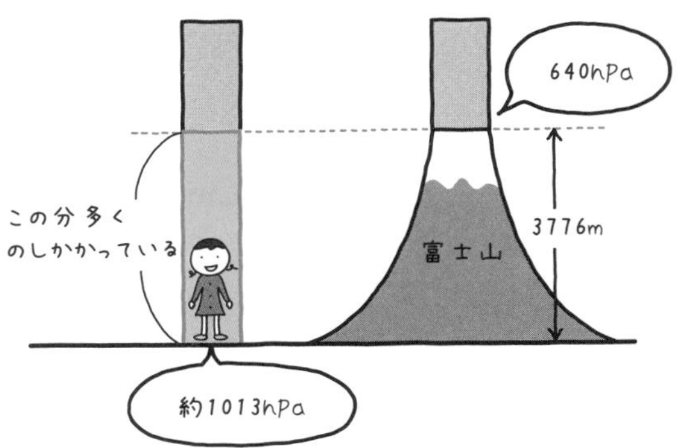

「へぇ～。気づかないうちに，大気を背負(せお)っていたんですね。」

そういうことだね。それをわかりやすくするために，こんな実験を紹介しよう。富士山の山頂でペットボトルに空気を満たし，しっかりとキャップをして密封する。これを標高の低いところまで持ってくると…

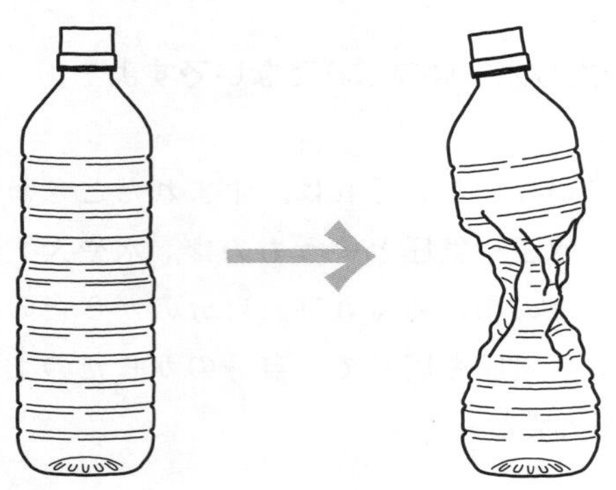

「ペットボトルがつぶれちゃってますね！　何でですか？」

これは，ペットボトルの中の空気の圧力より，まわりの気圧の方が高いから，外からの力が勝って，ペットボトルを押しつぶしたからなんだ。

「じゃあ逆に，地上で空気を入れて，富士山の山頂に持っていったらどうなるんですか？」

今度はふくらむよ。内側の圧力が外側よりも大きくなるから，内側から大きな力がかかるはずだからね。

圧力の求め方

「あの～，今さら聞くのもあれなんですけど，そもそも圧力って何なんですか？」

「たしかに…何となく押しつける力のように思えますけど，よくわからないです。」

ああ，そういえばまだ圧力って解説していなかったね。まず圧力について体感してもらうために，ケンタ君，この紙コップを並べた板の上にのってくれない？

「え，紙コップの上にのる？　無理ですよそんなの！　絶対つぶれますって！」

しょうがないなー。じゃあ，先生がのるよ。ほら。

「つぶれない!?　…先生，体重何kgですか？」

62kgだよ。ね，全然平気だっただろう。別にかたい紙コップじゃないぞ。その辺にある，ふつうの紙コップだ。この紙コップがつぶれない秘密は，紙コップの数にあるんだ。紙コップが1つだけだったら，もちろんつぶれる。でも25個もあると，力が25個に分散されるからつぶれないんだ。

「紙コップの数？　じゃあ，置き方は関係ないんですか。」

バランスさえくずさなければ関係ないね。紙コップの数がふえると，面積が大きくなるでしょ。その面積が重要なんだ。面積が大きいほど力は分散して，小さいほど力は集中するんだ。

「針とか，とがっているものが痛いのって，力が集中するから？」

そうそう。同じ力でも，はたらく面積がちがうと，受ける力の強さがちがうんだ。この考え方こそが**圧力**なんだ。

圧力

- $1m^2$ あたりの面を垂直に押す力を**圧力**という。
- 圧力の単位は**パスカル(Pa)**，または，**ニュートン毎平方メートル(N/m²)**である。

圧力(Pa)＝
面を垂直に押す力〔N〕÷力がはたらく面積〔m²〕

この式からわかるように，**圧力は力の大きさに比例して，面積の大きさに反比例している**んだ。

「単位のパスカル（Pa）は，気圧のときに出てきたヘクトパスカル（hPa）と似ていますね。」

どちらも同じ圧力の単位だよ。ヘクト（h）は100倍って意味だから，1 hPaは100 Paだ。ではここで，1つ問題を解いてみよう。

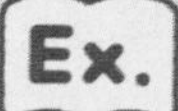

次の問題に答えなさい。

質量が 5kg で 1 辺が 10cm の立方体のレンガをスポンジの上にのせたとき，スポンジにかかる圧力は何 Pa になるか。ただし，質量 100g の物体にはたらく重力の大きさを 1N とする。

「えーっと，まずは…どうすればいいんだ？」

「あれ，単位がNの数値もm^2の数値もわからない…」

そう，どちらの単位の数値も問題文には書いてないね。だから，まずは単位がNの力と単位がm^2の面積を求めることから始めよう。まずケンタ君。力は質量から求めることができるんだけど，どうすればいいと思う？

「たぶん，100gで1Nって書いてあるから，5kgを100で割ればいいんじゃないですか？」

いいね！　ほとんど正解だ。ただ,5kgのままではNに変換(へんかん)しにくいから，5000gに直してから100で割ろう。そうすると，5000÷100＝50Nになるね。よし，次はサクラさん。面積はどうやって求めればいいかな？

「1辺がわかっているから，10×10＝100cm^2じゃないですか？」

サクラさんも惜(お)しいね。1辺から面積を求めることは正しいんだけど，圧力の面積の単位はm^2なんだ。だから，**辺の長さをmに変えなければならない**。つまり,1辺10cmということは0.1mになるから,0.1×0.1＝0.01m^2となるんだね。あとは圧力の公式にあてはめて計算だ。

解答　100gで1Nより，5kg＝5000gのレンガにはたらく重力の大きさは，5000÷100＝50Nとなる。

また力がはたらく面積は,1辺10cm＝0.1mより,0.1×0.1＝0.01m^2である。

よって，求める圧力は，50÷0.01＝**5000Pa**

「なるほど，単位を正しく変換しなければいけないんですね。」

そう。単位さえ正しく変換できれば計算式は単純だから，何度もくり返して解法を覚えておこう。

☑CHECK 76

つまずき度 !!!!!

➡解答は別冊 p.41

1　大気の重さによって生じる圧力のことを(　　　)という。
2　4kgのブロックを1辺が50cmの立方体のスポンジの上に置いたとき，スポンジにかかる圧力は(　　　)Paである。ただし，100gの物体にはたらく重力の大きさを1Nとする。

8-3 気圧配置と風，天気

圧力や気圧についてはもう大丈夫かな？　次は，気圧の強弱によって生まれる「風」について学習していこう。

気圧配置と天気図

「気圧って気象の何に関係があるんでしたっけ？」

気圧の影響（えいきょう）を強く受けるのは，風と天気だ。じゃあ，今回は気圧の位置関係によって生まれる，風について解説しようかな。簡単にいうと，**風は気圧の差で生まれる**んだ。

「気圧の差？　気圧って差があるんですか？」

そうだね。気圧に差があることを理解するために，まずは，場所ごとに気圧がちがうことを知ってほしい。ほら，こんな感じの地図を天気予報で見たことない？

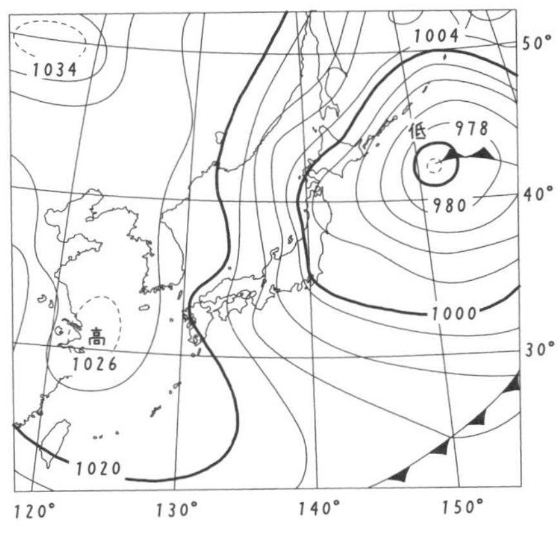

「あー，よく見ますよね。どういう意味か全然わからないですけど。」

まず，この図は**天気図**というんだ。天気図は，場所ごとの気圧や天気，風などのようすがわかるようになっているんだ。

Point 176 天気図と気圧配置

- 地図に天気図記号や等圧線(とうあつせん)をかきこんだものを**天気図**という。
- 気圧が等しい地点を結んだ線を**等圧線**という。等圧線は1000hPaを基準に**4hPaごとに引かれる**。
- **まわりより気圧が高い**部分を**高気圧**(こうきあつ)という。**まわりより気圧が低い**部分を**低気圧**(ていきあつ)という。
- 高気圧や低気圧などの分布のようすを**気圧配置**(きあつはいち)という。

「線がたくさん引いてあって，そこに数字が書いてありますね。だいたい1000くらいの数値です。」

それが**等圧線**(とうあつせん)だ。気圧が同じところを線で結んだものだよ。そして，1000前後の数字は，その等圧線上の気圧を表しているんだ。

コツ　**等圧線は4hPaごとに引かれ，20hPaごとに太線になる。また，標高の影響をなくすために，すべて「海面の高さの気圧」を基準に計算されている。**

「高気圧(こうきあつ)や低気圧(ていきあつ)，それと等圧線がかいてあることで，気圧の位置関係がわかりますね。」

コツ　**高気圧や低気圧には「○○hPa以上なら高気圧」「○○hPa以下なら低気圧」といった数字による明確な基準はない。まわりと比べて高いか低いかで決まる。**

そうだね。どれくらいの高さの気圧がどこに存在しているか，つまり，それぞれの気圧の分布のようすがわかるんだ。

気圧配置と風，天気

「結局, 気圧の差によって風がふくというのはどういうことですか？」

さっきの天気図を見たときに何か気がつかなかった？

「そういえば，高気圧と低気圧がとなり合わせになっていましたけど…その2つの気圧の差ってことですか？」

その通り！　さっきの天気図では，高気圧の中心が約1020 hPaで，低気圧の中心は約980 hPaだった。気圧は空気の重さによる圧力だったよね。1020の力と980の力で押し合ったらどうなるかな？

「そりゃあ，1020の方が勝ちますよ。980の方が押されます。」

そうだよね。そうすると，高気圧と低気圧の間にはこんな空気の動きが生まれるんだ。

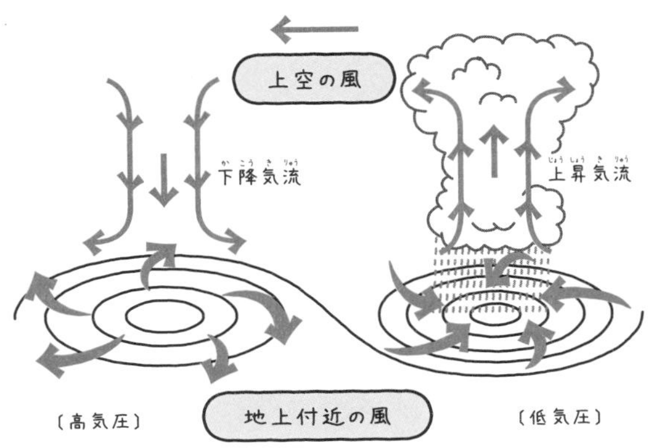

「なんで低気圧の場所の空気が上っていくんです？　低気圧っていっても，980 hPaの力で押されているんじゃないの？」

ポイントは，**気圧の差**なんだ。たしかに，低気圧の中心でも980 hPaの大きさで上空から圧力が加わってはいる。だけど，高気圧によって下の方からそれよりも大きい圧力が加わっているんだ。だから，下から上に空気が移動するんだよ。

Point 177 上昇気流と下降気流

- **高気圧**では，上空からの下降気流(かこうきりゅう)が地表付近で**右回りにふき出し**，**晴れ**やすい。
- **低気圧**では，風が**左回りにふきこみ**，上昇気流(じょうしょうきりゅう)が発生し，**くもりや雨**になりやすい。
- 等圧線の**間隔(かんかく)が狭(せま)いほど強い風がふく**。

コツ　**高気圧と低気圧のまわりの風はどちらも回転し，どちらも上昇気流や下降気流に対して右回転をしている。まるで，電気と磁力のところの「右ねじの法則」だ。**

風について考える上で重要なのは，わたしたちが生活している地表付近のことだ。もう一度，さっきの図を見てもらえるかな。**地表付近で，高気圧から低気圧に向かって大気が移動しているのがわかる**よね。この地表での大気の移動が，みんなのよく知る風の正体なんだ。

「なるほど！　気圧の高いところから低いところへ空気が移動するというのが大事なんですね。」

風の強さは，ある一定区間での気圧差の大きさによって決まるんだ。つまり，等圧線の間隔(かんかく)が狭(せま)ければ狭いほど，強い風になるんだ。

「等圧線が狭いってことは，気圧が急激に変化しているわけですからね。圧力に大きな差があって，強い力で押されれば，空気も速く動きますよね。」

そういうことだね。そして何よりも大事なのが，上昇気流が発生する低気圧では，雲ができやすく，雨やくもりの天気になりやすいということだ。逆に，下降気流が発生する高気圧では，雲ができにくく晴れになりやすいんだ。

「低気圧の場所ではくもりで，高気圧の場所では晴れ？　なんで？」

それを理解するためには，雲ができるしくみを知る必要があるね。今は，天気や風の強さは気圧の影響を受けるということを理解しておいてね。

「天気や風の強さが気圧の影響を受けるのなら，その気圧から，天気や風の強さを予測することができそうですね。」

それこそまさに，「天気予報」だね。気象を理解するためには気圧がとても大事だってことがわかったかな？

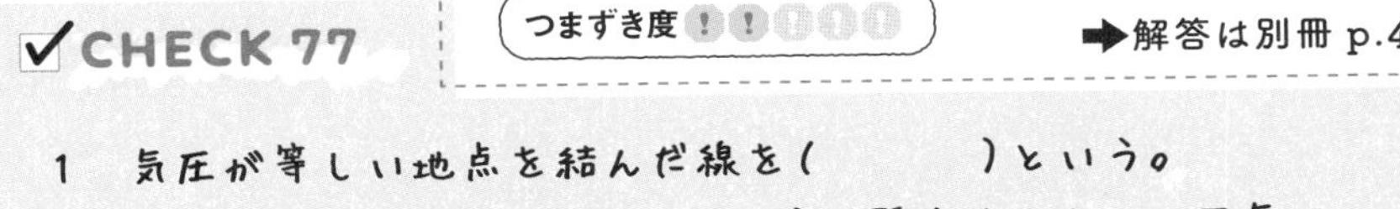

✓CHECK 77　つまずき度 !!!!!　➡解答は別冊 p.41

1　気圧が等しい地点を結んだ線を（　　　　）という。
2　高気圧の中心付近では（　　　　）が発生するため，天気は（　　　　）になりやすい。

露点と湿度

上昇気流が発生するとなぜ雲ができるのか？　それを理解するためには，湿度や露点について知る必要がある。湿度と露点について，いっしょに学んでいこう。

空気中にふくまれる水蒸気の量

「気圧が天気に影響するのはわかりましたけど，低気圧のところに雲ができるのは何でですか？」

それを理解するには，雲ができるしくみを理解する必要があるね。そして，雲ができるしくみを理解するには，霧ができるしくみを理解するのが近道。２人は「霧」がどんなものか知っている？

「知っていますよ。冬の朝によく見ます。パパが車を運転するとき，前が見にくくて，大変だって言っていました。」

そうだね。でも，なんで冬の朝によく見られるのか，わかるかな？

「冬にも朝にも共通することは，寒いってことですよね。温度が低いことが関係あるのかな？」

「なんか，雨が降った次の日とか，霧が深い気がします。」

いいところに気づいているよ。霧ができやすいのは，前日に雨が降り，気温が低く，風のない朝なんだ。水蒸気という言葉を覚えているかな？

「空気の中にふくまれる水のことですよね。」

そうだね。水蒸気というのは，水面などから蒸発して，空気中にふくまれる気体になった水のことだ。そして，空気が冷やされると，水蒸気の一部が液体である水滴（すいてき）の状態になる。これが霧の正体なんだ。

「でも，どうして空気が冷やされると，水蒸気が集まって水滴になるんですか？」

空気中にふくむことができる水蒸気の量は，空気の温度によってちがうんだ。空気の温度が高いとたくさんの水蒸気をふくむことができて，空気の温度が低いと少ししか水蒸気をふくむことができないんだ。

「空気中にふくまれるとか，ふくまれないとか意味がわからないですよ。しかも，温度によって量がちがうって言われても…」

そうだよね。でも，温度が高いと早く蒸発して，温度が低いと蒸発するのが遅（おそ）いのは，なんとなくわかるかな？

「たしかに，夏場のグラウンドは，ぬれていてもすぐに乾（かわ）きます。」

それは，温度の高い空気がたくさんの水蒸気をふくむことができるからなんだ。たくさんの水蒸気をふくむことができるから，グラウンドの水が早く空気中に蒸発するんだね。このような，空気中にふくまれている水蒸気の量を**水蒸気量**というよ。さらに，その温度の空気1 m^3の中にふくむことのできる水蒸気の「最大の量」のことを**飽和水蒸気量**（ほうわすいじょうきりょう）というんだ。

Point 178 空気中にふくまれる水蒸気の量

- **空気中にふくまれている水蒸気の量**を**水蒸気量**といい，単位は**g/m³**である。
- 1m³の空気がその温度のときにふくむことができる**最大の水蒸気の量**のことを，**飽和水蒸気量**という。
- 飽和水蒸気量は**温度が高いほど大きく，温度が低いほど小さい**。
- **露点に達したときの水蒸気量は，飽和水蒸気量と等しい**。

コツ **「飽和」という言葉は「限界」や「最大」という意味。**

「この飽和水蒸気量ってやつが，空気の温度によって変わるんですか？」

そういうこと！　空気の温度ごとに空気中にふくむことのできる水蒸気の最大の量がちがう。つまり飽和水蒸気量がちがうってことだね。実際，飽和水蒸気量は，こんな感じで変化するよ。

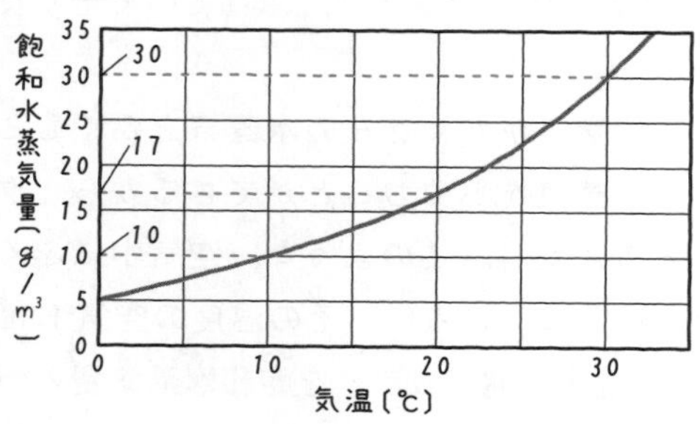

理解しやすくするために，問題を解きながら考えてみようか。飽和状態ということがどういう状態なのかをきちんと理解して，そのときの飽和水蒸気量がどれくらいあるかを確認することが大切だ。

次の問題に答えなさい。

気温20℃のときに水蒸気が飽和状態だった。それが，10℃まで急激に冷やされた場合，1 m^3 あたり，何gの水蒸気が水滴になるか？

気温〔℃〕	0	5	10	15	20	25	30
飽和水蒸気量〔g/m^3〕	4.8	6.8	9.4	12.8	17.3	23.1	30.4

気温が高いほど
⇩
飽和水蒸気量は大きくなる。

「20℃のときに飽和状態ってことは，水蒸気の量が飽和水蒸気量に達していたってことですよね。ってことは，表を見ると…20℃のときのその空気の水蒸気量は17.3 g/m^3 です。」

「でも10℃のときの飽和水蒸気量が9.4 g/m^3 ってことは，10℃になったときにその空気がふくむことのできる最大の水蒸気の量は，9.4 g/m^3 しかないってことでしょ？　どうなるんだ？」

「余った分が水滴になるんじゃない？　17.3−9.4＝7.9だから，7.9 g/m^3 だけ，水滴になるってことじゃないかな。」

いいね！　正解だ！　じゃあ，あらためて計算方法を確認するよ。

解答　20℃で飽和状態となっているので，このときにふくまれている水蒸気の量は，20℃のときの飽和水蒸気量の数値と同じ17.3 g/m^3。つまり，1 m^3 あたり17.3gである。

また，10℃での飽和水蒸気量は9.4 g/m^3 なので，10℃まで気温を下げたときに水蒸気でいられるのは1 m^3 あたり9.4g。よって，もともとの水蒸気の量17.3gから9.4gを引いて，

水蒸気量＝17.3－9.4＝**7.9 g**

すごくよくできていたからもう1問やってみよう！

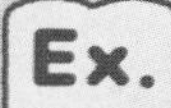

次の問題に答えなさい。

気温30℃のときに，水蒸気量が17.3 g/m^3 だった。だんだんと温度を下げていったとき，最初に水滴が現れ始めるのは何℃か？　ただし，数値は先ほどの問題の表のものを用いること。

「30℃のときの飽和水蒸気量を表から調べると，30.4 g/m^3 か。ってことは，17.3 g/m^3 は全部水蒸気の状態ってことですね。」

「20℃のときの飽和水蒸気量が17.3 g/m^3 なんですよね。それじゃあ，20℃のときじゃないんですか？　それより温度を下げてしまうと，空気中の水蒸気量が飽和水蒸気量をこえてしまいますよ。」

その通り！　よく理解できているね。

解答　30℃のときの水蒸気量が17.3 g/m^3 であるため，飽和水蒸気量が17.3 g/m^3 のときの温度がわかればよい。よって，表より**20℃**

水滴が現れ始めるというのは，そのときの水蒸気量と飽和水蒸気量が一致（いっち）したということなんだ。空気の温度が下がって，空気中の水蒸気が水滴に変わるときの温度のことを**露点**（ろてん）というよ。

Point 179 露点

- 水蒸気をふくむ空気の温度を下げていったとき，**水蒸気の一部が凝結し，水滴となるときの温度**を**露点**という。

湿度

「そういえば，水蒸気量と湿度って何がちがうんですか？　どっちも，じめじめしていると高くなりそうですけど。」

たしかに似ているよね。湿度はただ単に，水蒸気量を表しているわけではなく，飽和水蒸気量に対する水蒸気量の割合を意味しているんだ。

Point 180 湿度

- $1\,m^3$の空気中にふくまれる水蒸気の量が，その気温の飽和水蒸気量に対してどれくらいの割合であるかを示すものを**湿度**という。湿度は次の式で求められる。

$$湿度〔\%〕=\frac{水蒸気量〔g/m^3〕}{その気温の飽和水蒸気量〔g/m^3〕}\times 100$$

- 温度が低下し，露点に達したときの湿度は100％である。

「湿度100％ってどういう状態なんですか？」

湿度100％っていうのは，そのときの水蒸気量とその気温における飽和水蒸気量が同じということだ。つまり露点のときの状態だね。湿度を求める式はすごく大事だから，しっかりと身につけてね。というわけで，実際に問題を解いてみよう。

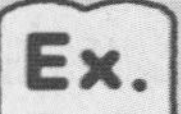

次の問題に答えなさい。

気温25℃のときに水蒸気量が18 g/m^{3}の場合，湿度は何%か？ ただし，数値は先ほどの問題の表のものを用いること。

「たぶん，さっきの式にあてはめればいいんですよね。気温25℃のときの飽和水蒸気量が23.1 g/m^{3}だから…18÷23.1を計算すればいいのかな？」

いいね，ほぼほぼ正解だ。最後に×100を忘れないようにね。それじゃあ，計算してみようか。

解答 空気中にふくまれている水蒸気量が18 g/m^{3}であり，25℃のときの飽和水蒸気量は23.1 g/m^{3}である。よって湿度は，

$$\frac{18}{23.1}\times 100 = 77.9\cdots \fallingdotseq \mathbf{78\%}$$

こうした，湿度と飽和水蒸気量の問題は，まず，表から気温に対応する飽和水蒸気量を見つけることが大事。問題を解くために必要な情報を集め，湿度の計算式を使って計算しよう。

✓CHECK 78 つまずき度 !!!!! ➡解答は別冊 p.42

1 窓ガラスに水滴がつき始めたときの温度を(　　　)という。
2 室温が25℃のときの飽和水蒸気量が23.1 g/m^{3}であり，現在の水蒸気量が12.0 g/m^{3}のとき，湿度は小数点以下を四捨五入すると約(　　　)%である。

8-5 雲のでき方と雨

霧のでき方がわかったら，次は本題の雲のでき方だ。なぜ，雲は上昇気流の発生する低気圧でできやすいのか，それがわかるようになろう。

雲のでき方

「あれ，何で霧(きり)のできるしくみを学んでいたんでしたっけ？」

「低気圧だと，なぜくもりやすいのかを理解するためでしょ。」

そうだね。実は基本的に雲と霧は同じものなんだ。できる場所が上空だと雲になって，地表付近だと霧とよんでいるんだ。だから，でき方もとても似ている。ただ，雲の場合は上昇気流(じょうしょうきりゅう)を理解する必要があるんだ。熱気球って乗り物を知っているかい？

「知ってます！　乗ったこともありますよ。」

まん中にガスバーナーみたいな火を出す装置があって，火を出して気球中の空気をあたためると，気球が上昇するんだ。ということは，暖かい空気は上昇するってわかるかな？

「暖かい空気は上にのぼる？　何でですか？」

それはね，暖かい空気は膨張(ぼうちょう)して体積が大きくなり，密度が小さくなるからなんだ。逆に冷たい空気は収縮(しゅうしゅく)して，密度が大きくなる。その密度の差で，暖かい空気が上にのぼっていくんだ。

「空気って混ざらないんですか？」

温度に差がある空気がぶつかっても，すぐには混ざらないんだ。混ざらないからこそ，暖かい空気は上昇し，冷たい空気は下降することができる。こうした空気の動きが**上昇気流**と**下降気流**になるんだよ。

「なるほど！　上昇気流や下降気流はこうした温度差によって生まれるんですね。」

そう。そして，雲ができるために，もう1つ知っておいてほしいことがあるんだ。暖かい空気は膨張して，上空にあがっていくって教えたよね。実は物体は，膨張すると温度が下がるんだ。

「暖かいと膨張して，膨張したら温度が下がる？　なんか変なの。」

そう思うよね。まぁ，みんなだって，狭(せま)いところに押しこまれると暑いだろ？　それと同じだよ。広くなればなるほど温度が低くなるんだ。

「う～ん。なんとなく，わからなくもない。」

で，ここからが本題。上昇気流によって，空気が上空にいくと，気圧が低いために膨張し続ける。膨張を続ければ，温度も下がり続ける。気温が下がり続けると…さぁどうなる？

「…凍(こお)る？　空気って凍るの？」

その前に起こることがある。ヒントは「飽和水蒸気量(ほうわすいじょうきりょう)」と「露点(ろてん)」だ。

「そっか！　どんどん膨張して，空気の温度が低くなったら，いつかは露点に到達(とうたつ)する。露点より低くなったら，水蒸気が水滴(すいてき)になる！」

そう！　こうして水滴になった水が，雲の正体だ。上空に浮(う)いて見える雲は，上昇気流に乗って上空に移動した空気が膨張することで，温度が下がり，水滴になったものなんだ。

Point 181 雲のでき方

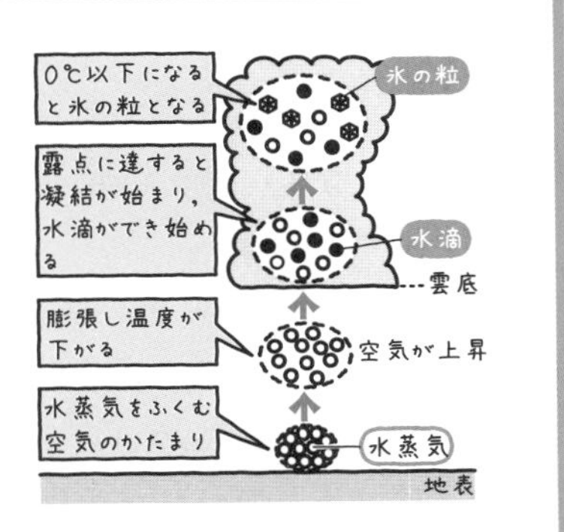

①地上付近の水蒸気をふくんだ空気が上昇気流によって**上昇**する。

②上空ほど**気圧が低い**ので，空気は**膨張**し，**温度が下がる**。

③温度が下がるにつれて空気中の水蒸気は**飽和状態**に近づく。

④気温が**露点以下**になると，**水蒸気が凝結**して**水滴**となり，雲をつくる。

⑤さらに上昇して0℃以下になると，**氷の粒**ができる。

「ほとんど霧と同じじゃん。ただ，霧が上空にできたってだけのことでしょ？」

温度が下がって，水蒸気が凝結して水滴になるのはいっしょ。でも，霧のでき方にはない，上昇気流や気圧の低下，膨張による空気の温度の低下についてもしっかり理解しないとだめだよ。

「はーい。じゃあ，下降気流では雲ができないってことですか？」

そうだよ。だから，**上昇気流の発生する低気圧の中心付近はくもりや雨になりやすく，下降気流の発生する高気圧の中心付近では晴れになりやすい**んだ。

「それじゃあ，その雲から降ってくる雨とか雪はどうやってできるんですか？」

雲の正体はさっき教えた通り，水や氷の粒だったよね。雨や雪も同じ水や氷の粒だ。ただ，その大きさがまるでちがう。霧といっしょで，雲の粒はとっても小さいんだ。だから，上昇気流に乗って高いところに浮いていられる。だけど，その粒どうしもおたがいにぶつかってくっつくと大きくなる。大きくなるとどうなるかな？

「重くなる…あ！　だから，雨や雪になって落ちてくるんですか？」

その通り。落ちるとき，0℃をこえれば，氷はとけて雨粒となって降ってくる。もし，0℃をこえなければ，それは雪となって降ってくるんだよ。まれに，1回とけて，もう一度氷になる場合がある。それは「あられ」や「ひょう」とよばれるものだね。そして，この降っている雨や雪などのことを**降水**というんだ。

「水は降水となって，どうなるんですか？」

また地上や海にいくよ。こうして，水は地下や地上，海，上空を，つまりは地球全体を循環しているわけだね。

「水といっても，氷や水蒸気といったいろんな状態で存在しているんですね。」

そうだね。水（液体）は蒸発して水蒸気（気体）になったり，寒いところでは凍って氷（固体）になったりするよね。地球の水は絶えず，この３つの状態をくり返しながら，循環しているともいえるね。

「水は姿（すがた）を変えながら，陸地・海・空をぐるぐる回っているんですね。そのおかげで，わたしたちは大切な水をからすことなく使えるんですね。」

つまずき度 !!!!!

➡解答は別冊 p.42

1　空気が暖められると（　　　　）が発生する。

2　上空は気圧が低いため，上空にのぼった空気は（　　　　）する。

3　空気が膨張すると，空気の温度は（　　　　）する。

8-6 大気の動きと天気

上昇気流と雨の関係はわかってもらえたかな？　今回はその考え方を活用して，大気の動きとともにどんな雨が降るか予測していくよ。

気団と前線

「そういえば，天気予報を見ると，ときどき天気図に丸や三角のついた変な線がありませんか？」

よく見ているね。これは**前線**（ぜんせん）といって，**気団**（きだん）の境界線を示したものなんだ。

「気団って何ですか？　応援団（おうえんだん）みたいなもの？」

応援団は応援する人の集まりだよね。気団は大きな空気の集まりだと思ってくれればいいよ。日本は4つの気団に囲まれていて，それぞれ湿度（しつど）と気温がちがうんだよ。例えば，南の気団は気温が高くて，海上の気団は湿度が高いんだ。

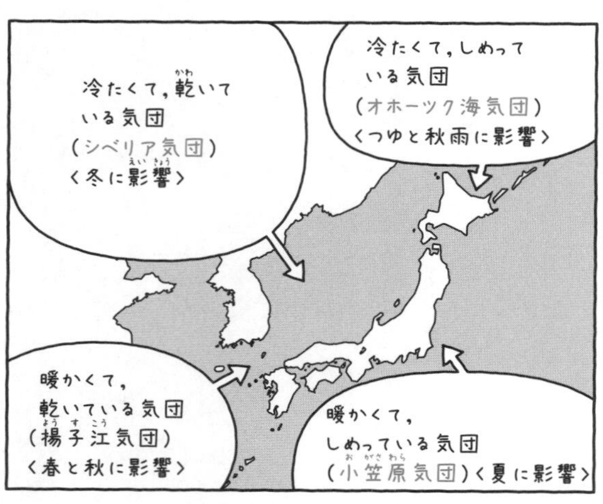

「南の方が赤道に近くて気温が高いですもんね。海の上は水がいっぱい蒸発するから湿度が高いんですね。」

Point 182 気団と前線

- 気温や湿度が一様である空気のかたまりのことを**気団**という。
- 2つの気団がぶつかってできる境界を**前線面**という。
- 前線面と地面が接するところを**前線**という。

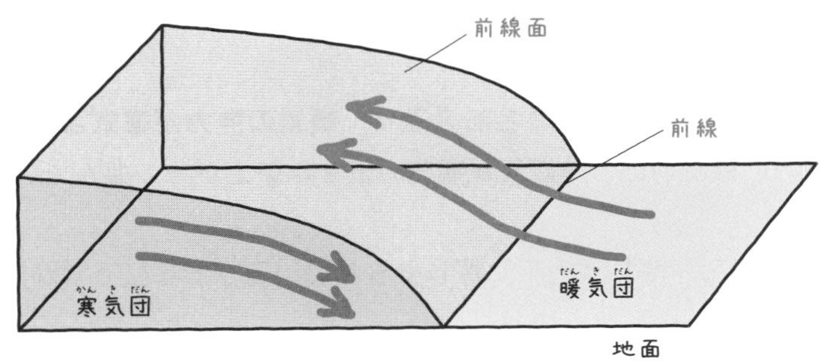

いい理解だね。そして，これらの気団は動いているんだ。動いている気団どうしがぶつかると，暖かい気団は密度が小さいため上にいき，逆に冷たい気団は，密度が大きいために下を進むんだ。

前線の種類と天気

こうした気団のぶつかり方は4パターンあるので，前線も4種類存在するんだ。まずは**温暖前線**だ。

温暖前線

- **暖気が**寒気の上をはい上がって進む前線を**温暖前線**という。温暖前線付近では**乱層雲**などができて，**おだやかな雨が長時間続く**。通過後は，**南寄り**の風向となり，**気温が上がる**。

温暖前線

「温暖前線って，暖かそうな名前ですね！」

温暖前線というのは，その名前の通り，**暖気の勢力が寒気よりも強い前線**だ。だから，温暖前線では暖気が寒気の上をはい上がって進んでいるんだ。

「それって，寒気が暖気に押しやられているってことですか？」

そうだね。そもそも，寒気も暖気も，気団は基本的に広がろうとするんだ。つまり，**前線というのは気団どうしの押し合い**になっているところのことなんだ。それで，暖気が寒気よりも押す力が強い場合は，暖気が広がっていくんだ。暖気が広がっている場所が温暖前線なんだよ。

「暖気が寒気の上に進んでいくってことは…気団が上にのぼっているから，雲ができやすそうですね。」

温暖前線では，暖気が寒気の上をゆっくりとはい上がっていく。だから，**乱層雲**のような平らな雲ができやすいんだ。

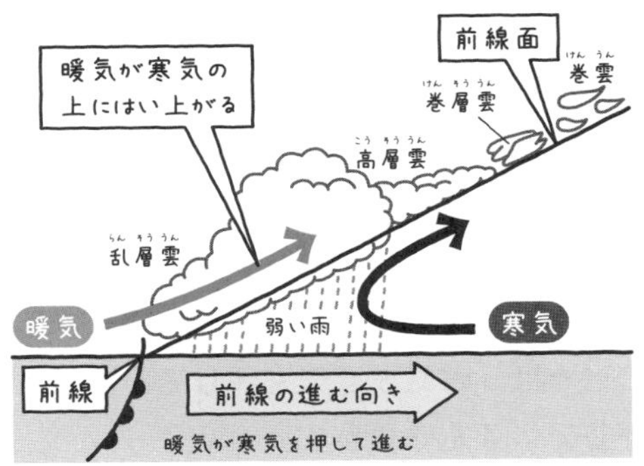

「平らな雲ってことは，長時間雨が降りそうですね…」

そうなんだ。乱層雲のような平らな雲の場合，雲がうすく広い範囲にできるから，おだやかな雨が長時間降りやすいんだ。だから，**温暖前線が近づいてから通過するまでに，おだやかで弱い雨が長時間降り続ける**んだよ。じゃあ次は**寒冷前線**だ。

Point 184 寒冷前線

- **寒気が**暖気の下にもぐりこんで進む前線を**寒冷前線**という。寒冷前線付近では**積乱雲**などができて，**激しい雨が短時間降る**。通過後は，**北寄り**の風向となり，**気温が下がる**。

寒冷前線

「温暖前線のマークは丸っぽくて，寒冷前線のマークは三角なんですね。でもなんとなくイメージがわかります。温暖は暖かいから丸っぽくて，寒冷は冷たいからとがってるみたいな。」

おお，いい覚え方だね。そうやって，自分の中でのイメージで覚えるのは有効だ。ほかの覚え方として，漢字に注目する方法もあるよ。

コツ　**温暖前線：「温」という字の「日」が丸みがある。**
寒冷前線：「冷」という字の「令」がとがっている。

「温暖前線のときは，暖気が寒気を押していましたけど，今度は寒気が暖気を押しているんですか？」

その通り。寒冷前線では，寒気の勢力がとても強い。また，寒気は冷たい空気だから，密度が大きいために下の方にいきやすい。そのため，**寒気は暖気の下の方にもぐりこんで進む**んだ。そして，寒気は暖気を上に押し上げるんだよ。

「寒気が暖気を押し上げると，どうなるんですか？」

寒冷前線付近では，寒気によって暖気が急速に押し上げられるから，強い上昇気流(じょうしょうきりゅう)が生まれる。その強い上昇気流によって，**積乱雲**(せきらんうん)のようなすごく高く，厚みのある雲ができるんだ。

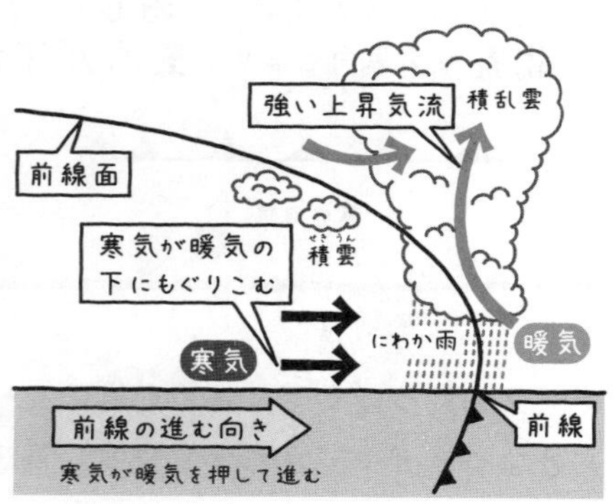

「積乱雲って聞いたことあります。たしか，すごく強い雨を降らすんですよね？」

よく知っているね！　積乱雲のように高く積まれた雲ほど，強く激しい雨を降らしやすい。ただ，広がっているわけではないから，短い時間しか降らないんだ。ほら，夏によく，夕立とかゲリラ豪雨といわれる雨が降るでしょ。あれだよ。

「温暖前線とは，だいぶちがうんですね。」

そうだね。寒冷前線の場合，前線が近づくにつれて大きな雲が空をおおい，前線が通過している間は激しい雨が降るんだ。通過後は，天気が回復するよ。

「温暖前線と寒冷前線は，わかりやすかったです。残り2つの前線は何ですか？」

まずは**停滞前線**だ。停滞前線はその名前の通り，前線が動かず，その場所に停滞するという意味の前線だよ。つまり，長期間雨を降らせる前線ということだ。

Point 185 停滞前線

- 暖気と寒気の勢力が**ほぼ同じ状態**の前線を**停滞前線**といい，**梅雨前線**や**秋雨前線**となって，**長期間にわたって雨を降らせる**。

停滞前線

「え！　前線が動かないんですか？」

前線自体は，一応動いてはいるんだ。でも，暖気と寒気のおたがいの勢力がほとんど同じだから，どちらかが上がったり，もぐりこんだりしないんだよ。停滞前線の記号を見てごらん。温暖前線と寒冷前線が反対を向いてくっついている形をしてるでしょ。これは，暖気と寒気がおたがいに向かい合って，押し合っていることを表しているんだ。

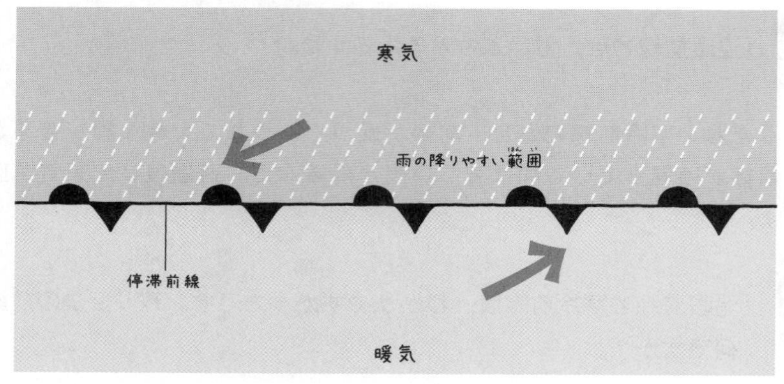

「暖気と寒気が押し合って動かないから，長期間そこに居続けるわけですね。」

そういうことだ。また，気団があまり動かないから，上昇気流もそれほど強いものではなく，平らな雲ができる。そのため，弱い雨が長期間続くんだよ。梅雨の時期や秋雨の時期は，この停滞前線によるものなんだ。よし，最後は**閉そく前線**だ。

Point 186 閉そく前線

- 寒冷前線が温暖前線に**追いついた**ときにできる前線を**閉そく前線**という。

閉そく前線

閉そく前線は閉そく，つまり閉じられるという意味だ。これは雨を降らせる低気圧がそろそろ終わりだよ，という意味だと思ってくれるとわかりやすいかな。もちろん，閉そく前線のときにも雨は降るんだけれどね。そしてここで大切なのが，**寒冷前線の方が温暖前線よりも速く進む**ということだ。だから閉そく前線ができるのは，必ず寒冷前線が温暖前線に追いついたときということも覚えておいてね。

「追いついちゃうなんてことあるんですね。でも，そうなったら，天気はどうなるんですか？」

寒冷前線と同じで，強く激しい雨を降らせるんだ。また，強い風もふくんだよ。

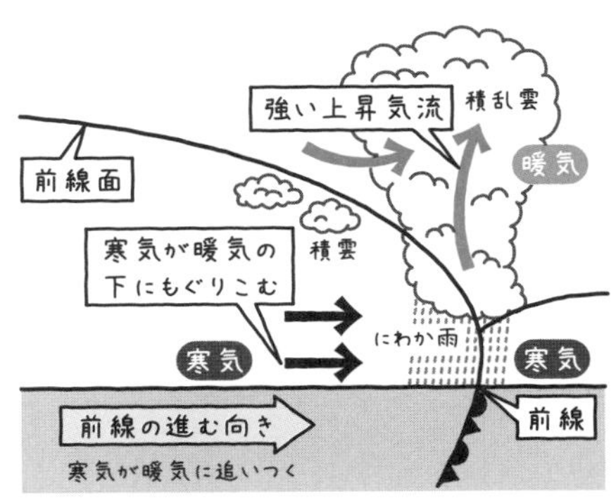

偏西風と天気

「気圧や前線と天気の関係はわかりましたけど，どうして天気って，ほとんどの場合，西から東に向かって変わっていくんですか？」

よく気がついたね。それは**偏西風**（へんせいふう）がふいているからだ。

Point 187 偏西風

- 日本の上空には，常に**西から東に偏西風**（へんせいふう）がふいている。
- 偏西風によって高気圧や低気圧，**前線も西から東へ移動する**。

日本付近の上空には，常に西から東へ向かって偏西風がふいているんだ。高気圧や低気圧，前線も，この偏西風に乗って移動するんだよ。

「そういえば，台風も西から東に向かって移動していますよね。これも偏西風の影響（えいきょう）ですか？」

お，いいねぇ。台風は低気圧と同じように考えればいいよ。ていうか，台風というのは大型の低気圧のことだからね。

この偏西風の影響で，日本の天気は基本的に西から東に変わっていく。これをしっかりと頭に入れたうえで，次の図やグラフを読み解けるようにしよう。グラフは，地図のA地点で，気温と気圧を時間ごとに観測したものだよ。

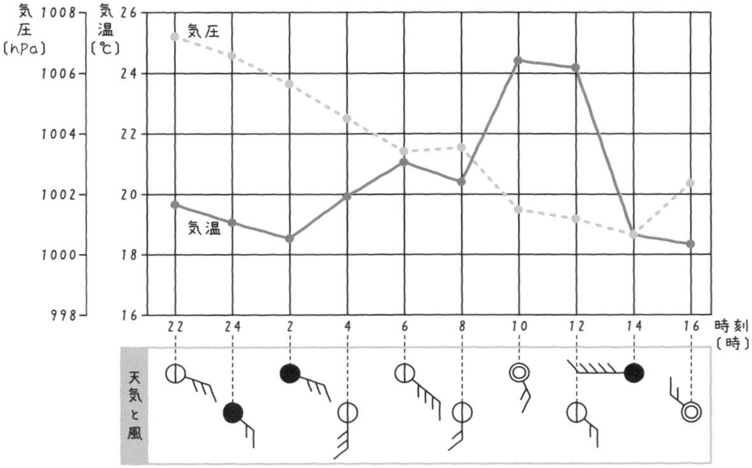

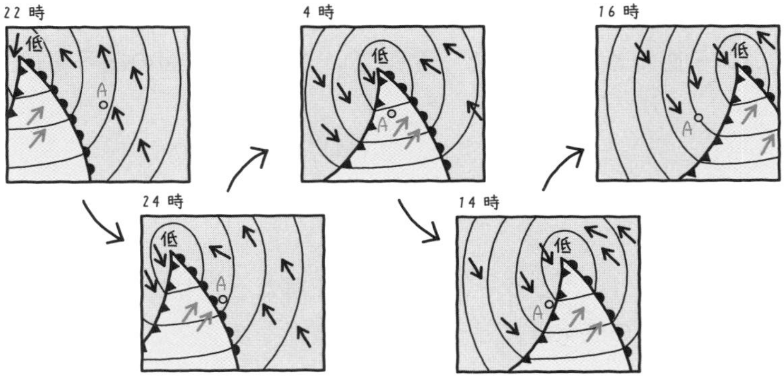

「天気図記号もかいてありますね。これで時間ごとの天気と風力，風向がわかります。」

そうそう。さぁ，ここから本題に入るよ。まず，天気図を見てみよう。22時の時点ではA地点は寒気と暖気のどちらの中にいるかな？

「温暖前線の東側だから…えーっと寒気？」

合っているよ。温暖前線も東に向かって進んでいくよね。だから，前線の東側では，寒気があって，その上を暖気が進もうとしているはずだ。じゃあ，そのときの天気はどうだろうか？　天気図記号を見てみて。

「晴れで，風向は，え〜っと，東寄りかな？」

そうだね。まだ前線から離(はな)れているから雲はできないね。さぁ，少し時間が経って，24時の時点の天気図は，どうかな？

「温暖前線がA地点の近くにきました。だから，弱い雨が降るかもしれませんね。」

お，いい予想だね。本当にそうなっているか，天気図の記号を確認してみよう。

「風向が南東になって，天気が雨になっていますね！」

そうだね。つまり，サクラさんの予想は正解だったわけだ。そして，4時間後の4時の時点の天気は，どうなっているかな？

「あ，雨が上がって，晴れた！　風向も南に変わってるし。」

「ってことは，前線が通過して暖気に入ったのかしら？」

天気図を見てみようか。地点Aは4時の時点では，サクラさんの言う通り暖気の真っただ中だ。だから，天気が晴れになって，風向が変わったんだね。

「暖気の中なら気温も上がるんじゃないの？」

そうだね。このあと，12時ごろまで暖気の中にいたんだけど，気温はどうなっているかな？

「あ，本当だ。気温が12時ごろまで上がっている…あれ？　でも，昼間なんだもん。気温が上がるのは当たり前じゃないですか。」

もちろん。昼だからっていうのもあるよ。でもね，12時の直後，14時の気温を見てごらん。

「うわ！　急激に気温が下がってる！」

「それに天気も雨になっているし，風向も西になってます。」

何でだろうね。天気図を確認してみようか。

「ちょうど寒冷前線の真下です。」

「寒気に入ったから，急に温度が下がって，風向も変わったんですね。そして，激しい雨が降ったということですね。でも，すぐにやんだはずですよね？」

さぁどうだろうね？　2時間後の16時の天気を見てみようか。

「あ，やっぱり，くもりになっている。」

そうだね。寒冷前線が過ぎ去ったあとだから，雨が上がってくもりだね。でも，まだ寒気の中にいるから気温は上がっていないよ。風向も少し北寄りになるんだ。

「面白いですね。気圧や前線を見れば，ある程度天気が予測できてしまうんですね。」

そうだろう。こうして，気圧配置や前線の位置などから，天気を予測できるんだ。

CHECK 80　つまずき度 !!!!!　➡解答は別冊 p.42

1　寒気が暖気の下にもぐりこんで進む前線を（　　　）前線という。
2　温暖前線通過後，気温は（　　　），風向は（　　　）寄りになる。
3　日本の上空には西から東に（　　　）がふいている。

8-7 日本付近の大気の動き

ここからは，日本付近の大気について説明していくよ。さっき教えた偏西風以外にどんな特徴があるのか，そこに注目して学んでいこう。

陸と海の間に生じる大気の動き

日本付近の大気の動きについて，まず，最も大きな動きとして偏西風(へんせいふう)があることはわかったかな？　偏西風は，日本の天気を考えるうえで最も重要となるものだ。日本付近には西から東へ偏西風がふくため，天気も西から東へ変化する。これを，もう一度しっかり頭に入れておこう。

「偏西風以外にも風の流れがあるんですか？」

そうだね。日本にふく風は偏西風のほかに，**季節風**(きせつふう)や**海陸風**(かいりくふう)があるんだ。この2つを理解するために，まず海と陸での温度の変化について教えるよ。

「海と陸の温度変化？　いったいどんなことだろう。」

大地って固体だよね。それに対して，海は液体だ。実は，**固体の方が液体よりもあたたまりやすく，冷めやすい**んだ。だから，陸地は温度が変化しやすくて，海は温度が変化しにくいんだ。

「そうなんですね！　なんとなくイメージできます。」

さて，ここから考えてほしいのは，夏と冬のちがいだ。まずは，夏だけに注目しよう。夏は日差しが強くて，すぐに暑くなるよね。

「そうですね。だから，大陸はすぐにあつくなりますね。」

そうだね。それに対して，海は温度が変化しにくいから，陸よりもあたたまりにくいんだ。そうすると，大陸の気温と海の水温，どっちが高くなるかな？

「そりゃあ，大陸の気温の方が高いですよね。」

正解！　さて，ここからが本題だ。気温が上がったり，下がったりすると空気はどうなったかな？

「暖められたところでは上昇気流(じょうしょうきりゅう)が生じたような…」

素晴らしい！　その通りだよ。夏は大陸が暖まりやすいから，上昇気流が生まれて，低気圧ができる。逆に海は暖まりにくいから，下降気流が生まれて，高気圧ができる。そして，空気は高気圧から低気圧に移動するから，海から陸に向かって風がふくんだ。

「つまり，地球規模で見ると太平洋の海からユーラシア大陸に向かって風がふくってことですね。日本はその間にあるから，ずっとその風を受けているってことですか？」

そうなんだ。**夏には海から大陸へ，日本から見ると南東から北西へと風がふく**んだ。つまり，夏には南東の風がふくってことだね。

「じゃあ，冬は逆ってことですか？」

そうだね。そのまま逆にして考えればいいよ。**冬には大陸から海へ，北西の風がふく**んだ。

Point 188 季節風

- 季節ごとにふく特徴的(とくちょうてき)な風のことを**季節風**(きせつふう)という。
- **夏**は**海から大陸へ**，**南東の風**がふく。
- **冬**は**大陸から海へ**，**北西の風**がふく。

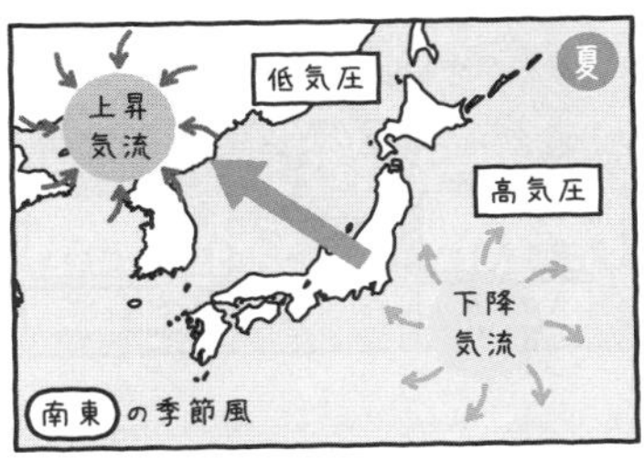

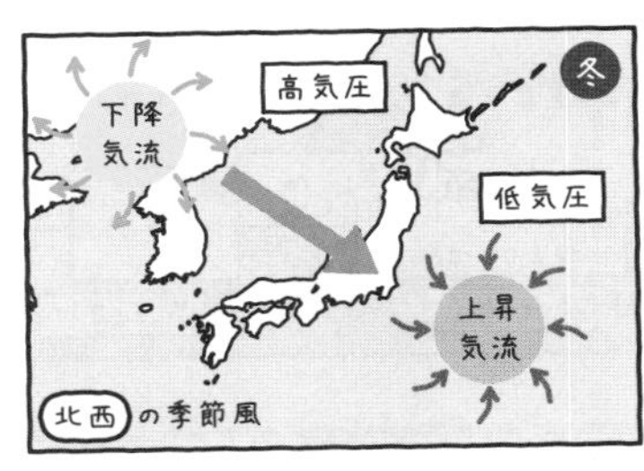

コツ **春や秋の場合は，季節風がなくなるため，偏西風の影響(えいきょう)を強く受ける。**

「大事なのは，陸は温度が変化しやすく，海は変化しにくいってことですね！」

「あれ？　もしかして昼と夜でも，陸地と海の暖まり方はちがうんじゃないですか？」

お！　ちょうどそれを説明しようと思っていたところだよ。もちろん，昼と夜でも，陸地と海の暖まりやすさ，冷えやすさはちがう。時間が短いから，季節風に比べて規模は小さいけど，同じ考え方で，風向きが変わるんだよ。

Point 189 海陸風

- **昼**は**海から陸へ**と**海風**（うみかぜ）がふく。
- **夜**は**陸から海へ**と**陸風**（りくかぜ）がふく。

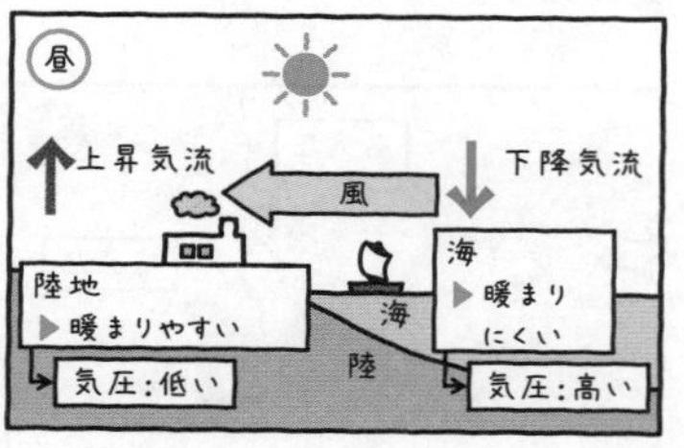

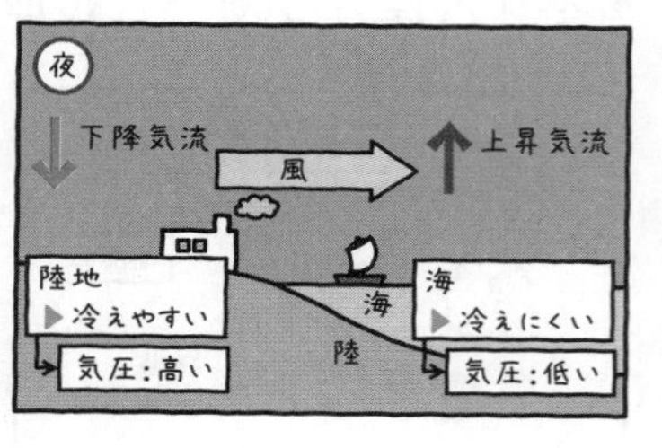

「陸と海の温度差によって風のふく向きが変わるのは，季節風と同じしくみですね。」

そうだね。ポイントは規模のちがいと，期間のちがい。ここはしっかり区別しよう。そして，この**海風**（うみかぜ）と**陸風**（りくかぜ）をまとめて**海陸風**（かいりくふう）というんだよ。

✓CHECK 81

つまずき度 !!!!!

➡解答は別冊 p.42

1　日本の天気は，(　　　　)から(　　　　)へと移り変わっていく。これは日本の上空に吹く(　　　　)という風の影響である。

2　日本では夏の間，(　　　　)から(　　　　)に向かって季節風がふく。

8-8 日本の四季と天気

ここからは，これまでのすべての知識を総動員して考えていくよ。春夏秋冬，日本ではどのような天気になるのか。最後に説明できれば完璧だ！

冬の天気

さて，これまで教えた知識を使って，日本の天気にはどんな特徴（とくちょう）があるのか考えていこう。まずは，冬の天気からだ。

「なんで，春からじゃなくて冬からなんですか？」

理由は2つ。1つは冬の天気は特徴的で理解しやすいから。もう1つは，冬は**西高東低**（せいこうとうてい）というとても重要な気圧配置になるからだ。

Point 190 冬の天気

- 冬の気圧配置は，西に高気圧，東に低気圧の**西高東低**（せいこうとうてい）である。
- 冬は**シベリア気団**が発達し，**北西からの季節風**がふき，**日本海側は雪**，**太平洋側は晴れ**となることが多い。

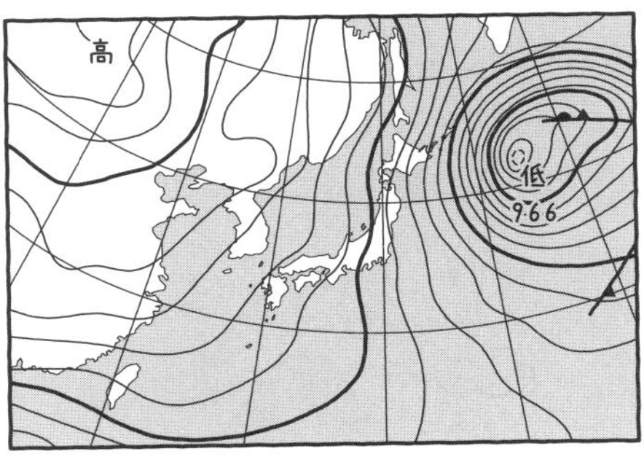

この気圧配置により，北西から季節風がふくよね。実は，冬のユーラシア大陸側には**シベリア気団**というものがある。この気団が冷たく乾燥（かんそう）しているために，そこから発生する季節風はとても冷たくなるんだ。

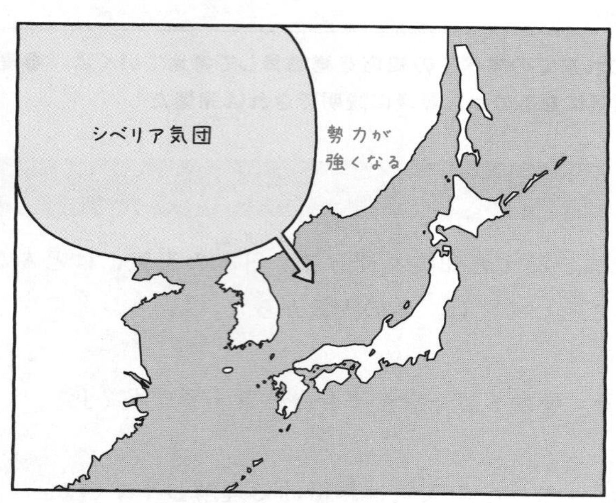

「そりゃあ，北の方からくれば寒いですよね…」

そして，この冷たい季節風は，大陸から日本海の上空を通って日本へやってくる。このとき，日本海では暖かい暖流（だんりゅう）が流れているんだ。

「暖かい海の上を通ったら，水が蒸発して雲ができそうですね。」

そうなんだ。乾燥していた冷たいシベリアからの季節風は日本海でたくさん水分をふくんで，湿（しめ）った空気になるんだ。そして雲ができる。この雲が日本のまん中を通っている山脈にぶつかると，雨や雪を降らせるんだ。

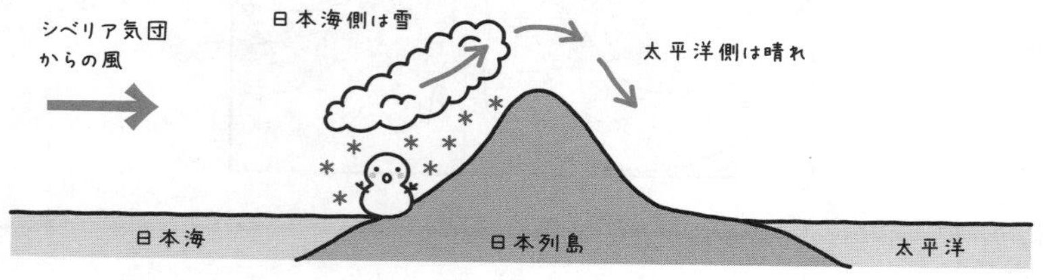

「なるほど！　冬の日本海側で雪が多いのはそのためだったんだ。」

そう。そして，季節風が山脈をこえて太平洋側にくるときは，乾燥した空気になっているから，雨や雪はあまり降らないんだ。

春の天気

「冬が終わって春になると，天気はどうなるんですか？」

冬は，大陸側の勢力が強かったよね。春になると大陸側と太平洋側の気団の勢力が同じくらいになるんだ。

「太平洋側の気団の勢力がだんだん強くなっていくんですね。」

そうだね。この太平洋側の気団を**小笠原気団**というんだ。冬から春になると，小笠原気団の勢力が強くなり，逆にシベリア気団は弱まるんだ。そうなると，シベリア気団と小笠原気団の間にあった気圧差が小さくなっていくんだよ。

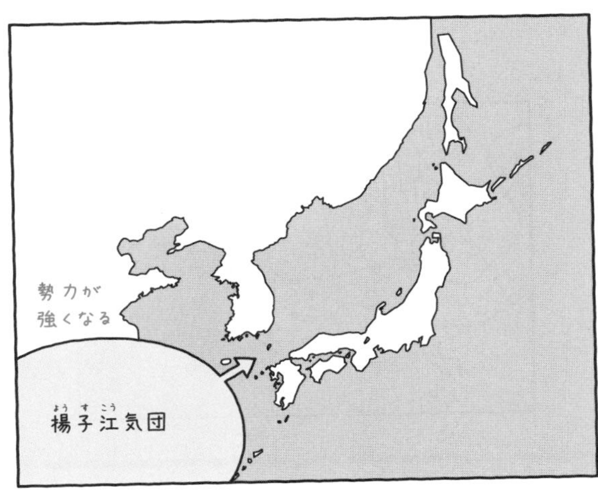

「気圧差がなかったら，季節風がふかなくなりますね！」

そうなんだ。季節風はほとんどないと思っていいよ。だから，季節風がない分，**偏西風の影響を大きく受ける**んだ。

「なるほど。風が西から東へとふくわけですね。」

そう。そうすると，日本の南西にある**揚子江気団**から発生した高気圧が，低気圧と交互に日本にやってくるんだ。移動してくる高気圧のことを**移動性高気圧**というんだよ。

「低気圧は移動しないんですか？」

低気圧も移動するんだけど，どの季節でも移動しているから，ただの低気圧といっている。春の天気は，この移動性高気圧が特徴だって覚えてね。

Point 191 春の天気

- 春の気圧配置では，**移動性高気圧**と**低気圧が交互に通過**する。

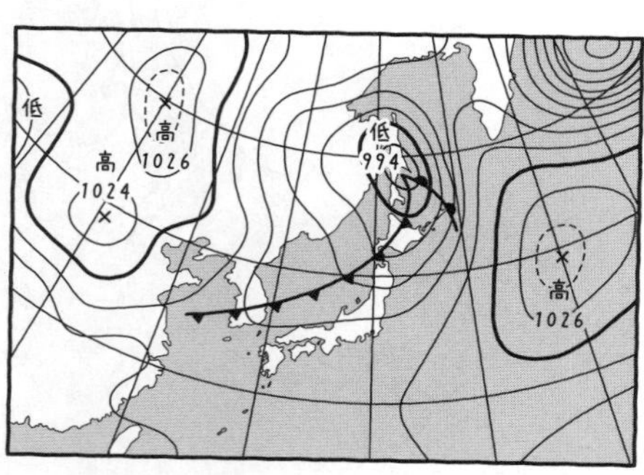

「移動性高気圧と低気圧が交互に日本にくるってことは，天気も交互に変わりそうですね。」

そうだね。揚子江気団で生まれた移動性高気圧と低気圧は，西から東へと移動し，交互に日本にやってくる。高気圧がきたときは晴れで，低気圧のときは雨。これが４～６日で交互にくるんだ。

梅雨

春が過ぎたら，梅雨（つゆ）の時期がくるよね。

「梅雨の時期は本当に雨の日が多いですよね。」

梅雨といえば，雨だよね。梅雨の時期，雨がたくさん降るのは，停滞（ていたい）前線が日本列島の上にできるからなんだ。

「停滞前線って，たしか気団どうしが同じ強さで押し合っているときにできる前線ですよね。」

そうだね。梅雨の時期になると，シベリア気団の勢力がとても弱くなるんだ。それに対して，小笠原気団の勢力は夏に近づくにつれてどんどん強くなっていく。

「あれ？　でも，それだと気団の強さがつり合わないですよ。」

実は，日本列島の北に**オホーツク海気団**という冷たく湿った気団があるんだ。シベリア気団の勢力が弱まることで，このオホーツク海気団が日本の方に出てくるんだ。

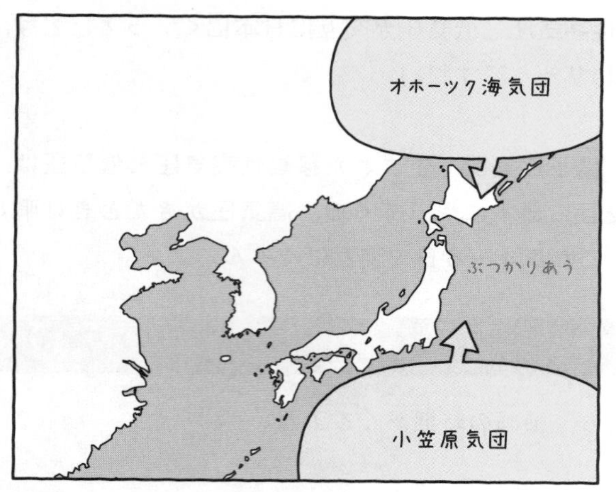

「へぇ。日本はシベリア気団，オホーツク海気団，揚子江気団，小笠原気団の，4つの気団に囲まれているんですね。」

そうなんだ。梅雨の時期はこのオホーツク海気団と小笠原気団の勢力がつり合うんだ。そして，その境界線にできるのが停滞前線なんだよ。

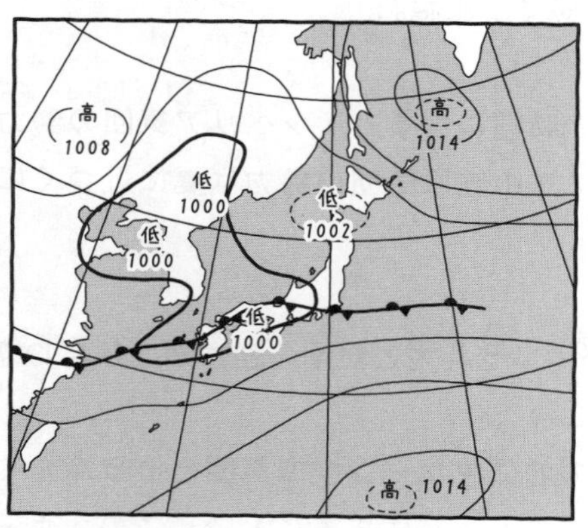

こうして，梅雨をもたらす停滞前線を，**梅雨前線**（ばいうぜんせん）というんだ。梅雨の時期は，この梅雨前線によってたくさんの雨が降るんだよ。

梅雨

- 梅雨前線(ばいうぜんせん)が日本列島の東西にのび，**雨が降り続く**。この時期を**梅雨**(つゆ)という

夏の天気と台風

７月の後半になると，オホーツク海気団の勢力がだんだんと弱くなっていき，小笠原気団の勢力が強くなる。こうして梅雨が明けて，夏の天気になるんだ。

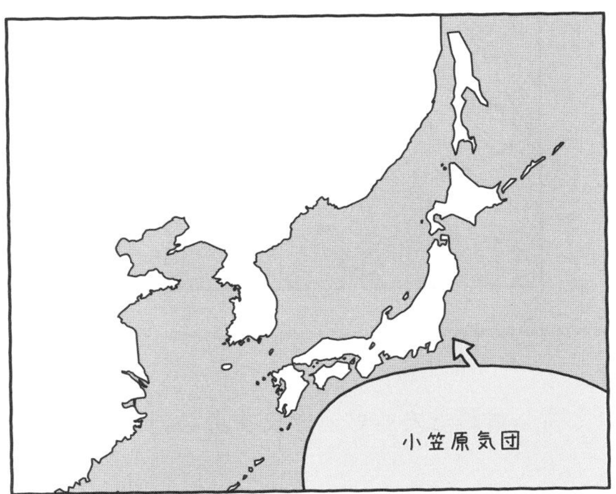

「夏は冬の反対で，南東からの季節風がふくんですよね。」

そうだね。夏は，暖まりにくい海で下降気流が生まれ，高気圧ができる。ちょうど小笠原気団のある太平洋に高気圧ができるんだ。暖まりやすい大陸には上昇気流が生まれ，低気圧ができるよ。

「つまり，日本から見ると南や南東の方に高気圧があって，北や北西の方に低気圧があるってことですね。」

これを**南高北低**(なんこうほくてい)というんだ。日本の南や南東の方が高気圧だから，太平洋から暖かく湿った空気が流れてくる。これが**南東の季節風**だね。日本の夏はほかの季節に比べて，湿度が高く蒸し暑い日が続くよね。これは南東からの季節風が原因なんだ。南の方の暑く，湿った空気が季節風にのってやってくるからなんだ。

夏の天気

- 夏の気圧配置は，南に高気圧，北に低気圧の**南高北低**(なんこうほくてい)である。
- 夏は**小笠原気団**が発達し，**南東からの季節風**がふく。

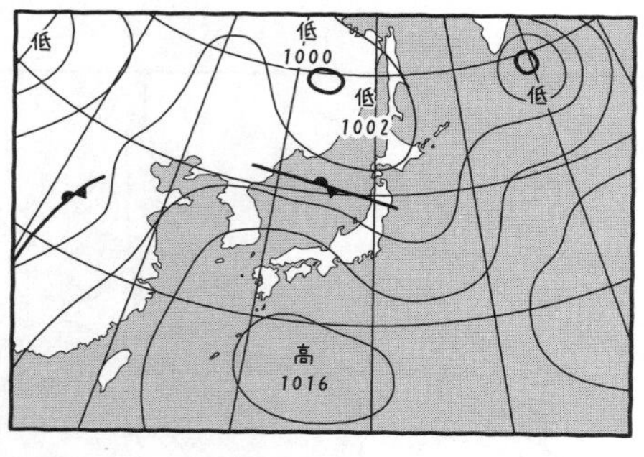

「夏といえば，**台風**もたくさんきますよね。」

そうだね。台風は夏から秋にかけて発生する，特徴的な気象現象だね。

「台風はたしか，強力な低気圧なんですよね？」

そうだね。台風は低気圧の一種。赤道近くの熱帯でできた低気圧を**熱帯低気圧**(ねったいていきあつ)というんだけれど，さらにその**熱帯低気圧のうち，最大風速が秒速17.2 m以上のものを台風とよぶ**んだ。

台風

- 熱帯低気圧のうち，最大風速が**秒速 17.2 m 以上**のものを**台風**という。
- 台風は**南の海で発生**して北上し，**偏西風の影響**を受けながら日本付近で**東寄りに進む**。

秋の天気

「秋の天気は，春の天気に似てますよね。」

そうだね。とてもよく似ている。まず，夏から秋にかけて，小笠原気団の勢力が弱まって，オホーツク海気団の勢力が強まる。梅雨と同じ気圧配置だね。それで，停滞前線によって雨が長く降る時期があるんだ。この時期の停滞前線を**秋雨前線**(あきさめ)というんだ。

「これは，6月ごろの梅雨前線と同じですか？」

そうだね。名前がちがうだけで，同じ停滞前線。どっちも長い雨をもたらすね。また，秋は台風が発生することもあるから，秋雨前線に台風が近づくとすごい量の雨が降るんだよ。

「たしかに，夏よりも秋に上陸した台風の方が，被害(ひがい)が大きい気がします。」

このあと，さらに小笠原気団の勢力は弱まって，季節風がほとんどなくなる。そうすると，移動性高気圧と，低気圧が交互にやってくるようになる。春といっしょだね。それが終われば，シベリア気団が勢力を強めて，また冬の天気になるというわけだ。

秋の天気

- 秋雨前線が日本列島の上に発生する。
- 春と同じ天気の変化をする。

気象の恵みと災害

「しかし，台風などの雨による被害ってすごいですよね。」

「でも，雨が降らないと，それはそれで農作物がとれなくなるし，飲み水もなくなるし，困りますよね。」

そうだね。気象の変化は生活に欠かせないものだが，ときにわたしたちの生活に牙をむくよね。今回はその恩恵と災害について考えていこう。まず，気象がもたらすいちばんの恩恵は，晴れの日の「太陽の光」だね。

「太陽の光が届かないとか，想像できないです。」

「植物も育たなくなりますよね。それに，最近は太陽光発電など，エネルギー源として利用されているのでとても大事ですね。」

そうだよね。太陽のもつエネルギーは，人々の生活に欠かせないものだよね。生きるために，絶対になくてはならないものだ。

「太陽の光による発電だけじゃなく，風の力でも発電できませんでしたっけ？」

風力発電だね。太陽光発電も風力発電も，環境への負荷がほかの発電方法に比べて小さいという意味で，クリーンなエネルギーとして注目されているよ。

次に，気象がもたらす災害について考えてみよう。まず，大雨による洪水や土砂災害，浸水などは大きな被害を引き起こすよね。さっきも話題に出たけど，逆に雨が降らなさ過ぎても困る。雨が降らない梅雨，「からつゆ」が起きると深刻な水不足になって，農作物が育たなくなるからね。

「台風による被害では，大雨だけじゃなく，強風も油断できないですよね。」

そうだね。建物や街路樹が倒れたり，海では高潮や高波による災害があるね。また，近年では台風だけでなく，夏場に強く発達した積乱雲により，局地的にものすごく強い雨や雷，さらには竜巻が発生するなどの問題もあるんだ。

「夏の時期は下校時間に大雨が降ることがよくあるけど，ほんと困ります。」

それと，冬場は大雪の被害も忘れてはならない。特に日本海側は，冬に雪が降りやすいと教えたよね。あまりに大雪が続くと，道路が通れなくなり，食べ物などが届かなくなって大きな問題になるんだ。

「まだまだ人類の力では『気象』をコントロールすることはむずかしいんですね。」

そうだね。だからこそ，気象災害や異常気象を減らせるように，自然を守っていかなければならないとも言えるね。特に，地球温暖化は異常気象の原因ともいわれているからね。

Point 196

気象の恵みと災害

- 太陽のエネルギーや風のエネルギーは，生活に欠かせないものとなっている。
- 雨は農作物や飲み水などに使われている。適度な雨が降ることによって，人は大きな恩恵(おんけい)を受けている。
- 日本は，その地形から地球上の中でも雨が降りやすい地域である。そのため，大雨や大雪による気象災害が多い。

✓CHECK 82

つまずき度 !!!!!

➡解答は別冊 p.42

1 日本における冬の気圧配置を(　　　)という。
2 日本では，夏に(　　　)気団が発達する。
3 春や秋には偏西風によって(　　　)と低気圧が交互に通過する。

理科 お役立ち話 8

天気に関することわざ

「そういえば，『夕焼けは晴れ』とかよく言いますけど，あれって本当なんですか？」

絶対ってわけじゃないけど，大体その通りになるよ。これにはちゃんと理由があるんだ。夕焼けってどっちの方角で見ることができるかな？

「たしか…西ですよね。」

そうだよね。そして日本の場合，天気はどっちからどっちに動くことが多かったかな？

「え～っと，西から東ですよね？」

そうそう。偏西風(へんせいふう)がふいているからね。西の空に夕焼けが見えるってことは雲が少なく晴れている証拠(しょうこ)。そして，天気は西から東に動く。つまり，西の空に夕焼けが見えるほど晴れていれば，少し時間が経った後，自分たちのいるところも晴れになるわけだ。

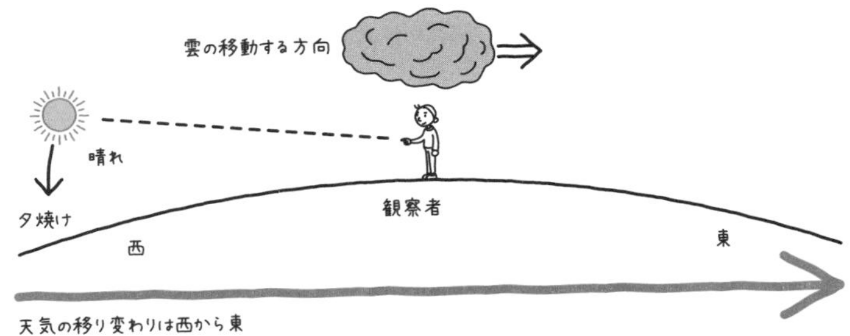

「なるほど〜！　昔の人ってすごいですね。ほかには何かないんですか？」

ん〜そうだなぁ。「東風ふけば雨」とかかな。

「こちふけば雨？　何ですかそれ？」

「こち」は「東風」と書くよ。東から風がふくと，雨になるっていうことわざだ。これももちろん絶対ってわけじゃないんだけど，低気圧が近づいてくると東からの風になることが多いんだ。

「なんで，低気圧が近づいてくると東から風が？」

日本では多くの場合，偏西風の影響で南西から北東に向かって低気圧が移動する。つまり，低気圧は南西から近づいてくるんだ。そして，北半球で低気圧は，上から見て反時計回りに風がうず巻いているよね。すると，低気圧がくる少し前に東からの風がふくんだ。

「たしかに。南西から近づいてくると，必ず東風になりますね。」

「昔の人は経験からこんなことがわかっていたんですね。そして，その経験則を説明できる，現代の科学もすごいです。」

経験っていうのもあなどれないよね。ほかにも，「山にかさ雲かかれば雨」，「朝霧は晴れ」などもある。自分で調べて，なぜそうなるのか考えてみると面白いよ。

中学3年 9章

力・運動とエネルギー

「力と運動か…3章で学んだことと，いったい何がちがうんだろう？」

「エネルギーってよく耳にするけど，何のことだかいまいちわからないなあ。」

運動や仕事，エネルギーには力が密接にかかわっているんだ。だから，この単元では3章で学んだ「力」が物体にどのような影響をおよぼしているのかを学んでいくよ。

力を合成する方法

自然界では物体にさまざまな力が加わっている。それらの力が組み合わさると，どのような結果を引き起こすのか。これを理解するために，力の合成を学ぼう。

2つの力の合成と合力

ここから力について説明するんだけど，人間がより大きな力を生み出すためにはどうすればいいと思う？

「そりゃ筋力をつけて，全力を出し切るのがいちばんですよ。」

「別に1人で生み出す必要はないんですよね。それだったら，多くの人と協力して，みんなで力を合わせればいいんじゃないですか？」

いいね。2人とも正解。一人ひとりの力が強く，そしてみんなで「力を合わせる」ことが，より大きな力を生み出すためには大事だね。今回は，特に「力を合わせる」ことについて解説するよ。

Point 197 同じ直線上ではたらく2つの力の合成

- 2つの力を合わせて1つの力で表したものを，2力の**合力**（ごうりょく）という。
- 合力を求めることを**力の合成**という。

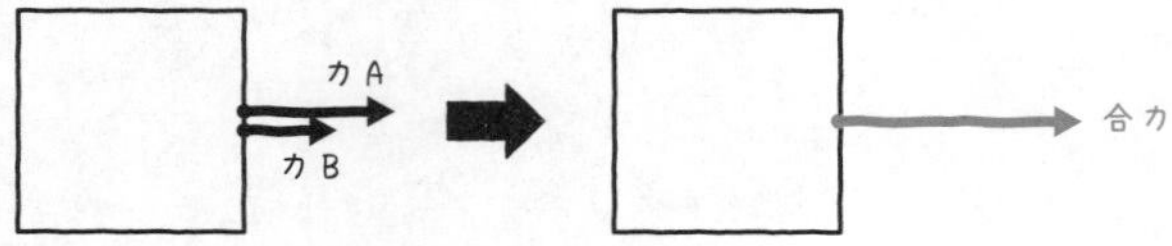

※実際は，一直線上に2つの力がはたらいているが，わかりやすいようにずらしている。

「物体に２つの力がはたらいていますね。」

矢印の長さは力の大きさを，矢印の向きは力の加わる向きを表している。**同じ向きの力がはたらく場合，２つの矢印の向きを変えずに矢印の長さを足す**ことで，**力の合成**ができる。そして，２つの力の**合力**（ごうりょく）を求めることができるんだ。

「単純ですね！　たしかにこれなら，物体に加わる２つの力を１つの力で表すことができます。」

簡単でしょ。これが合力なんだ。じゃあ，次は向きが反対の２つの力の場合，どうなるかを考えてみよう。

「シンプルに考えれば引き算になりそうですけど…」

これは想像しやすかったかな。**同じ直線上で反対の向きに力が加わっている場合，合力は引き算で求めることができる**んだ。

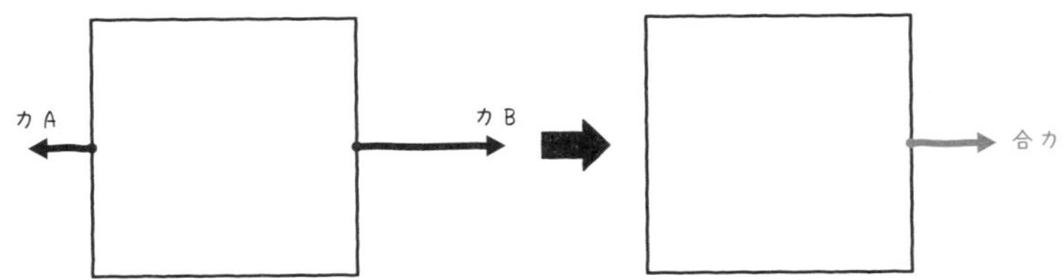

「合力の向きは，大きい方の力の向きになるんですね。」

例えば綱引き（つなひき）では，力の強い方に引っ張られるよね。それと同じ。引き算で力の大きさの差を出して，**大きい方の向きに矢印をかけばいい**んだ。

「もし，２つの力が反対向きで同じ大きさだったらどうなりますか？」

それこそまさに**「つり合っている」状態**だね。つり合って動かない。つまり，物体が動くことがないんだ。

「同じ大きさのときは，引き算をしたら0になるから，矢印をかくことができないですね。」

そういうこと。**同じ直線上で反対向きの同じ大きさの力がはたらくときは，矢印はかくことができない**んだ。だから，物体にとっては力がはたらいていないのと同じだね。このように，一直線上の２つの力は，同じ方向に力がはたらけば足し算，反対の向きに力がはたらけば引き算で求めることができるよ。

「これって，２つの力が直線上にない場合はどうなるんですか？　簡単な足し算や引き算では，合成できない気がするんですけど…」

２つの力が同じ直線上にない場合は，ちょっとややこしくなる。次は同じ直線上にはない場合の，２つの力を合成できるようになろう。

同じ直線上にないときは平行四辺形を考える！

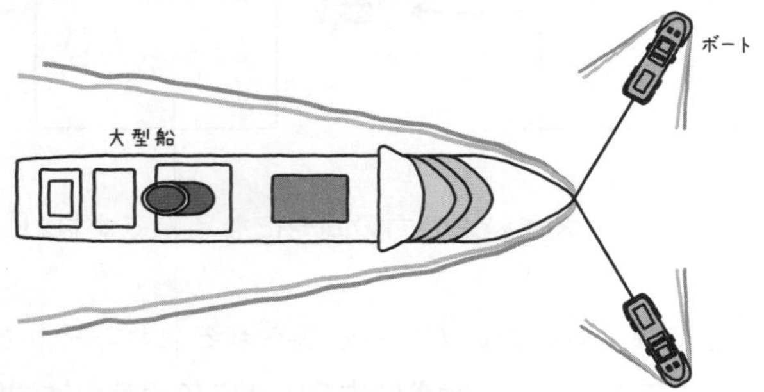

「ん？　何ですかこれは？　大きな船を小さな船が2台で引っ張っていますね。」

この場合，大きな船にはどんな力が加わっているのか。その合力を考えてもらっていいかな？

「いや，でもこれ，同じ直線上にないし…え，どうするの？」

「矢印を2つ合体させたらいいんじゃないですか？　もちろん，大きさや向きを変えずに移動させるわけですけど。」

おお！　ナイスアイディアだ。**矢印の根もとをもう1つの矢印の先端にもってくる**わけだな。素晴らしい考え方だ。やってみよう。

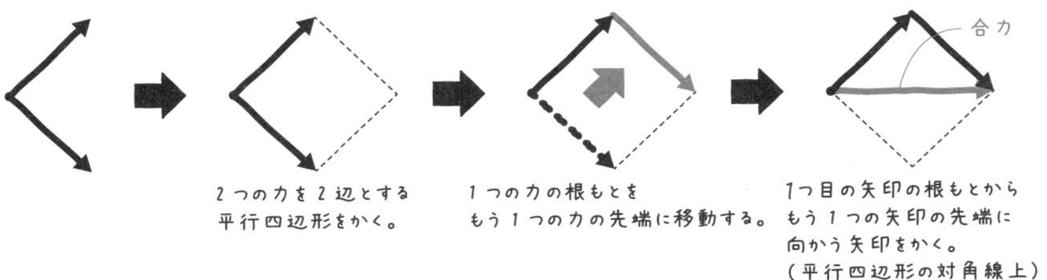

これなら，同じ直線上にない2つの力でも，簡単に合成できるね。実は，先生が説明しようとしていたのも，ほぼ同じやり方なんだ。平行四辺形をかいたら，2つの矢印の根もとから対角線を引いて，矢印をつけるだけだ。

Point 198 同じ直線上にない2つの力の合成

- それぞれの力を２つの辺とした平行四辺形をかき，その対角線に矢印をつけたものが２つの力の**合力**（ごうりょく）となる。
- これを，**力の平行四辺形の法則**という。

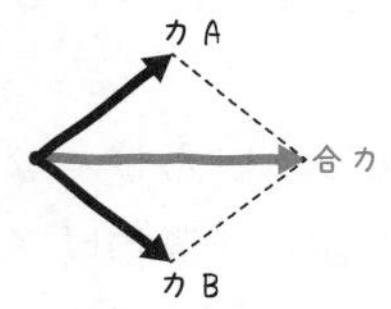

「たしかにこれなら，１本の直線の矢印で表すことができますね。」

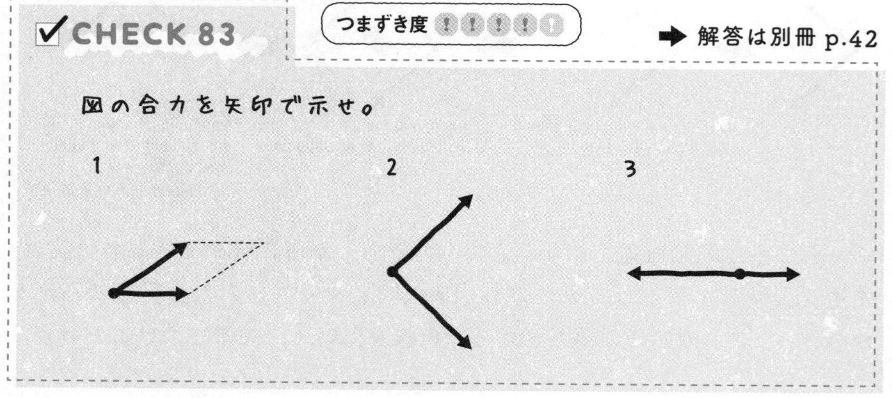

力を分解する方法

次は，力を分解できるようになろう。どのようにして力を分解するか，ポイントとなる力の平行四辺形の法則をもとに考えてみよう。

1つの力を2つに分けることもできる！

力が合成できるってことは，逆に力は分解もできるってわかるかな？

「そんな気はしましたけど，やり方は全然思いつかないですね。」

基本は力の合成を逆にすればいいんだ。合力のときに教えた，**平行四辺形の法則**を思い出そう。

「でも，何のために分解するんですか？　さっきの合力は使い道がわかりますけど，分解は…」

例えば2人で物体を持っていて，それぞれの人がどれくらいの力で物体を持ち上げているかを考えるときに，力の分解が必要なんだ。

このときの物体の重力はわかるよね。そして，2人の合わせた力と重力がつり合っているから，2人の合力の大きさもわかるよね。

「たしかに，2人の力の合計はわかるけど，それぞれの人がどれくらいの力を加えているかはわからないですね。」

それを知るためには，力の分解ができなくちゃいけないんだ。

Point 199 力の分解と分力

- 物体に**はたらく1つの力を2つの力に分けることを力の分解**といい，このとき分けられた2つの力を**分力**（ぶんりょく）という。

「それで，どうやったら力を分解できるんですか？」

いちばん大事なのは，**分解したい力を対角線に平行四辺形をかく**ことだ。

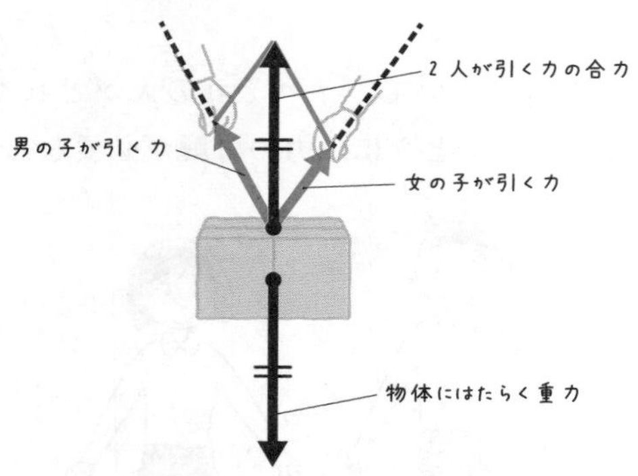

まず，分解しようとする向きを決めよう。その向きが平行四辺形の辺になり，分力の向きとなるよ。向きを決めたあと，分解したい力を対角線に平行四辺形をかくことで，その分力の大きさがわかるというしくみだ。

コツ **力の合成でも力の分解でも，平行四辺形とその対角線を意識する。**

「向きを決めて，作図をしたあとに分力の大きさがわかるんですね。」

斜面にある台車はどんな力を受けている？

分力については，実例を使うとさらにわかりやすくなる。坂道のような斜面（しゃめん）にある台車が受ける力について考えてみよう。斜面に台車を置いたらどうなるかな？

「そりゃあ，重力があるから斜面に沿って落ちていきますよ。」

そうだね。重力がはたらいているね。じゃあ，重力の向きと台車の進んでいく向きは同じだろうか？

「ちがいますよね。重力は，斜面に関係なく地球の中心に向かってはたらきますから…斜面に沿った力ではないはずです。」

よく理解できているね。斜面を下っていく台車は，重力の「一部」を受けて，斜面に沿って進んでいくんだ。言いかえれば，**重力の分力を受けて台車は斜面を進む**。というわけで，この台車にかかる重力を，斜面に対して**垂直方向**と**平行方向**に分解してみよう。

「重力を分解するわけですから，その重力を対角線にした平行四辺形をかけばいいんですね。」

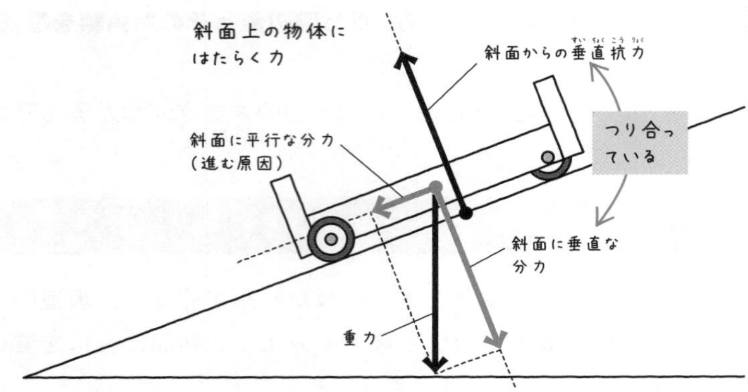

その通り。そして，そのかいた平行四辺形の2辺が，重力の分力になるわけだ。このときの**斜面に対して平行の方向にはたらく分力こそ，台車が斜面を進んでいく原因になる力**なんだ。

「なるほど。たしかにこれなら，斜面に沿って落ちていきますね。あ，もしかして角度が急になると，より速く落ちていくのって，斜面に平行な分力が大きいからですか？」

いいね，よく理解できている。もちろん斜面の角度がなくなれば，斜面に平行な分力は0となる。だから，角度が0だと台車は進んでいかないんだ。

「斜面に平行な分力はよくわかりましたけど，斜面に垂直な分力は何をしているんですか？」

見かけ上は何もしていないんだけど，斜面に垂直な分力は，斜面を押すように力を加えている。でも，この斜面は十分にかたいから，押された分，逆に台車を押し返してつり合っているんだ。

「それってもしかして，3章で教わった垂直抗力(すいちょくこうりょく)ですか？」

そう！　それ！　大事なのは**斜面に対して垂直方向の抗力**ってことだ。重力に対して垂直方向にはたらいているわけじゃないんだ。まちがえないでね。

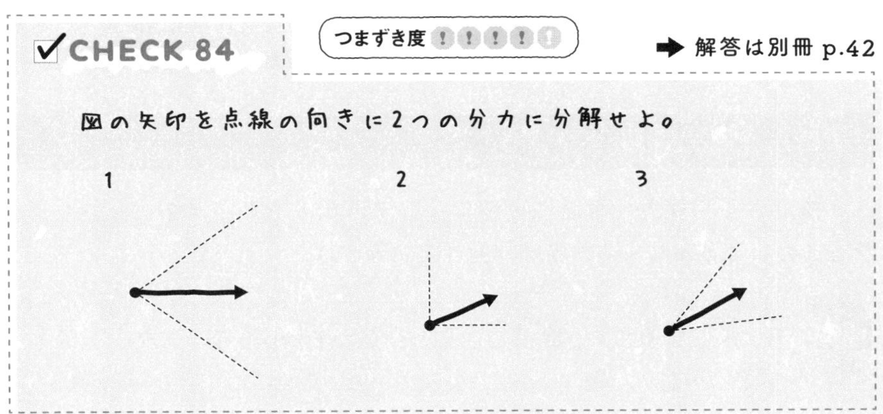

9-3 水中ではたらく水圧

８章で気圧について学んだのは覚えているかな？　ここでは気圧と名前の似ている水圧について学ぶよ。気圧は空気の重さだった。水圧は水の重さをもとに考えよう。

水からも圧力を受けている！

さて，さっきは力の合成や分解について解説したね。その力について，身近な力にはどんなものがあるか覚えているかな？

「重力に，垂直抗力（すいちょくこうりょく），摩擦力（まさつりょく）…あと空気から受ける気圧も力ですよね。あとは…」

いいね。よく覚えている。これまでにいろいろと学んできたけど，水から受ける力，「**水圧**（すいあつ）」についてはまだ解説していなかったんだよね。ここではその水圧について学んでいこう。

Point 200 水圧

- 水の重さによって生じる圧力のことを**水圧**（すいあつ）という。
- 水圧は水中の物体の**あらゆる方向からはたらく**。
- 水圧は**水の深さに比例**して大きくなる。

「あ，水圧って聞いたことあります。水圧のせいで，深海みたいな深いところでは物がつぶれるんですよね。」

そうそう。よく知っているね。水深の深いところで物がつぶれてしまうのは，深いところほど，その水圧が大きくなるからだ。

「でも，何で水圧って深いところほど大きいんですか？　浅いところと深いところで，いったい何がちがうんだろう？」

ポイントは，**水圧は水の重さによって生じる圧力**だってことだ。深いところほどたくさんの水がその物体の上にあるよね。そのせいで，深いところほどより大きな水からの圧力，つまり水圧を受けてしまうんだ。

「たしか，気圧のところでも同じようなことを言ってましたよね？　気圧の場合は空気の重さでしたけど，水圧はそれが水に変わっただけですよね。」

ちゃんと覚えているね。まさにその通りだよ。考え方は気圧と全くいっしょ。空気と同様，**水圧は深さに比例して大きくなる**んだ。

「そっか，気圧と同じ考え方でいいんですね。でも深海に行くことなんてないし，水圧を感じる機会ってないですよね。」

ん？　別に深海まで行かずとも水圧はいろんなところで実感できるよ。例えば，ペットボトル1つあれば，このように。

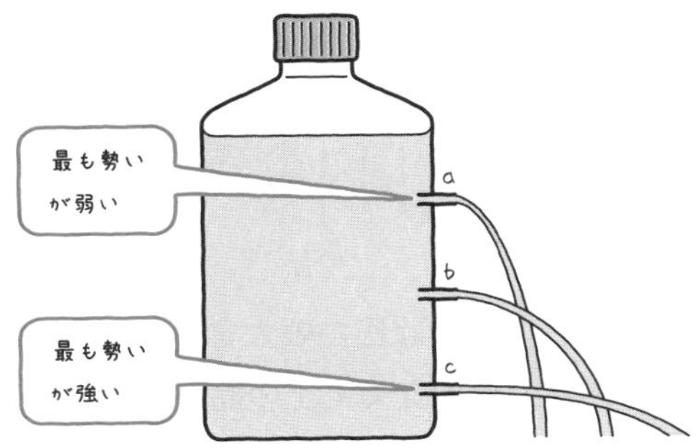

「ペットボトルの底の方ほど，水が勢いよく飛び出していますね！」

そうなんだ。これは，底に近い方がより大きな水の圧力を受けるからなんだ。これだけでも水圧のちがいを実感できるでしょ。

浮力は水中の深さに関係ない！

「水圧と気圧の考え方は同じっていっても，水中と空気中じゃ全然ちがいますよね。水中だと浮きますし。」

水中で浮くことができるのは，水圧によって**浮力**がはたらいているからだよ。実は，空気中でも浮力ははたらいているんだけど，空気は水に比べてとても軽いから，その影響が目立たないだけなんだ。

「でも，どうして水圧によって浮力が発生するんですか？」

水圧って，深くなるほどに大きくなるって言ったよね。すると，物体の場所によって受ける水圧がちがうってのはわかるかな？

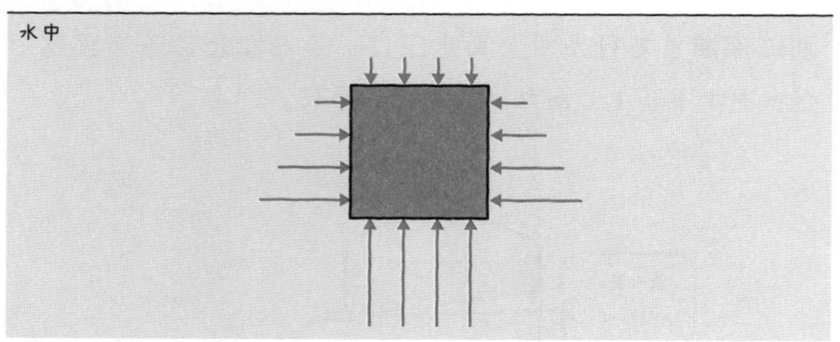

「あ，たしかに左右の面では圧力の大きさが同じなのに，上下の面では，下の面の方が力が大きくて上の面の方が小さいですね。」

そう。下の面の方が大きいってことは，物体に対して，**下から上向きに力がはたらいている**ってこと。これこそが浮力の正体なんだ。

浮力

- 物体が水中で受ける上向きの力を**浮力**(ふりょく)という。
- 浮力は，物体の体積が同じなら，深さや物体の重さに関係なく，**水中のどこでも同じ大きさ**である。
- 浮力の大きさは，物体の**体積に比例して大きくなる**。

「浮力って，どんな物体にも発生するんですか？」

もちろん。だって浮力は，水の重さ，すなわち水圧によって生み出されているからね。水中に入っている物体すべてが浮力を受ける。

「でも，沈(しず)む物体と浮く物体がありますよね？　どっちも浮力を受けているのだとしたら，何がちがうんだろう…」

「なんか，深いところの方が浮力が大きそうに感じるけど…」

それが，深さは関係ないんだ。浮力は「(物体の下の面にはたらく水圧)ー(物体の上の面にはたらく水圧)」による力だから，深さが変わっても浮力は変化しない。物体の大きさが変化しない限り，その差は常に同じなんだ。

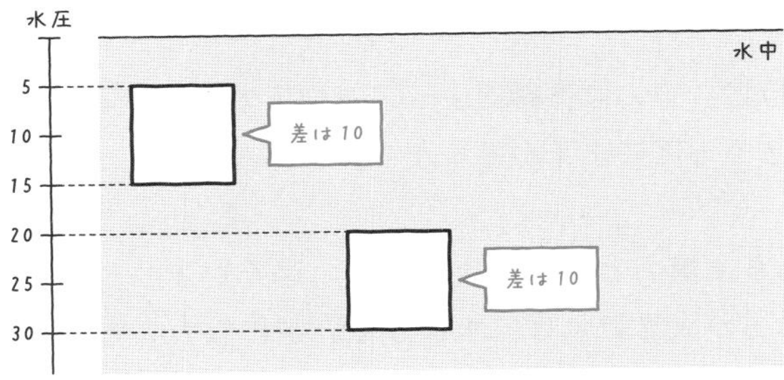

「じゃあ，重さはどうなんですか？　軽いものほど浮力が大きそうですけど。」

物体がどんなに重くても軽くても，浮力そのものは変化しないよ。浮力はあくまで水圧の差。物体の重さじゃなくて，水の重さが与（あた）える力だからね。ただし，体積が大きいほど浮力も大きくなるんだ。言いかえれば，**浮力の大きさは物体の体積によって決まる**ってことだよ。

「体積が大きくなるってことは，水圧を受ける部分が大きくなるってことですよね。ということは，上の面と下の面にはたらく力の差が大きくなりますね！」

そういうこと。だから，体積が大きくなると浮力が大きくなるんだ。また，物体の形も関係ない。浮力は，物体の下側から受ける力と上側から受ける力の「差」だからね。大事なのは体積だ。

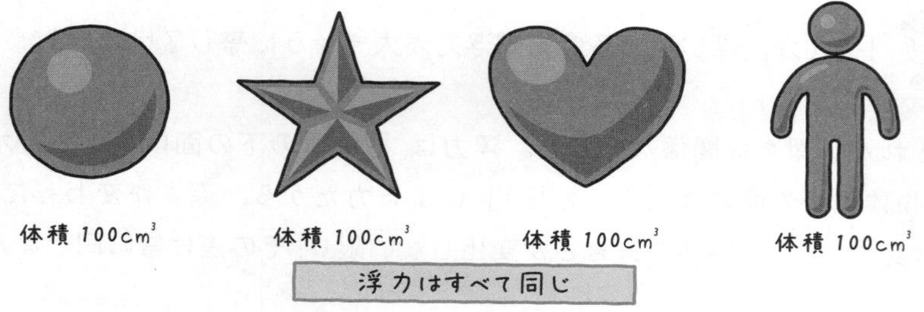

「なるほど，浮力は体積によって決まるのか。じゃあ，沈むか浮くかはどうやって決まるんですか？」

物体にはたらく重力と浮力を比べると，浮くか沈むかがわかるよ。重力よりも浮力の方が大きければ，水に浮く。逆に重力の方が大きければ，水に沈むんだ。

「重力って重さですよね？　重さは関係なかったんじゃ…」

浮力の大きさそのものには関係しないだけ。浮力と重力を比較(ひかく)することが，浮くか沈むかを考えるうえで大事なんだ。例えば，ここに同じ体積の木と鉄がある。同じ体積ってことは，この木と鉄を水の中に入れたときにはたらく浮力の大きさは，同じはずだよね。

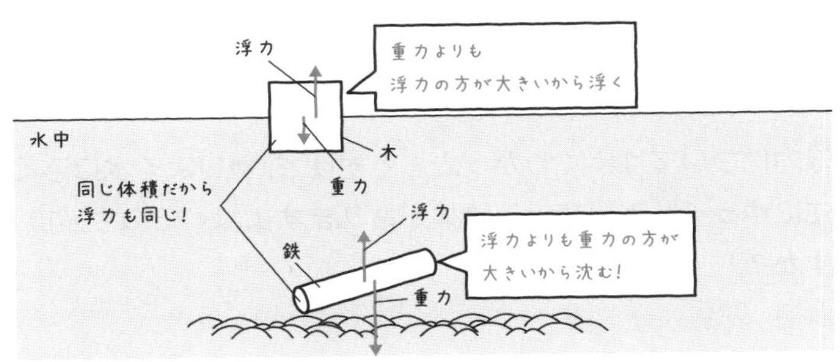

でも，質量が大きいものほど重力が大きくなるよね。このとき，鉄に生じる重力は浮力を上回る。だから，鉄は水に沈むんだ。逆に木の場合は，基本的に浮力の方が重力より大きい。だから，水に浮くんだ。

コツ　浮くか沈むかは「重さ」と「体積」が関係することから，「密度」によって決まるとわかる。水より密度の大きい物体が水に沈み，水より密度の小さい物体が水に浮く。

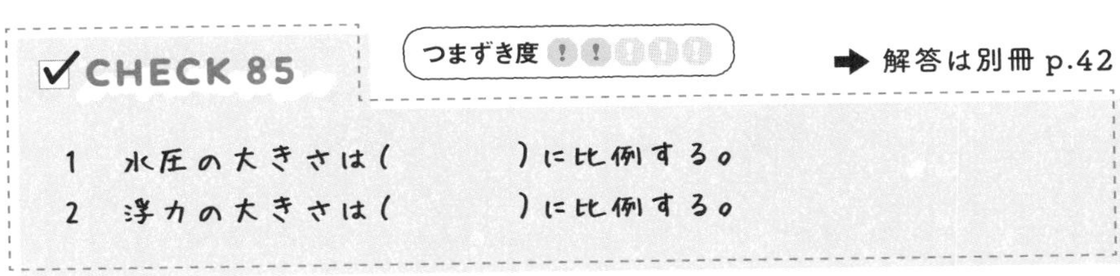

CHECK 85　つまずき度 !!!!!

➡ 解答は別冊 p.42

1　水圧の大きさは（　　　　　）に比例する。

2　浮力の大きさは（　　　　　）に比例する。

物体の運動と速さ

ここからは物体の動き，つまり運動について知ってもらうよ。物体に加わる力とその力による運動の速さや向きの関係はどうなっているのか，注目しながら考えよう。

平均の速さと瞬間の速さのちがいとは？

「浮力(ふりょく)についてはよくわかったんですけど，勢いよく水に浮(う)く物体と，逆にゆっくり浮いてくる物体がありますよね。このちがいって何ですか？」

お，いいところに気づいたね。それは，浮力と重力との大きさの差が大事なんだ。浮力がより大きく，重力が小さいほど，勢いよく浮くんだ。浮力の方が大きくても重力との差が小さければ，ゆっくり浮いてくるよ。

「2つの力の差が大事ってことか…って，何で？」

それを理解するために，物体の運動と力の関係について知る必要があるね。まずは，物体の動く向きと速さについて考えていこう。

速さも向きも変わらない運動
例：まっすぐはなったボウリングの球

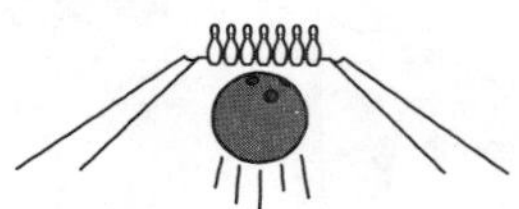

速さだけが変わる運動
例：坂道を下る自転車

向きだけが変わる運動
例：観覧車

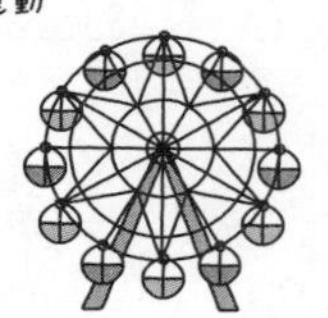

向きも速さも変わる運動
例：ジェットコースター

何より肝心(かんじん)なのは，物体の速さの求め方。物体の速さを求めるには，物体の移動した距離(きょり)と移動するのにかかった時間が必要なんだ。

Point 202 物体の速さの求め方

- ある一定の区間を，一定の速さで移動したとして求めた速さのことを**平均(へいきん)の速(はや)さ**という。
- きわめて短い時間に移動した距離(きょり)から求めた速さのことを**瞬間(しゅんかん)の速(はや)さ**という。
- 速さは以下の式で求められる。

$$\text{速さ〔m/s〕} = \frac{\text{物体が移動した距離〔m〕}}{\text{物体が移動するのにかかった時間〔s〕}}$$

「算数や数学といっしょですね。だったら簡単です。」

「m/s っていう単位は何ですか？」

これは**メートル毎秒**という単位だ。1秒あたりに何m進むかってことだね。秒速と同じ意味。ちなみに，km/hならキロメートル毎時。つまり時速何kmかってことだ。それじゃあ，練習で少し問題を解いてみようか。

Ex. 次の問題に答えなさい。

① 20秒で100m進んだときの速さを〔m/s〕で答えよ。
② 120kmを2時間で進んだときの速さを〔km/h〕で答えよ。

「①は20秒で100m進んだから100÷20をすればよくて，②は2時間で120kmを進んだから120÷2をすればいいんですね。」

解答 ①100 m ÷ 20 s ＝ **5 m/s**
②120 km ÷ 2 h ＝ **60 km/h**

そういうこと。これが平均（へいきん）の速（はや）さだ。じゃあ，今度は瞬間（しゅんかん）の速（はや）さについて解説しよう。瞬間の速さというのは，**ある地点を通過するときの一瞬（いっしゅん）の速さ**のことなんだ。秒なんかよりもずっと短い時間で計測した速さのこと。例えば，車って走っている間，速度メーターが常に動いているよね。

「たしかに親が運転しているのを見ていると，メーターは常に動いていますね。これって速さが常に変わっているってことですか？」

そういうこと。アクセルを踏（ふ）んで加速すれば速くなるし，ブレーキをかければ遅（おそ）くなる。あれは，今まさに走っているその瞬間の速さを，メーターで示しているんだ。まとめると，**ある時点での速さを瞬間の速さ**といい，**決められた距離全体から求めた速さを平均の速さ**というってことだ。

CHECK 86 つまずき度 !!!!!

➡ 解答は別冊 p.42

自宅から60km離（はな）れた病院まで車で向かった。自宅から病院までは，1時間を要した。また，途中（とちゅう）にある公園を通過するときに車のメーターを確認したところ，時速30kmを示していた。このとき，以下の問いに答えよ。

1　自宅から病院までの平均の速さは（　　　）km/hである。
2　公園を通過するときの瞬間の速さは（　　　）km/hである。

運動のようすの調べ方

ここからは運動のようすを調べるために，記録タイマーを使う。どのようにして記録タイマーを使えばいいのか，グラフの読み方に注目して学んでいこう。

記録タイマーを読みとろう！

「速さの計算方法はわかったんですけど，その速さってどうやって測定するんですか？　ストップウォッチでも使うんですか？」

「でも，人間の目で見て指で押すのって，かなり適当すぎない？100ｍ走のときとか，はかる人によって少し変わりますよ。」

たしかに，できればもっと正確にはかりたいよね。そこで，記録タイマーやビデオカメラなどを使うんだ。今回は記録タイマーを使ってみよう。これを使うことによって，正確に速さをはかることができ，途中で速さが変わっている場合でも対応することができるんだ。

「記録タイマーって何ですか？」

記録タイマーというのは，テープに点を打って，運動のようすを計測するものなんだ。点の打ち方は，規則正しくて，決まったリズムでしか打たない。だから，**テープが速く引っ張られれば点の間隔が広くなるし，ゆっくり引っ張られれば間隔は狭くなる**んだ。

「つまり…打ちこまれた点の間隔で，テープの動いた速さがわかるってことですか？」

そういうことになるね。点を打つ速さは，東日本の場合は1秒間に50回，西日本の場合は1秒間に60回なんだ。

コツ **1秒あたりに点を打つ回数は，交流の周波数によって決まる。交流の周波数が東日本と西日本でちがうため，その回数が異なる。基本的に問題に書いてあるので覚える必要はない。**

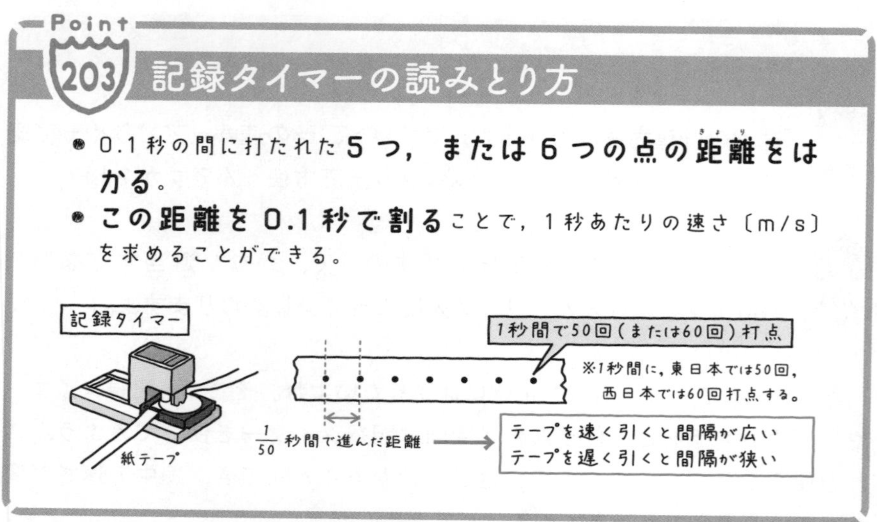

Point 203 記録タイマーの読みとり方

- 0.1秒の間に打たれた**5つ，または6つの点の距離をはかる。**
- **この距離を0.1秒で割る**ことで，1秒あたりの速さ〔m/s〕を求めることができる。

「1秒間に50回ってことは…1つの点を打つ間に何秒かかるんだろう？」

1秒÷50回で$\frac{1}{50}$秒だね。そして，0.1秒$\left(\frac{1}{50}秒\times5=\frac{1}{10}秒\right)$の間に打たれた5つの点が，どれくらい離れているかで，速さを求めることが多いかな。

「もし，東日本で5個の点の間隔が3.0cmだったら，テープが0.1秒で3.0cm動いたってことですね。つまり，速さは3.0cm÷0.1sで30cm/sですね。」

お，理解が早いね。このテープを，「速さをはかりたい物体」につけるんだ。そしてその物体が動いたあと，テープに打ちこまれた点を調べることで，その物体の速さを調べることができるんだよ。便利でしょ。

CHECK 87　つまずき度 !!!!!

➡ 解答は別冊 p.43

1秒間に50回の点を打つ記録タイマーを使って，物体の運動を調べた。その結果，下の図のような結果が得られた。この図をもとに，以下の問いに答えよ。

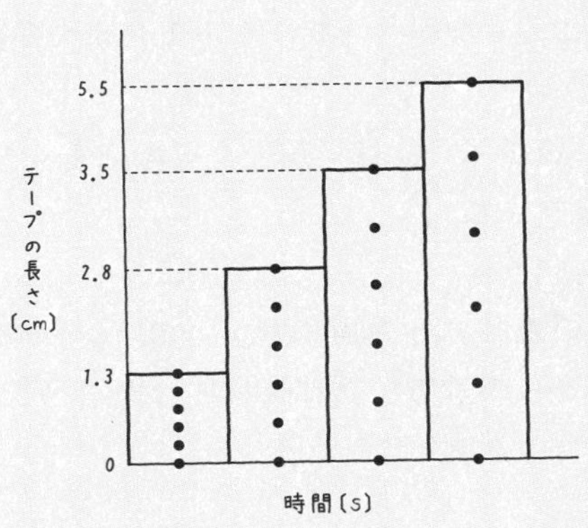

1　5個の点が打たれたとき，(　　　　)秒分の移動を示している。

2　テープ全体の平均の速さは，小数第2位を四捨五入すると(　　　　)cm/sである。

物体のさまざまな運動

さっき教えた記録タイマーの使い方は大丈夫かな？　まだ不安な人も，とりあえず学びながら使い方を知ってしまおう。

斜面を下る物体はしだいに速くなる！

それじゃあ，記録タイマーを使って，実際に物体の運動を調べてみよう。最初は，分力のところで解説した斜面を下る台車の運動だ。

「斜面を下る物体といえば，重力を斜面に垂直な方向と平行な方向に分解できますよね。」

お，よく覚えていたね。その通りだ。このとき，斜面に対して垂直な方向の分力は，斜面からの垂直抗力によってつり合うよね。一方で，平行な方向の分力には，つり合う力がない。

「その平行な方向の分力によって，台車は斜面に沿って落下していくんですよね。」

そうそう。この平行な方向の分力が台車にはたらいて，斜面を下っていくんだ。では，この台車が斜面を下る速さは時間が経つとどうなるかな？

「速くなるんじゃないんですか？　自転車とかで斜面を下っているとだんだん速くなりますよね。」

いいね。正解だ。実際の生活のことを考えるとわかりやすくなるよね。

「たしかに，坂を下っていくとだんだん速くなるのはわかるんですけ

ど…斜面のどこでも斜面に平行な方向の分力は同じ大きさなのに，どうして速くなっていくんですか？」

常に斜面に平行な方向の分力が台車にはたらくということは，平地でいうと，後ろから誰（だれ）かが押し続けてくれているようなものなんだ。平地で台車を押すと，最初は遅（おそ）いけど，押し続けるとだんだん速くなるでしょ。

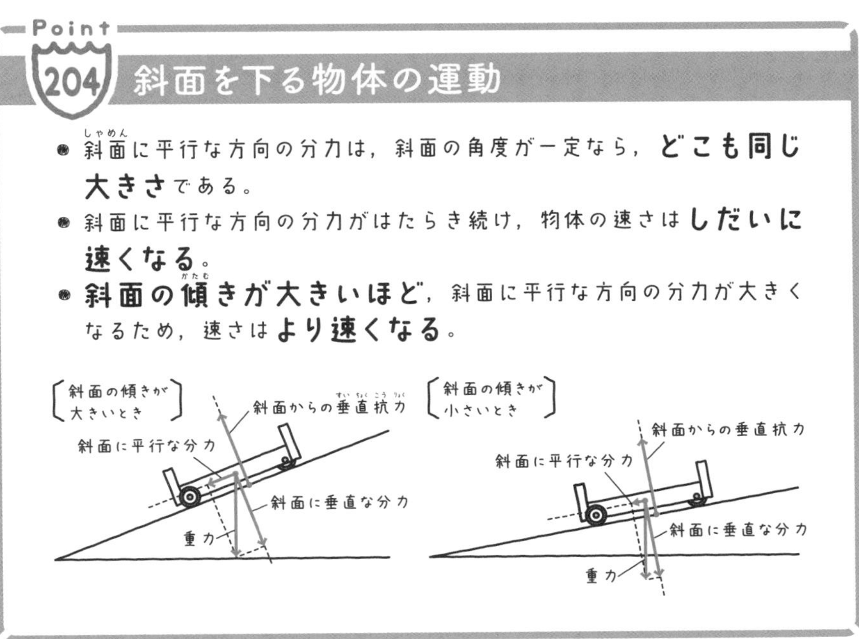

じゃあ，実際に記録タイマーを使って速さをはかってみようか。

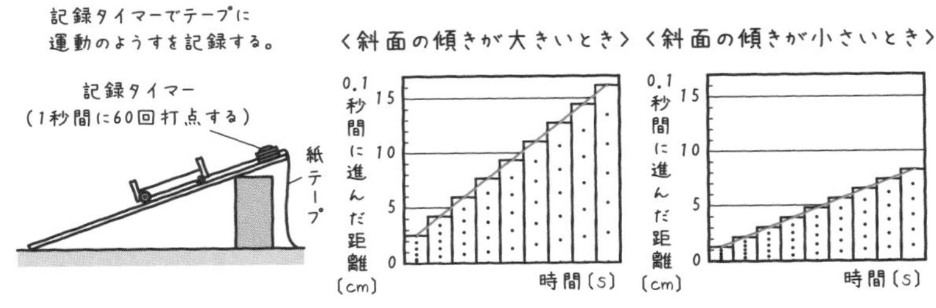

「0.1秒ごとに紙テープを切って，グラフにするんですね。」

そうだね。東日本なら5打点ごと，西日本なら6打点ごとだったね。まず注目してほしいのが，時間が経つほどに**0.1秒で進む距離（きょり）がだんだん大きくなっている**ことだ。

「たしかにテープの長さが長くなってます！」

そして，テープの頂点を線で結ぶと右上がりの直線になる。つまり，**時間と速さは比例関係にある**とわかるね。

「時間と速さが比例関係にあるということは，斜面を下る物体は，時間が経つほどに速くなっていくということですね。」

そうだね。斜面に対して平行な方向の分力がはたらき続けた結果，台車が加速していったんだね。じゃあ，傾（かたむ）きを変えた場合はどうなっているかな？

「斜面の傾きが小さくなると，速くなるのに時間がかかっていますね。」

そうだな。ここからわかるのは，傾きが大きいほど，速さがより大きくなるということだ。短い時間で，速さがどんどん速くなる。これは，斜面の傾きが大きいほど，斜面に平行な方向の分力が大きくなるからなんだ。

自由落下って何？

「それなら，角度が地面に対して90°のときってどうなるんですか？真下に落下していきそうな気がしますけど。」

そうだね。地球に向かって落下するよね。斜面のようなさえぎるものがないときの物体の運動を，**自由落下（じゆうらっか）**というんだ。じゃあ，今回はこの自由落下について考えよう。

「自由落下？　単なる落下とは何かちがうんですか？」

理科の用語では，単なる落下のことを自由落下というんだよ。何にも影響されることなく，**重力だけがはたらいて自由に落下する運動のこと**なんだ。この自由落下は，基本的に斜面を下る運動と同じだよ。

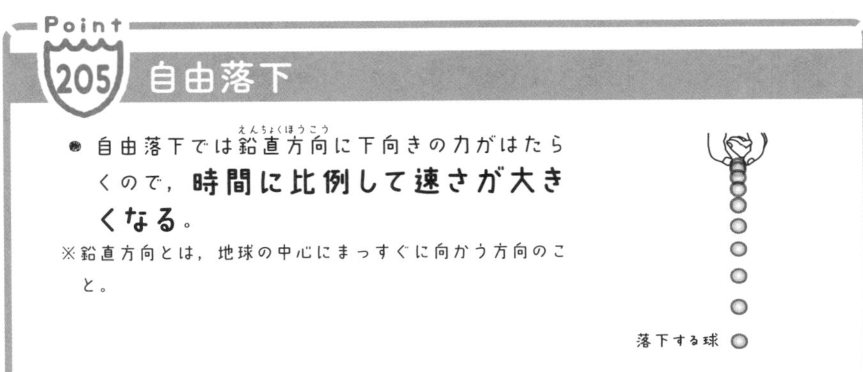

Point 205 自由落下

● 自由落下では鉛直方向に下向きの力がはたらくので，**時間に比例して速さが大きくなる**。

※鉛直方向とは，地球の中心にまっすぐに向かう方向のこと。

「ということは，記録タイマーで測定すると，さっきの斜面を下る運動と似たような結果になるってことですか？」

そうだね。重力は常に地球の中心に向かう方向にはたらいているよね。だから何もさえぎるものがないとき，物体は地球の中心に向かって加速していくんだ。

斜面を上ると大変なのはなぜ？

よし，斜面を下る運動の次は斜面を上る運動について考えてみよう。基本的な考え方は斜面を下る運動と同じだよ。

「自転車で上り坂は結構きついですよね。」

そうだね。上り坂で前に進むためには，大きな力で自転車をこがなければならない。なぜそうなるのか考えていこう。まずは，斜面を上る物体にどのような力がはたらくか，覚えているかな？

「斜面にある物体には，重力がはたらきますよね。そして，重力は，斜面に対して垂直な方向と平行な方向の分力に分解できます。」

その通り。上っていようが下っていようが，同じように重力がかかっているよね。また，斜面から垂直抗力を受けていることも忘れないでね。

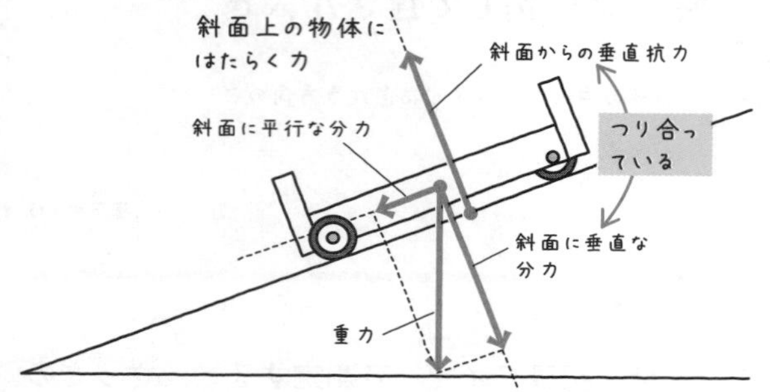

「斜面を下るときは，斜面に平行な方向の分力の向きと進行方向が同じでしたけど，**上るときは進行方向と反対向き**になりますね。」

コツ **進行方向と同じ向きの力が加わると，加速する。**
進行方向と反対向きの力が加わると，減速する。

そうだね。進む向きと同じ向きの力がはたらくなら，押してくれているのと同じ。反対向きなら引っ張られるのと同じと考えるとわかりやすいでしょ。

「斜面を上る場合は，重力のせいで遅(おそ)くなるのはわかるんですけど，自転車で平地を走っているときに何もしないと遅くなるのはなぜですか？」

いい質問だ。いろんな力のせいで減速するんだけど，いちばんは**摩擦力**かな。

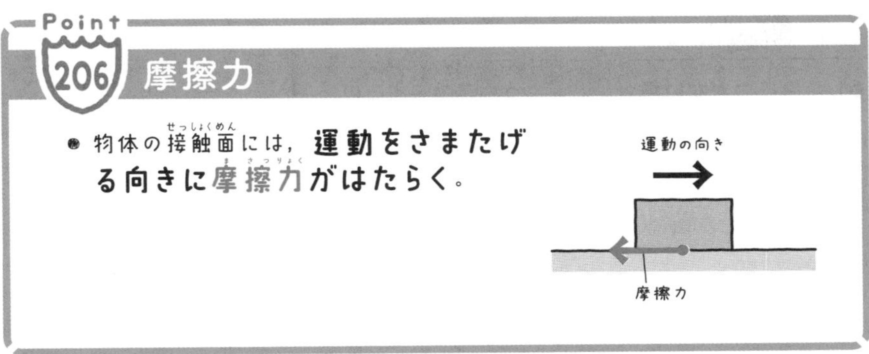

摩擦力とは，運動の反対方向にはたらき，運動を止めようとする力。自転車をこいでいないといつかは止まってしまうのは，この摩擦力のせいだよ。また，止まっている物体が動き出さないようにする力でもある。板の上に物をのせて，少しくらい傾けてもものがすべっていかないのは，この摩擦力が存在するからなんだ。

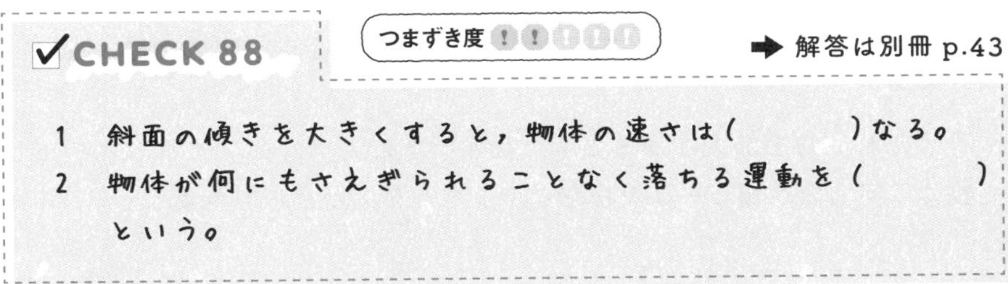

9-7 等速直線運動と慣性の法則

もし，摩擦力がない場合はどのような運動をするのだろうか？　動き出した物体はどうなってしまうのか，いっしょに考えていこう。

摩擦がない世界での等速直線運動

「しかし，摩擦力ってのはやっかいですね。これがなければ，一度力を加えればそのまま動き続けるってことですよね？」

まぁ，そういうことになるね。今回は，「もし摩擦力がなかったら」の世界を考えてみよう。とはいっても，この世界で完全に摩擦力をゼロにするのはまずできないから，できる限り摩擦力を少なくした状態で実験してみるよ。運動していない物体に全く力を加えなかった場合，まず物体はどうなっているかな？

「何も力を加えなかったら，物体はそのまま止まっていますよね。」

そうだね。力を加えなかったら，動き出すことはない。じゃあ動き出した物体に何も力が加わらなかったら？　どうなるか試してみようか。

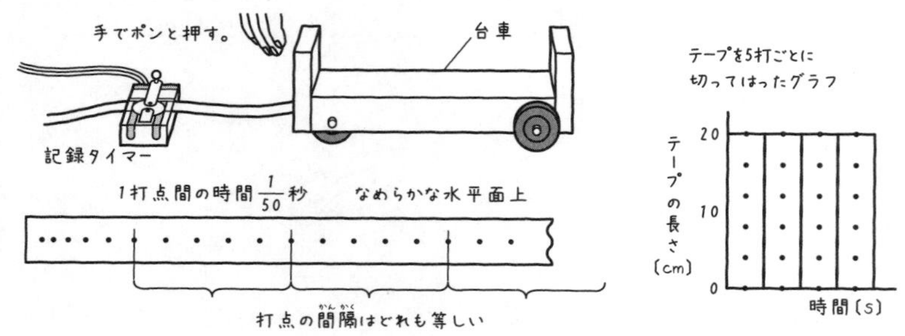

「テープを見ると，最初の押したときだけは間隔が大きくなっていますけど，そのあとはほとんど一定になっています。」

でしょ。記録テープの打点は，常に同じ間隔で打ちこまれているね。**打点の間隔が等しいということは，速さが一定である**ことを表しているよ。

等速直線運動

- 物体に**外部から力がはたらかない**ときや，**すべての力がつり合っている**とき，動いている物体は**一定の速さで**一直線上を進む。この運動を**等速直線運動**という。
- 記録タイマーで速さを測定すると，点の間隔が**常に一定**になる。

それじゃあ，等速直線運動の問題に関して，距離と速さと時間の関係から考えてみよう。

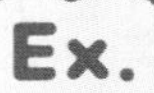

次の問題に答えなさい。

等速直線運動をしている，ある物体の運動を調べた結果，0.5秒で15cm進んでいることがわかった。この物体は，3秒で何cm進むか？

「ええ…これ，距離＝速さ×時間で計算できないような…」

式をただ単に丸暗記しただけじゃ対応できないね。きちんと本質を理解することが大事なんだ。

「いったいどうやって計算すればいいんですか？」

では，解説しよう。等速直線運動は速さが変化しないから，まずは速さを求めてしまおう。速ささえわかれば，速さ×時間で距離を計算できるね。

解答 まずは「0.5秒で15cm進んだ」というところから，速さを求める。

15cm　÷　0.5s　＝　30cm/s

次に，速さ×時間で距離を求める。

30cm/s　×　3s　**＝　90cm**

「なるほどなぁ～…ただ覚えるだけじゃダメってことか。」

「等速直線運動については理解できましたけど，摩擦力がほとんどない状態って，実際につくるのはむずかしいんですよね。それなら，実際の生活で等速直線運動をすることはないんですか？」

いや，実は摩擦力がゼロじゃなくても等速直線運動になる場合があるんだ。それは，摩擦力とつり合う力を与(あた)えている場合。例えば，車はタイヤや空気にはたらく摩擦力と同じ大きさの力を加え続けることで，一定の速さで走ることができるんだ。こうした物体の運動は「**慣性(かんせい)の法則**」に従うんだ。

「慣性の法則」って何？

「何ですか？　この慣性の法則って。」

言ってみれば，自分を貫(つらぬ)く法則ってとこかな。止まっているなら止まっている，動いているなら動き続ける，つまり，「物体は現在の状態を貫こうとする」ってことだ。このことを慣性の法則というんだ。

Point 208 慣性の法則

- **静止している物体は静止し続けようとし，運動している物体は等速直線運動を続けようとする。**これを**慣性**(かんせい)**の法則**という。
- **慣性**とは，物体がその状態を維持(いじ)しようとする性質のこと。

「まぁ，力を加えてもいないのに勝手に動き出したり，止まったりしたら怖(こわ)いですよね。心霊現象(しんれいげんしょう)ですよ。」

「もしかして，『車は急には止まれない』っていうのも，この慣性の法則のせいですか？」

そうだよ。ブレーキをかけても急に止まらないのは慣性の法則があるからなんだ。特に，急発進や急停止のときに，慣性の法則を感じやすい。例えば電車で発車する前，自分たちのからだは静止している。発車すると，電車は動き出すんだけど，慣性の法則によって自分たちのからだは静止し続けようとする。だから，からだは乗り物の進行方向とは反対の方向によろけるんだ。

「あ～，だから，いつも電車に乗って発車したとき，倒(たお)れそうになるんですね。止まるときも倒れそうになりますけど，あれは？」

あれも慣性の法則だよ。乗り物が停止するときに倒れそうになるのは，それまでからだが動き続けていたのに，急に静止しようとするからだ。動き続けていたからだは，慣性の法則によって等速直線運動を続けようとする。でも，それを静止しようとするからよろけるんだ。

✓CHECK 89　つまずき度 ❗❗❗❗❗　➡ 解答は別冊 p.43

1　一定の速さで一直線上を進む物体の運動のことを（　　　　）という。

9-8 作用・反作用の法則

力のはたらきにおいて，作用・反作用の法則の理解はとても大切だ。つり合う2つの力に似ているから，力のつり合いと同じ点，ちがう点に注意して学んでいこう。

作用と反作用って何？

力を加えると運動する向きや速さが変化するのはよくわかったかな？

「逆に言えば，力を加えない限り，慣性の法則でそのままの状態を維持しようとするんですよね。」

「でも，力を加えたからといって，必ずしも運動が変化するわけじゃないですよね。壁とか押してもびくともしないですし。これって力はどうなっているんですか？」

ほぉ，素晴らしい疑問だ。運動しない場合でも，力ははたらいているよ。では，**作用・反作用の法則**について説明しよう。

Point 209 作用・反作用の法則

- ある物体が別の物体に力を加えると，力を加えた物体も力を加えられた物体から力を受ける。これを**作用・反作用の法則**という。
- 作用と反作用の力は，2つの異なる物体の間で同時にはたらく。**大きさは等しく，向きは反対，同一直線上**にはたらく。

例えば壁を押す場合，壁を押している手は，壁からも押し返されているんだ。押している手の力が**作用**，壁から押し返されている力が**反作用**ってことだよ。

「2つの力のつり合いとは何がちがうんですか？　似ていますけど。」

つり合う力は，2つの力が1つの同じ物体に対してはたらくものだ。それに対して，**作用と反作用の力は，2つの物体の間にはたらくもの**なんだよ。

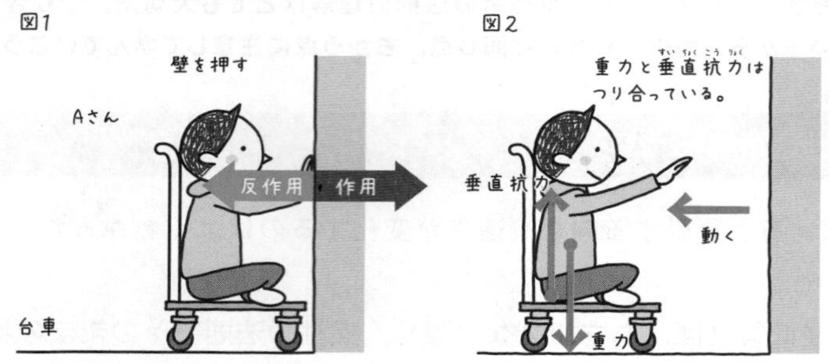

「本当だ。重力と垂直抗力みたいにつり合う2つの力は，人のように1つの物体にはたらいています。作用・反作用の力は，人と壁のように2つの物体ではたらいていますね。」

CHECK 90　　つまずき度 !!!!!

➡ 解答は別冊 p.43

1　ある物体が別の物体に力を加えると，力を加えた物体も力を加えられた物体から力を受ける。これを（　　　）の法則という。

9-9 力と距離で表される仕事

仕事といえば，お金をもらうためにはたらくというイメージが強いと思う。でも，理科ではもっと限られた意味で「仕事」という言葉を使うよ。

理科でいう「仕事」とは？

運動については，もう理解できたかな？　次はその運動から発展して「**仕事**」について学んでいくよ。

「仕事？　父さんや母さんがはたらいている仕事ですか？」

いや，一般的（いっぱんてき）にいう仕事と理科でいう「仕事」は少しちがうんだ。理科でいう仕事は，すごく簡単にいうと，「**どれくらいの力でどれくらい動かしたか**」。これだけなんだ。

Point 210 仕事の求め方

- 仕事は，次の式から求められる。仕事の単位はジュール〔J〕。
  仕事〔J〕
  　＝力の大きさ〔N〕×力の向きに動いた距離（きょり）〔m〕

理科でいう仕事を考えるうえでは，力仕事で，重たいものを押して動かしているところをイメージするのがいいかな。例えば，部屋の端（はし）から端へ本棚（ほんだな）を押して動かすとしよう。本棚が重ければ重いほど，大きな力で押さないといけないよね。**大きな力を出すということは大きな仕事をしている**ということだ。また，**動かす距離が長ければ長いほど，大きな仕事になる。**でも，本棚が動かなければ仕事をしたことにはならないんだよ。

「じゃあ，あまりに重くて動かせなかったとき，がんばっても仕事は0になるんですか？」

残念だけど，そういうことになるね。大事なのは結果。例えば，先生に「この本棚をここからあそこまで動かして」と言われて，重くて1mmも動かせなかったとしよう。先生から見てどうかな？

「あ～。たしかにがんばってはいても，仕事はしてないですね。そっかぁ，がんばるだけじゃだめなのか。」

そういうことだね。それじゃあ，実際に仕事の大きさを計算できるように練習してみよう。

次の問題に答えなさい。

50Nの力で3mの物体を動かしたときの仕事は何Jか。

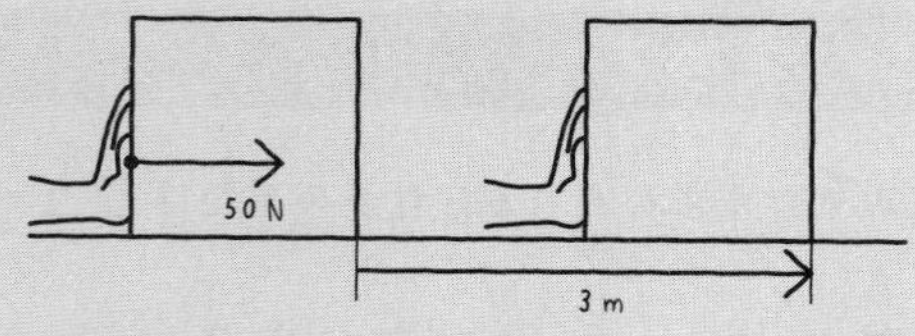

「えーっと，50Nの力で3m動かしたんですよね。ってことは，50N×3mを計算すればいいんですね。」

解答 50N × 3m ＝ **150J**

正解！　こんなふうに，仕事は，はたらく力とその力の方向に動いた距離の積を計算することで求められるんだ。

コツ **仕事を計算するときは，力のはたらく「向き」に注意する。物体の移動方向と力のはたらく向きが同じときのみ，単純なかけ算で求められる。**

重力や摩擦力に逆らう運動の仕事を求めよう！

今度は，物体を持ち上げる運動の仕事について考えてみよう。例えば，質量が5kgの物体を持ち上げる場合だ。

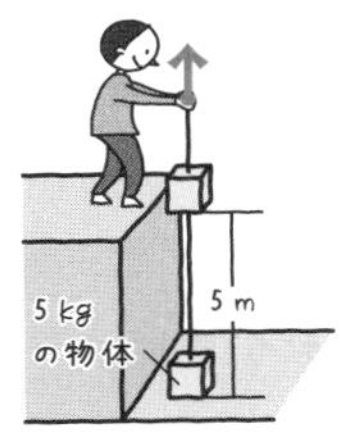

「物体の質量が5kgってことは，物体は地球に向かって50Nの力で引っ張られているってことですね。」

そうだね。この物体を5m上の高さまで持ち上げたとすると，どれくらいの仕事をしたことになるかな？

「物体が持ち上げられる力の向きと，物体が動く向きはどちらも上方向で同じですね。だから，50N×5mで250Jです。」

いいね。正解だ。さっき教えた仕事の式，**仕事〔J〕＝力の大きさ〔N〕×力の向きに動いた距離〔m〕**の通りでしょ。この式をしっかり理解できていれば大丈夫（だいじょうぶ）だよ。今度は水平な方向に運動する場合の仕事だ。

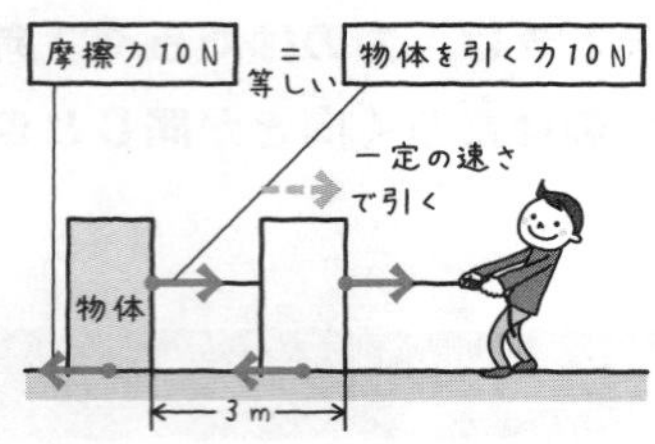

ここに，弱い力で引っ張っても動き出さない物体がある。これはなぜ動き出さないかわかるかな。

「摩擦力(まさつりょく)ですか？」

その通り。この物体を動かすためには，最低でも摩擦力と同じ大きさの力が必要になる。慣性の法則のせいだね。

「摩擦力より大きい力じゃなくてもいいんですね。」

動かす速さを変えるためには摩擦力より大きな力が必要だけど，**一定の速さで動かしているときは摩擦力と同じ大きさの力**でいいんだ。

「じゃあ摩擦力が10Nで3m動かしたから，30Jってこと？」

そうだね。摩擦力が小さいほど，弱い力で十分。同じ距離を動かすとき，摩擦力が小さければ仕事は小さくなるんだ。

CHECK 91　つまずき度 !!!!!　➡ 解答は別冊 p.43

1　10kgの物体を30mの高さまで持ち上げたとき，その仕事は（　　　）Jである。ただし，100gの物体に加わる重力を1Nとする。

2　8kgの物体を動かしたとき，摩擦力が5Nだった。この物体を3m動かしたときの仕事は（　　　）Jである。

9-10 仕事の原理

できるだけ小さい力で仕事をしたいとみんな思うよね。今回は，どうすれば小さい力で大きな仕事ができるようになるか，仕事の原理に注目して考えてみよう。

小さい力で大きな仕事をするには？

２人に質問だけど，20kgの台車を引っ張って，ある高さまで運ぶとき，次の２つの坂道がある場合，どっちを選ぶ？　あ，摩擦力(まさつりょく)はゼロとするよ。

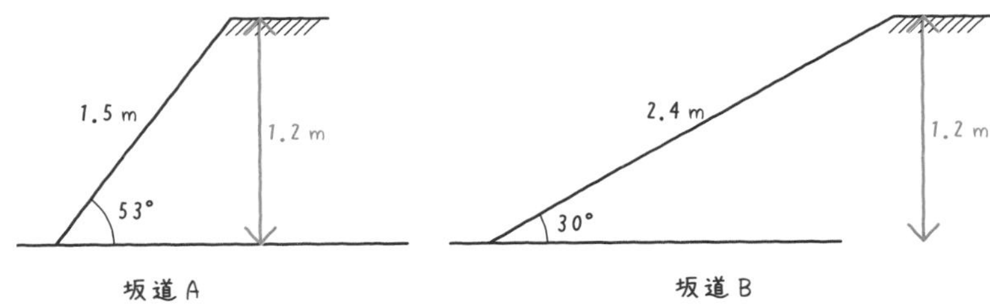

「距離(きょり)が短い方がいいから，坂道Aの方がいいかな。」

「う～ん。距離は長いけど坂道Bの方かなぁ。やっぱり斜面(しゃめん)がゆるやかな方が楽ですもん。」

性格が出ていて面白いね。実は，これどっちを選んでも同じスタート地点から同じゴールにつくから，仕事の大きさは同じなんだ。

「え，同じなんですか？　何かちがう気がするけどなぁ…」

この2つの道は，どっちの道でも1.2mの高さまで運ぶことができるんだ。**同じ高さまで運ぶってことは，その物体を持ち上げるためにした仕事の大きさは同じ**であるはずだよね？

コツ **摩擦力がない場合，横にどれだけ動かしても仕事は0となる。そのため，垂直な方向にどれだけ持ち上げたかを考えればいい。**

「動いた距離が長いと仕事が大きくなる気がしますけど…」

「たしかに距離は長いけど，斜面（しゃめん）の角度が小さければ力も小さくてすむわよ。」

どっちも大事なことを言っているよ。斜面の場合は，傾（かたむ）きを考えなくちゃならないんだ。台車の質量は20kgだから，もし，垂直に持ち上げるとしたら約200Nの力が必要だね。

「200N×1.2mで240Jの仕事になりますね。」

そうだね。じゃあまずは，坂道Aのとき，どうなるか見てみよう。坂道Aの場合，200Nの重力を分解すると，斜面に平行な方向の分力は160Nになるんだ。つまり，160Nの力で引っ張る必要がある。斜面の距離は1.5m。仕事はいくらになるかな？

「160N×1.5mだから…240J。垂直に持ち上げるときと同じ！」

そうだろう。同じように坂道Bのときを考えよう。坂道Bのとき，斜面に平行な方向の分力は100Nになる。つまり，100Nの力で引っ張り上げるってことだね。

「距離は2.4mだから，100N×2.4mで240Jになりますね。」

どの方法でも，1.2mの高さまで20kgの物体を持ち上げたことに変わりはないよね。だから，**最終的な仕事の大きさは同じ**なんだ。このことからわかるように，**同じ大きさの仕事をするときは，距離を長くすることで，必要な力を少なくすることができる**んだ。これを**仕事の原理**というよ。坂道だけじゃなく，動滑車やてこといった道具を使っても，距離を長くして力を減らすことができるんだよ。

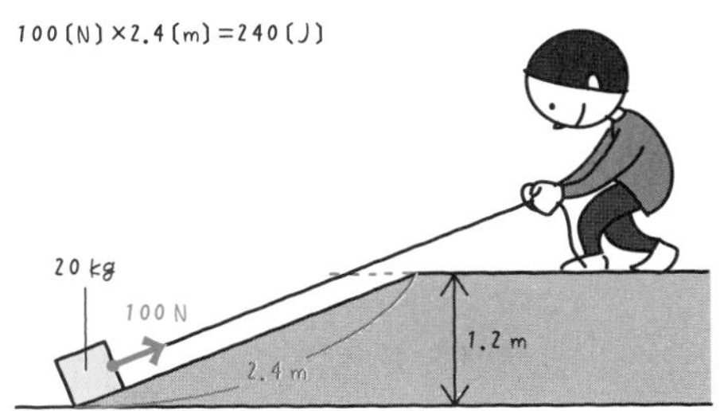

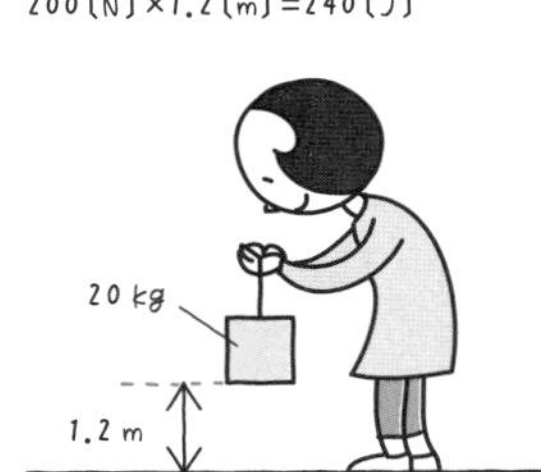

仕事の原理

- 同じ仕事をするのに，道具を使っても使わなくても仕事の大きさは変わらない。これを**仕事の原理**という。

「動滑車？　何ですかそれ。」

物体といっしょに動く滑車のことだよ。

「ひもを引っ張ると，滑車もいっしょに動くんですね。」

そういうこと。動滑車がひもといっしょに動くことで，引っ張る距離を長くすることができるんだ。そうすれば，力を小さくすることができるよね。1つの動滑車を使用すれば，物体を動かす距離に対して**引っ張るひもの長さが2倍になる**んだよ。

「固定した滑車じゃダメなんですか？」

固定した定滑車は引っ張るひもの距離がふえないから，引っ張る力は変わらないんだ。力の向きを変えることはできるけどね。じゃあ実際の数値で考えてみようか。動滑車の重さはほとんど0と考えていいよ。

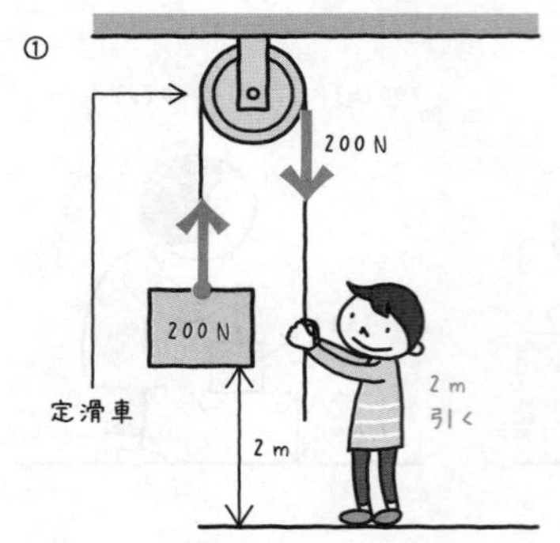

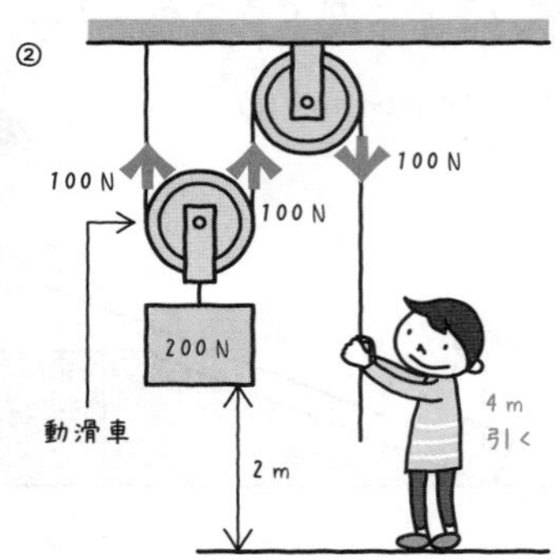

「定滑車は，200Nで2m引き上げているから，400Jですね。」

「動滑車は，物体を2m引き上げるのに，ひもは4mも引っ張るんですか？」

そうだね。さっき言った通り，動滑車を使えば，物体を動かす距離に対して，引っ張るひもの長さは2倍になるんだ。つまり4mだね。これは，物体を2m持ち上げるために，動滑車の左右にあるひもの両方が2mずつ引っ張られたからなんだ。

「つまり，物体にとっては2m持ち上がっただけだけど，引っ張る人にとっては，ひもを4m引っ張る必要があったってことですね。」

そういうことだね。それじゃあこの動滑車を使った場合，何Nの力で引っ張ればいいかな？　20kgの物体を2m持ち上げる仕事自体は400Jのままだよ。

「式を変形したら，力〔N〕＝仕事〔J〕÷距離〔m〕だから，400J÷4mで100Nですね。あ！　さっきの力の半分になっている。」

言った通りでしょ。このように，動滑車を用いることで**距離をふやして，小さな力でも同じ仕事をすることが可能になる**んだ。

「ほかにはどんな道具があるんですか？」

てこも同じように，距離を長くすることで力を小さくしているよ。

「てこって，支点・力点・作用点ってやつですね。支点と力点が離(はな)れているほど，楽に持ち上げられるんでしたっけ？」

そうそう。そのてこだよ。物体が動いた距離と実際に手が動いた距離をもとに考えるとわかりやすいんだ。

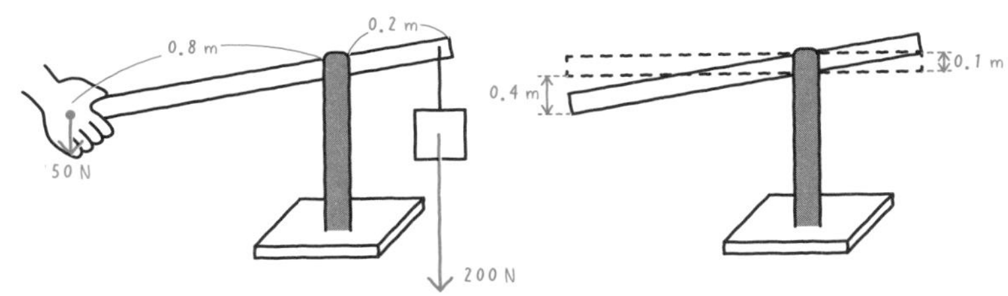

「ふつうに持ち上げたら200N必要なのに，てこを使ったら50Nでいいんですね。すごい！」

そうだろう。とにかく大事なのは，**道具を使っても最終的な仕事の大きさは変化しない**ってこと。この原理を利用することで，より小さな力でも，大きな仕事をできるようになるんだ。

✓CHECK 92

つまずき度 !!!!!

➡ 解答は別冊 p.43

1　8kgの物体を5mの高さまで持ち上げるのに必要な仕事は(　　　)Jである。また，同じ物体を同じ高さまで運ぶために，10mの斜面の長さをもつ坂道を使った。このときに必要な力の大きさは(　　　)Nである。ただし，100gの物体に加わる重力を1Nとする。

9-11 効率的な仕事と仕事率

同じ仕事でも，機械を使えば簡単にすぐ終わることがある。人間の力だけでがんばってするのと，機械を用いてすぐに終わりにするのでは，いったい何がちがうのだろうか。

仕事の効率がわかる仕事率

仕事についてはだいぶわかってきたかな？　仕事の求め方，仕事の原理は特に大事だから，きちんと復習しようね。

「仕事といえば効率も大事ですよね。どんなに時間をかけても，同じ力で同じ距離（きょり）を動かせば，同じ仕事の大きさになるんですか？」

仕事の大きさ自体は同じだ。でもね，仕事を終えるのが早い方が効率的に仕事をしているよね。実際の仕事でも「早く仕事を終わらせている人は効率的に仕事をしている」と言えるよね。このように，**一定の時間の中でどれだけ仕事をしたのか**，というのを理科では**仕事率**というよ。

Point 212 仕事率

- 単位時間あたりにする仕事の大きさのことを**仕事率**という。
- 仕事率は以下の式で求められる。

$$\text{仕事率〔W〕}=\text{仕事率〔J/s〕}=\frac{\text{仕事〔J〕}}{\text{仕事にかかった時間〔s〕}}$$

「時間の単位は秒なんですね。分や時間ではないのですか？」

人間の仕事の場合は1時間あたり，あるいは1日にどれだけ仕事をしたのかが重要になることが多いけど，理科の場合は，**1秒あたりにどれくらいの仕事をしたのか**が大事なんだ。じゃあ，実際に仕事率を求めてみようか。

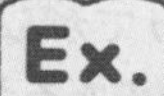

次の問題に答えなさい。

引っこし屋さんが10kgの荷物を高さ30mのビルの屋上まで，10分かけて運んだとき，行った仕事の仕事率を求めよ。また，クレーン車で10秒かけて運んだときの仕事率を求めよ。ただし，100gの物体に加わる重力を1Nとする。

「まず，質量が10kgだから力の大きさは100Nになります。」

「仕事の大きさは100N×30m＝3000Jですね。」

よし。仕事まではスムーズに求められているね。あとはこの仕事を時間で割ればいいんだ。10分は600秒だから…

解答 仕事の大きさを求めると，

100N × 30m ＝ 3000J

よって，仕事率は，

3000J ÷ 600s ＝ **5W（5〔J/S〕）**

つまり，この引っこし屋さんは1秒あたりに5Jの仕事をしたってことになるんだ。じゃあ，もしクレーン車があって，同じ荷物をたったの10秒で屋上まで運んだ場合，仕事率はどうだろうか？

「3000J÷10s＝300Wです。引っこし屋さんの60倍も大きな仕事率ですね。」

その通りだ。仕事率が大きいほど，短時間で大きな仕事ができるってことを理解しておこう。

解答 引っこし屋さんと同じ仕事をするので，クレーン車がする仕事は3000 J。
よって，クレーン車の仕事率は
　　3000 J　÷　10 s　＝　**300 W**

「そういえば，単位の〔W〕ってどこかで見たような…」

実は，この仕事率の〔W〕は7章で学んだ電力の〔W〕と同じなんだ。例えば消費電力300 Wのモーターを使ったとき，最大で1秒に300Jの仕事ができるし，1500 Wのモーターを使えば，1秒に1500 Jの仕事ができるってことなんだよ。

つまずき度 !!!!!

➡ 解答は別冊 p.43

1　8kgの物体を5mの高さまで運ぶのに40秒を要した。このときの仕事率は（　　　）Wである。ただし，100gの物体に加わる重力を1Nとする。

2　問1と同じ仕事率で12kgの物体を5mの高さまで持ち上げるのに必要な時間は（　　　）秒である。

9-12 位置エネルギーと運動エネルギー

「エネルギー」という言葉はよく耳にすると思う。しかし，エネルギーとはいったい何のことだろうか。ここでは，エネルギーについて，しっかりと学んでいこう。

エネルギーとは何か？

仕事や仕事率についてはもう大丈夫(だいじょうぶ)だね。今回はエネルギーについて解説するよ。

「エネルギーという言葉はいろんなところで聞きますけど，そもそもエネルギーって何ですか？」

エネルギーは，何かをするときに必要な力の源のことだよ。このエネルギーがあるから，仕事をすることができるんだ。

Point 213 エネルギー

- 物体を動かしたり変形させたりなどの**仕事をする能力のこと**を**エネルギー**という。単位は**ジュール**（J）を用いる。

「つまり仕事をするためにはエネルギーが必要ってことですか？」

そういうことだ。さっき，ビルの屋上に荷物を運ぶ仕事について考えたよね。運んだ人間もエネルギーをもっているし，クレーン車もエネルギーをもっているんだ。そうじゃなきゃ荷物を屋上に持っていくなんて，できないよね。

「仕事ができたってことは，仕事をした人や物体にはエネルギーがあったってことですね。」

そういうことになるね。エネルギーの単位は〔J〕を使うんだけど，これって仕事の単位といっしょでしょ。ある物体が100Ｊのエネルギーをもっていたら，そのある物体はほかの物体に対して100Ｊの仕事をすることができるってことなんだ。

「なるほど～。エネルギーと仕事の単位はいっしょなんですね。」

そして，**エネルギーの大事な点は，移り変わることができるってこと**だ。人間がエネルギーを使って荷物を運んだら，その荷物にエネルギーが移動する。クレーン車がエネルギーを使って荷物を運んだら，クレーン車から荷物へエネルギーが移動するんだ。

「じゃあ，運んだ荷物はこのあと仕事をすることができるってことですか？　荷物がエネルギーをもっている，仕事ができるって，なんか違和感(いわかん)があるんですけど。」

まぁ，荷物は自分から動くものじゃないからね。仕事をするところは想像しにくいかもしれない。わかりやすくするために，もっと単純な場合にして考えてみよう。

運動する物体がもつ運動エネルギー

まずは，わかりやすい**運動エネルギー**について解説しよう。

「運動するのに必要なエネルギーってことですか？」

ちょっとちがうね。運動エネルギーとは，**運動している物体がもっているエネルギー**のことなんだ。

運動エネルギー

- **運動している物体がもっているエネルギー**のことを**運動エネルギー**という。
- 運動エネルギーは運動している物体が**速いほど**，また，物体の**質量が大きいほど大きくなる**。

運動している物体って，何か別のものにぶつかれば，その物体を動かすことができるでしょ。例えば，野球やゴルフのボールとか。

「たしかにそうですね。ボーリングも，動いているボールがピンにぶつかったときにピンが動きます。」

そんな感じ。つまり，動いている物体がほかの物体にぶつかることで仕事をするんだ。そして，速いほど大きな仕事をするし，質量が大きいほど大きな仕事をするんだよ。

「なんとなくですけど，大きな車がゆっくりぶつかるより，自転車がすごいスピードでぶつかる方が危険な気がします。」

それ大事！　運動エネルギーの大きさには速さも質量もどちらも関係するんだけれど，特に速さの方が大きな意味をもつんだ。それでは，運動エネルギーと質量，運動エネルギーと速さの関係を示すグラフを見てみよう。

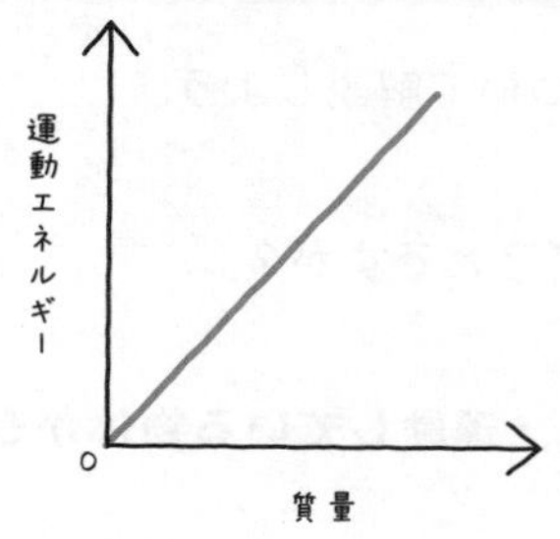

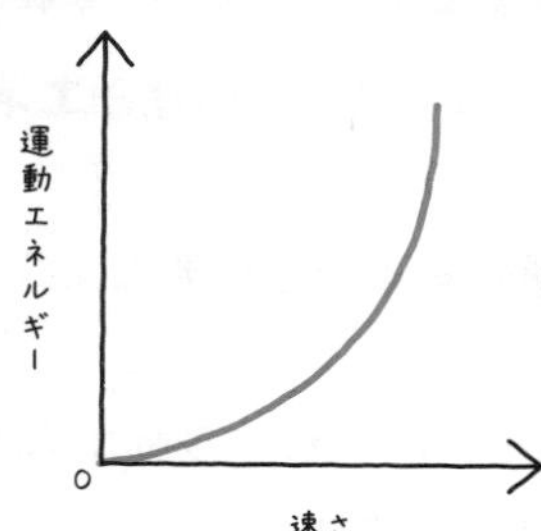

コツ　運動エネルギーの大きさは質量に比例し，速さの２乗に比例する。

まずは，横軸(よこじく)が質量になっている方のグラフを見てくれるかな？

「これは質量に比例して運動エネルギーが上昇(じょうしょう)していますね。直線のグラフになっています。」

その通り。質量を2倍，3倍とふやしていけば，運動エネルギーも2倍，3倍とふえていくんだ。では，速さの方はどうかな？

「横軸が速さの方のグラフはすごいことになっていますよ。質量のときのグラフよりも，運動エネルギーの大きさののび方が大きくなっています。」

これが2乗に比例ってやつなんだ。速さが2倍，3倍，4倍になると運動エネルギーが4倍，9倍，16倍になるんだ。

「本当だ。速さを大きくした方が質量を大きくするよりも，運動エネルギーをより大きくすることができるんですね。」

その通りだよ。だから，小さな車でもスピードを出しすぎれば，大きな事故になってしまうんだ。

「だから，スピードの出しすぎは危険なんですね。」

高い位置にある物体がもつ位置エネルギー

今度は，ある位置に存在する物体がもつエネルギーについて教えるぞ。

「位置？　位置がエネルギーをもつってこと？」

最初にエネルギーを解説したとき，荷物を運んだら荷物にエネルギーが移るって言ったよね。

「はい。人間やクレーンが荷物を屋上に運んだら，その荷物にエネルギーが移るって言っていました。」

そうだね。この荷物は10 kgで，ビルの高さは30 mだったよね。計算すると，この荷物を屋上まで運ぶのには3000 Jが必要だった。つまり，3000 J分の運動エネルギーを使って，荷物を運んだんだ。さぁ，この3000 Jのエネルギーはどこにいったのかな。

「その行き先が荷物なんでしょー。いや，でも置かれているだけの荷物がエネルギーをもつとは…よくわからないです。」

荷物を建物の頑丈な床の上に置いてしまうと想像しにくいね。じゃあもし，床に置かず，クレーンでつり下げただけだったらどうかな？　その真下を歩ける？

「それはちょっと…怖いですね。万が一落ちてきたときのことを考えると…10 kgが30 mの高さから落ちてくるんですよ。」

その恐怖こそ，ある意味，**位置エネルギー**といえるかもしれないね。もし，持ち上げた荷物が落ちてきたら，その荷物はものすごい速さで地面に向かってくるよね。物体が運動を始めるということは，もともと何らかのエネルギーをもっていたと考えることができるよね。

「それが位置エネルギー？」

そ！　高い位置にある物体は，それだけでエネルギーをもっているんだ。

位置エネルギー

- **高いところにある物体がもっているエネルギー**のことを**位置エネルギー**という。
- 位置エネルギーは基準となる位置（基準面）から**高いほど**，また，物体の**質量が大きいほど大きくなる**。

位置エネルギーも運動エネルギーと同様に，位置エネルギーと高さ，位置エネルギーと質量の関係を示すグラフを見てみよう。

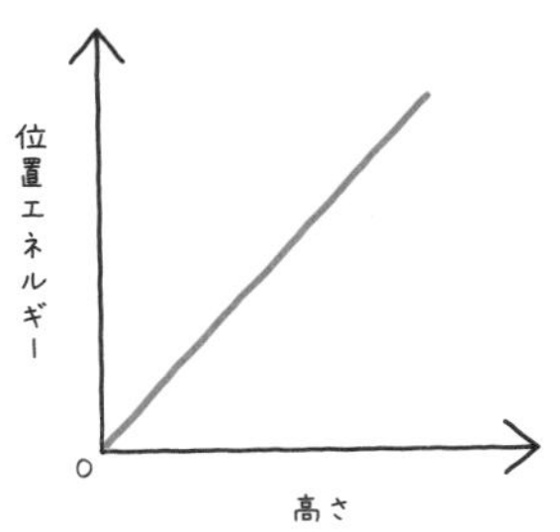

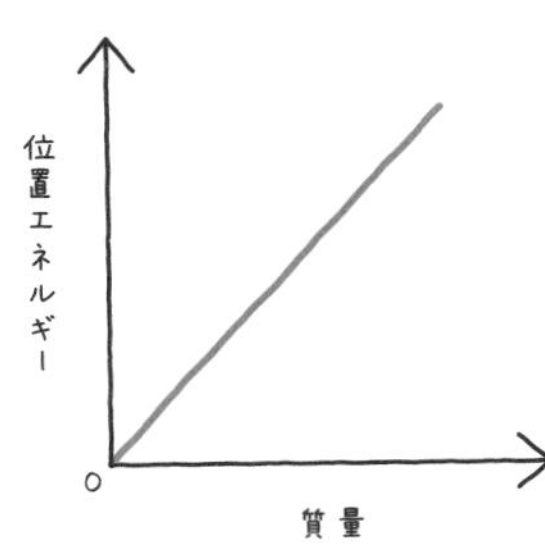

まず，**位置エネルギーは高さに比例して大きくなる**。高いところから落ちるほど，落下したときの衝撃（しょうげき）は大きくなるんだ。そしてもう1つ，質量にも注目してみようか。

「高さと同じで，**質量に比例**して位置エネルギーが大きくなっていますね。」

これでわかったと思うけど，**位置エネルギーは物体の質量が大きいほど，**また，**基準となる位置から高いところほど，大きくなる**んだ。

コツ **位置エネルギーは基準となる位置との高さの差が大事。逆に同じ高さでも，落下する先の「基準となる位置の高さ」が異なれば，位置エネルギーは異なる。**

✓CHECK 94

つまずき度 !!!!!

➡ 解答は別冊 p.43

1　運動している物体がもつエネルギーを(　　　　)という。
2　高い位置にある物体がもつエネルギーを(　　　　)という。

力学的エネルギーとその保存

位置エネルギーは運動エネルギーへと移り変わる。その２つのエネルギーの合計は常に一定になる。今回はその力学的エネルギー保存の法則について学んでいこう。

運動エネルギーと位置エネルギーの和である力学的エネルギー

「先生，気になったんですが，落下の最中って位置エネルギーが減って運動エネルギーがふえているんですか？」

よく気がついたね！　その通りで，落下しきると位置エネルギーは消えて，すべて運動エネルギーになるんだ。

「位置エネルギーと運動エネルギーって，おたがいにふやしたり減らしたりしているんですね。」

いい理解だね。実は，この２つのエネルギーにはある法則があるんだ。

Point 216

力学的エネルギー保存の法則

- **運動エネルギーと位置エネルギーの和を力学的エネルギー**という。
- ほかのエネルギーに変換されない限り，すべての運動において，**運動エネルギーと位置エネルギーの和は常に一定**である。これを**力学的エネルギー保存の法則**という。

「う～ん。いまいちイメージがわかないですね…」

じゃあ，具体的にふりこを使って説明しよう。

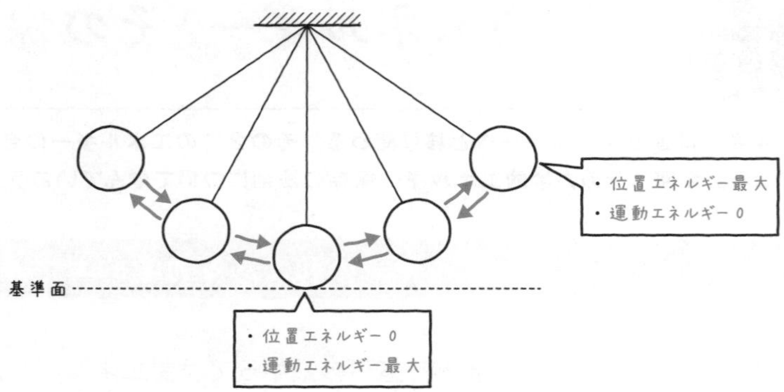

このふりこで注意して見てほしいのは，ふりこの先端（せんたん）の動きと位置だ。ふりこの先端が，いちばん低いところを基準面（高さ0）とするよ。さぁ，ふりこの動きはどうなっているかな？

「ふりこがいちばん高いところにきている瞬間（しゅんかん），ふりこは止まっていますね。逆にふりこがいちばん低いところにきている瞬間は，いちばん速くなってます。」

コツ **位置エネルギーが最小の場所では，運動エネルギーが最大になる。位置エネルギーが最大の場所では，運動エネルギーが最小になる。**

これが力学的（りきがくてき）エネルギー保存の法則だ。**摩擦（まさつ）や空気抵抗（くうきていこう）を考えなければ，位置エネルギーと運動エネルギーの和はどの場所でも同じになる**んだ。

「じゃあ，運動エネルギーと位置エネルギーの合計はずっと常に一定ってことですか？」

そういうことになるね。ただ，運動エネルギーや位置エネルギーが**熱エネルギーや電気エネルギー，化学エネルギーなどの力学的エネルギーじゃないエネルギーに変わってしまう場合は一定にはならない**んだ。それについてはこの次に学習していくよ。

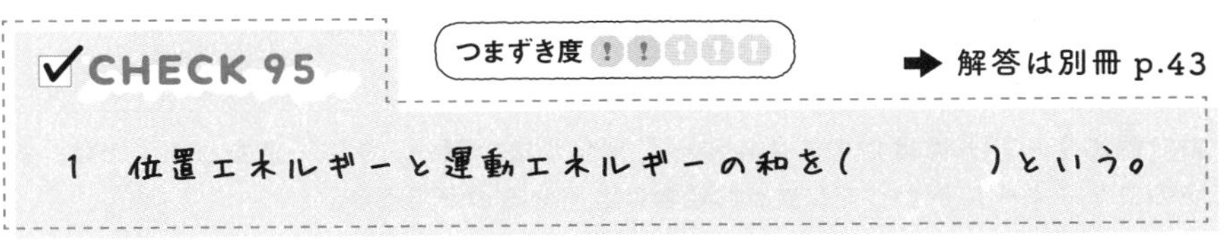

9-14 エネルギーの移り変わり

力学的エネルギーはほかのエネルギーに変化しない限り，常に一定だった。では，ほかのエネルギーに変わってしまった場合はどうなるのだろうか。

エネルギーはほかにもたくさんある！

「さっき言ってた，ほかのエネルギーに変化した場合は，力学的エネルギーはどうなっちゃうんですか?」

力学的エネルギー自体は減っちゃうね。でも，その減った分がほかのエネルギーになるから「全部のエネルギーの合計」は変化しないんだ。

Point 217 エネルギーの保存

- エネルギーの総量は常に一定に保たれる。これを**エネルギーの保存**という。

「へぇ～変化しないんですね。てっきり減っていくばかりかと思っていました。」

「ほかのエネルギーって，具体的にどんなものがあるんですか？」

さまざまなものがエネルギーとして存在しているんだけれど，知っておいてほしいエネルギーをいくつか紹介(しょうかい)しようかな。

Point 218 さまざまなエネルギーとその移り変わり

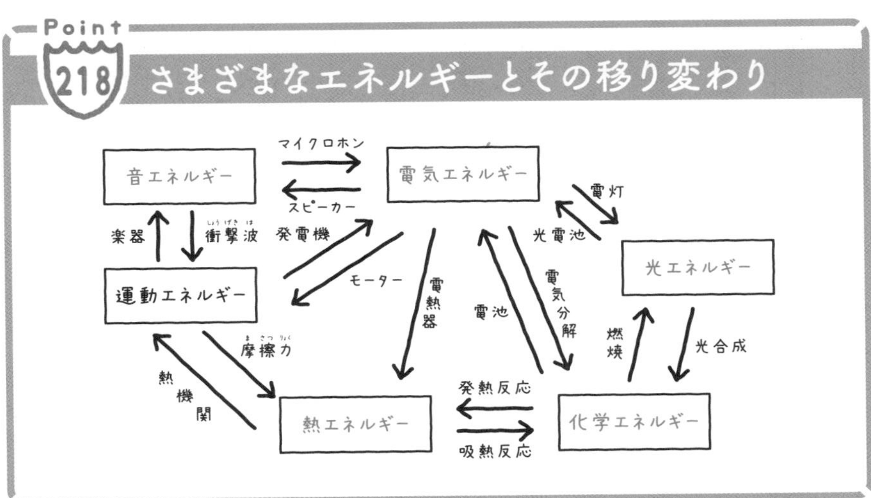

「うわ！　たくさんある！」

「しかもさまざまなものに移り変わっていますね！」

自然界で見ても，人の生み出した科学技術を見ても，エネルギーはさまざまなすがたに変化しているとわかるよね。何より大事なのは，それら移り変わった**エネルギーの総量は常に変化せず，保存されている**ということ。これは決して忘れちゃだめだよ。

「そういえば，摩擦や空気抵抗って何のエネルギーを生み出しているんですか？」

大きいのは**熱エネルギーや音エネルギー**だね。ほら，寒いときにこするとあたたかくなるでしょ。あれって，摩擦によって運動エネルギーが熱エネルギーに変化しているんだ。

エネルギーを効率よく変換したい！

「じゃあ，摩擦や空気抵抗が少なければ，力学的エネルギーの減少が少しですむってことか。」

そうだね。位置エネルギーから運動エネルギーを得るときに，摩擦や空気抵抗は少ない方がいい。目的のエネルギーを手に入れるときに，目的以外のエネルギーに変わらない方がいいのは当然だよね。

エネルギーの変換効率

- はじめに入れたエネルギーに対して，どれだけ目的のエネルギーに変えることができるか。これを**エネルギーの変換効率**(へんかんこうりつ)という。

「でも，空気抵抗とか摩擦みたいなのって減らせるんですか？」

減らせるよ。例えばレーシングカーなんかは，速さが命だから，空気抵抗ができる限り小さくなる形状になっている。また，電気でいえば，超伝導(ちょうでんどう)なんてまさにそうだね。送電線に抵抗があると，電気エネルギーが熱エネルギーなどに変化して失われてしまう。その電気エネルギーの損失を減らすために，抵抗のない超伝導の開発が進められているんだよ。

✓CHECK 96

つまずき度 !!!!!

➡ 解答は別冊 p.44

以下に示したエネルギーの変換について，空欄(くうらん)をうめよ。

1　スピーカー：(　　　)エネルギー　→　(　　　)エネルギー
2　電池：(　　　)エネルギー　→　(　　　)エネルギー
3　摩擦力：(　　　)エネルギー　→　(　　　)エネルギー

9-15 熱エネルギー

熱エネルギーはさまざまなものから生み出され，そして，さまざまなエネルギーへ利用されている。そもそも，熱にはいったいどのような性質があるのか，ここで学ぼう。

熱の伝わり方は3種類！

「熱といえば熱いってことくらいしかわからないけど，今さら何か学ぶことがあるんですか？」

もちろん。熱いと感じることが熱では重要なんだ。熱いと感じているということは，その大きな熱をもった物体から熱が伝わって，体に届いている証拠(しょうこ)だ。これはまさに，熱エネルギーの移動といえる。

「じゃあ，逆に冷たいと感じる場合はどうなんですか？」

冷たいと感じるときは，熱が逃(に)げているということなんだよ。こうした熱の伝わり方は，大きく3種類に分けられるんだ。

Point 220 熱の伝わり方

- 高温の物体と低温の物体が接触(せっしょく)したとき，**高温の物体から低温の物体へ**熱が移動する現象を熱の**伝導**(でんどう)（**熱伝導**(ねつでんどう)）という。
- 気体や液体の，**温度の高い部分は上へ**流れ，**温度の低い部分は下に**流れて，全体に熱が伝わる現象のことを**対流**(たいりゅう)という。
- **直接ふれていなくても**熱が伝わる現象を**放射**(ほうしゃ)（**熱放射**(ねつほうしゃ)）という。

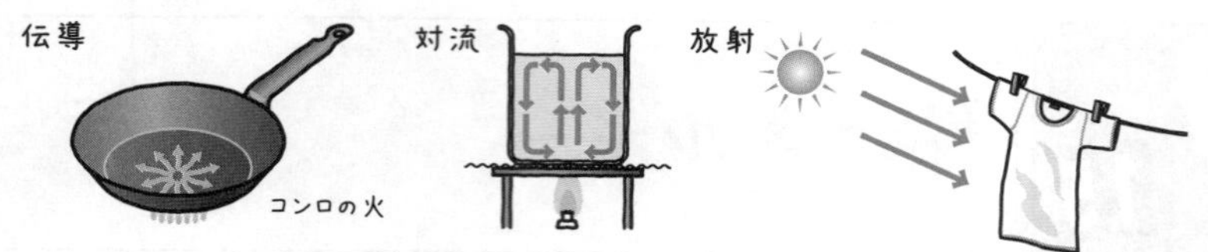

さっき2人が熱いとか冷たいと感じるって言ってくれたけれど，直接ものにさわって感じるときと，そうじゃないときがあるよね。

「直接さわるものなら…例えばお風呂のお湯とか，冷たいものなら雪とかですかね。」

「直接さわらないものは，ストーブとかですね！」

2人ともその通りだよ！　直接ふれて熱が移動することを**伝導**，直接ふれなくても熱が移動することを**放射**というんだ。放射はほかにも，太陽の熱が例にあげられるね。

「対流の例はないんですか？」

お風呂とかいい例じゃないかな。お湯が沸いたのになかなか入らないで放置しておくと，あたたかい水は上の方にきて，冷たい水は下の方にいくんだ。放置したお風呂にうでを突っこむと，それがよくわかるよ。

「温度が高いと上にいって，温度が低いと下の方へいく…何か，気圧のところでやったような…」

お！　素晴らしい。気圧なんて，典型的な対流だね。あたためられた空気は，膨張して密度が小さくなり，上空へいく。これが低気圧の正体だったね。

「たしかに！　逆に高気圧では，下降気流が生まれて，低気圧の方へ

向かっていくんですよね。これも熱の対流なんですね。」

そういうこと。それぞれどういう伝わり方なのか，説明できるようにしておこう。

コツ **熱は，必ず高いところから低いところへ移動し，温度を均一にしようとする。**

熱エネルギーはどう利用されている？

「でも，熱がそんなに簡単にほかに移ってしまうんだったら，熱エネルギーって使いにくいんじゃないですか？」

熱が伝わりやすいことには，利点と欠点が両方あるんだ。まず，伝わりやすいということは，ほかのエネルギーに変えやすいということができる。だから火力発電所なんかは，熱エネルギーをもとに水蒸気を生み出して運動エネルギーに変え，そこから電気エネルギーを生み出しているんだ。

「へぇ～。電気エネルギーの一部は，もともと熱エネルギーだったんですね。じゃあ，欠点は何ですか？」

欠点はためておきにくいこと。熱を維持（いじ）しようとしても，どうしても，伝導や放射によって，熱がうばわれていってしまう。つまり，何もしなくても熱エネルギーが拡散してしまうんだ。

「あー，たしかに。冬場は食べ物がすぐに冷めてしまって困ります。」

そうでしょ。だから，熱エネルギーを利用するときは，できるだけ熱が失われないように，熱を効率的にためこむ工夫をしているよ。例えば，水筒（すいとう）は真空の断熱層をつくることで，熱が放出されにくいしくみになっている。

「だから水筒は，あたたかいものを入れたときは冷めにくいし，逆に冷たいものを入れたときはぬるくなりにくいんですね。」

また，熱エネルギーを効率的に利用するために，熱をすばやく放出するしくみも存在する。このように，熱エネルギーはさまざまなものにかかわっているとても大事なものなんだ。

CHECK 97　つまずき度 !!!!!　➡ 解答は別冊 p.44

1　熱の伝わり方には，接触した2つの物体の間で移動する（　　　），離れた物体に対して移動する（　　　），温度差のある気体や液体などが均一になるよう移動する（　　　）の3種類が存在する。

理科 お役立ち話 9

100 mLの水を沸かすのに必要なエネルギー

2人はお湯を沸かして，沸騰させたことはある？

「ありますよ。ガスコンロでも電気ポットでも。お茶を入れたり，インスタント食品をつくったりするためには必須ですよね。」

そうだね。実はそのお湯を沸かすという行為，意外にも大きなエネルギーを使っているって知ってた？

「エネルギーが必要ってのはわかりますけど，そんな大きなエネルギーが必要なんですか？」

ちょっと計算してみようか。まず前提条件として，エネルギー変換効率が100％の場合，1ｇの水を1℃上昇させるのに必要なエネルギーが4.2 Jだということがわかっている。これを使うぞ。そして，シチュエーションはこうだ。

問題

お茶を飲もうと，100 mLの水を用意した。このとき，水温は20℃であった。この水を100℃にするのに必要な熱エネルギーは何Jか。

「100 mLを20℃から100℃まで上昇させるのですから，100 mLを100ｇに変換して，

100ｇ×(100℃－20℃)×4.2＝33600 J

3万3千600 Jですね…って3万以上!?」

そう。たった100mLのお湯を沸かすのに3万Jものエネルギーが必要なんだ。

「いや…3万Jって言われても，よくわかんないですよ。」

運動エネルギーに変換して考えてみようか。これは，50kgの物体を67.2mの高さまで持ち上げるのに等しい。67.2mっていったら，20階をこえる高さだね。必要な力は500Nだから，

500N×67.2m=33600J

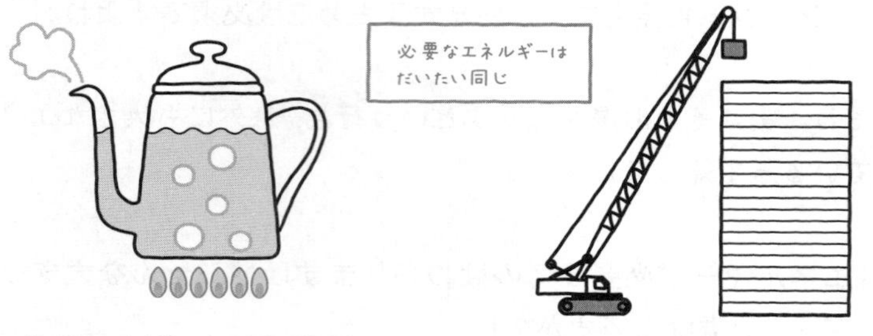

水100mLを20℃から100℃に沸かす　　50kgの物体を20階の高さまで上げる

「えええ！　そんなに重いものをそんな高さまで運べちゃうんですか！　100mLの水を沸騰させるエネルギーで!?」

そうだよ。すごく大きなエネルギーでしょ。

「じゃあ1L沸騰させるには，その10倍のエネルギーが必要ってことですよね。なんかすごい量…」

そうなんだ。料理するときやお風呂(ふろ)に入るときは，もっとたくさんの熱エネルギーが必要になる。このように，ふだん何気なく使っているものでも，ものすごく大きなエネルギーが使われているんだ。特に，電気エネルギーやガスなどの化学エネルギーは，科学技術の発展によって，ものすごく使い勝手がよくなっている。そのせいでついついたくさん使ってしまいがちなんだ。エネルギーは，無駄(むだ)にしないように大切に使っていこうね。

中学3年 10章

生命のつながりと進化

「わーい，進化だ！　ぼくもパワーアップして進化したいなあ。」

「進化って，きっとそういうことじゃないでしょ！　わたしは遺伝子について知りたいな。聞いたことしかないから。」

2人とも，それぞれ意気ごみがあっていいね。この単元では，まず生物がどのようにして生まれ，どう成長していくかを学ぶよ。そのあと，はるか昔から現在までに，生物がどのような進化をしてきたのかをみていこう。

生物の成長

ここからは生物の成長について学んでいくよ。わたしたちのからだはどのように大きく成長してきたのか。大事なポイントは細胞の分裂と成長だ。

生物は分裂と成長をくり返して大きくなる

2人は生まれたばかりのとき，身長が何cmあったか知っている？

「わたしは，たしか50cmくらいだったとママに聞きました。」

先生も生まれたばかりのときは50cmくらいだったよ。それがいまでは175cmになった。2人もいまは，生まれたばかりのときよりもずっと大きくなったよね。今回は生物がどのようにして成長するのか学んでいくよ。

Point 221 細胞の分裂と成長

- **1つの細胞が2つの細胞に分かれる**ことを**細胞分裂**という。生物は**細胞分裂をくり返して**細胞の数をふやす。
- ふえた細胞が**成長して大きくなる**ことで，からだが成長する。

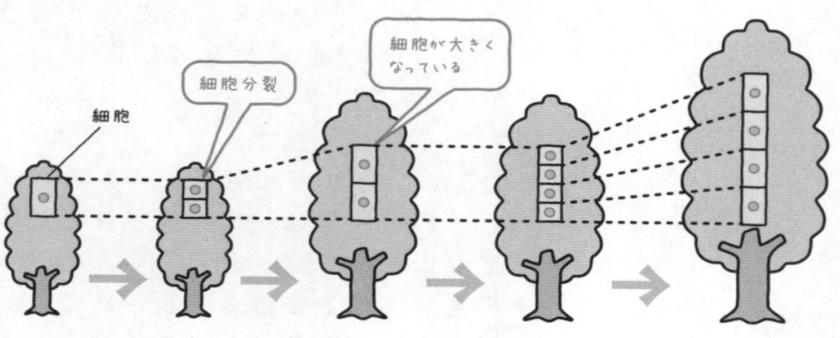

「たしかに細胞分裂で細胞の数がふえて，それぞれがもとの大きさまで大きくなったら，からだは大きくなりますね。」

「これってからだの全体で起こっているんですか？」

いいや。生物のからだは細胞分裂がさかんなところや細胞の成長がさかんなところ，成長が完全に止まっているところなど，場所によってちがうんだ。わかりやすい例で，植物の根があるよ。

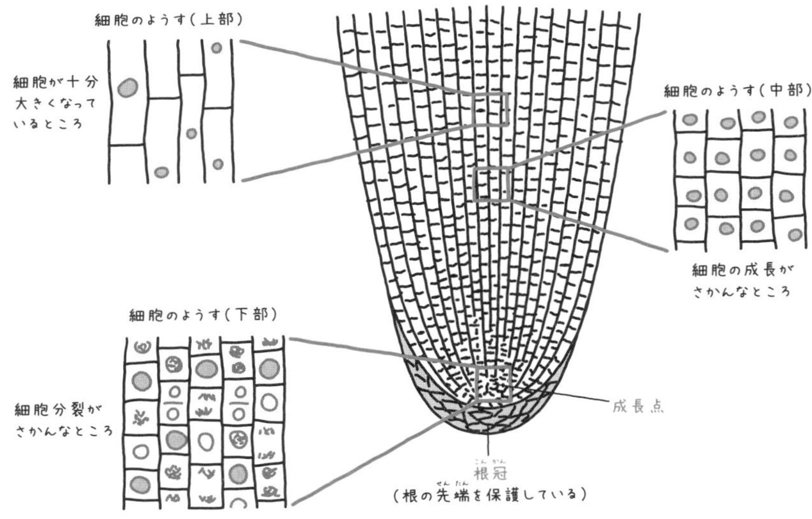

「根の先端の細胞は小さいですね。逆に根の上の方は細胞が大きいです。」

これは根の先端の方が，細胞分裂がさかんだからなんだ。特に根の先端近くは**成長点**とよばれ，**細胞の数をふやす**ことで成長を進めている。その成長点よりも上のところでは，**細胞そのものが大きくなる**ことで，成長を進めているんだ。さらに上の大きく成長した細胞があるところでは，細胞分裂は起こっていないんだよ。

「細胞分裂をするところと，細胞が成長するところ。場所によって細胞がしていることはちがうんですね。」

そうだね。このことを証明した実験がこれ。印が広がっているところほど，成長していることを示しているよ。

●方法→ソラマメの種子が発芽して 2～3cm のびたら，印をつける。

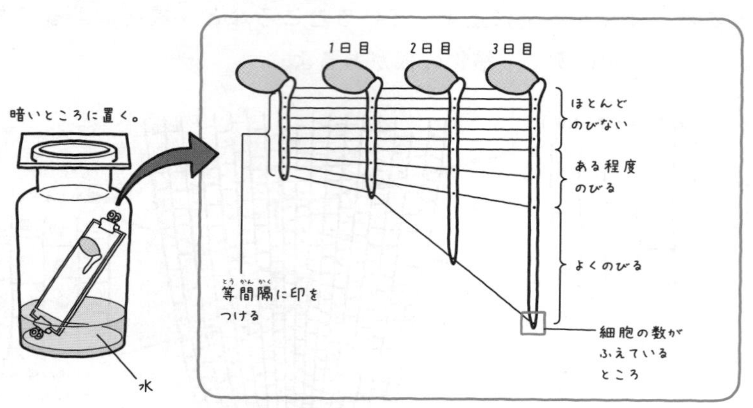

「本当だ。印の間隔が広がっているのは先の方だけですね。」

根だけでなく，茎にも成長点があって，その成長点では細胞分裂がさかんに行われているんだ。

「成長点が先端付近にあるのはわかったんですけど，何でいちばん先ではなく，少し手前にあるんですか？ 成長点のすぐ下の，さらに根の先端部分の細胞は細胞分裂しないんですか？」

ああ，ここか。これは**根冠**とよばれる部分だ。実は，細胞分裂が終わった直後の細胞は，もろくて弱いんだ。だから，地面に直接ふれたら傷ついてしまう。そうならないように，根冠にはかたくなった細胞が集まっていて，成長点を守っているんだよ。

細胞分裂はどうやって進んでいくの？

「さっき成長点の細胞を見たとき，中にひもみたいなものがある細胞がありましたね。何ですか，あのひもみたいなものは？」

おお，注意深く観察しているね。そのひもみたいなものは**染色体**というんだ。染色体は，**体細胞分裂**のときに見ることができるんだよ。

「体細胞分裂？　さっき言ってた細胞分裂とはちがうんですか？」

細胞分裂は**体細胞分裂**と**減数分裂**というものに分けることができるんだ。今回は体細胞分裂について紹介しよう。

Point 222 体細胞分裂の過程

- 生物のからだをつくる，一般的な細胞分裂のことを**体細胞分裂**という。
- 体細胞分裂のときに核の中に見られる，**ひものようなもの**を**染色体**という。染色体は**酢酸オルセイン液**や**酢酸カーミン液**で**赤く**染まる。

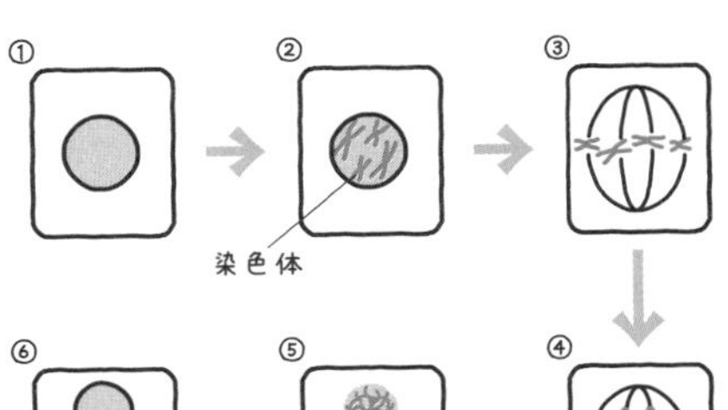

①分裂前の１個の細胞。
②染色体が現れて複製され，染色体が２本ずつつくられる。
③染色体が中央に集まる。
④染色体が両端に移動する。
⑤２個の核ができ，細胞にしきりができる。
⑥２個の細胞になる。

「酢酸オルセイン液や酢酸カーミン液って，6章で細胞の核(かく)を染めるのに使いましたよね。」

「この染色体ってやつは，すべての生物にあるんですか？」

あるよ。それはもう，単細胞生物からヒトまで。つまりそれだけ大事なものってことだ。ただね，数はちがうとされているよ。ショウジョウバエなら8本，アメリカザリガニなら200本あるって言われているんだよ。そして，ヒトは合計で46本だ。

コツ　染色体は体細胞分裂のときにだけ形成される。

✓CHECK 98　つまずき度 !!!!!　➡ 解答は別冊 p.44

1　細胞分裂のとき，球体状の核からひも状の物体が見えるようになる。このひも状の物体を（　　　　）といい，これは（　　　　）液で（　　　　）色に染まる。

10-2 生物のふえ方

今度は，どうやって生物がふえていくかを学んでいくよ。特に，生物はなかまをふやすためにさまざまな戦略をとっている。どんな戦略があるのか注目しよう。

無性生殖は子が親と同じ特徴を受け継ぐ

生物は成長することのほかに，子孫(しそん)を残さないといけないよね。

「まあ，子孫を残さないと，その種族はいつか滅亡(めつぼう)しちゃいますよね。」

そうだね。子孫をつくり，新しいなかまをふやす行為(こうい)を**生殖(せいしょく)**というんだ。これから，さまざまな生物の生殖方法を学んでいこう。まずは，単純な**無性生殖(むせいせいしょく)**についてだ。

Point 223 無性生殖

- 生物が自分と同じ種類の新しい個体をつくることを**生殖(せいしょく)**という。
- **雄(おす)と雌(めす)が関係せずに**子をつくる生殖のことを**無性生殖(むせいせいしょく)**という。無性生殖では，**子は親と同じ特徴(とくちょう)を受け継(つ)ぐ**。

分裂

●アメーバの分裂

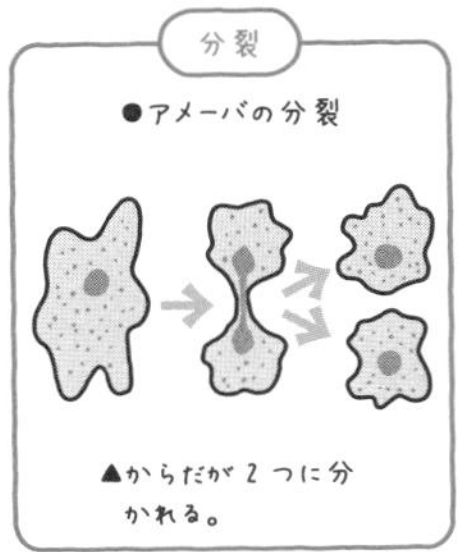

▲からだが２つに分かれる。

出芽

●ヒドラの出芽(しゅつが)

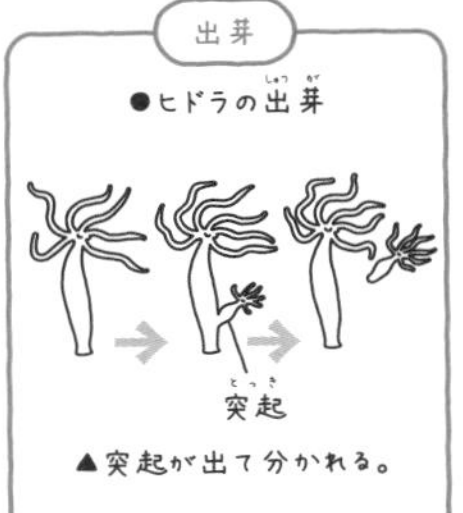

▲突起が出て分かれる。

栄養生殖

●サツマイモの根

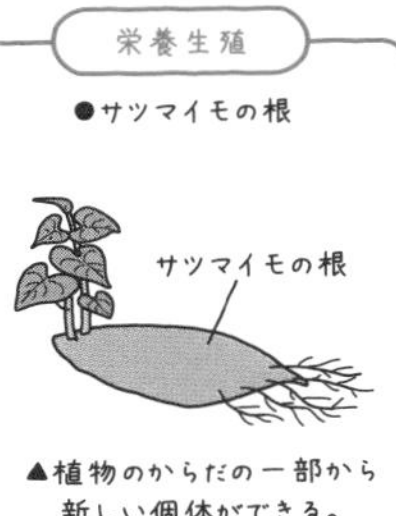

▲植物のからだの一部から新しい個体ができる。

無性生殖は，**雄や雌といった性に関係なく子孫をふやせる**生殖方法だ。いちばんわかりやすいのが分裂じゃないかな？

「分裂はイメージできますが，出芽や栄養生殖がわかりません。」

まずは出芽だ。出芽は分裂と似ているけれどちょっとだけちがう。分裂はからだ全体が2つに分かれるのに対して，**出芽はからだの一部分がポコッと飛び出して，それがからだから離れて成長する**んだ。ヒドラのほかにイソギンチャクなども，このふえ方をするよ。

「一部ってのがポイントなんですね。じゃあ栄養生殖は？」

栄養生殖は，植物の特殊なふえ方だ。**種子をつくらずにふえる**んだよ。有名なのがジャガイモの種いもやサツマイモの根だね。種いもや根をとり出してほかの場所へ植えると，また同じように芽や根を出すんだ。ほかにもイチゴが茎をのばしてふえたり，さし木でふえたり，さまざまなふえ方があるよ。

「雑草をむしっても，根が残っていればまた生えてきますからね。あれって，根を分けて植えたらふえるってことですよね。」

そうだね。それだけ植物は生命力が強いともいえるね。

「でも，何でこういった生物は無性生殖でふえるんですか？　無性生殖でふえると何かいいことがあるんですか？」

いいことも悪いこともあるよ。まず無性生殖の特徴は，1つの親のコピー，いわゆるクローンとしてふえるってことだ。つまり子は親の特徴をすべてそのまま受け継ぐことになるんだ。

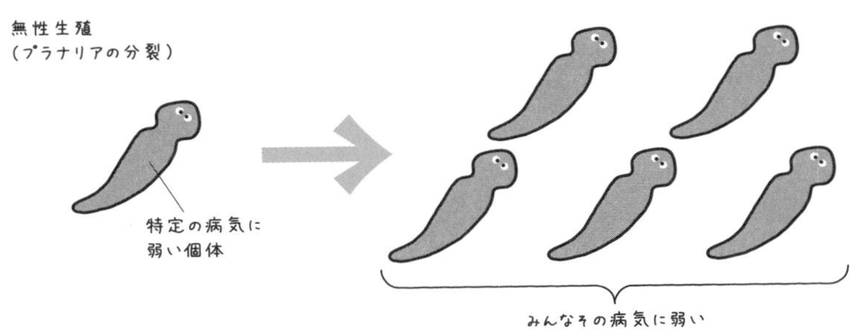

そして，雄と雌が必要ないから，自分のタイミングで勝手にふえることができる。だから，無性生殖は**短い時間でたくさんふえることができる**んだ。大腸菌なんかは，はやいときには20分で2倍にふえるって言われているよ。

「20分で2倍!?　そんなにはやくたくさんふえることができるなら，無性生殖の方がいいんじゃないですか？」

まぁ，栄養や温度などの条件が整わないと無理だけどね。たしかにはやいことは利点なんだけど，欠点は，**みんなが同じ特徴をもっている**ってことなんだ。どんなに強い個体でも弱点ってあるよね。みんな同じ特徴をもっているってことは，みんな同じ弱点をもっているってことなんだ。

「そっか。その弱点が致命的なものだったら，全滅してしまうってことですね。」

その通り。だから，無性生殖で数をふやしても，簡単に数が減ってしまうことがあるんだ。ふえやすいのが利点だけど，環境の変化に弱いのが欠点だ。

雄と雌が受精してふえる有性生殖

「じゃあ無性生殖と逆で，雄や雌が関係する生殖のことをなんていうんですか？」

これを有性生殖というよ。性がある生殖だね。有性生殖に関しては，動物と植物で少しちがうから，分けて説明するよ。まずは動物の有性生殖についてだ。

「動物っていっても，いろんな動物がいますよね。卵生だったり胎生だったり。水中にいたり，陸上にいたり…」

そうだね。でも，基本は共通しているから大丈夫だよ。

Point 224 動物の有性生殖

- 生殖のための細胞を**生殖細胞**という。動物の生殖細胞は**卵**と**精子**である。
- 雄と雌の**生殖細胞**が**受精**することで子ができる生殖のことを，**有性生殖**という。

雌 卵巣 卵
雄 精巣 精子
受精 受精卵

精子は雄の精巣でつくられ，卵は雌の卵巣でつくられる。精子は自由に泳ぐことができ，精子が卵の中に入りこむことで，精子の核と卵の核が合体するんだ。これを**受精**といい，この受精によってできた新しい1つの細胞を**受精卵**というんだよ。有性生殖に雄と雌が存在するのは，卵と精子が受精する必要があるからなんだ。

「え？　たった1つの細胞からからだがつくられるってことですか？そう考えると何かすごいな。」

そうだろう。もちろん，カエルだけじゃない。有性生殖でふえるすべての動物が，たった１つの受精卵からできるんだぞ。

Point 225 胚と発生

- 受精卵は体細胞分裂をくり返して，**胚**になる。
- 受精卵から胚になり，からだのつくりが完成するまでの過程を**発生**という。

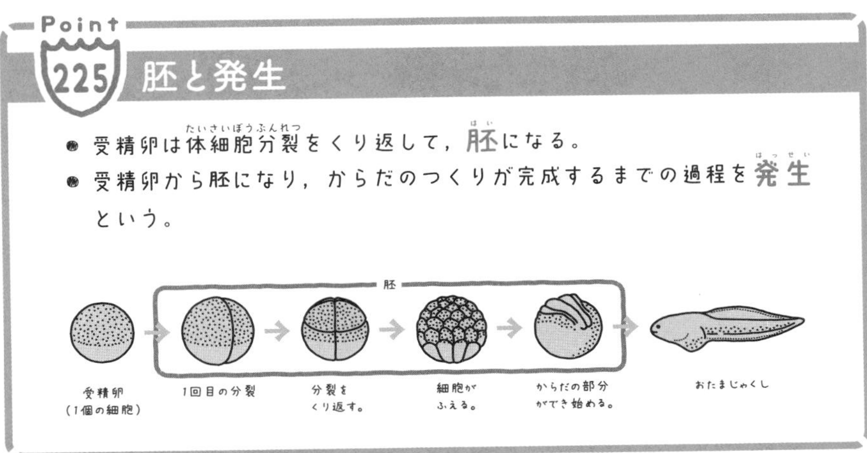

「つまり，母親のおなかの中にいる赤ちゃんを胚といって，そのおなかの中で胚が成長する過程を発生というんですね。」

胎生の場合はね。卵生の場合は，それが卵の中ということになる。発生の最初のころの胚は，ただ単に体細胞分裂をくり返して細胞の数をふやすだけなんだ。だけど，少し経つとだんだんとからだのつくりが複雑になって，細胞をふやしながら，形や機能のちがう細胞になるんだ。

「ところで先生。受精卵になるのに，精子の核と卵の核が合体するって言ってましたけど，そうすると，核の中身が倍になってしまわないんですか？」

お，いいところに目をつけたね。たしかに，核と核が合体したら，核の中身，特に染色体の数が2倍になってしまうと考えるだろう。でも，そうはならない。生殖細胞は**減数分裂**（げんすうぶんれつ）という特殊な細胞分裂をしているんだ。

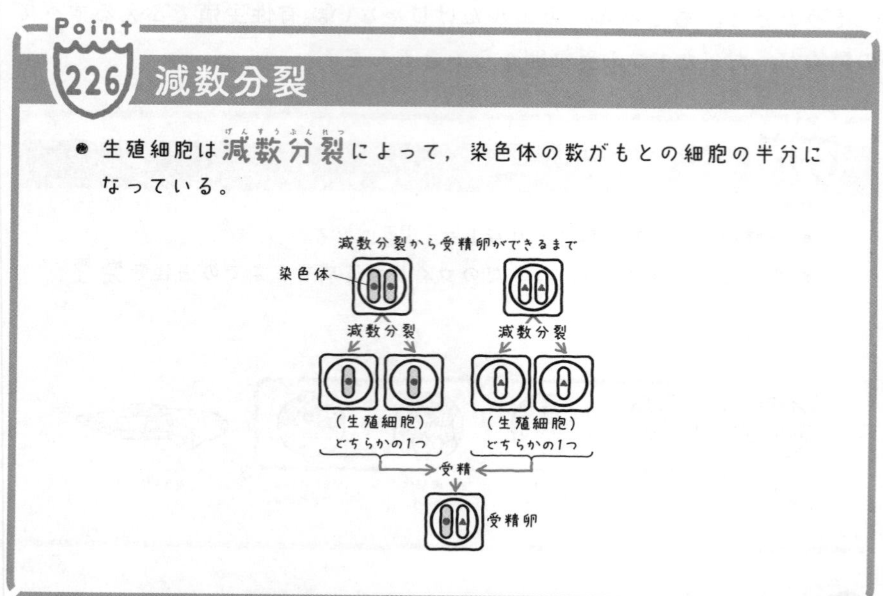

Point 226 減数分裂

- 生殖細胞は**減数分裂**（げんすうぶんれつ）によって，染色体の数がもとの細胞の半分になっている。

減数分裂は有性生殖をするために，精子や卵などの生殖細胞をつくるときに起こる細胞分裂だ。この減数分裂が起こると，**細胞の数は1つから2つになるけれど，染色体の数はもとの細胞の半分になる**んだ。

「ということは…体細胞分裂のときは分裂の前に染色体の数を2倍にふやしていましたが，減数分裂のときはその2倍にふやす行為（こうい）をしていないってことですか？」

そうなんだよね。染色体をふやさずに細胞だけが2つになるから，細胞1つあたりの染色体の数が半分になるんだ。このように，生殖細胞は減数分裂によって，染色体の数が半分になったあと，核どうしが合体して，ようやくもとの細胞と同じ染色体の数になるんだ。

植物の有性生殖

今度は植物の有性生殖について解説しよう。特に，被子植物の有性生殖についてだ。

「植物の有性生殖も動物と似たような感じなんですか？」

植物の有性生殖も動物の有性生殖と基本は同じ。よび方が少しちがうくらいかな。

Point 227 植物の有性生殖

- 植物の場合，雄の生殖細胞を**精細胞**といい，雌の生殖細胞を**卵細胞**という。
- 精細胞は花粉の中に，卵細胞は胚珠の中に存在する。

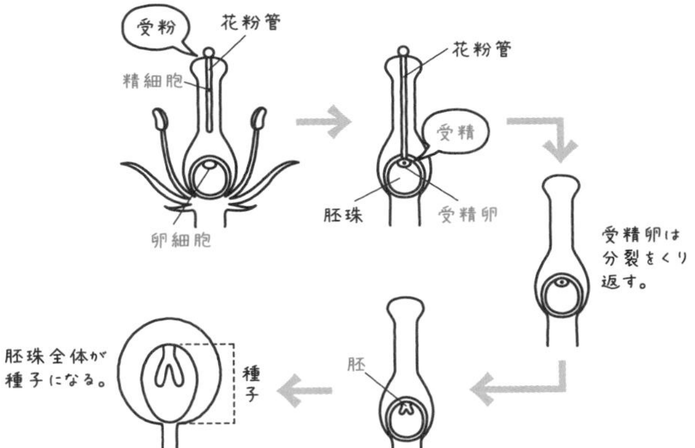

受粉
花粉管
精細胞
卵細胞
花粉管
受精
胚珠
受精卵
受精卵は分裂をくり返す。
胚
胚珠全体が種子になる。
種子

〈被子植物の受粉から種子ができるまで〉

以前教えた花粉の中に精細胞が，胚珠の中に卵細胞が入っているんだ。植物の場合，この**精細胞と卵細胞が生殖細胞**なんだよ。

「めしべの柱頭に花粉がくっついて受粉するんですよね。そのときに精細胞や卵細胞は何をしているんですか？」

受粉した花粉は，**花粉管**（かふんかん）という管を胚珠までのばすんだ。そしてその管が胚珠に到達（とうたつ）すると，その管を通して精細胞の核を胚珠の中に出すんだよ。そして，胚珠の中にある卵細胞の核と精細胞の核が受精して受精卵ができるんだ。あとは動物とほとんど同じだよ。

コツ **受粉と受精はちがうので注意。**
受粉：花粉がめしべの柱頭にくっつくこと
受精：精細胞の核が卵細胞の核と結びつくこと

有性生殖の利点と欠点は？

「でも動物と植物だと，見た目は全然ちがいますよね。生殖のしかたはほとんど同じなのに。」

そうだね。たしかにそう見えるね。大事なのは，共通点は何か，ちがう点は何かを考えることだね。

「植物でも動物でも，有性生殖で共通しているのは雄と雌が存在するってことですね。でも，雄と雌がいないと子孫をふやせないのは，無性生殖より不利な気がします。有性生殖って何かいいことはあるんですか？」

もちろんあるよ。簡単にいうと，無性生殖の欠点が改善されているってことかな。無性生殖は親と全く同じ特徴を受け継いだ子ができるって言ったよね。でも，有性生殖は雄と雌の生殖細胞の核が合体してできる。つまり，父親と母親の特徴を混ぜることができるんだ。

「父親と母親の両方の特徴をぜんぶもっているってことですか？」

う～ん。少しだけちがうかな。必ずしも，子どもに父親と母親のすべての特徴が受け継がれるわけじゃないからなぁ。

「たしかに。わたしたちきょうだいも，似ている部分はあるけど，全く同じってわけじゃないですからね。母親似の部分もあれば父親似の部分もあります。」

1つ確実に言えるのは，**母親とも父親ともちがう特徴をもった子が生まれる**ってこと。これが大事なんだ。こうして，次の代に生まれてくる子の特徴が親と似ているけれども，ちがうものになることによって，**さまざまな特徴をもったなかまをふやすことができる**んだ。無性生殖では全く同じ個体をふやしていたけど，有性生殖の場合は少しずつちがった個体をふやすことができる。これが大きな特徴だね。

「欠点は，自分1人でなかまをふやすことができないってことですかね？」

その通りだ。無性生殖の方がなかまをふやす速度ははるかに速い。その点は無性生殖の方が有利だね。

✓ CHECK 99

つまずき度 ❗❗❗❗❗

➡ 解答は別冊 p.44

1 単細胞生物が体細胞分裂によりなかまをふやす生殖方法を（　　　）という。

2 雄と雌が存在し，受精することでなかまをふやす生殖方法を（　　　）という。

遺伝と遺伝子

無性生殖や有性生殖によって，親の特徴は子へと伝えられる。いったいどのようにして伝わっているのか。その情報伝達をになっている，遺伝子について解説しよう。

遺伝子が子へと受け継がれる

「さっき，有性生殖(ゆうせいせいしょく)のときは精子と卵の核(かく)が合体するって言っていましたよね。そして，それが受精卵となって子になると。」

そうだね。その子は父親と母親の特徴(とくちょう)が混ざっていると教えたね。

「細胞(さいぼう)ではなく核が合体することで特徴が混ざるなら，その特徴のもとになるものは，核の中にあるってことですか？」

いいねぇ。しっかり考えて学習できているね。その通り。その核の中に，親の特徴を受け継(つ)ぐための大切な情報が入っているんだ。今回は，親の特徴がどのようにして子に伝わっていくのか，それを解説するよ。まず，知ってほしいのは**形質**(けいしつ)と**遺伝**(いでん)だ。

Point 228 形質の遺伝と遺伝子

- 生物のからだの特徴(とくちょう)となる**形や性質のこと**を**形質**(けいしつ)という。
- 形質が次の世代の子に伝わることを**遺伝**(いでん)という。
- 形質のもととなるものを**遺伝子**(いでんし)という。遺伝子は，細胞(さいぼう)の核(かく)の中の染色体にある。

「形は顔や体型のこと，性質は性格などのことですか？」

いまのところはその考え方でいいかな。要するに形質とは，その生物の特徴のことだ。そして大事なのは，**その生物の形質を決定しているものが遺伝子（いでんし）**ということだ。

「遺伝子って聞いたことあります！」

映画やマンガなど，いろんなところで使われているからね。それだけ有名で重要なんだ。さっきも言った通り，遺伝子はその生物の形質を決定するための設計図（せっけいず）のようなものなんだ。実際に物質として存在するというよりも，「情報」としてとらえた方がわかりやすいかな。この**遺伝子という名の情報が核の中にある染色体に刻（きざ）まれている**んだ。

「遺伝子がその生物の特徴を決めているってことは…じゃあ，親の特徴を受け継ぐのって，遺伝子が渡（わた）されているってこと？」

いいね，その通りだ。このように遺伝子が子へと受け継がれることを遺伝といって，母親と父親から半分ずつの遺伝子を受け継いでいるんだ。

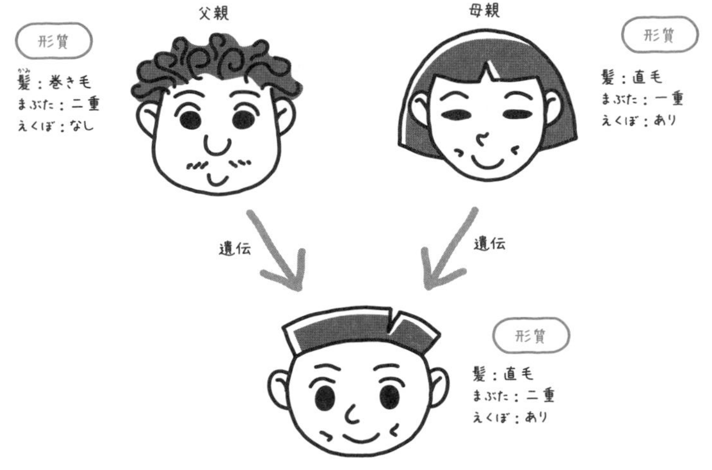

遺伝には法則がある！

「でも，親の形質が半分ずつ遺伝するっていっても，母親似の人と父親似の人がいますよ。これはどういうことなんですか？　ぼくは母親似ですし，サクラは父親似ですよ。」

「わたしが父親似なのは身長だけよ！」

いい疑問だ。親のどんな形質を受け継ぐかは，実はちょっとした法則があるんだ。今，「わたしが父親に似ているのは身長だけ」と言ったよね。これはつまり，○○は父親に似て，△△は母親に似て，□□は両方が混ざっている，なんてことが起こっているんだ。

「たしかに。多くの場合顔が似ているかどうかで判断しますけど，顔以外の要素もあるわけですし。」

「顔１つとっても，目や鼻や口と部位ごとにもちがいがありますね。」

いいね。そうやって考えていくと，理解も深まる。有性生殖をする生物のからだが，母親と父親からそれぞれの形質を部分的に受け継いでいるのには減数分裂(げんすうぶんれつ)がかかわっているんだ。

「減数分裂は，染色体の数が半分になる細胞分裂ですよね。この減数分裂って，やっぱり，遺伝子も半分になっているんですか？」

そうだね。そもそも，染色体は２本で１組になっていて，減数分裂するときにそれぞれの染色体が分かれていくんだ。遺伝子は染色体にあるわけだから，染色体が半分になれば遺伝子も半分になる。このように，生殖細胞ができるときに起こる減数分裂で遺伝子が半分になることを**分離(ぶんり)の法則**というんだよ。

分離の法則

- 生殖細胞(せいしょくさいぼう)ができるときに，**減数分裂(げんすうぶんれつ)によって遺伝子が半分に分かれる**ことを**分離(ぶんり)の法則**という。

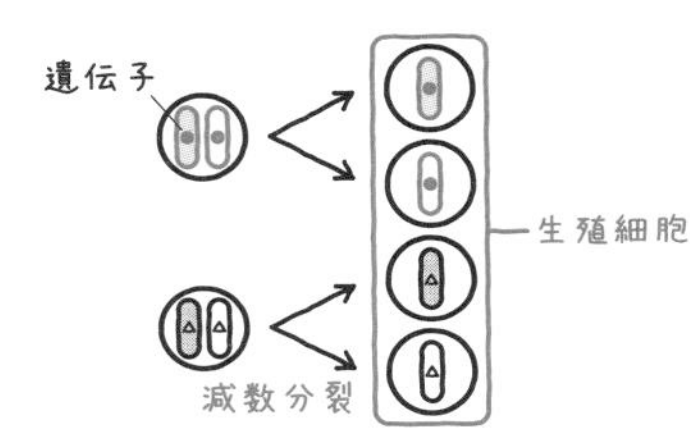

「なるほど。最初から2つの組になっていたんですね。これなら，分離して半分になりやすい。」

そう。ヒトの場合，1つの体細胞の中に染色体が全部で23組あって，それぞれの組に染色体が2本ずつあるんだ。つまり，**体細胞には全部で46本の染色体がある**ということ。でも減数分裂によって，2本ずつある染色体が，1本ずつになる。だから，**生殖細胞には23本の染色体が入っている**んだ。

メンデルの実験はどんなもの？

「でも親のどの形質を受け継ぐかなんてそんな複雑なもの，どうやって発見したんだろう…？」

実はずっと昔に，**メンデル**という人がエンドウを使って実験したんだ。丸い種子としわになった種子の2種類が存在していることに気がつき，その「丸」や「しわ」という形質は遺伝するんじゃないかと考えたんだ。そこで，実験を始める前にまず**純系(じゅんけい)**とよばれる状態にしたんだ。

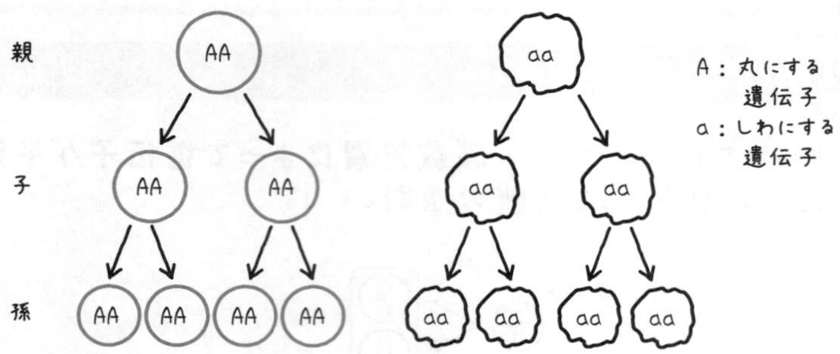

「純系？　ピュアなの？」

純系というのは，親，子，孫と何代も重ねても，ずっと同じ形質が続いている家系のことだ。上の図でいうAAやaaのように，**核の中の１組の遺伝子が同じもののことを純系という**んだよ。

「実験をする前に純系にしたって言ってましたけど，そんな簡単にできるものなんですか？」

エンドウの場合，自分だけで受精できる（**自家受粉**）から簡単につくれるんだ。そして，丸い種子としわの種子，２つの純系をつくったメンデルさんは，この２つを交配してみた。すると面白いことが起こったんだ。

「全部しわになったとか？」

おしい，逆なんだ！　全部丸い種子になったんだ。これは，丸にする遺伝子の方が，しわにする遺伝子よりも形質が現れやすいからなんだよ。これを**顕性の形質**というんだ。

「顕性の形質？　どういう意味ですか？」

ちょっとむずかしい言葉だよね。せっかくだから，顕性の形質については実験結果といっしょに説明していこうかな。

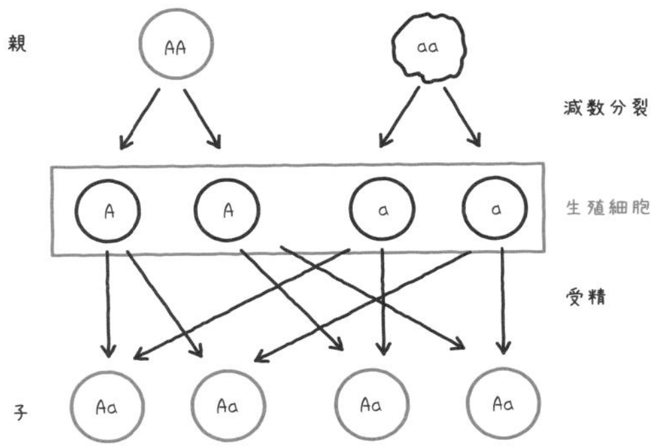

前ページと同じように，丸にする遺伝子をA，しわにする遺伝子をaとするよ。すると，丸の純系はAA，しわの純系はaaと書くことができたよね。そして，これらを交配してできた子は，上の図を見るとみんなAaになっていることがわかる。

「たしかに！　AAとaaをかけ合わせたら，Aとaの組み合わせしかないから，子はみんなAaになりますね。」

そうだ。ということは，子の遺伝子はA（丸）の形質とa（しわ）の形質の両方をもつということになる。でも，丸かしわ，どちらかの形質しか表に出てこないよね。丸としわの中間みたいなものはない。このような形質のことを**対立形質**（たいりつけいしつ）というんだ。

Point 230 対立形質・顕性の形質・潜性の形質

- 「丸としわ」のように，**どちらか一方しか現れない形質どうし**のことを**対立形質**（たいりつけいしつ）という。
- 対立形質の遺伝子の両方とも子に受け継がれた場合，**子に現れる形質**のことを**顕性の形質**（けんせいのけいしつ）（**優性の形質**（ゆうせいのけいしつ））といい，**現れない方の形質**を**潜性の形質**（せんせいのけいしつ）（**劣性の形質**（れっせいのけいしつ））という。

今回のように，子が丸としわ，両方の対立形質の遺伝子をもっているにもかかわらず丸くなったということは，**丸の形質が顕性の形質である**ということなんだ。反対に，**しわの形質は潜性の形質である**と言えるね。そのため，丸を伝える遺伝子Aがふくまれれば，必ず丸い種子になるんだ。

「じゃあ，子のAaどうしを交配させたらどうなるんですか？」

実はそれもメンデルさんが実験しているんだ。結果はこうなったよ。

Point 231 メンデルの実験結果

- Aaの遺伝子をもつ子を自家受粉させた場合，孫の代では，
  丸：しわ＝3：1の比で現れる。

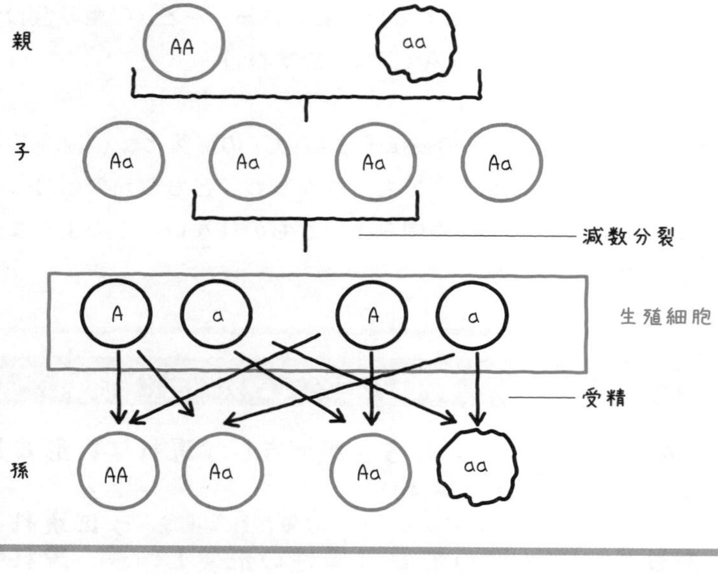

親　AA　aa

子　Aa　Aa　Aa　Aa

減数分裂

生殖細胞　A　a　A　a

受精

孫　AA　Aa　Aa　aa

「AAが1つにAaが2つ，そしてaaが1つですね。」

「Aが顕性の形質の遺伝子だから，丸い種子が3つに，しわの種子が1つってことですね。」

「丸い種子の遺伝子を見ると，AAとAaがあるんですね。これはやっかいだ。」

そうだね。表に出てくる形質は同じでも，受け継いだ遺伝子がちがう場合があるんだ。結論としては，**遺伝では分離の法則と顕性の形質，潜性の形質がとても大切**ってことだ。こうした現象が，形（丸やしわ）だけでなく，すべての形質に起こっている。これが，父親と母親からさまざまな形質を少しずつ受け継いでいるしくみだよ。このように，自分と全く同じ個体ができる無性生殖に比べて，有性生殖は複雑なんだ。

✓CHECK 100

➡ 解答は別冊 p.44

1　生物のからだの特徴となるものを（　　　　）という。また，それが親から子に伝わることを（　　　　）という。

2　AAの遺伝子をもつエンドウとAaの遺伝子をもつエンドウを交配させると，（　　　　）または（　　　　）の遺伝子をもつエンドウができる。

10-4 遺伝子の本体とDNA

遺伝子とはいったいどんなものなのか。どのようにして生物の形質を決めているのか。その謎を探るために必要なDNAについて学んでみよう。

遺伝子の本体であるDNA

突然(とつぜん)だけどDNAって言葉，聞いたことあるかな？

「映画とかマンガで出てきたことあります！　でも，何のことかは，あまりよくわかってないです。」

生命のつながり，つまり遺伝を理解するためには，このDNAがとても大切なんだ。遺伝の法則や遺伝子について理解したいまこそ，このDNAについて知るときだ。

Point 232 遺伝子の本体－DNA－

- 遺伝子の本体を**DNA（デオキシリボ核酸(かくさん)）**といい，染色体にふくまれている。

染色体をさらに細かく見ていくと，１本のもっと細い糸のようなものでつくられていることがわかるんだ。その糸のようなものこそDNAなんだ。

「前回，両親から遺伝子を受け継(つ)ぐことで，形質が遺伝するって言っていましたよね。つまり，正確には核(かく)の中にあるDNAを両親から受けとっているってことですか？」

その通り。遺伝子は情報のようなものだと伝えたね。DNA自体が物質で，遺伝子はそのDNAを使って生み出された情報なんだ。たとえるなら，DNAが紙で，遺伝子がその紙に書かれた文章のようなものかな。そして科学技術の発達によって，このような遺伝情報を人の手でコントロールできるようになったんだ。

遺伝子は制御できる!?

「人間の手で遺伝情報をいじるのって，何か怖(こわ)いですね…」

たしかに，そういう心配の声はわかる。だからこそ，遺伝子を制御(せいぎょ)する技術をあつかう人たちは，厳しいルールの中でやっているんだ。あと，もともと人間を相手に行うことは，よっぽどの例外を除いてできないんだ。それはやっぱり，倫理的(りんりてき)に人道(じんどう)に反する行為(こうい)になりかねないからね。

「え，じゃあほとんどできないようなものじゃないですか。それなのに何で遺伝情報をコントロールしようとするのですか？」

例えば農業だったら，ある作物に病気に強い遺伝子を組みこむことで，安定した生産が可能になったりするんだ。ほかには，不足しがちな栄養素を多くつくり出す遺伝子を組みこんだり，単純にたくさん実るような遺伝子を組みこんだりすることもできる。このように，ある生物のDNAにほかの生物の遺伝子を組みこむことを，**遺伝子組換え(くみか)**というんだ。

コツ **遺伝子を制御する技術は農作物のほかにも，医療(いりょう)や医薬品(いやくひん)開発，環境(かんきょう)改善など，幅広(はばひろ)い分野で活用されている。**

「たしかに便利ですね。でも，せっかく組換えた遺伝子が，生殖にょってもとにもどってしまうことはないんですか？」

あるよ。でも，それを解決するものとして，**クローン技術**があるんだ。

「それ知っています。自分と全く同じ人間をつくれるってやつですよね。」

そうそう。全く同じDNAや遺伝子をもつ生物をつくる技術のことをクローン技術というんだ。これによって，遺伝子組換え技術で遺伝子を変えた生物と，全く同じ形質をもった生物をたくさんつくることができるわけだ。

クローン羊

「便利な技術ですね。もう何でもありじゃん。」

まぁ理論上はね。でも実際にやると，いろいろな課題があって大変なんだ。そんな遺伝子を制御する技術の中で，ごく少数のうまくいったものが世の中に出ているんだ。有名なところでいえば，これから発展が期待される**iPS細胞（人工多能性幹細胞）**や**抗PD-1抗体**かな。

「日本人がノーベル賞とったんですよね！　すごいなあ！」

これらは本当にすごい成果で，iPS細胞の場合，このまま発展が続けば，いつの日か，病気やケガなどで失ったうでやあし，臓器(ぞうき)などを補うことができるかもしれないと言われているんだ。また抗PD-1抗体は，これまで不治(ふじ)の病(やまい)だと言われていたがんを治すことができると期待されているよ。

「すごいですね。失ったからだの一部が再生するなんて，夢みたいな話です。」

そうした夢を現実にするのが科学の力だからね。それをになうような発見をする人が，もしかしたら君たちの中にいるかもしれないよ。

つまずき度

➡ 解答は別冊 p.44

1　遺伝子は核の中にある(　　　　)という物質に存在する。
2　DNAや遺伝子をあつかう技術の例として，(　　　　)がある。

10-5 生物の進化とその証拠

これまで，いろいろな生物について学んできたよね。今回はそうした生物がどのように進化して変わってきたのか，その歴史について解説していくよ。

脊椎動物は水中から陸上へ

形質の遺伝や遺伝子については，もう十分に理解できたかな？　今度は，生物がどうやって変化してきたのかを学んでいくよ。

「生物っていっても，いろんな生物がいますよね。」

そうだね。だからまずは，わたしたち人類の進化につながる，脊椎動物（せきついどうぶつ）について考えてみよう。脊椎動物については覚えているかな？

「覚えています！　背骨のある動物ですよね。」

「魚類，両生類，は虫類，鳥類，哺乳類（ほにゅうるい）に分類できたはずです。」

2人ともしっかりと身についているね。その脊椎動物の化石から，生きていた時代の順番を推測していこうと思うんだ。その前に大切な言葉を覚えてもらうよ。それは**進化（しんか）**という言葉だ。

「進化って聞いたことあります！　よくゲームで出てきます！」

きっと聞きなじみがあるよね。そして脊椎動物には，進化の順番があることが化石から予測できるんだ。

Point 233 脊椎動物の進化

- 生物が共通の祖先から長い時間をかけて変化することを**進化**という。
- 脊椎動物は，**最初は水中で生活**していたが，そのあと**陸上で生活**するように進化したと考えられている。

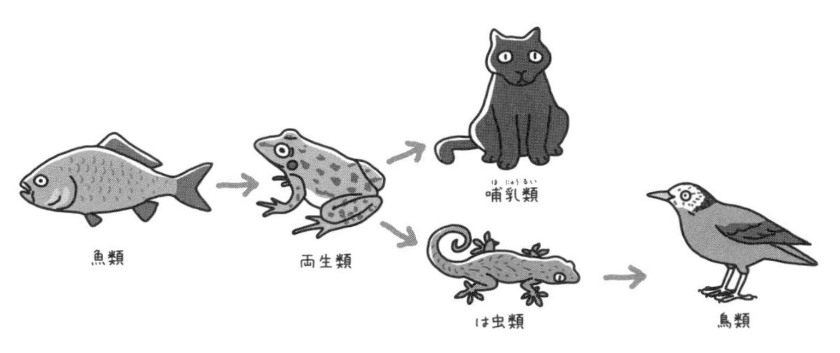

「脊椎動物って魚類が最初だったんですね。」

そうなんだ。脊椎動物の中で，いちばん古い化石は「魚類」のものだった。つまり，最初の脊椎動物は魚類だったとここでわかったんだ。

「進化の順番が近いものは，なんとなく似ている動物が多いですね。両生類のイモリと，は虫類のヤモリなんてほとんど見分けがつかないですし。」

そうだね。進化にはつながりがある分，近いものほど似たような形質をもっているんだ。例えば，両生類は魚類から進化したと言われている。両生類と魚類を比べてみると，背骨をもっていることのほかに**えらで呼吸するときがあったり，卵を水中に産んだりと形質が似ている**よね。逆に離れているほど，形質は似ていない。人間と魚類って全然ちがうでしょ。

「形質が似ているってことは，遺伝子も似ているってこと？」

その通り。素晴らしい理解だね。このように，共通した形質に注目すると，進化した順番がよくわかるだろう。化石が見つかった地層の年代のほかに，こうした特徴をもとに進化の順番を判断して決めているんだ。

進化の証拠はからだにある！

「あれ？　哺乳類は鳥類から進化したわけではないんですか？」

現在，鳥類から哺乳類への進化は確認できていない。ただ，ある調査で，は虫類から鳥類に進化したと考えられる証拠が見つかったんだ。それが**シソチョウ（始祖鳥）**という存在だ。

シソチョウ

「鳥っぽく見えますけど…これがは虫類と鳥類の間なんですか？」

「でも，よく見ると顔がは虫類っぽいよ。歯や爪があるし。」

そうだね。羽毛やつばさのようなものはあるんだけど，空は飛べないんだ。顔には，くちばしだけじゃなくて歯がある。ちょうど，は虫類と鳥類の中間みたいな存在。 この**シソチョウは，は虫類が鳥類へと進化する，その途**

中と考えられているんだ。こんなふうに，生物は長い時間をかけて共通の祖先から枝分かれして進化してきたことが，なんとなくわかったかな。

「なんとなくはわかりましたけど，化石の見つかった地層の年代だけでは判断できないんですよね。」

たしかにその通りだ。化石の見つかった地層の年代だけでは，おたがいの生物が共通の祖先から進化し，つながっていることの証拠にはならない。そこで重要になってくるのが，**相同器官**というものだ。

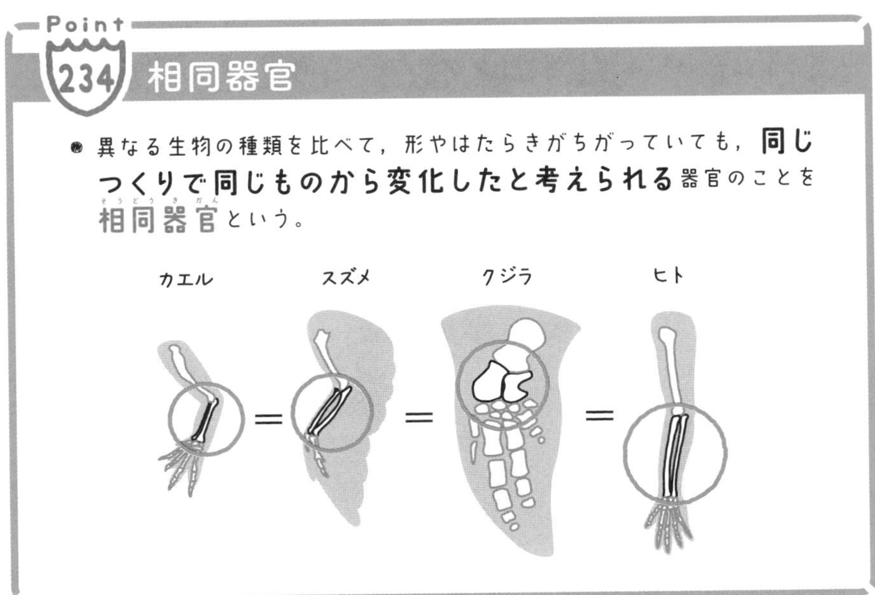

相同器官とは，比べる相手と同じからだの器官だということ。生物どうしのつながりを理解する必要があるから，生物のからだの同じ部分に注目するんだ。

「その似ている部分のことを相同器官というんですね。」

その通り。例えば，両生類やは虫類の前あし，鳥類のつばさ，哺乳類の前あしやうでは，魚類の胸びれが進化して変化したものなんだ。これらは，骨のつくりやしくみがとても似ている。そしてこの**相同器官をもっているものどうしは，共通の祖先から進化して誕生した**可能性が非常に高いんだ。だから，生物のつながりや進化の過程を考えるには，相同器官を見つけて調べることがとても大切なんだ。

植物はどう進化しているの？

動物の進化の次は植物も見てみよう。基本的には動物と同じだよ。

動物と同じで，**植物の祖先も水中で生きていた**んだ。今でも水辺にいるよね。藻ってやつ。そこからコケ植物やシダ植物となり，陸上に上がってきて，陸地での生活に適応していったんだ。

「植物も動物も水中の生活から陸上の生活に適したからだになるように進化しているんですね。」

そうだね。植物では**水を根で吸い上げる**ようになったり，**ふえ方が胞子から種子**になったり，藻類→コケ植物→シダ植物→裸子植物→被子植物の順に，より陸上の生活に適したものになっているんだ。このことからも，進化には段階があるってことがわかるね。動物も植物も進化が段階的に起こるのはいっしょなんだ。

「生物というのは，生きやすいように変化していくものなんですね。」

正確には，生きやすいものほど生き残りやすい，ってことだ。環境に適合した生物が繁栄して数をふやし，そうでない種は数を減らし，絶滅してしまう。ただ言えることは，少しでも全滅の可能性を下げるために，「多様性」を大きくして，いろいろな形質を認め，存在していることが大事なんだ。これは人間でも同じことが言えるよ。

つまずき度 !!!!!

➡ 解答は別冊 p.44

1　生物が共通の祖先から多くの代を重ねて変化する現象を(　　　)という。

2　シソチョウは，(　　　)類から(　　　)類へと進化したことの証拠の1つとなっている。

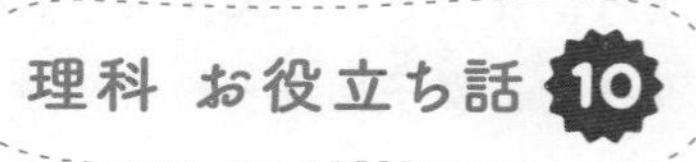

がんは遺伝が原因？

「しかし，世の中，かっこよさだとか，頭のよさだとか，運動神経だとか，遺伝でいろいろ決まりすぎてなえます。生まれたときに決まりすぎでしょ。」

「いや，頭のよさは遺伝じゃなくて努力でしょ。あんたの怠慢が悪い。」

「努力できるかどうかも，遺伝で決まるって聞いたことあるもん！」

○○の形質は遺伝するか遺伝しないか，ってよく議論されるよね。実際は多くの形質が遺伝要因と環境要因が複雑にからみ合って決まっているんだ。遺伝要因だけで決まるものはあまり多くないんだよ。

「環境要因？　それって何ですか？」

生まれたあと，なんなら胎児のとき以降，この世から受けた刺激すべてを指すよ。例えば，「足の速さ」。足の速さにかかわる筋肉の質や骨格などはある程度遺伝によって決まるけど，走り方のフォームや鍛えた筋肉の量などは，遺伝ではなく，その後の努力で大きく変化するよね。

「そう言われると，ほとんどすべてのものがそうじゃないですか？」

そうだよ。ただ，中には遺伝だけでほぼ100％決まるものもある。例えば，血友病のような遺伝性の病気なんかは遺伝要因で決定する。逆に，どんな体質の人でも防ぎようがない食中毒なんかは，遺伝要因はほぼ関係なく，環境要因で決まるといっていい。

「あ，そういえば母さんが『うちはがん家系だから，あんたたちも，がんになるかもしれない』とか言ってました。怖いなぁ。」

がんかぁ…がんの中にはたしかに，遺伝性のがんも存在する。例えば家族性大腸ポリポーシスやリ・フラウメニ症候群なんかは，細胞分裂を管理する遺伝子の変異が原因とされていて，がんになりやすい体質が親から子へと遺伝するものだ。でも，そうではない，いわゆる一般的な「がん」は環境要因の方が大きいとされるよ。

「う～ん…でも実際に，病院で『家族にがんの人がいるかどうか』を聞かれたことがあるし，親も，がんは遺伝するものだって言っていますよ。」

特別な遺伝性のがんではなく，一般的ながんが遺伝すると誤解されやすいのは，生活習慣が原因だからだ。がんに限らず，糖尿病や脂質異常症，脳血管疾患など，生活習慣が主要な原因となる病気に関しては，「親と子で似たような生活習慣をしている場合が多い」ため，家族内で同じ病気を発症しやすいんだ。

「似たようなものを食べているから，似たような病気になりやすいってこと？」

そういうこと！　がんもそのうちの１つ。特に食べ物の影響は大きくて，家族ってほぼ同じ食事をするでしょ。そのせいで，同じ病気になりやすいんだ。

「たしかに，そう言われてみれば，うちの親は肉好きだから，わたしたちも肉をたくさん食べている気がします。」

もちろん食べ物だけじゃない。家族の中でタバコを吸っている人がいれば，タバコのけむりの影響を受けるし，家族に運動の趣味(しゅみ)があれば，いっしょに運動することも多くなって運動のよい影響を受けるよね。

「ぼくが野球部に入ったのも親の影響だ…」

そういうこと。このがんのように，家族全体でしていることが影響して，あたかも遺伝のように思われることは多い。遺伝が原因か，あるいは環境が原因なのか分けて考えられるようになることはとても大事。「○○は遺伝が原因」という話を聞いたとき，本当にそうだろうかと一度考えてみよう。

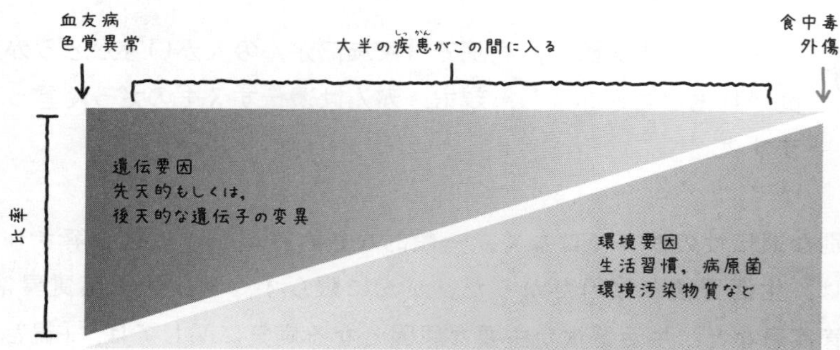

中学3年 11章

イオンと酸・アルカリ

「マイナスイオンってよく聞きますよね！ あれっていったいどんなものですか？」

「酸性やアルカリ性はすでに学んだけど，ここでは何を学ぶんだろう…？」

マイナスイオンがどんなものなのか，それは「イオンがどんなものなのか」がわかると理解できるんだ。そしてこのイオンが酸性やアルカリ性を決めるのに重要な役割をもっているんだ。

電解質と非電解質

原子や分子の世界を学んだのは覚えているかな。ここからは，原子や分子が水中でどうなっているのか，原子の中はどうなっているかを学んでいくよ。

電解質と非電解質

この章では，6章でやった電気分解をより細(こま)かい視点(してん)で考えていくよ。さっそくだけど，水溶液に電気を通してみよう。

「本当にいきなりですね！」

6章での電気分解のときに，水に水酸化ナトリウムを少しだけ加えたのを覚えているかな？

「たしか…ただの水だと電気を通しにくいんでしたっけ？」

そうそう。よく覚えているね。実は水酸化ナトリウム以外にも電気を通しやすくできる物質がたくさんあるんだ。一方で，水に加えても電気を通しにくいままの物質もあるよ。

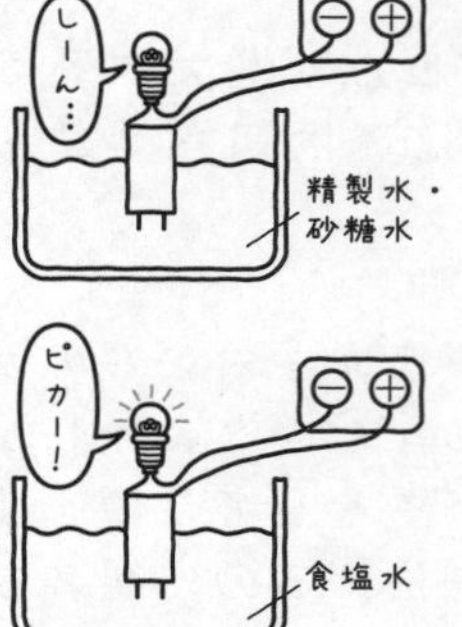

電流が流れる	電流が流れない
・塩化水素(えんかすいそ)の水溶液（塩酸） ・塩化ナトリウムの水溶液（食塩水） ・塩化銅水溶液 ・水酸化ナトリウム水溶液	・砂糖(さとう)水 ・エタノール水溶液 ・何もとかさない（精製(せいせい)水）

「塩酸や食塩水，塩化銅水溶液などは電流が流れるんですね。」

このように，水にとかしたときに電流が流れやすくなる物質のことを電解質（でんかいしつ）というんだ。

Point 236 電解質と非電解質

- 水にとかして水溶液にしたとき，弱い電圧でも**電流が流れる物質**を**電解質**（でんかいしつ）という。
- 水にとかして水溶液にしたとき，弱い電圧では**電流が流れない物質**を**非電解質**（ひでんかいしつ）という。

さっきの図でいうと，塩化水素や塩化ナトリウム，塩化銅なんかが電解質になるんだ。一方で，砂糖（さとう）やエタノールは非電解質（ひでんかいしつ）ってことだね。

「でも，なんで水にとかしたときに電流が流れる物質と流れない物質があるんですか？　よくわからない…」

そこが気になるよね。塩化ナトリウム（食塩）と砂糖では何がちがうのか，電解質と非電解質のちがいを次で学んでいこう。

CHECK 103　つまずき度 !!!!!　➡ 解答は別冊 p.44

1　水にとかしてその水溶液に電流が流れた場合，そのとかした物質を（　　　　）という。

2　砂糖水は電流が流れないため，砂糖は（　　　　）である。

水溶液の電気分解

ここでは，電気分解によって電解質に何が起きているのか調べてみよう。

塩化銅（$CuCl_2$）水溶液の電気分解

電解質をとかした水溶液は電流が流れると教えたね。電流が流れやすいということは，電気分解も起こりやすいんだ。ここではその電気分解を通じて，電解質がどんなものかを考えてみよう。まずは，いちばんわかりやすい塩化銅水溶液の電気分解だ。

「塩化銅を分解すると，やっぱり塩素と銅になるのかなあ…」

さてどうなるかな。塩化銅水溶液を用意したから，実際に試してみよう。ちなみに，**電源の＋極とつないだ電極を陽極，－極とつないだ電極を陰極**というよ。

Point 237 塩化銅（$CuCl_2$）水溶液の電気分解

- **陰極**の表面に**銅（Cu）**が付着する。
- **陽極**から**塩素（Cl_2）**が気体となって発生する。

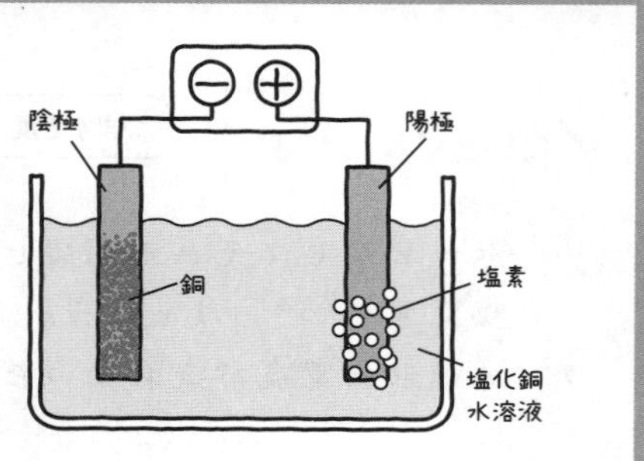

「塩化銅の水溶液って**色が青い**んですね。すごくきれいです。」

コツ **青色の水溶液の場合，銅が関係していることが多い。**

塩化銅水溶液が青色の水になるのはとても特徴的だから，覚えておくといいよ。それじゃあ，それぞれの電極はどうなっているかな？

「陽極からは泡が出てきましたよ！　陰極には，だんだん赤色の物質が付着してきましたね。」

陰極に見られる赤い物質は銅（Cu）なんだ。また，陽極に出てきた気体は**塩素（Cl_2）**だよ。

「どうして陽極に塩素が，陰極に銅ができたんですか？」

じゃあ，考えるヒントをあげよう。電気って，プラスとマイナスがあるとどうなったかな？

「静電気のところで教わりましたね。同じ種類の電気は反発し合って，ちがう種類の電気なら引き合うんですよね。」

「ってことは，陽極（＋極側）に集まった塩素はマイナスの性質をもっていて，陰極（－極側）に集まった銅はプラスの性質をもっているってこと？」

ピンポーン！　ほぼ正解だ！　塩化銅は水にとけると，**銅原子がプラスの電気をもった粒子になり，塩素原子がマイナスの電気をもった粒子になる**んだ。そのため，電流が流れると陽極にマイナスの電気をもった塩素の粒子が近づき，気体の塩素が発生するんだ。陰極にはプラスの電気をもった銅の粒子が近づいて銅ができるんだよ。

「つまり電解質は，水にとけるとプラスやマイナスの電気をもった粒子に分かれるってことですか？」

そんな感じだ。水溶液中でプラスとマイナスの粒子に分離するのが，電解質の特徴。だから，電解質を水にとかすと電流が流れるんだ。

塩酸（HCl）の電気分解

じゃあ，ほかの電解質も同じように，プラスやマイナスの粒子に分かれるか，調べてみよう。次は塩化水素の水溶液，塩酸だ。塩酸を電気分解すると，陽極や陰極でどんな物質ができるかな？

「塩酸って，塩素原子と水素原子でできていますよね？　さっき，塩化銅水溶液の電気分解では，陽極で塩素が発生したから，また同じように陽極で塩素が発生するんじゃないですか？」

「じゃあ，反対側の陰極では水素が発生するのかな。」

お！　2人とも予想ができているね。じゃあ実験で確認しよう。

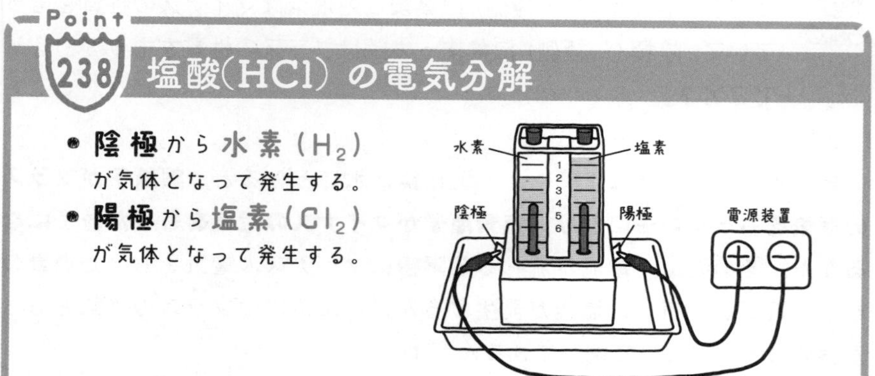

Point 238 塩酸(HCl) の電気分解

- **陰極**から**水素**（H_2）が気体となって発生する。
- **陽極**から**塩素**（Cl_2）が気体となって発生する。

念のため，本当に陽極で塩素，陰極で水素が発生しているか確認しておこう。どうやって確認する？

「塩素には漂白作用があるので，色をつけたろ紙を近づけて，色が消えるかどうかで確認できます。」

「水素は，マッチの火を近づけたら爆発して水ができるはずです！」

２人ともいいね！　過去の学習が生きているよ！　塩素は刺激臭という特徴もあるけれど，危険だから吸わないようにしよう。それじゃあ水素を確認するために，陰極で発生した気体に火を近づけてみようか。

「やっぱり音を出して燃えましたね。水素で確定です。」

オーケー。これで塩酸の電気分解でも，電解質である塩化水素を水にとかすことで，プラスとマイナスの粒子に分離していることがわかった。そして，マイナスの電気をもった塩素の粒子が陽極に集まり，プラスの電気をもった水素の粒子が陰極に集まったということが確認できたね。

つまずき度 !!!!!

➡ 解答は別冊 p.44

1　塩化銅水溶液を電気分解したとき，陽極には(　　　　)が生じ，陰極には(　　　　)が付着する。

2　塩酸を電気分解したとき，陽極には(　　　　)が生じ，陰極には(　　　　)が生じる。

原子のつくりとイオン

電解質が電気的な性質をもつ理由を理解するためには，原子がどのような構造になっているのか知る必要がある。原子は何によって構成されているのか学んでいこう。

原子は陽子，中性子，電子でできている

「それにしても，どうして銅原子や水素原子はプラスの電気をもった粒子(りゅうし)になって，塩素原子はマイナスの電気をもった粒子になったんですか？　原子ごとにちがいがあるんですかね。」

ふむ。じゃあ電解質がどんなふうに水にとけているか解説しよう。そのためには，まずは原子がどんなつくりをしているか，知ってもらうよ。原子のつくりについて覚えてほしいものは3つ。**陽子**(ようし)，**中性子**(ちゅうせいし)，**電子**(でんし)だ。

Point 239 原子のつくり

- 原子は**原子核**(げんしかく)とそのまわりを回る**電子**(でんし)でできている。
- 原子核の中には**陽子**(ようし)と**中性子**(ちゅうせいし)が存在する。
- **陽子はプラス，電子はマイナス**の電気をもつ。中性子は電気をもたない。
- 基本的に，原子の中の**陽子の数と電子の数は等しく**，原子全体では**電気的に中性**になっている。

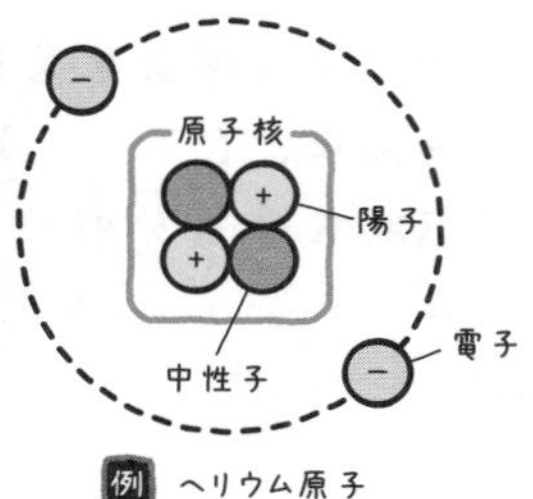

例 ヘリウム原子

「その3つが原子をつくっているんですか？」

そう，すべての原子はこの3つで構成されている。そして，この**3つの組み合わせは原子ごとにちがう**んだ。例えば水素原子だと，ほとんどの場合，陽子1個，中性子0個，電子1個なんだ。ヘリウム原子ならほとんどの場合，陽子2個，中性子2個，電子2個だ。

「ほとんどの場合？　ということはちがう場合もあるんですか？」

よくわかったね。さっき例に出した水素であれば，中性子を1個もつ水素原子もあるんだ。こんなふうに，同じ元素なのに中性子の数が異なる原子のことを**同位体**(どういたい)というよ。

「陽子がプラスで電子がマイナスなら，その2つはくっついちゃうんじゃないですか？　静電気のときにはそう言ってましたよね。」

本来はプラスとマイナスだからくっつこうとするんだ。だけど，電子は原子核のまわりを回っていることで遠心力(えんしんりょく)という力が発生して，**原子核に近づけない**んだ。

「へえ，だからくっつかないんですね。」

そしてこの原子のつくりで大事なのが，基本的に**原子全体では電気を帯びていない**ということだ。言いかえれば，プラスの電気をもつ陽子の数とマイナスの電気をもつ電子の数が，基本的には同じってことだ。

陰イオンと陽イオンはどうやってできるの？

ここで思い出してほしいんだけれど，さっき塩化銅水溶液の電気分解をしたとき，水溶液中の銅の粒子はプラスの電気の性質をもっているから陰極に近づいて，塩素の粒子はマイナスの電気の性質をもっているから陽極に近づくって解説したよね。

「そうですね。そう教わりました。」

でも通常は，原子は陽子の数と電子の数が等しく，電気的に中性になっているとも教えたよね。では何でプラスやマイナスの電気をもった粒子に分かれたんだろう？

「うわー，全然わからない…」

「電気分解で電流を流したからですか？」

発想はすごくいいね。でも残念ながら電流が流れたからではないんだ。電流が流れる前から，塩化銅水溶液の銅はプラスの電気をもった粒子に，塩素はマイナスの電気をもった粒子に分かれているんだ。これは，**電子の移動**が原因なんだよ。

「え，電子の移動？　電子って移動するの？」

そうなんだ。陽子や中性子は原子の中心にあるから，めったなことがない限り移動しない。でも電子の場合は，比較的(ひかくてき)簡単に離(はな)れたり，逆に原子の中に入ってきたりするんだ。こうして**原子のもつ電子が移動することにより，プラス，あるいはマイナスの電気をもつ粒子になる**んだ。このような状態の粒子を**イオン**というんだよ。

Point 240 陽イオンと陰イオン

- 電子を放出して**＋の電気をもつ粒子**を陽イオンという。
- 電子を受けとって**－の電気をもつ粒子**を陰イオンという。

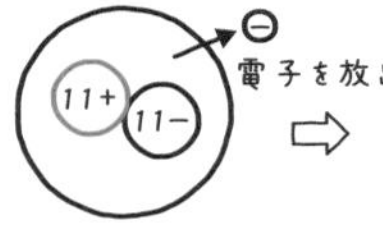

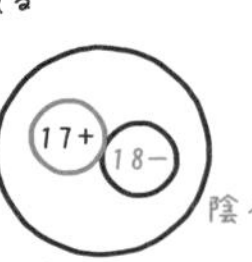

「マイナスである電子が出ていったら，プラスである陽子の数が多くなるから，全体としてプラスの電気を帯びるんですね。」

その通り。そして，イオンは元素記号の右上に符号と数字を書いて表すんだ。右上の＋や－はどちらの電気を帯びているのかを表していて，数字は移動した電子の数を表しているよ。

Point 241 イオンの表し方

陽イオン	化学式
水素イオン	H^{+}
銅イオン	Cu^{2+}
亜鉛イオン	Zn^{2+}
バリウムイオン	Ba^{2+}

陰イオン	化学式
水酸化物イオン	OH^{-}
塩化物イオン	Cl^{-}
炭酸イオン	CO_3^{2-}
硫酸イオン	SO_4^{2-}

「2+があるってことは…電子の移動は1個だけとは限らないってことですか？」

そうだね。1個の電子が移動しただけなら数字は1だから，省略(しょうりゃく)していい。でも2個移動したなら●$^{2+}$や●$^{2-}$と書くんだよ。

「プラスになったりマイナスになったり，数字が1だったり2だったり，こういうのって元素ごとに決まっているんですか？」

原子の種類によって，どんなイオンになりやすいかはある程度決まっているよ。どんなイオンになりやすいか，代表的なものを覚えられれば楽になるよ。

電解質は水にとかすと電離する

「さっき『電流を流す前から電子が移動している』って言っていましたけど，電気分解の前から電子が移動してイオンになっていたってことですか？」

そういうことだよ。例えばさっきの塩化銅水溶液の場合，どんなイオンができていたかわかるかな？

「陰極に集まったのは銅だから…銅イオン（Cu^{2+}）かな。」

「陽極は塩素だったから，塩化物イオン（Cl^-）ですね。でも，どうして水に入れただけでイオンになっていたんですか？」

それはね，**電離**(でんり)が起こっていたからなんだ。電解質のいちばんの特徴(とくちょう)がこの電離なんだよ。

Point 242

電解質の電離

- 電解質が水にとけると，陽イオンと陰イオンに分かれることを**電離**という。
- 電解質を水にとかすと，**電離してイオンになる**ため，イオンの存在によって水溶液に**電流が流れやすくなる**。

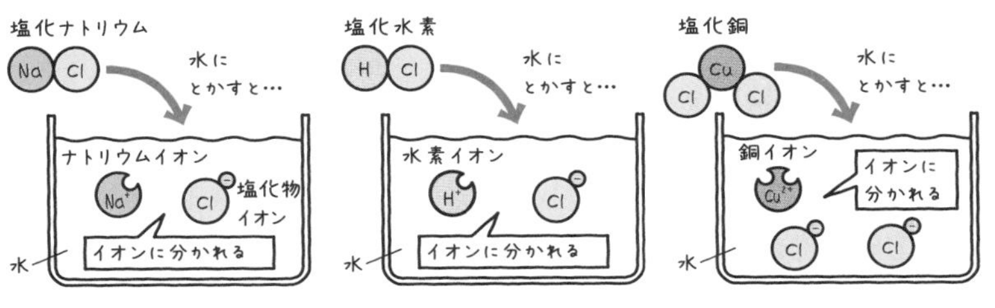

「非電解質では電離は起こらないんですか？」

そうだね。**非電解質は水にとかしても電離は起こらない**んだよ。電離が起こらないから，水中で陽イオンと陰イオンには分かれない。イオンができないから，非電解質を水にとかしても電流が流れにくいままなんだ。

「それじゃあ，水にとかした時点で電解質は分解されちゃっているってことですか？　電気で分解されているわけではなく？」

ん～…それはちがうんだ。電離は別に分解されたってわけじゃないんだよ。例えば塩化銅を水にとかした場合，塩化物イオンと銅イオンに電離する。でも，**水にとかしただけじゃ塩化銅としての性質は，電気を通すようになる以外ほとんど変わっていないし，塩化銅そのものは別の物質にはなっていない**んだ。単に塩化銅の塩素原子と銅原子のすき間に水分子が入りこんで，塩化物イオンと銅イオンに分離しただけなんだ。

「なるほど。電離はあくまでも2つの原子がイオンになって離れただけということですね。」

そういうことだ。電気的に分離しただけで，塩化銅のままであることには変わりないから注意してね。塩化銅水溶液の電気分解では，塩化銅とは全く別の物質である塩素と銅ができているよね。これがれっきとした化学変化だ。

コツ　電離は化学変化ではない。まちがいやすいので注意。

✓CHECK 105　つまずき度 !!!!!　➡ 解答は別冊 p.44

1　原子は(　　　　)と(　　　　)で構成された原子核と，その原子核のまわりを回る(　　　　)の3つで構成されている。
2　原子が電子を受けとると(　　　　)になる。
3　電解質を水にとかしたときに，陽イオンと陰イオンに分かれることを(　　　　)という。

イオンへのなりやすさ

電解質を水にとかすと電離してイオンとなった。では，このイオンが存在する水溶液に，金属を入れると何が起こるだろうか。電子の受けわたしに注目しよう。

イオンへのなりやすさがある！

イオンについてはもうわかったかな？

「大丈夫(だいじょうぶ)です！　陽子よりも電子の数が多ければ陰イオンになって，陽子よりも電子の数が少なければ陽イオンになるんですよね。」

「でもさ～，電子の受けわたしってのがイマイチよくわかんないです。塩化銅の場合，銅原子が電子を放出して銅イオンになって，塩素原子が電子を受けとって塩化物イオンになるんですよね。」

そうだね。元素によって電子を受けとりやすいものと，放出しやすいものがあるからね。

「じゃあ電子を放出しやすいものどうし，あるいは電子を受けとりやすいものどうしがいっしょになったらどうなるんですか？」

ほぉ…いい疑問だ。それじゃあ，実際にどうなるか試してみようか。電子を放出しやすいものどうしがいっしょになると何が起こるのか，それを確認するために硫酸銅(りゅうさんどう)水溶液と亜鉛(あえん)板を用意したよ。

「硫酸銅は，水にとかすとどんなイオンになるんですか？」

硫酸銅は，硫酸イオンと銅イオンに電離(でんり)するよ。

$$CuSO_4 \longrightarrow Cu^{2+} + SO_4^{2-}$$

「銅イオンは陽イオン，硫酸イオンは陰イオンになるんですね。」

そう。ではこの硫酸銅水溶液に亜鉛板を入れるよ。何が起こるかな。

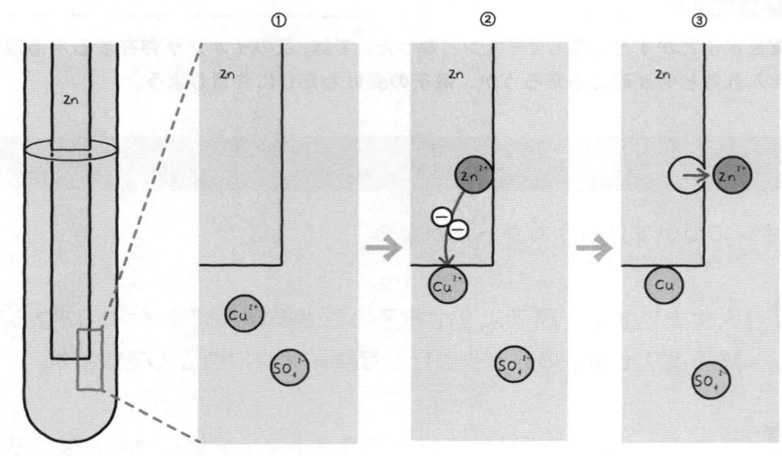

「見た感じあまり変化がないようですが…あれ？　亜鉛板の表面に赤い物質が付着していますね。これってもしかして銅ですか？」

そう，それは銅だよ。銅イオンが亜鉛板を入れることによって，金属の銅に変化したんだ。これは亜鉛原子（Zn）が銅イオン（Cu^{2+}）に電子を２個わたしたことで，銅イオンが銅原子（Cu）となって付着したんだ。

「え，じゃあ亜鉛はどうなったんですか？」

亜鉛原子（Zn）は電子を放出して亜鉛イオン（Zn^{2+}）に変わるんだ。だから亜鉛板は，亜鉛が水溶液中にとけ出して，うすくなっているんだよ。銅イオンと亜鉛板に変化が起こる原因は，次のような電子のやりとりがあったからなんだ。

$$Zn \longrightarrow Zn^{2+} + \boxed{2e^-}$$

$$Cu^{2+} + \boxed{2e^-} \longrightarrow Cu$$

コツ　**電子を化学式で表すとe^-となる。**

簡単にいえば，銅イオンが亜鉛から電子をうばって銅となり，亜鉛は亜鉛イオンとなったんだ。

「金属どうしで電子のうばい合いが起きたということですか？」

そんな感じだね。ここからもわかる通り，亜鉛よりも銅の方が電子をもっていられる力が強いんだ。逆にいうと，銅よりも亜鉛の方が電子を放出してイオンになる力が強いんだ。

「つまり，同じ電子を放出するタイプの銅や亜鉛でも，電子の放出のしやすさがちがうってことですか？」

その通り！　最初に言っていた『電子を放出しやすいものどうしがいっしょになったらどうなるか？』という疑問の答えがコレだ。今回の場合，イオンへのなりやすさは，亜鉛＞銅だったわけだ。だから，銅イオンがたくさんある硫酸銅水溶液に金属の亜鉛を入れると化学変化が起きたんだ。

「逆に，銅は亜鉛イオンに電子をわたさないんですね。これは，銅の方が亜鉛よりもイオンになりにくいからですね。」

「銅や亜鉛以外では，どうなっているんですか？」

例えば，ナトリウム（Na）やマグネシウム（Mg）なんかはイオンになりやすい。逆に，金や銀はイオンになりにくいんだ。とにかく大事なのは，イオンへのなりやすさには順番があるってこと。そして，イオンへのなりやすさにちがいがあるものどうしが出合うと，電子を受けわたして，イオンになったり金属にもどったりする。もし覚えるなら，イオンへのなりやすさの順番として，マグネシウム（Mg）＞亜鉛（Zn）＞銅（Cu）くらいは知っておくと，あとあと楽になるよ。

Point 243 イオンへのなりやすさ

- マグネシウム（Mg）＞亜鉛（Zn）＞銅（Cu）
の順番でイオンになりやすい。つまりとけやすい。

	マグネシウム板	亜鉛板	銅板
Mg^{2+}をふくむ水溶液	変化なし	変化なし	変化なし
Zn^{2+}をふくむ水溶液	マグネシウム板がうすくなり，亜鉛が付着した。	変化なし	変化なし
Cu^{2+}をふくむ水溶液	マグネシウム板がうすくなり，銅が付着した。	亜鉛板がうすくなり，銅が付着した。	変化なし

CHECK 106

つまずき度 !!!!!

➡ 解答は別冊 p.44

1　硫酸銅水溶液に亜鉛板を入れると，（　　　）がイオンに変わり，水溶液中の（　　　）イオンが金属になる。

2　硫酸マグネシウム水溶液に亜鉛板を入れると，（　　　）よりも（　　　）の方がイオンになりやすいため，反応しない。

電池のしくみ

イオンへのなりやすさの順番を利用したものに，電池がある。どのようにして電気を得ているのか，そのしくみを学んでいこう。

異なる２種類の金属を使ってできる電池

「突然(とつぜん)なんですが，電池ってどうやって電気を生み出しているんですか？」

電池はいろんなところで活用されているけど，その原理はまだ知らないよね。実は電池には，さっき学習したイオンと深いかかわりがあるんだ。まず，電池がどんなつくりになっているか知ってもらおう。

Point 244 電池のつくり

● **電解質の水溶液に異(こと)なる２種類の金属を入れる**と，金属の間に電圧が生じる。これを**電池**という。

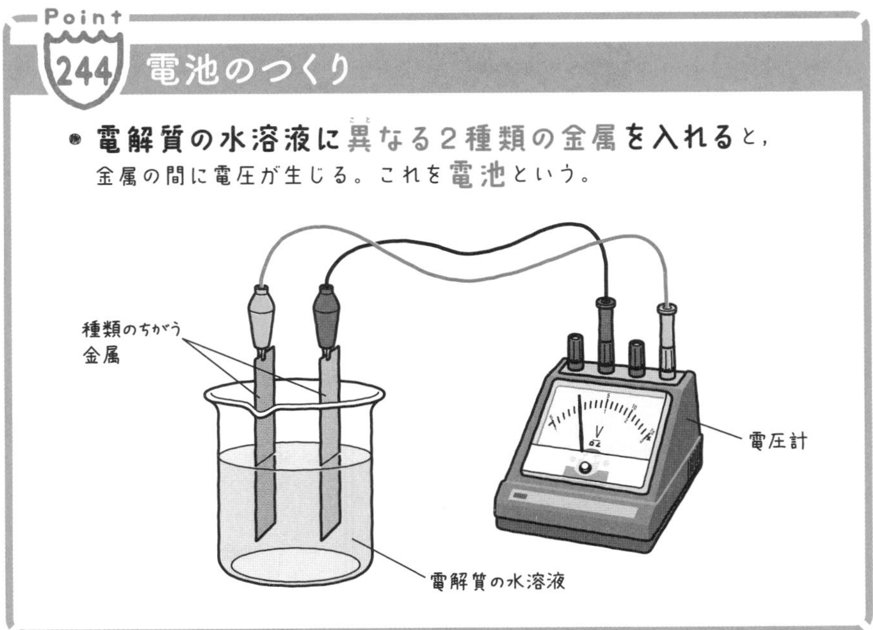

「たったこれだけ？　電解質の水溶液に金属を入れただけじゃん。」

基本はこれだけ。意外と簡単でしょ？　2種類の金属に導線をつないで回路をつくれば，ちゃんと電流が流れるよ。

「ふだん使っている電池には，そんな水溶液が入っているようには思えないんですけど…」

ろ紙などに水溶液をしみこませる場合もあるし，実際に市場(しじょう)に出回っている電池はもう少し複雑(ふくざつ)なつくりになっているからね。でも，**共通して電池に必要なものは『電解質水溶液』と『2種類の金属』**。この2つだけなんだ。

「逆にいえば，非電解質の水溶液では電流が流れないし，金属の種類が1種類でもダメってことですか？」

そういうことだね。なぜ電解質水溶液でなければダメなのか。なぜ2種類の金属が必要なのか。今からそれを理解してもらおう。

電池のしくみはどうなっている？

まず，シンプルな電池で解説しよう。使う金属は**亜鉛(あえん)**と**銅**だ。この金属と電球を導線(どうせん)につないで，**うすい塩酸**につけるよ。さぁどうなるかな？

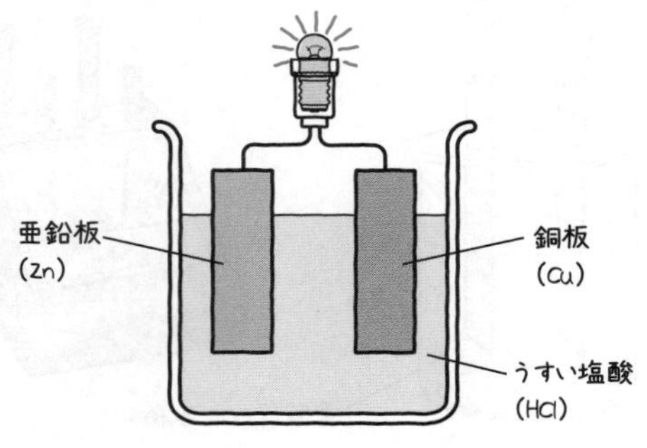

「2種類の金属を水溶液につけたら電球が光りましたね。電球が光ったってことは，電流が流れているってことですね。」

その通り。さぁここで，さっきの亜鉛と銅の『イオンへのなりやすさ』の関係を思い出してほしい。亜鉛と銅では，どっちの方がイオンになりやすかったかな？

「亜鉛ですよね？」

そう，亜鉛だ。金属の**亜鉛（Zn）は塩酸に入れることで電子を放出し，亜鉛イオン（Zn^{2+}）になる**んだ。

$Zn \longrightarrow Zn^{2+} + 2e^-$

「放出された電子はどこにいくのでしょうか？」

導線でつなぐことによって，亜鉛板に残された電子は導線を通って電球を通過し，反対側の金属の方へ向かうんだ。反対側，つまり銅板の方へと電子が引(ひ)っ張(ぱ)られるんだよ。

「そのまま塩酸と反応するわけじゃなく，わざわざ反対側の銅板まで移動するんですね。」

そうなんだ。それが電池の特徴(とくちょう)といえるかもね。そして，この導線内の電子の移動が電流になるんだ。7章で，導線内の電子の移動が電流の正体だって学んだよね。だから導線の間につけた電球が光ったんだ。

コツ **このとき，亜鉛板から亜鉛イオンが水溶液中に放出されているため，亜鉛板はだんだんとうすく，小さくなっていく。**

「じゃあ亜鉛板から放出された電子が銅板へと向かったあと，銅板に集まった電子はどうなるんですか？」

その電子に引き寄せられて，**水溶液中の陽イオンが近づいてくる**んだ。さて，この水溶液中にどんな陽イオンがあるかな？

「水素イオン（H^+）ですか？」

惜しい！　あとは，亜鉛がとけた亜鉛イオン（Zn^{2+}）も水溶液中に入っているね。それじゃあ，銅板に集まった電子は，亜鉛イオンと水素イオンのどっちとくっつくかな？

「え？　どっちも陽イオンだし両方じゃないんですか？」

それがちがうんだな。ここでもイオンへのなりやすさが関係してくるんだ。実は水素イオンよりも亜鉛イオンの方がイオンになりやすい。言いかえれば，水素イオンの方が電子を受けとりやすいんだ。

「じゃあ，水素イオンが電子を受けとって水素原子になるってことですか？」

そういうことだ。今回の場合，水素イオンが電子を受けとって水素原子となり，さらに2個の水素原子が結合して水素分子になるんだ。

$2H^+ + 2e^- \longrightarrow H_2$

「電流が流れ始めてから，銅板の周囲に泡がついているな〜って思っていましたが，この泡って気体になった水素分子だったんですね。」

「そういえば，電池ってプラスとマイナスがありますけど，この場合はどっちがどっちなんですか？」

電子は－極から＋極に流れるよね。そして今回，電子は亜鉛板から銅板に向かって流れた。だから，亜鉛板が－極で，銅板が＋極だ。

コツ　電子を放出し，陽イオンになりやすい方の金属が－極になる。

Point 245 電池のしくみ

- **亜鉛板は－極**となり，電子を放出し，**亜鉛イオン**となって**水溶液中にとけ出す**。

$$Zn \longrightarrow Zn^{2+} + 2e^-$$

- **銅板は＋極**となり，銅板の表面で**水素が発生する**。

$$2H^+ + 2e^- \longrightarrow H_2$$

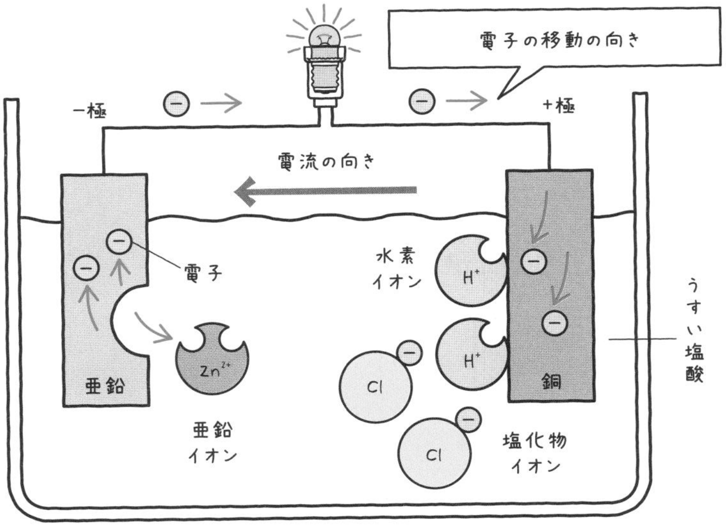

電子の移動の向き
－極
＋極
電流の向き
電子
水素イオン
H^+
Zn^{2+}
亜鉛
銅
うすい塩酸
Cl
亜鉛イオン
塩化物イオン

ダニエル電池のモデル

いまつくった電池は，イタリアの科学者のボルタさんが考案した，世界で最初の電池によく似たモデルなんだ。だけどこのモデルには欠点があって，安定した電圧や電流を長時間得ることができなかったんだ。

「え，じゃあいま使っている電池とはちがうんですか？」

全くちがうというわけじゃないんだけど，より安定な電圧を得ることができる改良版，**ダニエル電池**の方がより現代の電池に近いしくみになっているかな。

「ボルタの電池とダニエル電池では何がちがうんですか？」

簡単にいうと，２種類の電解質水溶液を使っていて，その2種類がセロハンや素焼き板で仕切られているってことかな。多くの場合，使う金属は，亜鉛板と銅板。そして，硫酸亜鉛水溶液（$ZnSO_4$）に亜鉛板（Zn）を，硫酸銅水溶液（$CuSO_4$）に銅板（Cu）を入れて反応させているんだ。

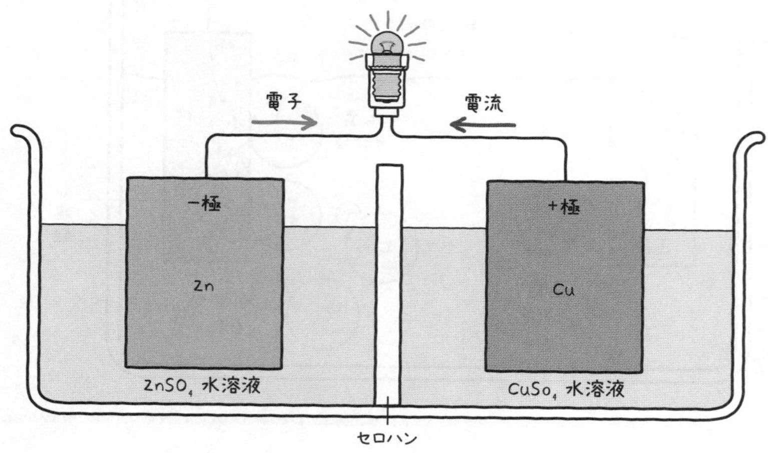

「何でセロハンや素焼き板で仕切っているんですか？」

なぜセロハンで仕切る必要があるのかは，この電池のしくみを理解するとわかってくると思う。それじゃあまず，亜鉛板の方を考えよう。

「さっきの電池と同じことが起こるのだとしたら，亜鉛は電子を放出して亜鉛イオンになりますね。」

そう，さっきと同じことが起こるよ。もし導線で反対側と結びつけられていなければ亜鉛イオンにならない。だけど，硫酸銅水溶液につけられた銅板とつながっているから，その銅板に向かって電子が放出されるんだ。だから，さっきの電池と同じように，

$Zn \longrightarrow Zn^{2+} + 2e^-$

という化学変化が亜鉛板で起こるんだ。

「じゃあその放出された電子は，銅板の方へいくんですよね？　銅板のまわりでは，さっきと同じように水素が発生するんですか？」

んー惜しいな！　根本的（こんぽんてき）な原理はさっきと同じで，水溶液中にある陽イオンが電子を受けとる。だけど，今回の水溶液の陽イオンって何かな？

「硫酸銅水溶液だから…硫酸イオン（SO_4^{2-}）と銅イオン（Cu^{2+}）に分かれるので陽イオンは…。あっ，銅イオン（Cu^{2+}）です！」

その通りだ。だから銅板の表面では，

$Cu^{2+} + 2e^- \longrightarrow Cu$

という化学変化が起きて，銅板に銅が付着するんだ。だから，銅板がどんどん厚くなっていくんだよ。

「結果的に，亜鉛が電子を放出して，反対側の銅イオンに電子をわたしているわけですね。」

そうだね。だから２つの化学変化をまとめると，

$$Zn + Cu^{2+} \longrightarrow Zn^{2+} + Cu$$

となっていることがわかるかな。そして，電子は亜鉛板から銅板の方へ向かっていることから，亜鉛板が－極，銅板が＋極になっているとわかるね。

Point 246 ダニエル電池

- **亜鉛板は－極**となり，電子を放出し，**亜鉛イオン**となって**水溶液中にとけ出す。**

$$Zn \longrightarrow Zn^{2+} + 2e^-$$

- **銅板は＋極**となり，水溶液中の銅イオンが電子を受けとって，銅板の表面に**銅が付着**(ふちゃく)**する。**

$$Cu^{2+} + 2e^- \longrightarrow Cu$$

- 素焼き板やセロハンで仕切ることで，**電圧や電流の低下を防**(ふせ)**ぐ。**

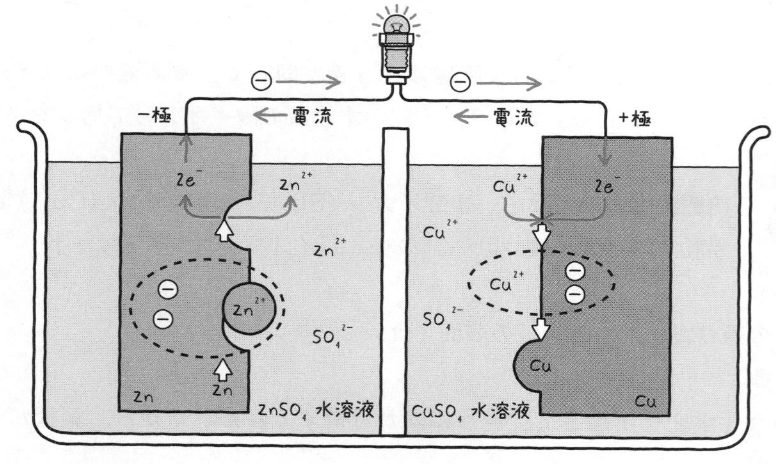

「でも，セロハンや素焼き板で仕切る必要あったんですか？」

仕切らないと，硫酸銅水溶液と硫酸亜鉛水溶液が混ざってしまうよね。すると，亜鉛板と銅イオンが直接電子の受けわたしをして，うまく電子が導線を移動しなくなってしまい，十分な電圧を得られないんだ。だから混ざらないように，仕切る必要があるんだよ。また，イオンが通れる程度の小さな穴があいているのも特徴なんだ。

「穴があいている…？　じゃあ，ガラスとかではダメなんですか？」

ダメだね。穴があいていないと，それぞれの水溶液でできたイオンが通れなくなる。すると，各極板の水溶液中のイオンにかたよりができてしまい，電子が移動しなくなってしまうんだ。だから，**水溶液を仕切ることが必要だし，かつ小さな穴があいていることが重要**なんだ。

CHECK 107　つまずき度 !!!!!　➡ 解答は別冊 p.44

1　銅板と亜鉛板を豆電球がついた導線でつなぎ，うすい塩酸に入れたところ，豆電球が光った。このとき，銅板や亜鉛板で起こった反応を化学反応式にすると，下記のようになる。ただし，電子は e^- を使う。

銅板：(　　　　)$+2e^-\rightarrow$(　　　　)

亜鉛板：(　　　　)$\rightarrow$(　　　　)$+2e^-$

さまざまな電池

身のまわりにはいろいろな電池がある。用途によって使い分けているけど，しくみや性質にどのようなちがいがあるのか，1つずつ見ていこう。

さまざまな電池

「2種類の電池について教わりましたけど，電極の金属や電解質を変えたら，どんなちがいができるんですか？」

面白い着眼点だね。電極の金属や電解質の種類だけでなく，電解質水溶液の濃度を変えてみたり，電極の金属の大きさを変えてみたり，さまざまなことができるよね。それらを変えることで，使い道に合わせて電池の性能を変えることができるんだ。

Point 247 さまざまな電池

- **充電できない電池**のことを**一次電池**という。
- **充電できる電池**のことを**二次電池**という。
- **酸素と水素が反応して発生する電気エネルギー**を利用した電池を**燃料電池**という。

種類	電池の名称	用途	特徴
一次電池	アルカリ乾電池	・リモコン ・ラジコン	大きな電流が得られ， 連続使用ができる。
	リチウム電池	・うで時計 ・電卓	小型・軽量で 高い電圧を得られる。
二次電池	鉛蓄電池	・自動車のバッテリー	大きな電流が得られる。
	リチウムイオン電池	・ノートパソコン	小型・軽量で 大きな電流が得られる。

これだけ種類があるけど，**電解質の水溶液に２種類の金属を入れている**という基本のつくりは変わらないんだよ。

「電池といえば，アルカリ乾電池やマンガン乾電池はリモコンなどに使われて，よく見かける代表的な電池ですよね。でも燃料電池ってよくわからないんですが，どういう電池なんですか？」

前に水の電気分解ってやったでしょ？　その逆で，酸素と水素を反応させると水になるんだ。そして，この**反応が生じるときに電気エネルギーが発生する**んだ。その電気エネルギーを利用したのが燃料電池だよ。

「へぇ～。まぁ，たしかに電流を流すと分解するなら，反応するときに電気が出てきても不思議な話じゃないですよね。」

そうだね。こうした燃料電池は，電気エネルギーを得るときに水だけが生じて，有害な物質があまり排出されないため，環境に悪影響をおよぼしにくいと考えられているんだ。すでに電気自動車なんかで使われているね。

「電池ってこんなにもたくさんの種類があったんですね。」

CHECK 108　つまずき度 !!!!!　➡ 解答は別冊 p.44

1　充電できない電池のことを（　　　　）といい，充電できる電池のことを（　　　　）という。

2　酸素と水素が反応する際に生じる電気エネルギーを利用した電池を（　　　　）という。

酸性とアルカリ性

イオンについて理解する上で，酸やアルカリは外せない。どんな液体が酸性やアルカリ性なのか，まずはそれぞれの液体の性質について知ろう。

酸性やアルカリ性の水溶液の性質

実は，液体の**酸性**，**アルカリ性**とイオンには深い関係があるんだ。ここでは酸性とアルカリ性の水溶液についてくわしく学んでいこう。まず，酸性やアルカリ性を調べるのに，よく使う薬品(やくひん)があるんだ。

「リトマス紙とかBTB溶液は使った覚えがありますよ。」

こうした何か化学的な性質を調べるための薬品を**指示薬**(しじやく)というよ。ほかには**フェノールフタレイン溶液**や，**pH試験紙**を使うことがあるんだ。

Point 248 酸性・中性・アルカリ性の性質

	酸性 ←		中性		→ アルカリ性
BTB溶液	黄色	うすい黄色	緑色	うすい青色	青色
フェノールフタレイン溶液	無色	無色	無色	うすい赤色	赤色
pH試験紙	赤色	オレンジ色	緑色	青色	濃い青色
リトマス紙	青色 →赤色		変化なし		赤色 →青色

「BTB溶液とpH試験紙は色の変化が似ていますね。」

そうだね。**酸性側ほど赤色や黄色**になり，**アルカリ性ほど青系の色**になるね。

「中性の緑色は黄色と青色を混ぜた色ですね。覚えやすい。」

コツ　**基本的に酸性は赤系や黄色系の暖色（だんしょく），アルカリ性は青系の寒色（かんしょく）と覚えておくと楽。ただしフェノールフタレイン溶液は例外。**

ほかには，酸性の水溶液を調べる**マグネシウムリボン**があるよ。以前2章や5章で教えた通り，「**特定（とくてい）の金属を，塩酸などの酸性の水溶液に入れると水素が発生する**」よね。その性質を利用しているんだ。

酸のイオンには水素イオンが関係している

「酸性の液体に金属を入れると，その金属がとけて，水素が発生する…もしかして，これってイオンへのなりやすさが関係しています？」

するどいね！　酸性やアルカリ性のことを理解するためには，イオンとの関係について知らなければならない。というわけで，酸性，アルカリ性の水溶液中にあるイオンについて解説するよ。

「酸性やアルカリ性の水溶液がイオンと関係があるって，イオンがたくさんとけているってことですか？」

とけている量はあまり関係ないんだ。大前提として，酸性やアルカリ性の水溶液は電解質がとけた液体だ。中性の場合，塩化ナトリウムなどの電解質がとけている場合もあるし，砂糖のような非電解質がとけている場合もある。

「電解質がとけているということは，酸性やアルカリ性の水溶液には，必ずイオンが存在するってことですね。でも，いったいどんなイオンなのでしょうか？」

そう，大事なのはそのイオンの種類だ。酸性の水溶液にはどんなイオンが存在するのか，一方アルカリ性の水溶液にはどんなイオンが存在するのか，その点に注意してこれから学んでいこう。まず，酸性の水溶液ってどんなものがあるか，わかるかな？

「塩酸とか，硫酸(りゅうさん)とかですよね。」

そうそう。例えば塩酸の場合，塩化水素（HCl）を水にとかすことで，塩酸をつくることができるんだ。電解質である塩化水素（HCl）は，水にとかすと水素イオン（H^+）と塩化物イオン（Cl^-）に電離(でんり)したよね。この塩化水素のように，**水にとかすと水素イオン（H^+）を生(しょう)じる物質**のことを**酸**というんだ。

Point 249 酸

- 水にとかすと**水素イオン（H^+）**を生じる物質のことを**酸**という。

酸 ⟶ 水素イオン（H^+）＋ 陰(いん)イオン

「水素イオンを生じるって，これが酸の正体(しょうたい)ってことですか？」

そういうこと。水溶液の酸性がどれくらい強いかは，この水素イオン（H^+）がどれくらいあるかで決まるんだ。**リトマス紙やBTB溶液の色を変えたのも，この水素イオン（H^+）**なんだよ。

アルカリのイオンには水酸化物イオンが関係している

「じゃあ，アルカリ性の水溶液ではどんなことが起こっているんですか？」

アルカリ性の水溶液には，陰イオンである**水酸化物イオン**（OH^-）が，たくさん存在するんだ。だから，**アルカリ**は**水にとかすことで水酸化物イオン（OH^-）を生じる物質**のことなんだ。

Point 250 アルカリ

- 水にとかすと**水酸化物イオン（OH^-）**を生じる物質のことを**アルカリ**という。

アルカリ ⟶ 陽イオン ＋ 水酸化物イオン（OH^-）

「アルカリには，どんなものがあるんですか？　アルカリ性の水溶液として，水酸化ナトリウム水溶液は有名ですけど…」

水酸化ナトリウムは代表的なアルカリだね。ほかには，アンモニアなどの物質もアルカリに分類(ぶんるい)される。それじゃあ，酸とアルカリの性質を利用して，実験をしてみよう。

「実験？　どんな実験をやるんですか？」

次ページの図のように，しめったろ紙の上にリトマス紙を置き，そのリトマス紙の上に，塩酸をしみこませた糸を置くんだ。もう一方の糸には水酸化ナトリウム水溶液をしみこませるよ。そして，ろ紙の左右に電極をつなぐ。こうすることで，ろ紙やリトマス紙に電流が流れるようになるんだ。さて，ここに電流を流すとどうなるかな？

「よくわからない…何が起こるんですか？」

まず，塩酸がしみこんでいる糸から，リトマス紙へと塩酸がしみこむ。そのリトマス紙に電流が流れていれば，**プラスの電気を帯びた水素イオン（H^+）は陰極へと進む**はずだ。逆に，マイナスの電気を帯びた塩化物イオン（Cl^-）は陽極側へと進むんだ。

「あ，陰極側のリトマス紙がだんだんと青から赤に変わっていった！陽極側では色は変化していないですね。」

反対に，水酸化ナトリウム水溶液がしみこんでいる糸からは，**マイナスの電気を帯びた水酸化物イオン（OH^-）が陽極へと進む**んだ。

「赤色のリトマス紙が青色になりましたね。それも陽極側だけが。」

その通り。リトマス紙の色を変えているのは水素イオンや水酸化物イオンなんだ。つまり，**酸性の性質を決めているのは水素イオン（H^+），アルカリ性の性質を決めているのは水酸化物イオン（OH^-）**ってことだ。

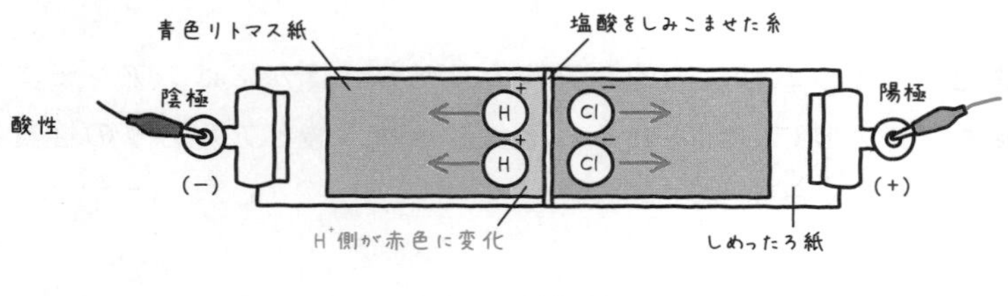

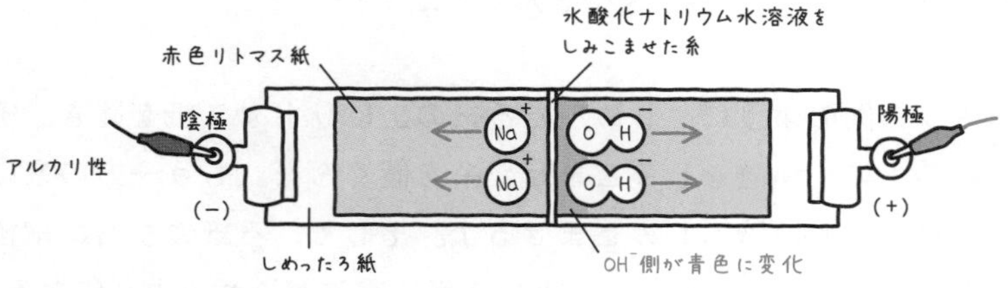

酸性やアルカリ性の強さを表すpH

「水素イオンや水酸化物イオンが酸性やアルカリ性を決めることはわかったのですが，強い酸や弱い酸，強いアルカリや弱いアルカリのちがいは何なんですか？」

水素イオンや水酸化物イオンの濃度によって，酸性やアルカリ性の強さが変わるんだ。そして，その強さを数値で表したものをpHというよ。

pH

- 酸性やアルカリ性の強さを **0～14** の数値で表したものを **pH** という。
- **pH7のときは中性**であり，pHが**0に近づくほど強い酸性，14に近づくほど強いアルカリ性**である。

「数値が小さいほど酸性が強くて，数値が大きいほどアルカリ性が強いんですね。」

そうだね。強い酸性やアルカリ性は，反応も強いでしょ。でも，これらは水でうすめることで反応が弱くなるよね。これは，**水でうすめるほど，中性に近づく**からなんだよ。つまりpHが7に近づくってことだね。

「もし塩酸などが手についたら，すぐに水で洗い流すように言われています。あれは，水でうすめることで，反応を弱めるためなのか。」

そういうことだ。ただ単に量ではなく，**濃度**で決まっていることに注意しよう。

CHECK 109　つまずき度 ！！！！！　➡ 解答は別冊 p.44

1　pH試験紙の色を青色にする水溶液は(　　　　)性である。
2　酸性やアルカリ性の強さは(　　　　)という指標で表される。
3　酸性の水溶液中には(　　　　)イオンが多数存在し，アルカリ性の水溶液中には(　　　　)イオンが多数存在する。

11-8 酸とアルカリの中和反応

酸とアルカリを反応させたら何が起こるのか。ここではその化学変化について解説するよ。酸とアルカリにはどんな特徴があるのか，思い出しながら学んでいこう。

酸とアルカリを混ぜて起こる中和

おや？　何をしているんだい？

「いや，塩酸と水酸化ナトリウム水溶液を混ぜたらどうなるかなと。」

こらこら，勝手にそんなことしたら危ないでしょうが。でも，たしかに気になるかもしれないね。それじゃあ，実際に混ぜたらどんな反応が起こるのか考えていこうか。ここに，同じ濃度（のうど）で同じ体積の塩酸（HCl）と水酸化ナトリウム水溶液（NaOH）を準備した。それぞれの容器に，指示薬としてBTB溶液を入れるよ。何色になるかな？

「塩酸は黄色。水酸化ナトリウム水溶液は青色になりましたね。つまり，塩酸は酸性で，水酸化ナトリウム水溶液はアルカリ性であるということです。」

そうだね。じゃあ，この2つの水溶液を混ぜると，どうなるかな？

「あ！　緑色に変わった！　緑色ってことは…中性？」

そう，中性になったってことだね。さぁ，2つの水溶液を混ぜたときに，何が起きたか考えてみよう。

「酸性やアルカリ性が消えて，中性になったってことは…水素イオンや水酸化物イオンがなくなったってことですよね。」

その通りだ。酸とアルカリの水溶液を混ぜ合わせると，**酸の水素イオン（H^+）とアルカリの水酸化物イオン（OH^-）が結びついて，水（H_2O）ができる**。この反応のことを**中和**というんだ。

「陽イオンと陰イオンが結びつくってことは……塩酸の塩化物イオンと水酸化ナトリウムのナトリウムイオンも結びつきませんか？」

よく気づいたね！　もちろん，その２つも結びつくよ。塩酸の塩化物イオン（Cl^-）と水酸化ナトリウムのナトリウムイオン（Na^+）が結びつくことで塩化ナトリウム（NaCl）ができるんだ。こんなふうに，**酸の陰イオンとアルカリの陽イオンが結びついてできるもののことを塩**というんだ。

中和

- **酸の水溶液**と**アルカリの水溶液**を混ぜると**中和**が起こる。
- 中和のとき，酸の**水素イオン（H^+）**とアルカリの**水酸化物イオン（OH^-）**が結びついて**水**ができる。
- 中和のとき，**酸の陰イオン**と**アルカリの陽イオン**が結びついて**塩**ができる。

コツ　**塩は，塩（いわゆる食塩）とは別のものなので注意。**

というわけで，塩酸と水酸化ナトリウム水溶液の中和を化学反応式で書くとこうなるんだ。

$$HCl + NaOH \longrightarrow NaCl + H_2O$$

「塩化水素と水酸化ナトリウムが同じ数だけ混ざれば，混ぜた液体は食塩水と同じようなものになるんですね。」

「これって，水素イオンか水酸化物イオン，どっちかの数が多かった場合どうなるんですか？」

少ない方がなくなるまで，中和が進むよ。塩化水素の方が多ければ，水素イオンが残って酸性のまま。水酸化ナトリウムの方が多ければ，水酸化物イオンが余ってしまい，アルカリ性になるよ。**中性の水溶液にするためには水素イオンの数と水酸化物イオンの数を同じにする必要があるんだ。**そして注意しなきゃならないのは，中和はあくまで反応のことを指している。**中和が起きたからといって，必ずしも中性になるとは限らない**んだ。まちがえないようにね。

コツ　**中和：酸とアルカリが反応して水と塩ができる反応**
中性：水素イオンと水酸化物イオンがすべて反応してどちらもなくなった状態

「中性にならなくても，酸とアルカリを反応させれば，その反応は中和とよぶのですね。注意します。」

「それはそうと，中和させたビーカーが熱くなってるんですけど。」

それは中和熱(ちゅうわねつ)だね。実は，**中和が起こると熱が発生する**んだ。発熱反応って教えたでしょ。中和の反応が起きているときに発生した熱が水溶液の温度を上げ，それがビーカーに伝わったんだ。だからあたたかくなったんだよ。

「中和は発熱反応なんですね。」

いろいろな中和と塩

「ほかにはどんな中和があるんですか？」

ほかか。例えば硫酸と水酸化バリウム水溶液の中和とかどうかな。

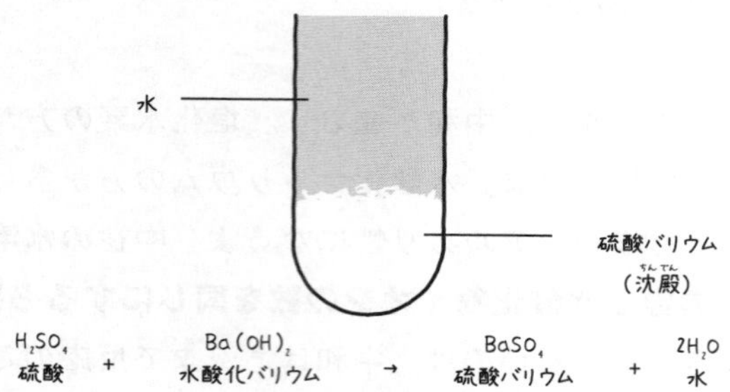

「あ！　反応させたら白くにごりましたよ。」

それは，**硫酸バリウム（$BaSO_4$）という塩**だよ。電離せず，水にとけにくいから目に見えるんだ。

Point 253 硫酸と水酸化バリウム水溶液の中和

- **硫酸**（H_2SO_4）と**水酸化バリウム**（$Ba(OH)_2$）**水溶液**が中和することで，**硫酸バリウム**（$BaSO_4$）が塩として生じる。
- 硫酸バリウムは水にとけにくく，**白い沈殿**となる。

この硫酸バリウムは，電離せずに沈殿する「塩」として，よく出題されるから，覚えておくといいよ。

CHECK 110　つまずき度 !!!!!

➡ 解答は別冊 p.44

1　酸の水溶液とアルカリの水溶液を混ぜると（　　　）が起こる。
2　中和が起こると（　　　）と（　　　）ができる。

理科 お役立ち話 11

『混ぜるな危険』を混ぜるとなぜ危険なのか

さて，酸とアルカリに関する話はどうだったかな？

「まぁ，面白くはあったけど，日常生活に強い酸や強いアルカリがあるわけじゃないし，あんまり身近に感じなかったです。」

身近に感じない？　そんなことないぞ。日常生活でも酸やアルカリは不可欠だ。例えばお酢は酸性の液体でしょ。料理では，この酸性の調味料を使わなければ，つくれないものもある。そして何より，洗剤だ。例えばカビを除去するためには，塩素系の洗剤がよく使われるんだけど，この中には，アルカリ性にするために水酸化ナトリウムが入っている。

「それ知っています！　手につくとぬるぬるしますよね。それと，『混ぜるな危険』って書いてあるやつですよね。」

手がぬるぬるするのは，アルカリによって皮膚の表面がとけているからだね。必ず手袋をしよう。

「混ぜるな危険って，何と混ぜたら危険なんですか？」

酸性タイプの洗剤だね。これには，塩酸などが入っていて，トイレの洗剤などによく使われているよ。

「怖くて混ぜようなんて思わないですけど，何で混ぜたら危険なんで

すか？」

問題は，塩素系の洗剤に入っている次亜塩素酸ナトリウム。塩素系の洗剤は水酸化ナトリウムが入っているために，アルカリ性になっている。アルカリ性の水溶液の中では，次亜塩素酸ナトリウムは電離して次亜塩素酸イオンとして存在しているんだ。これが強い殺菌，漂白効果を示すんだね。

「その中に酸性の洗剤が入ると何が起きるんですか？」

塩酸によって中和が起きて，中性になる。中性になると，次亜塩素酸イオンが次亜塩素酸になるんだ。そして，さらに酸性の洗剤が入って，酸性になると，次亜塩素酸が気体の塩素（塩素分子）になってしまうんだ。

「気体の塩素が発生するってことは…」

そう，これが猛毒。肺や粘膜が大ダメージを受ける。しかも気体だから，意図せずに吸いこんでしまうんだ。特に，洗剤ってふろ場やトイレなどのせまい空間で使うでしょ。せまいとすぐに充満しちゃって，余計に危険なんだ。だから，洗剤は絶対に混ぜないように！

「うわ…こわ…絶対に混ぜないようにしとこ。」

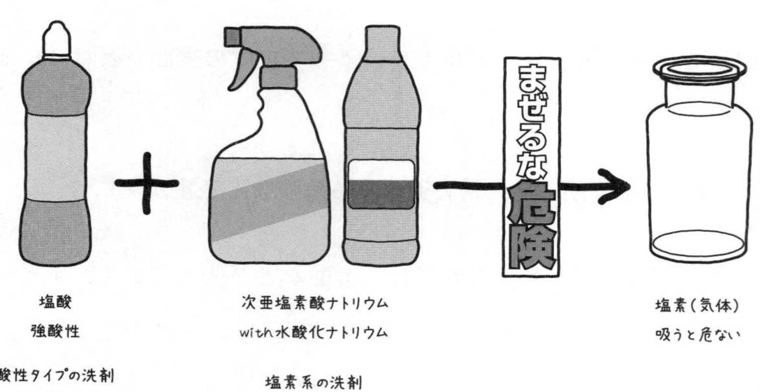

中学3年 12章

地球と宇宙

「星空ってきれいですよね！　星が大好きなので，天体観測してみたいです。」

「ぼくは将来，火星とか月とかに行ってみたいです！」

宇宙はすごくワクワクするよね！　その宇宙にある太陽や星と地球がどのように関係しているのか，この単元で学んでいくよ。この単元のいちばんのポイントは「地球が動いている」ということだ。

地球の自転と方位・時刻

星について学ぶうえで，真っ先に知らなければならないのが地球。まずは，地球がどのように動いているのか考えてみよう。

地球は地軸を中心にして自転している！

今回から星について学んでいくわけだけど，いちばん身近な星といえば何が思いつくかな？

「太陽とか月です！」

たしかにどちらも身近だね。でも，この地球も身近な星といえる。まずは自分たちの生きている地球がどのような動きをしているか考えてみよう。

「地球の動きといえば，地球は回転しているんですよね。」

そうそう。ふだん生活していると地球が回っているなんて感じないけど，実際は約１日で１回転しているんだ。これを地球の**自転**（じてん）というよ。

Point 254 地軸と自転

- 地球の北極と南極を結ぶ軸（じく）のことを**地軸**（ちじく）という。
- 地球は地軸を中心にして，**約１日で１回転**している。この回転を地球の**自転**（じてん）という。
- 地球は地軸を中心に，**西から東**（北極星（ほっきょくせい）から見て**反時計回り**）に回っている。

実はこの自転を基準(きじゅん)に1日の時刻や方位を決めているんだ。

「そうなんですか!?　昔の人がテキトーに決めたんじゃないんですね。」

昔の人が決めるにしても，何か基準が必要でしょ。わかりやすいところでいえば，東と西は，太陽の動きがもとになっている。**太陽がのぼってくる方角を東**，**太陽が沈(しず)む方角を西としたんだ**。

「それって，自転と関係あるんですか？」

大ありだ。**太陽が時間とともに，東からのぼり，西へ沈んでいくように見えるのは，地球が西から東に自転しているから**だよ。また，時刻も自転が関係しているんだ。1日は約24時間だよね。つまり，1回転するのに約24時間が必要だ。1回転は360°だから，360°÷24時間を計算すれば1時間あたり，どれくらい地球が動くかがわかるよね。

「360÷24＝15だから，地球は1時間で15°回転するってことですね。」

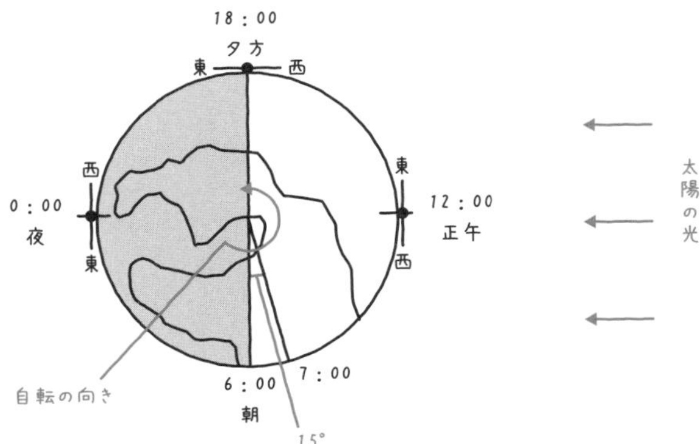

その通り。**地球が15°回転するごとに1時間経過した**ことになるんだ。ちなみに，日本では東経135°にある兵庫県明石市の時刻を日本の標準時としているよ。

「なるほど。地球の自転を知っていれば，地球から見える太陽の位置関係で方位も時刻もわかるんですね。」

CHECK 111

つまずき度

➡ 解答は別冊 p.44

1　地球は（　　　　）を中心に約1日で1回転している。

2　地球が地軸を中心に回転することを（　　　　）という。

12-2 天球の考え方と太陽の動き

星の動きを理解するためには，天球という考え方をもつ必要がある。天球とはどのような考え方なのか，観測者と空の関係性をイメージしながら理解していこう。

天球って何？

「地球の動きじゃなくて，星の動きはまだ学べないんですか？」

星の動きを理解するためには，地球の動きに加えて，**天球**という考え方をもつことが必要だね。星の動きを学ぶ前に，天球について学んでいこう。

Point 255 天球

- **観測者を中心**として，地球の外側に大きな球体を仮定したものを**天球**という。

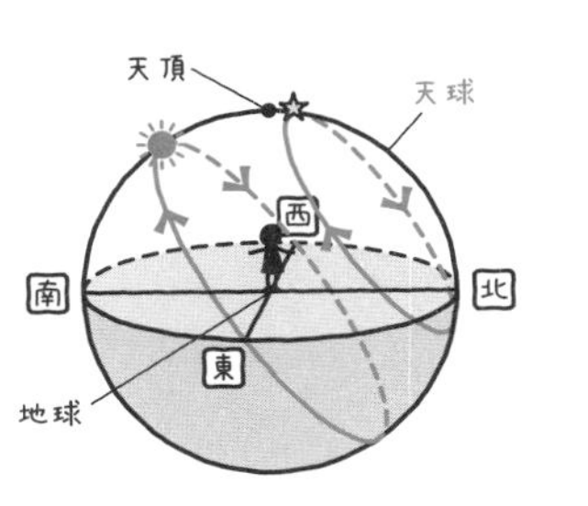

「地球のまわりにもう1つ球体があるって感じですね。」

「何でわざわざ，こんなものを仮定する必要があるんですか？」

例えば，夜に空をながめたときにたくさんの星が見えるよね。その星って，それぞれどのくらいの距離で光っているかわかるかな？

「そんなこと，考えたこともないです。」

近くでとなりあっているように見える星でも，地球からの距離はバラバラなんだ。その距離を細かく考えるとややこしいから，全部同じ距離にあると仮定してしまう。そうすると，星の動きを理解するのが簡単になる。これが天球の考え方だよ。

コツ　天球は，プラネタリウムのように星がスクリーンに映し出されているイメージをすると，わかりやすくなるよ。

太陽は東からのぼり，南の空を通って西へ沈む

ここからは実際に天球を使って，太陽の動きについて学んでいこう。

Point 256 太陽の1日の動き

- 太陽は東からのぼり，南の空を通って，西へと沈む（北半球の場合）。この太陽の動きのことを**太陽の日周運動**という。
- 太陽が**真南**にくることを**南中**といい，南中したときの高度を**南中高度**という。

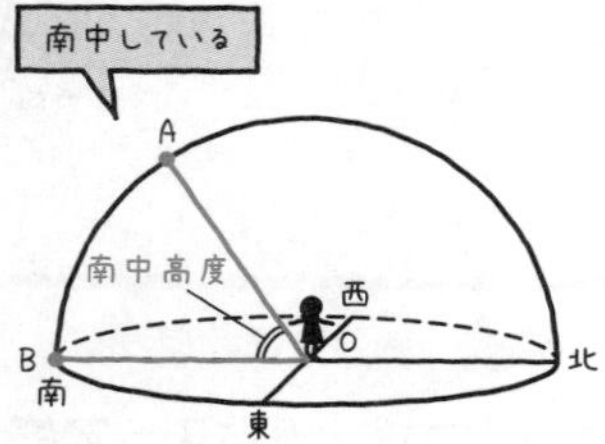

「北じゃなくて，南を通るんですね。」

北半球の場合はね。太陽が真南にくることを**南中**といい，南中したときの高度を**南中高度**というんだ。

「高度って高さのことですよね？　すごく離(はな)れているのに，どうやってはかるんですか？」

高度といえば，ふつう上空(じょうくう)何mや何kmなどと表現するけど，天球上の太陽の場合，高度は角度で表すよ。つまり，「南中高度は62°」などのように表現するんだ。そして，この南中高度が90°に近いほど暑くなりやすいんだ。

「え？　じゃあ夏は南中高度が高いの？」

そうだね。夏はほかの季節と比(くら)べると高度が高いよ。理由はもう少しあとで教えるけれど，**冬は南中高度が低く，夏は南中高度が高くなっている**んだ。ほら，夏の昼間って太陽が真上にある気がするでしょ？

「たしかに真上にあるように感じます。」

「赤道に近いところも暑いんですけど，それも南中高度が高いからなんですか？」

お，いいところに気がついたね。その通り。赤道付近で暑いのは，南中高度が高いためなんだ。逆に北極や南極の方では，南中高度が低いため，寒いんだ。

太陽の日周運動の調べ方

「ところで，この南中高度ってどうやってはかるんですか？」

透明半球(とうめいはんきゅう)を使って調べられるよ。太陽によってできる影(かげ)を利用するんだ。

Point 257 日周運動の調べ方

〈透明半球による太陽の動きの観察〉

①透明半球を台紙の上に置く。

②ペン先の影が円の中心にくるように，透明半球に印をつける。

③印を１時間ごとにつける。

④つけた印を曲線で結ぶ。

⑤太陽の道すじの線を透明半球のふちまで延長し，ふちと交わった点が，日の出・日の入りの位置になる。

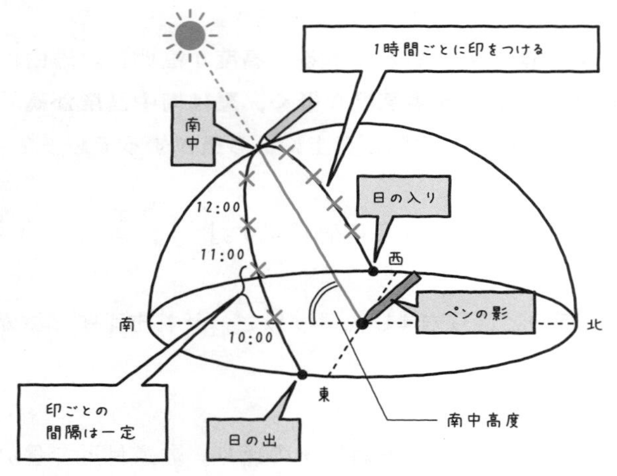

「ゆるやかなカーブになりましたね。これが日周運動ですか？」

そう，これが日周運動を表しているんだ。かいた線の中で最も高いところが南中の位置になるよ。そして，**その曲線の延長線上と地面のぶつかるところが日の出（東）と日の入り（西）**の位置だ。もちろん，時刻の早い方が日の出，遅い方が日の入りだ。

また，日の出や日の入りの時刻を求めるためには，計算が必要になってくる。例えば，日の出の時刻を求めたいときの計算をしてみるよ。まず，時刻がわかっているところを利用する。今回は11時や12時のときに印をつけているから，ここを利用するよ。11時のときの印と12時のときの印の間が3cmだったとすると，1時間あたり3cm進むとわかるね。ここで，最初に調べた10時の印から，日の出の地点までの間の長さが13.5cmだったとき，日の出は何時になると思う？

「1時間で3cmなら，13.5÷3＝4.5だから，4時間半ですね。」

「なるほど！　つまり日の出は4時30分ってことか！」

残念(ざんねん)，これは直接日の出の時刻を表しているわけじゃないんだ。いま求めた時間は，日の出から10時になるまでに経過(けいか)した時間を意味している。つまり，10時と日の出の時刻の差が4時間30分だということだ。そしたら日の出は…

「10時00分の4時間30分前だから，5時30分ですね。」

その通り。このようにして，日の出の時刻や日の入りの時刻を計算で算出することができるんだ。

コツ　1時間あたり何cm進むのか，あるいは1cm進むのにどれくらいの時間がかかるのかを考えよう。

つまずき度 !!!!!

➡ 解答は別冊 p.44

図は，日本のある地点で透明半球を使い，太陽の1日の動きを観察したものである。

1　Tが示す方位は（　　　　）である。

2　太陽がSにくることを（　　　　）という。

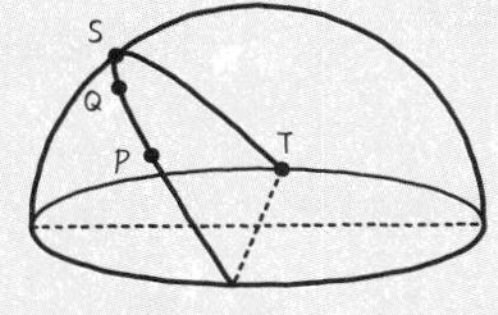

12-3 星の日周運動

太陽の次は，夜空の星の動きだ。基本的には太陽の動きと同じ。地球の自転と天球についてしっかり理解してから，学ぶことをおすすめするよ。

星の日周運動

２人は，**北極星**（ほっきょくせい）って知っているかい？

「知らないです…」

「わたしもはじめて聞きました。」

オーケー。それじゃあこれから，北極星をふくめ，夜空に浮（う）かんで見える星が，１日の間にどのように動いているか解説するよ。まずは実際に夜空の星を見てみようか。

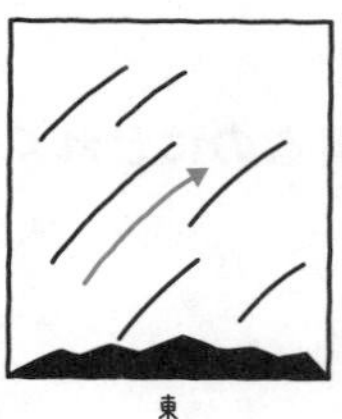
東

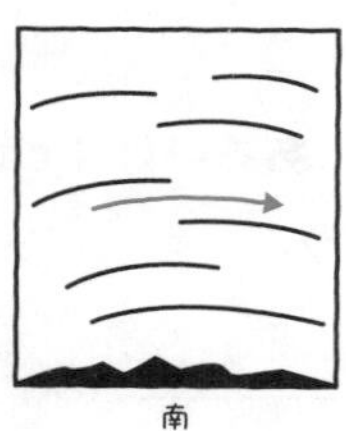
南

西

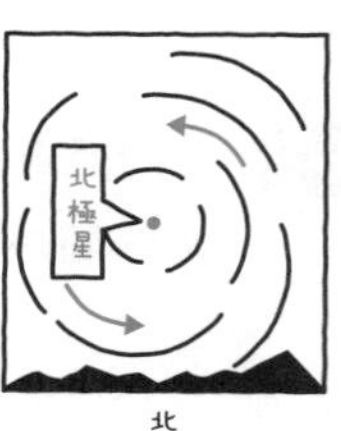

北

「あれ？　星って点のように光っているんじゃないんですか？　何で，流れ星のように，細長くなっているんですか？」

これは定点カメラといって，同じ場所で同じものを長時間撮影（さつえい）したからなんだ。このカメラを使うと，星の光がどのように動いたかがわかるんだ。

「へぇ～。星ってこんなに動いているものなんですね。」

ずっと同じところを見ていないと気づきにくいかもしれないね。実は，星の１日の動きも，太陽の１日の動きと同じで**地球の自転**によって決まっている。だから，**１時間に約15°ずつ動いている**んだ。これを**星の日周運動**というよ。

コツ　太陽も星も，１日の動きは地球の自転によって決まる。

Point 258
星の日周運動

- 星は東からのぼり，南の空を通って西へと沈(しず)む。この星の動きのことを**星の日周運動**という。
- 北の空では，星は**北極星**(ほっきょくせい)を中心として**１時間に約15°**ずつ，**反時計回り**に回転する。

「そっか。太陽と同じで，地球の自転のせいで動いて見えるのか。」

そう。地球が地軸(ちじく)を中心に西から東へ自転しているため，地球にいる観測者から見ると，**すべての星は地軸を中心に東から西へと動いて見える**。この星の動きを北の空で見ると，北極星を中心として，**反時計回りに回転して見える**んだ。

CHECK 113　つまずき度 !!!!!　➡解答は別冊 p.44

1　星が東からのぼり，南の空を通って，西へ沈む動きのことを，星の（　　　）という。
2　北の空では，（　　　）を中心に（　　　）回りに回転する。

12-4 地球の公転と星の1年の動き

星は1日の間で東から西へ動いていたね。実は，季節ごとに見ることのできる星がちがうんだ。1年の間でどのように星の見え方が変わるか学んでいこう。

地球は太陽のまわりを1年かけて公転している

「星って，季節によって見える星座の種類がちがいますよね。なぜですか？」

お，そこに気づくとは。素晴らしい。さっき，星の1日の動きを日周運動と教えたね。実は星は1年の間にも動いていて，この動きを**年周運動**(ねんしゅううんどう)というんだ。日周運動は地球の自転によるものだと教えたよね。**年周運動は，地球の公転(こうてん)によって引き起こされている**んだ。

Point 259 地球の公転

- 地球が太陽のまわりを回ることを，**地球の公転**(こうてん)という。
- 地球は太陽のまわりを**約1年かけて公転している**。

公転とは，ある星がほかの星のまわりを回ることをいうんだ。例えば，地球が太陽のまわりを回っているのは有名でしょ。これは，地球が太陽のまわりを公転しているといえるんだ。

コツ **公転の回転方向は自転と同じ。地球の北極側から見たとき，反時計回りに回転している。**

星の年周運動

「公転と，季節ごとに星座の種類が変化することには，どのような関係があるんですか？」

それを確認するために，日付だけ変えて，同じ場所から同じ時刻の夜空を観察してみようか。

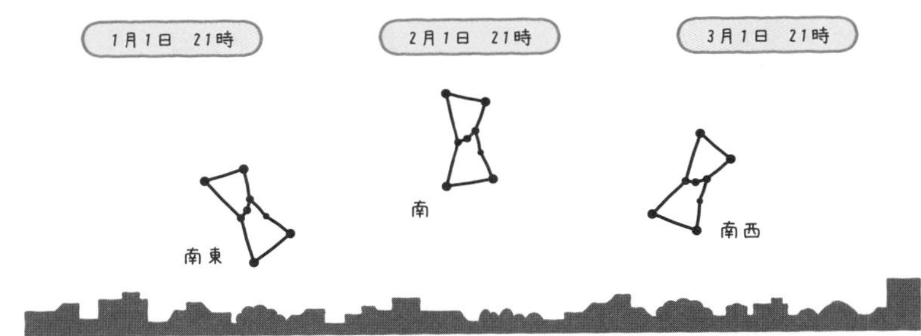

「あっ，同じ時間なのに，1か月ごとの星座の位置がちがいます。」

このように，1年を通じて星が天球上を動いているように見えることを**星の年周運動**というんだ。そして，**星は東から西へ1か月で30°ずつ動いている**んだよ。

コツ　**1年は12か月で365日。12か月で公転1周約360°動くということは，1か月あたり約30°となり，1日あたり約1°となる。**

Point 260 星の年周運動

- 星は東から西へと毎日少しずつ動いて，1年で地球を1周するように見える。これを**星の年周運動**（ねんしゅううんどう）という。
- 同じ時刻に見える星は1か月ごとに**東から西へ約30°ずつ**動いて見える。
- 星の年周運動は，**地球の公転**によって引き起こされる。

「同じ時刻で星座の見える場所がちがうってことは，同じ星座を同じ場所で見るためには，時刻を変えなきゃいけないってことですか？」

そうそう。よく気がついたね。じゃあ，同じ星座が南中する時刻がどうなっていくか，1か月ごとに比べてみようか。

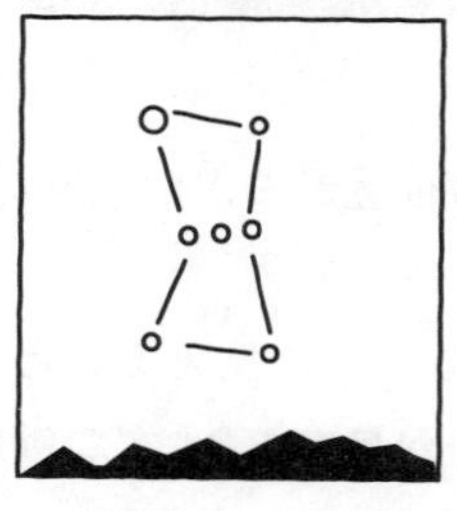

1月　23時

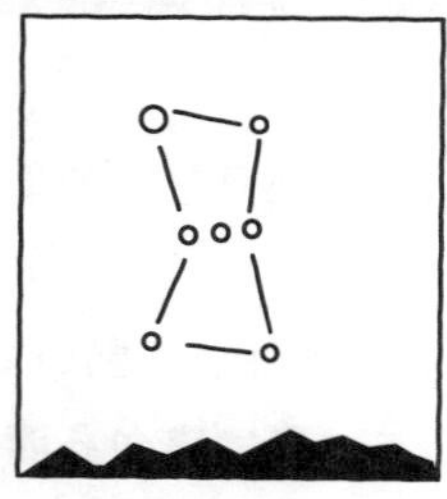

2月　21時

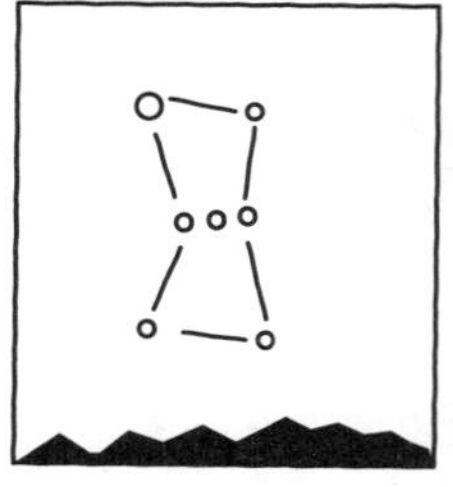

3月　19時

「南中する時刻が変わっていますね。少しずつ早くなっています。」

年周運動では，1か月で30°西へ動くって言ったでしょ。そして，日周運動では1時間で15°西へ動く。つまり，**1か月後に同じ星座を同じ場所で観測するためには，2時間早く観測しなきゃいけない**んだ。

「言いかえれば，1か月で2時間分先に進んだところからスタートするんですね。」

そういうこと。この星の年周運動は，北の空を見ても同じ。例えば北斗七星（ほくとしちせい）は，同じ時刻で比べると，1か月ごとに30°ずつ，北極星を中心に反時計周りに回転しているんだ。

「う～ん…でも，何で太陽のまわりを公転していたら，見える星座が季節ごとにちがうんですか？　地球が場所を少し変えたくらいじゃ，見える星座は変わりそうもないんですけど。」

ポイントは地球の昼と夜だ。太陽のある側が昼で，ない側が夜だったよね。

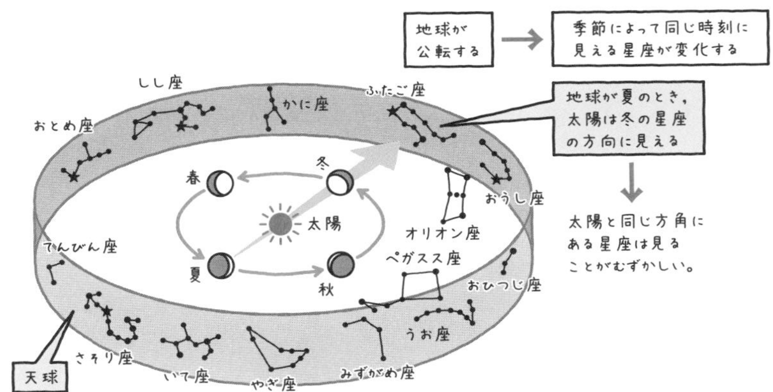

「太陽は公転の内側にありますから，公転の内側が昼，外側が夜になりますね。」

そうそう。そこで考えてほしいのは，星を見ることができるのは夜だけってことだ。

「あ，そうか！　星は夜側しか見えないから，地球の公転の外側しか見ることができないんですね。」

その通り。地球の夜側に観測者がいるとき，星を見ることができる。つまり，太陽のない側（公転の外側）の星しか見ることはできないんだ。

「なるほど。年周運動を考えるときは，地球の公転が大事なんですね。日周運動の場合は，地球の自転が大事と。」

そういうこと。夜空の星は１年の間で地球のまわりを１周しているように見える。でも，本当は地球が公転しているために，あたかも星が動いて見えるだけだ。日周運動も年周運動も，「みかけの動き」ということをしっかり理解しておこうね。

✔CHECK 114

つまずき度 !!!!!

➡ 解答は別冊 p.44

1　地球が太陽のまわりを回る運動を（　　　　）という。

2　ある星座は，8月22日午後10時に南中した。この星座が，午後6時に南中するのは（　　　　）月22日である。

12-5 太陽の年周運動と黄道

夜に見える星は年周運動によって動いている。では昼間の太陽はどうなのだろうか。地球の公転によって太陽はどのように動いているのか考えてみよう。

太陽のみかけの通り道である黄道

「ところで，太陽の年周運動はないんですか？　同じ星なら太陽にあってもおかしくないと思うんですけど。」

あー…ちょっとややこしいけど，**黄道**(こうどう)っていう特殊(とくしゅ)な道を通る運動が見られるよ。

「黄道？　何ですかそれ。」

黄道というのは，地球の公転により，**太陽が通る天球上のみかけの通り道**のことなんだ。

Point 261 太陽の動きと黄道

- 天球上の**太陽のみかけの通り道**のことを**黄道**(こうどう)という。
- 太陽は**1年かけて黄道を1周**する。

「太陽の通る道…？　どういうことですか？」

そうだなあ…，じゃあ2つ仮定しよう。1つは昼間に太陽の方向に星が見えるということ。もう1つは，地球から見たときに太陽ではなく星の方が全く動いていないということ。すると，太陽が星や星座の間を移動しているように感じないかい？

「ん～…位置関係は変わっていますけど，移動しているんですか？」

実際に図で考えるとわかりやすくなるよ。

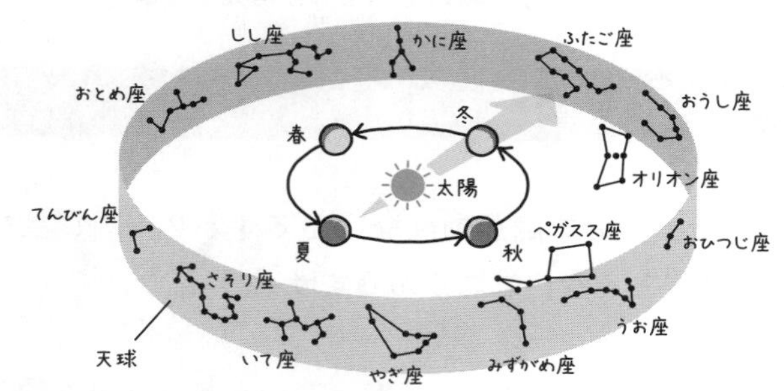

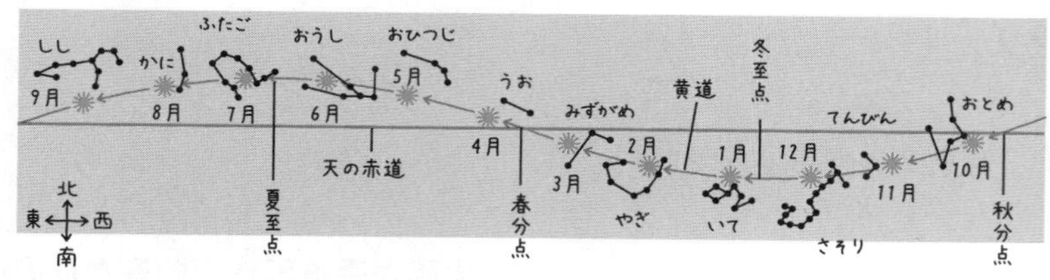

地球から太陽を見たとき，いっしょに見えるはずの星座が変化する。北半球が春のときはみずがめ座が，夏ならオリオン座やふたご座，秋ならしし座，冬ならさそり座が，太陽と同じ方角にあるよね。

「夜に見える星座と逆の方角にある星座ってことか。」

そうだね。この図を見ると，まるで太陽が1年かけて星座の間を移動しているかのように見えるでしょ。この太陽のみかけの通り道が黄道なんだ。

「なるほど。たしかに，空の星が動いていないとすると，まるで太陽が星座の間を動いているように見えますね。」

太陽は，１年かけて黄道上を西から東へ動いているように見える。黄道上の太陽の動きも，みかけの動きであることに注意が必要だよ。

✓CHECK 115　つまずき度 !!!!!　➡ 解答は別冊 p.44

1　太陽が天球上の星座の間を動く道すじのことを（　　　　）という。

2　太陽が星座の間を移動しているように見えるのは，地球が（　　　　）しているためである。

12-6 季節ごとの太陽の動き

今回は季節ごとに太陽の南中高度がちがう理由を説明するよ。地球の地軸は公転面に垂直な方向に対して23.4°傾いている。これがヒントだ。

地軸の傾きと南中高度

「そういえば，南中高度は夏に高くなり，冬は低くなるって言っていたじゃないですか。何でですか？」

北半球では夏に南中高度が高く，冬に南中高度が低くなる。南中高度が季節によってちがうのは，地球の地軸(ちじく)の傾(かたむ)きがかかわっているからなんだ。

「地軸って自転の軸になっているやつですよね。」

そう。この地軸なんだけど，公転面(こうてんめん)に対して垂直じゃないんだ。

Point 262 地軸の傾き

- 地球の地軸は，**公転面(こうてんめん)に垂直な方向に対して** 23.4° 傾いている。

「でも，この傾きがどう関係あるんですか？」

ポイントは，常に同じ向きに，同じ角度で傾いているということなんだ。傾いたまま自転や公転を行っているため，太陽光の当たり方が変化し，地球に季節が生まれるんだ。

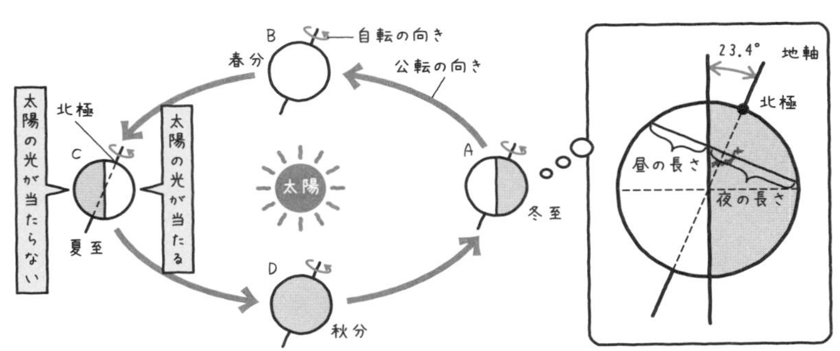

「たしかに，夏の北半球は昼の方が長く，冬の北半球は夜の方が長くなっていますね。」

でしょ。地軸が傾いていることによって，地球が受ける太陽からの光の当たり方が変わっているんだ。じゃあ，各場所を季節ごとに見ていこうか。まずは，春と秋だ。「春分」と「秋分」に着目して，場所は北半球にしぼろう。

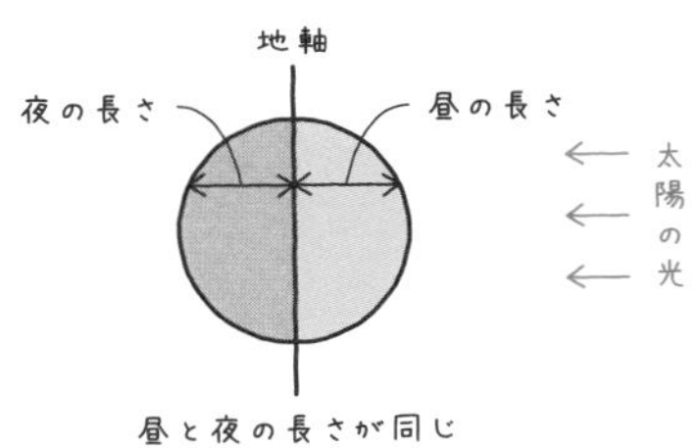

「昼の長さと夜の長さが同じになってます！」

そうなんだ。**「春分」と「秋分」は昼と夜の時間が同じ長さになる**んだ。

「たしかに春って，昼と夜の時間が同じくらいな気がします。」

でしょ。じゃあ，次は南中高度について教えるよ。日本って北緯(ほくい)何度くらいに位置しているか知っているかな？

「知ってます！　北緯35°くらいですよね。」

その通り。日本の標準時となっている明石市(あかしし)は，北緯35°のところにある。これを使うことで，南中高度を求めることができるんだ。

「どうやったら求められるんですか？」

春分と秋分の南中高度は「**90°－緯度**」で求められるんだ。だから，**北緯35°の地点の南中高度は55°**になるよ。それじゃあ，次は夏だ。夏は夏至を基準にするよ。

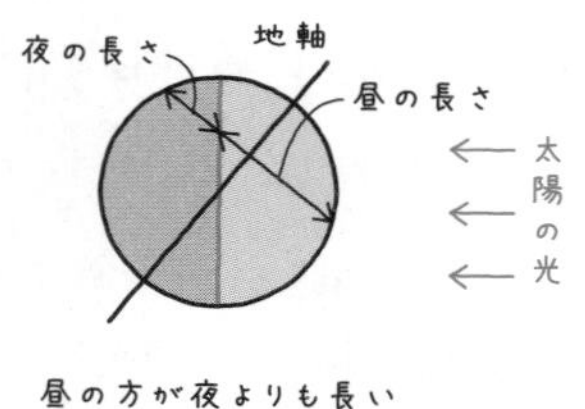

昼の方が夜よりも長い

「さっきとちがって，北半球が太陽の方に傾いていますね。」

そうだね。地軸が23.4°傾いているため，太陽の方に傾いているんだ。そのせいで，昼の時間が長くなっているんだよ。

「本当だ。だから，夏は日の出が早く，日の入りが遅(おそ)いんですね。」

そういうこと。夏至というのは**1年で最も太陽の出ている時間が長く，夜が短い**日なんだよね。

「南中高度はどうなるんですか？　夏至の南中高度も計算で求められるんですか？」

太陽側に23.4°傾いているよね。だからさっきの55°に23.4°を足せばいいんだ。つまり，**78.4°**だね。式にすると，夏至の南中高度は「**90°－緯度＋23.4°**」となるよ。

「なるほど。90°に近いから，夏の太陽は真上にある感じがするんですね。」

そういうこと。そして，最後は冬だ。冬至を基準にするよ。

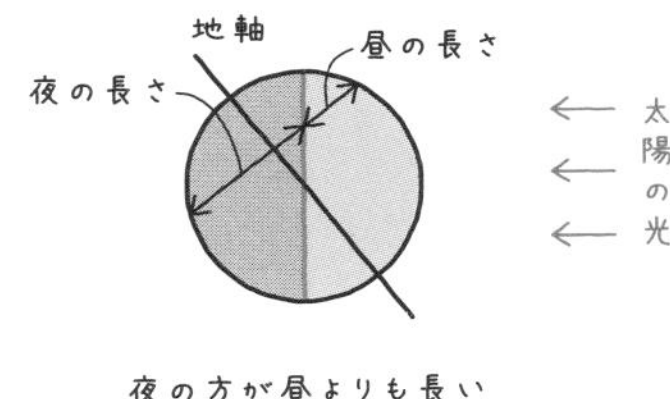

夜の方が昼よりも長い

「冬至の日は地軸が太陽と反対側に傾いていますね。」

そうだね，地軸は太陽のない方に傾いているね。じゃあ昼と夜の時間はどうなっているかな？

「夜側の時間が長くなって，昼側の時間が短くなっていますね。夏の逆だ。」

そう。冬は昼の時間が短くなり，夜の時間が長くなるんだ。冬至とは，**1年で最も夜が長く，太陽の出ている時間が短い**日のことなんだよ。

「南中高度も夏の逆になるんですか？」

そう。冬至の日本の南中高度は，55°から23.4°を引けばよい。式で表すと「**90°－緯度－23.4°**」。つまり，31.6°だね。

「夏と比べるとだいぶ低いですね。そりゃあ寒くなるわ。」

こうした昼と夜の長さや南中高度のちがいが，季節を生み出しているんだ。つまり，地軸が傾いているからこそ季節が存在するんだね。

南中高度のちがいで日光の量が変わる！

「季節ができる理由がよくわかってきました。地軸が傾いているせいで，昼の長さが変化することがその理由なんですね。」

半分はそれでOK。でもそれだけじゃない。南中高度の変化により，受ける日光の量も変化するんだ。そのちがいも季節が生まれる重要な要因だ。

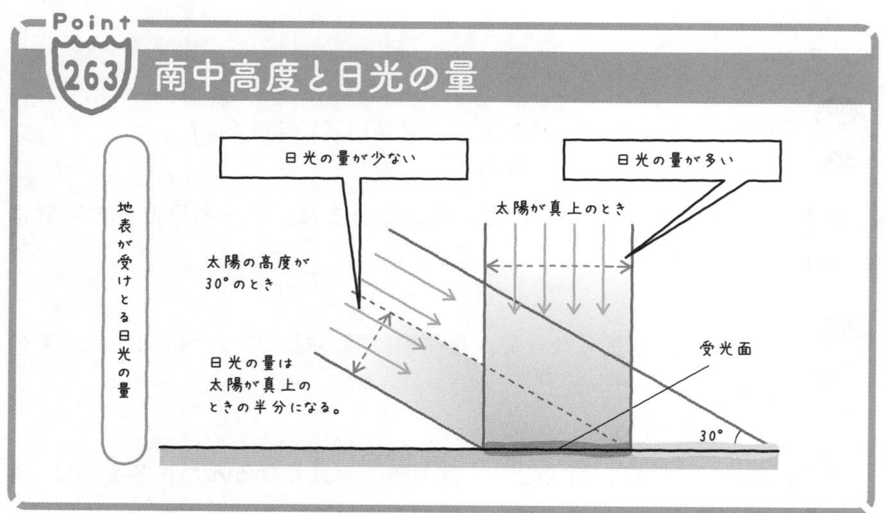

「同じ面積で考えると，真上から日光がきた方が，受ける光の量が多いですね。」

そう。だから，**南中高度の高い夏の方が日光をたくさん受ける**んだ。

「あれ？　夏至にいちばん日光の量が多いっておかしくないですか？
夏至は6月ですけど，いちばん暑いのは8月ですよ。」

それはね。気温の変化と南中高度の変化の関係には，約2か月の時間のずれが生まれてしまうからなんだ。

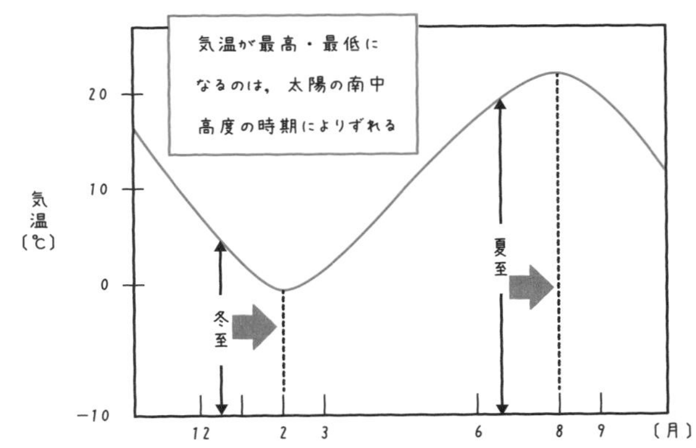

コツ　**気温が最高・最低になる月が夏至や冬至とずれるのは，1日の中で正午ではなく14時ごろが最も気温が高くなる原理と同じ。**

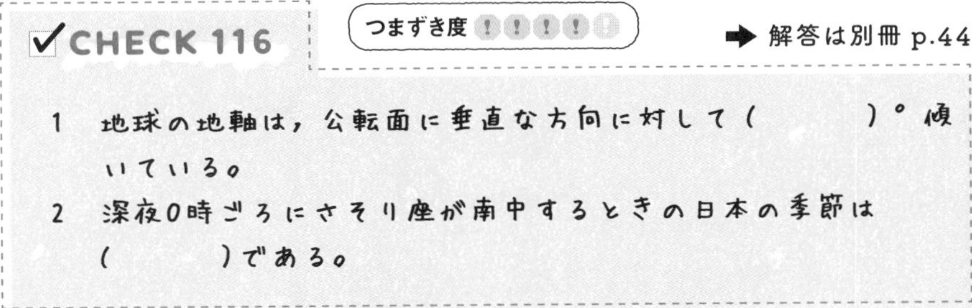

CHECK 116　つまずき度 !!!!!

➡ 解答は別冊 p.44

1　地球の地軸は，公転面に垂直な方向に対して（　　　）°傾いている。

2　深夜0時ごろにさそり座が南中するときの日本の季節は（　　　）である。

12-7 月の動きと満ち欠け

月は地球のまわりを回り，三日月や半月，満月などにすがたを変える。どのようにしてすがたを変えているのか，いっしょに学んでいこう。

月の満ち欠けと公転

さて，地球，星，太陽と学んだら，次は月について解説するよ。

「月といえばいろんな形に変わりますけど，どんなふうに変わっていくんですか？」

新月(しんげつ)**→（三日月**(みかづき)**→）半月**(はんげつ)**（上弦**(じょうげん)**の月）→満月**(まんげつ)**→半月（下弦**(かげん)**の月）→新月**という順番に変化するよ。このサイクルは，約1か月で1周するんだ。

Point 264 月の満ち欠け

- 月の形は**約1か月（29.5日）**かけて，
  新月 → 上弦の月 → 満月 → 下弦の月 → 新月
  と満ち欠けする。
- どの形の月でも，**東**からのぼり，**南**の空を通って，**西**へと沈(しず)む。

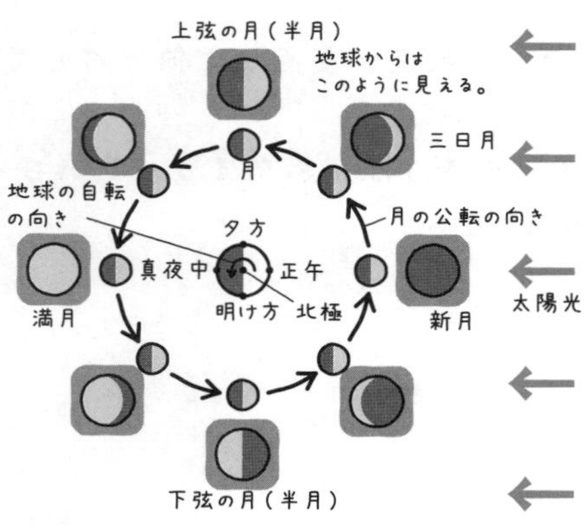

月も，太陽やほかの星と同様に東からのぼり，西へと沈(しず)む日周運動をしているんだよ。月の日周運動も，もちろん地球の自転によって起こるみかけの動きだ。

「なるほど。考え方も太陽やほかの星と同じですね。」

「でも，どうして月には満ち欠けがあるんですか？」

それは，**月が地球のまわりを公転している**からだよ。さっきの図を見てみよう。考え方として大事なのは，この２つだ。

① **月の公転**によって**太陽・地球・月の位置関係が変化**している。

② 太陽の光は常に同じ方向からきていて，月はその光を反射する。月の表面のうち，**太陽の光が当たって反射した部分**しか地球からは見ることができない。

月の公転

- 月は約１か月（27.3日）かけて地球のまわりを**公転**している。

「地球から見ると，新月は太陽と同じ向きにあるときで，満月は太陽と反対側にあるときですね。」

「半月である，上弦の月や下弦の月はその新月と満月の間ですね。」

そうなんだ。だから，**新月のときは太陽の出ている正午に南中の位置にくるし，満月のときは真逆の深夜０時に南中の位置にくる。それから上弦の月は，ちょうど日の入り（夕方）に南中するし，逆に下弦の月は，日の出（明け方）に南中する**んだ。

このように，月の満ち欠けは「月が公転することにより，太陽・地球・月の位置関係が変化することで生じる」ということがわかったかな？　月は約1か月で公転している。だから，月の満ち欠けもおよそ1か月で1周するんだよ。

コツ　月の満ち欠けと公転周期が２日ほどずれるのは，地球が太陽のまわりを公転しているためである。

✓CHECK 117　つまずき度 ！！！！！

➡ 解答は別冊 p.45

1　月が地球のまわりを1周するのに約(　　　　)か月かかる。
2　太陽が出ている正午に南中する月を(　　　　)という。

12-8 日食と月食

月と地球の位置関係によっては，ごくまれに日食や月食が起こる。日食や月食とはどのような現象なのか。その原理について学んでいこう。

日食と月食

そういえば，2人は**日食**(にっしょく)や**月食**(げっしょく)を見たことはあるかい？

「聞いたことはありますけど，実際に見たことはないですね…」

めったに起こるものじゃないからね。日食や月食は，その名の通り「太陽や月があたかも食べられたかのようにけずれて，その部分が見えなくなる現象」のことなんだ。

Point 266 日食と月食

- 月が太陽に重なり，**太陽がかくされる**現象のことを**日食**(にっしょく)といい，**新月のとき**に起こる。
- **月が地球の影**(かげ)**に入る**現象のことを**月食**(げっしょく)といい，**満月のとき**に起こる。
- 太陽や月の**全体がかくされる**現象のことを，それぞれ**皆既日食**(かいきにっしょく)，**皆既月食**(かいきげっしょく)という。

日食の位置関係

月食の位置関係

「太陽って月よりずっと大きいんですよね。それなのに，重なって見えなくなることなんてあるんですか？」

たしかに，**太陽の直径は月の直径の約400倍**もある。だけど，**地球から太陽までの距離(きょり)も，地球から月までの距離の約400倍**ある。だから，地球から見ると同じくらいの大きさに見えて，ちょうど重なるんだ。そして日食が起こるのは，**地球→月→太陽の順番に一直線上に並んだとき**なんだよ。

「なるほど，そんな理由があるんですね。」

「でも，新月って1か月に1回はありますよね。日食ってそんなに起こっているんですか？」

新月のときに必ず起こるってわけじゃないんだ。その理由は，**月の公転面が地球の公転面よりわずかに傾(かたむ)いているために，完全に一直線上に並ぶことが少ないから**なんだ。それに，観測する人が地球のどこにいるかによっても見え方が変わる。だから，なかなか条件がそろわないんだ。

「そうなんですね。じゃあ，月食はどうなんですか？」

月食も原理自体は同じだよ。位置関係がちがうんだ。**月→地球→太陽の順番に一直線上に並んだとき**に，月食が起こるんだよ。

つまずき度 ！！！！！

➡ 解答は別冊 p.45

1　月が太陽と地球の間にはさまれ，ちょうど一直線上に並んだとき，起こる現象を（　　　　）という。

2　月食が起こるのは，月の見え方が（　　　　）月のときである。

12-9 金星の見え方

ここからは，金星の見え方について紹介するよ。金星の見え方は，地球と金星が両方とも公転しているため複雑に見える。1つずつ理解していこう。

金星の動きと見え方

今度は金星(きんせい)についてだ。金星って見たことある？

「金星って見えるんですか？　すごく遠くにあるイメージでした。」

「金星って，宇宙の中をどのように動いているんですか？」

地球と同じように，太陽のまわりを公転しているよ。太陽と地球の間，つまり，**地球の公転軌道(こうてんきどう)の内側を公転している**んだ。

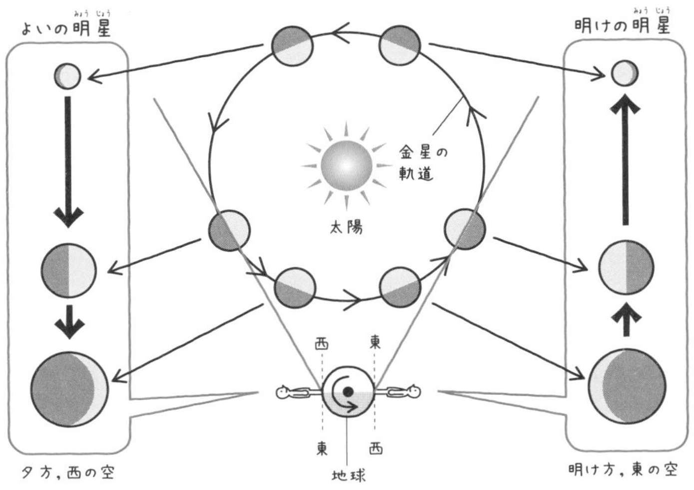

※金星も太陽の光を反射して光って見える。

「こうしてみると，金星が公転軌道のどの位置にあっても，地球から見ると，常に太陽のそばに見られるんですね。」

そうそう。公転する軌道が地球の内側にある金星は，夜に見ることができないんだ。だから，地球→金星→太陽の並びか，地球→太陽→金星というふうに, 地球から見ると太陽と同じ方向にしか観測できないんだ。これが, 太陽の近くでしか見られない理由だよ。

Point 267 金星の見え方

- **明け方，東の空**に見える金星を**明け**（あ）**の明星**（みょうじょう）という。
- **夕方，西の空**に見える金星を**よいの明星**（みょうじょう）という。
- 金星は地球と太陽の間を公転しているため，**真夜中には見えない**。

「地球の近くにあるときは三日月のような形に見えるんですね。」

そうだね。金星も月と同じで，太陽の光を反射しているからね。どの面に光が当たっているか考えるとわかりやすいよ。それとね，みかけの大きさも，変化しているんだよ。**地球に近いときほど大きく，遠いときほど小さい**んだ。

✓CHECK 119

つまずき度 !!!!!

➡ 解答は別冊 p.45

1　太陽が沈（しず）むときに金星が見える方角は（　　　）である。
2　明け方の東の空に見える金星を（　　　）という。

12-10 恒星と太陽

金星や地球は惑星，太陽は恒星，月は衛星という星の種類に分類される。それぞれ，どのような特徴があるのか，これから学んでいこう。

恒星とその明るさ

「月や金星は太陽の光を反射して見えるんですよね？　もしかして太陽以外の星はみんなそうなんですか？」

そんなことないぞ。太陽はもちろん，ほとんどの星は自ら光を出しているんだ。そういった自ら光っている星のことを**恒星**(こうせい)というんだよ。

Point 268 恒星と星の明るさ

- 太陽のように**自ら光や熱を発する星**のことを**恒星**(こうせい)という。
- 星の明るさは**等級**(とうきゅう)という単位で表す。

「夜に見えているのは，ほとんどが太陽みたいな恒星なのか。ということは太陽みたいな星が宇宙にはたくさんあるってことですよね。」

もっといえば，地球まで光が届いていない恒星も宇宙にはたくさん存在するよ。

「でも，そんなにたくさんあっても昼間は見えないんですよね。」

昼間に恒星を見ることができないのは，太陽があまりに明るく光っているからなんだ。太陽の明るさを約－27等級と表すことがあるよ。

「ま……マイナス27等級？」

そう。**明るく見える恒星ほど数字が小さく**て，暗く見える恒星ほど数字が大きいんだ。

太陽の表面と中心

「太陽は，宇宙の中ではどれくらいの大きさなんですか？」

宇宙全体の中で比べたら，そんなに大きくはないね。ただし，地球と比べたらとても大きいぞ。**直径は地球の約109倍で，約140万kmもある**といわれる。さらに，**質量は約33万倍**だ。ただ，地球と太陽は約1億5000万kmも離れているから，地球から見ると，あの程度の大きさなんだ。

「それくらい離れていないと，地球がすごく熱くなってしまいそうですね。」

そう。知っていると思うけれど太陽はすごく熱いんだ！

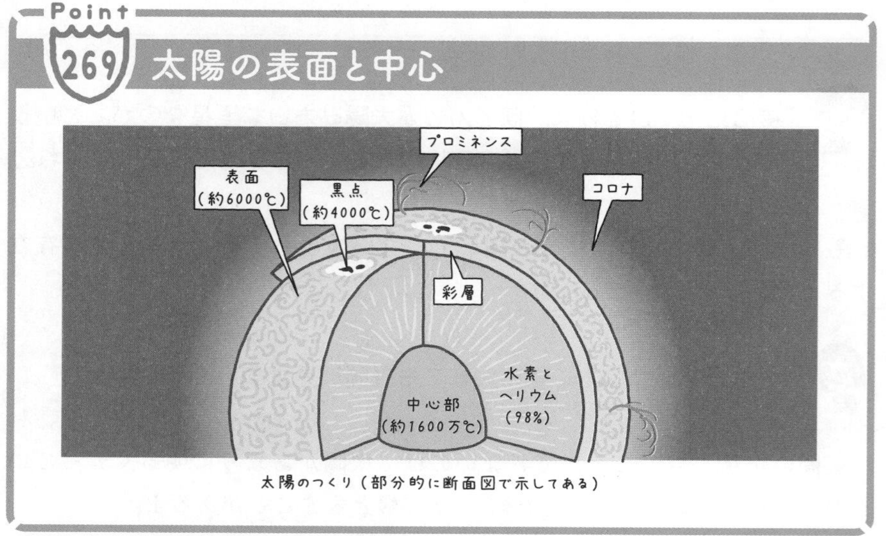

太陽のつくり（部分的に断面図で示してある）

「ひゃー！　すごく高い！　太陽って何でできているんですか？」

ほとんどが水素とヘリウムだ。そして，太陽がこうした熱や光を地球に届けてくれるおかげで，地球上の生物は生きていくことができるんだよ。地球の大気が循環(じゅんかん)したり，植物が育ったりするのも，太陽から届く熱や光のエネルギーが，深くかかわっているんだ。

黒点の観察と太陽の自転

太陽の特徴(とくちょう)の中で，特に大事なのが**黒点**(こくてん)だ。

「黒点ってまわりより温度が低いですね。」

そうそう。**まわりより温度が低いから，黒く見える**んだ。実際に，黒点を観察してみよう。

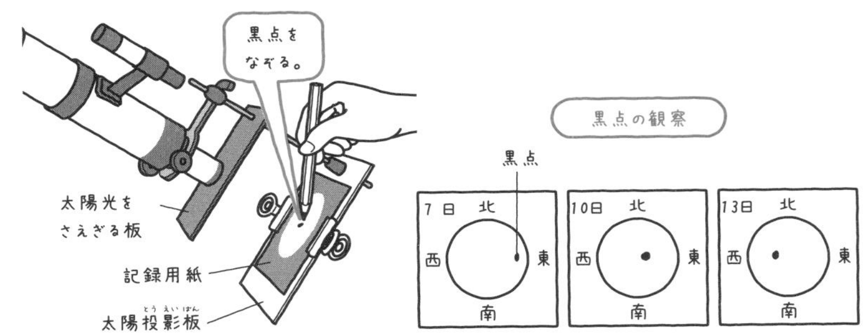

コツ　**太陽を天体望遠鏡で観察するときは，失明するおそれがあるため，絶対にレンズを直接のぞいてはならない。**

「観察していて思ったんですけど，黒点って動いていません？」

おお，よく気がついたね。実はそれ，黒点が動いているというより，ただ単に太陽が回転しているせいなんだ。つまり**太陽の自転**だね。黒点が動いて見えるのは，この自転のせい。太陽の自転周期は，だいたい**27～30日**。**約1か月もかかるんだ**。

「だいぶゆっくり回るんですね。」

そうだね。回転する向きは，**地球を基準に考えて，東から西への方向**。だから，**黒点も地球から見ると東から西へ移動する**はずだよ。

「なんか移動するだけじゃなくて形も変わっている気がします。」

黒点が太陽の中心部から周辺部に移動すると，ゆがんで見えるだろう。例えば，中央にあるとき円形の黒点が，周辺部へ移動するとだ円形に見える。これは**太陽が球体である証拠**(しょうこ)なんだ。

Point

270 黒点の観察

- 黒点の移動と見え方の変化から，**太陽は自転し，球体である**ことがわかる。

CHECK 120　つまずき度 !!!!!

➡ 解答は別冊 p.45

1　太陽の表面で約4000℃の部分を(　　　　)という。
2　黒点を観察したところ，黒点が動いているように見えた。この結果，太陽は(　　　　)していることがわかる。

12-11 太陽系の天体

太陽のまわりには地球をはじめ，さまざまな天体が存在する。太陽のまわりにはいったいどのような天体があり，どのように分類できるのか，学んでいこう。

太陽系にある天体の種類

「地球や金星って，太陽のまわりを回っているんですよね。ほかには何かないんですか？」

それじゃあ，今回は太陽のまわりにある天体について解説しようか。ちなみに，**太陽系**って言葉，聞いたことない？

「聞いたことある気がしますが，どういうものかよく知らないです。」

太陽系とは，太陽を中心においた天体のグループのことだ。太陽を中心として，そのまわりを回る**惑星**（わくせい），**小惑星**（しょうわくせい），**すい星**（せい），そして，惑星のまわりを回る**衛星**（えいせい），これらが集まったもののことを太陽系というんだよ。

Point 271 太陽系の惑星

- 太陽を中心に運動している天体の集まりを**太陽系**という。
- 太陽系では，**8つの惑星**（わくせい）が，内側から**水星，金星，地球，火星，木星，土星，天王星，海王星**の順番で，太陽のまわりを公転している。

「あ，水星とか火星とか木星とか，聞いたことあります！」

聞いたことあるでしょ。ちなみに，かつてめい王星もそのなかまに入っていたんだけど，惑星ではないと認定されて，**準惑星**や**太陽系外縁天体**のなかまに分類されたよ。

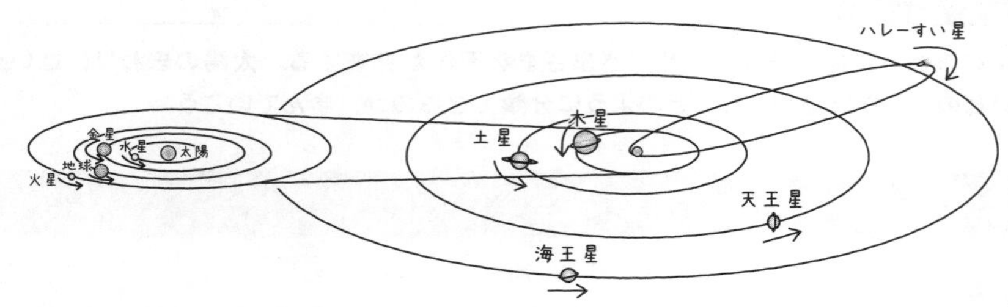

「円の大きさはちがいますけど，8つの惑星がどれも，太陽のまわりを同じように公転していますね。」

そうだね。ここで大事なのは，惑星の公転はだ円形の軌道をえがいていること。それと，それぞれの惑星は，ほぼ同じ平面上を公転しているということだね。

「太陽系には惑星のほかにも天体があるんですよね？　どんなのがあるんですか？」

小惑星やすい星だね。これらも，太陽系のなかまで，太陽を中心に公転しているんだ。

「さっき，公転の軌道の中に1つだけやけに長細い丸の軌道がありましたけど，あれは何ですか？」

それはすい星の軌道だ。**すい星は太陽のまわりを細長いだ円形の軌道で公転している**。すい星は，別名ほうき星ともいうんだ。有名なすい星では**ハレーすい星**というのがあるよ。

「そのすい星って，何でできているんですか？」

すい星は氷の粒(つぶ)や小さなちりが集まってできたものだよ。すい星が太陽に近づくと，氷がとけてガスやちりが放出されるから，尾(お)を引いて見えるんだ。また，すい星が放出したちりが地球に近づくと，地球の大気とぶつかることで光るんだ。これが**流星**(りゅうせい)，流れ星の正体だ。

「小惑星はどういうものなんですか？」

小惑星はもはや星というより，岩石みたいなものだね。**小惑星は火星と木星の間にとてもたくさんある**んだよ。この中の小惑星が，まれに地球に落下することがある。それが隕石(いんせき)というやつだ。

「衛星ってのもあるんですよね。」

衛星(えいせい)は惑星や小惑星，すい星とは少しちがって，太陽（恒星）のまわりを公転していない。**衛星は惑星のまわりを公転している**んだ。

「地球のまわりを公転している月とかですね。」

その通り。**月は地球の衛星**だ。ちなみに，人工衛星(じんこうえいせい)は，人間の手でつくった衛星のこと。人工衛星も地球のまわりを公転しているんだ。

コツ　**惑星：恒星のまわりを公転している天体**
衛星：惑星のまわりを公転している天体

惑星の分類

こうした太陽系の惑星は，それぞれの特徴(とくちょう)に応じて分類ができるんだよ。それぞれの惑星の大きさやつくりをもとに，分類してみよう。

「つくり？　星ってつくりがちがうんですか？」

そうだよ。太陽について解説したとき，太陽は水素やヘリウムなどのガス（気体）でできているって言ったよね。逆に地球は，気体もふくまれるけど，おもに岩石でできているよね。

「ガスが集まって星になるって不思議ですね。」

表面が岩石でできていて，密度が大きく，体積の小さい惑星のことを**地球型惑星**というんだ。これに対して**表面の大半がガスでできていて，密度が小さく，体積の大きい惑星**を**木星型惑星**というよ。

地球型惑星と木星型惑星

	地球型惑星				木星型惑星			
	水星	金星	地球	火星	木星	土星	天王星	海王星
半径	小さい				大きい			
質量	小さい				大きい			
密度	大きい				小さい			
自転周期	長い				短い			
衛星	少ない				多い			
環	もたない				もつ			
主成分	岩石				ガス			
核	金属				岩石			

コツ　**太陽はおもにガスでできているが，木星型惑星ではないことに注意。太陽は恒星なので，惑星の分類には入らない。**

「ガスでできている星って，なんか人間が立っていられそうにないですね。」

そうだね。地球型惑星はおもに岩石でできているからしっかりとした足場があるけど，木星型惑星は大半がガスでできているから，しっかりとした固体の足場はないと思っていいよ。

「いま気がつきましたけど，地球型惑星は太陽に近い４つの惑星で，木星型惑星は火星より外側の４つの惑星じゃないですか。」

よく気がついたね。太陽に近い４つの惑星が地球型惑星で，太陽から遠い４つの惑星が木星型惑星なんだ。

CHECK 121　つまずき度 ❗❗❗　➡ 解答は別冊 p.45

1　太陽系には，太陽に近い方から順に（　　　）（　　　）（　　　）（　　　）（　　　）（　　　）（　　　）（　　　）の８つの惑星が存在し，太陽を中心に公転している。

12-12 太陽系の惑星

太陽系の中には地球をふくめ，８つの惑星が存在することがわかった。それぞれの惑星にはどのような特徴があるのか，１つずつ見ていこう。

太陽系の惑星

「太陽系の惑星(わくせい)それぞれには，どんな特徴(とくちょう)があるんですか？」

気になるよね。それじゃあ，それぞれの惑星の特徴について紹介(しょうかい)しよう。まずは，地球型惑星の４つだ。

Point 273 地球型惑星のそれぞれの特徴

- **水星**は**太陽に最も近く**，昼と夜の温度差が激しい。
- **金星**は厚い**二酸化炭素**におおわれているため，気温が高い。
- **地球**は太陽からほどよい距離(きょり)にあるため，液体の水や大気が豊富(ほうふ)で，**生命が存在**する。
- **火星**は大気の層がうすく，気温が低い。**赤褐色(せきかっしょく)の酸化鉄**を多量にふくんだ岩石や砂でできているため，赤い。

「たしか，水星は太陽系でいちばん小さい惑星ですよね。」

そうだね。水星の特徴は，昼と夜の温度差。昼は表面の温度が400℃ほどで，夜は表面の温度が－200℃ほどになるんだ。なんと，その差は600℃もあるんだよ。

「何でそんなに温度差があるんですか？」

太陽に近いことと，大気がほとんどないこと。この2つが理由だよ。太陽にいちばん近いから，日中あたたまりやすい。一方で，大気がないから，温度を維持できず，夜には冷えてしまうんだ。

「すごく過酷な環境なんですね。」

もっというと，大気だけでなく水もないんだ。まぁ，昼間に400℃ほどだったら，そりゃなくなっちゃうよね。大気や水がないから，風化や侵食が起こらず，クレーターがそのまま残っているんだ。

「水星のとなりの金星はどうなんですか？」

金星には大気がある。だけど，多くが二酸化炭素なんだ。二酸化炭素には熱をたくわえる能力がある。二酸化炭素の厚い大気があるせいで，表面の温度は約460℃にもなるんだ。

「水星より太陽から離れているのに，水星より温度が高いんですか。」

それだけ，二酸化炭素は熱をたくわえる力が強いんだね。しかも，それだけじゃない。金星は硫酸の雲におおわれていて，表面を見ることができないんだ。460℃に硫酸の雲。まるで地獄だね。ちなみに，水星や金星のように，地球と太陽の間を公転する惑星を**内惑星**といい，火星や木星のように，地球よりも外側を公転する惑星を**外惑星**というよ。

「昔はほかの星に行ってみたいって思ってましたけど，考えを改めてみようと思います…」

地球のありがたみを感じるでしょ（笑）　地球は太陽とほどよい距離を保っているおかげで，人や地球の生物にとって適度な温度となっている。

それに大気と水があるよね。だから，生物が生活するのに適した環境になっているのがいちばんの特徴だ。

「ほかの星を見ていたら，こんなにすみやすい地球ができたのって奇跡だなぁって思います。地球を大切にしないといけないですね。」

お，そう思ってくれるのはうれしいね。それじゃあ，地球からちょっと離れた火星はどうかな？

「名前は有名ですけど，どんな星かはあまり知らないですよ。」

火星は二酸化炭素の割合が多い，うすい大気をもっている。金星のように厚い大気じゃないから，温度は高くない。むしろ，温度が－50℃ほどとすごく低いんだ。そのため，**一部の二酸化炭素が凍ってドライアイスになっている**んだよ。また，**表面の岩石や砂は酸化鉄などを多くふくむため，赤茶色をしている**よ。

「へぇ，地球より温度がずっと低いのか。そりゃ，生物はすめないなぁ。温度が上がればすめるようになるのかなぁ…」

「でも，何で二酸化炭素でおおわれているのに，温度が低いんですか？」

太陽から離れているからだね。熱やエネルギーが十分に届いていないんだ。水星や金星だと近くて温度が高すぎてしまい，火星だと離れすぎて温度が低すぎてしまう。地球って，生物にとってちょうどよい場所を公転しているんだよ。

「何かが少しちがっただけで，地球に生命が生まれなかったかもと考えると，感慨深いですね。」

そうだよね。しかも，このあと説明する木星型惑星は，岩石のようなかたい地盤(じばん)をほぼもたない惑星だ。生命はもっと生まれにくいと考えられるよ。

Point 274 木星型惑星のそれぞれの特徴

- 木星と土星は，非常に大きく，**多数の衛星**をもつ。
- 天王星と海王星は，**青色**に見える。
- 海王星の外側に，**めい王星**などの**太陽系外縁天体**(たいようけいがいえんてんたい)が存在する。

「木星は，太陽系で最も大きな惑星ですよね。」

そうだね。木星のいちばんの特徴だ。ただ，**密度は小さく**て，地球の$\frac{1}{4}$程度しかないんだ。

「それって，ガスでできているから密度が小さいんですか？」

そうだね。また，木星は地球の約11倍の直径がありながら，自転周期がたったの10時間くらいしかない。そのせいで大気が激しく動いているんだ。その証拠(しょうこ)に大気にしま模様やうずが見えるよ。ほら，木星って表面に目のようなうずが見えるでしょ。これ，すごく大きい台風みたいなもの。ちなみに，このうずだけで地球の約2個分あるんだよ。

「でか！　あれだけで，地球がすっぽり入っちゃう…」

その木星のとなりには，太陽系で2番目に大きい惑星，土星があるよ。

「土星といったら，わっかですよね。すごくきれいです。」

「土星にあるあのわっかって，いったい何でできているんですか？ずっと気になっていたんですよね。」

あれは，氷の粒(つぶ)でできているといわれているよ。土星はわっかが有名だけど，ほかにも特徴があるぞ。実は，**土星は太陽系の惑星の中で最も密度が小さい**んだ。これは，土星をつくっている物質のほとんどが水素とヘリウムでできているためなんだ。

「ということは，見た目ほど重くないってこと？」

そういうこと。もし土星が入るプールがあったら，水に浮(う)くくらい密度が小さい。とはいっても，直径が地球の約9倍もあるし，質量自体は約95倍もあるよ。ちなみに木星は質量約318倍だけど。

「そういえば，木星と土星って，衛星をたくさんもっているんですよね？」

そうだね。**木星や土星には60個以上の衛星がある**といわれているよ。地球にはたったの1個，水星や金星にいたっては1個もないんだ。

「60個も！　すごい数ですね。残りの天王星や海王星はどんな特徴があるんですか？」

この2つは地球から遠くにあるからね。わかっていないことも多いんだ。天王星は，大気にメタンが多くふくまれているために，青緑色に見える。**海王星はとても濃(こ)い青色をしている**。木星ほどじゃないけど，大きな斑点(はんてん)のような模様が見えるときがあるよ。

「太陽系の惑星って，それぞれ特徴があって面白いですね。」

そうだね。まずは，それぞれの惑星の名前や太陽との位置関係を覚えよう。そうすれば，どの星がどんな特徴をもっているか把握(はあく)しやすくなるよ。

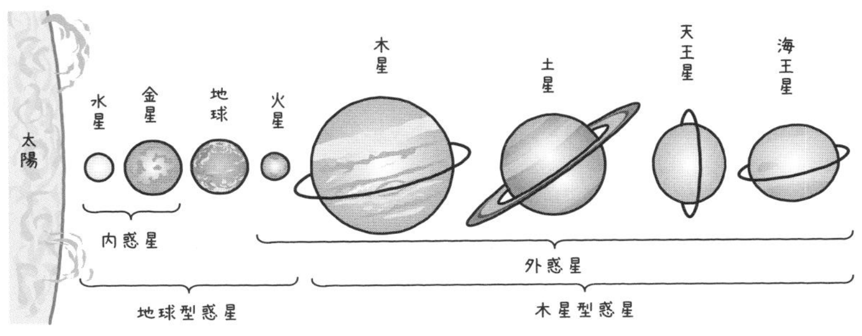

つまずき度 !!!!!

➡ 解答は別冊 p.45

1　太陽系の惑星のうち，地球から最も離れている惑星は（　　　）である。

2　太陽系の惑星のうち，酸化鉄を豊富にふくむ岩石や砂でできていて，表面が赤褐色になっている惑星は（　　　）である。

12-13 銀河と銀河系

太陽系のように，恒星とその周囲を公転する惑星は宇宙の中に無数に存在し，集まっている。今回はそんな星々が集まっている銀河について解説しよう。

銀河と銀河系

「太陽系の外側はどうなっているんですか？」

太陽系の外にも星はたくさんあるよ。例えば，太陽系にいちばん近い恒星（こうせい），ケンタウルス座α（アルファ）星などがあるよ。

「太陽系ですら大きいなぁって思っていたのに，その外側にも宇宙が広がっているって…本当に宇宙って大きいですね。」

大きいでしょ。でもたぶん，いま想像しているより，もっと大きいと思うよ。**銀河**（ぎんが）って聞いたことない？

「聞いたことありますけど…銀河って何なんです？」

銀河とは，**恒星が数億から数千億ほど集まったもの**のこと，つまり星の集団だ。

Point 275 銀河と銀河系

- 恒星（こうせい）が数億～数千億個集まった集団のことを，**銀河**（ぎんが）という。
- 地球や太陽系が存在する銀河のことを**銀河系**（ぎんがけい）という。
- 星と地球との距離（きょり）には**光年**（こうねん）という単位を用いる。

「数千億!?　宇宙には恒星がそんなにあるの!?」

いやいや，ちがうよ。1つの銀河に数千億あるという意味だよ。宇宙全体にはこの銀河がすごくたくさんあるよ。そりゃあ，もう数え切れないほど。

「数千億の恒星の集まりがいくつも…星は無数に存在するんですね。」

そういうことになるね。さらに，銀河の中には恒星をつくるもととなるガスやちりなどもふくまれているんだ。そして，ふだん自分たちのすむ地球や太陽が存在する銀河のことを**銀河系**(ぎんがけい)というんだ。

「銀河系の中に銀河がふくまれているんです。」

そうだね。まちがいやすいから要注意だ。**銀河系は平べったい円盤**(えんばん)**の形でうずを巻いている**。だいたい1000～2000億ほどの恒星が集まってできているよ。その恒星の1つが太陽だ。ちなみに，**銀河系の直径は約10万光年**(こうねん)。**太陽は銀河系の中心から，約3万光年のところ**にあるんだよ。

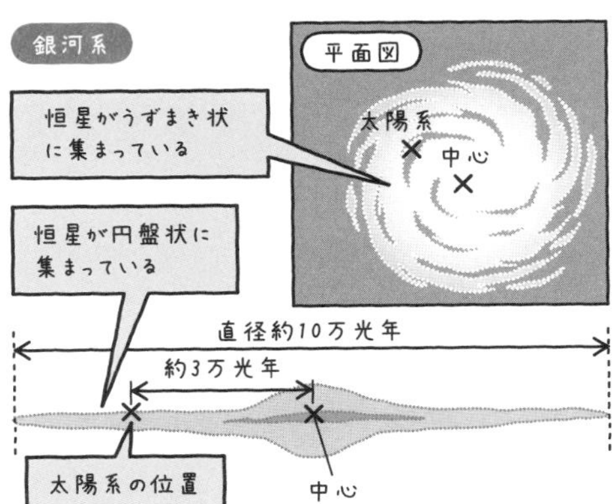

「光年って何ですか？」

光年は**距離の単位**なんだ。ふつう距離といったら，mとかcm，kmを使うんだけど，星ってそれじゃ表せないくらい遠くにあるんだ。だから，光年って単位を使うんだ。1光年は**光が1年かけて進む距離**ってことだ。

「光って，すごく速いんですよね。それが1年ってどれくらい…」

光って，1秒で地球を7周半することができるんだ。ちなみに地球1周は約4万km。計算すると，1光年はだいたい10兆kmになるよ。

「なんじゃそりゃ！　じゃあ，10万光年とかって…」

10兆×10万で，約100京kmだね。兆の1つ上だ。とんでもない距離でしょ。だから，こうした光年という単位を使ってできるだけわかりやすく書いているんだ。

CHECK 123　つまずき度 ！

➡ 解答は別冊 p.45

1　太陽系が存在する銀河のことを（　　　　）という。

太陽の活動とオーロラ

そういえば，2人はオーロラを見たことある？

「写真では見たことあります！　きれいですよね～！」

「オーロラって，北極とか南極の方じゃないと見れないんじゃないの？　海外に行ったことないし，見たことないです。」

お，よく知っているね。オーロラはおもに北極や南極付近に発生するんだ。

「日本でも見られたらいいのにと思うんですけど…何で北極や南極付近でしか見ることができないんですか？」

そもそもオーロラっていうのは，太陽の活動で発生するんだ。太陽風(たいようふう)というプラズマ（高温で電離(でんり)した粒子(りゅうし)）が地球に降り注ぎ，それによって，地球の大気の窒素(ちっそ)や酸素が反応して発光しているんだよ。この発光がオーロラの正体だ。

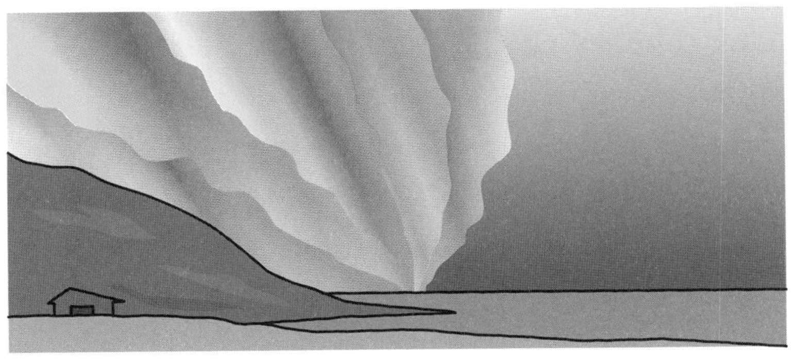

「よくわからないけれど，それなら別に北極や南極付近以外でも見られるんじゃないんですか？」

実は地球の磁力によって，太陽風が地球に届かないようさえぎられているんだ。だけど，北極や南極のような磁石でいうところの「極」付近では，防ぐことができないんだ。だから，極付近では太陽風が入りこんで，オーロラが発生しやすいんだ。

「えー，磁力がじゃましなければ，日本でも見ることができるってことですか？」

まぁそういうことになるけど，もし磁力が太陽風を防いでくれなければ，結構大変なことになる。太陽風は太陽フレアとよばれる太陽の爆発によって発生することが多いんだけど，この太陽フレアが起こると，ものすごいエネルギーが地球に降り注ぐ。もし，磁力で防いでいなかったら，電子機器がこわれてしまうだけでなく，多くの生物の健康にも悪影響が出て，生存が危ぶまれるんだ。

「へぇ～。地球の磁力って，方位を決めているだけでなく，人知れずみんなを守っていたわけか。地球に感謝だな。」

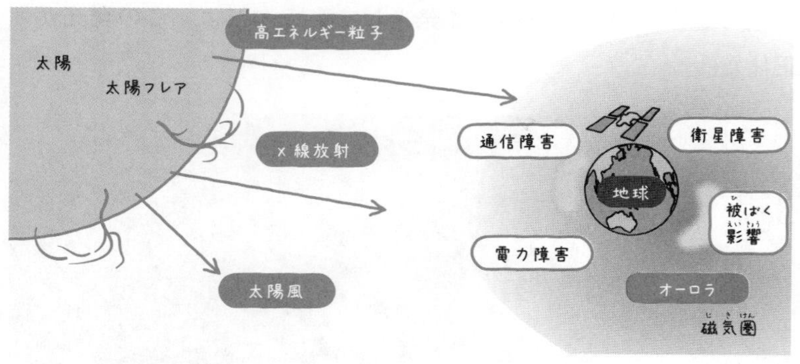

中学3年 13章

科学技術と地球の未来

「地球の未来といえば，自然環境（かんきょう）を守っていくことが大事ですよね。」

「科学技術の発展も，ぼくたちの未来を考えるうえで欠かせないんじゃないかな。」

地球の未来を考えるときには，自然環境と科学技術，どちらも大切なんだ。この単元では，これまで学んだ内容を振（ふ）り返りつつ，自然や地球環境と科学のかかわり合いについて考えていこう。

生態系と食物連鎖

ここからは生態系について学んでいくよ。生物どうしにはどのような関係があり，それぞれどのような役割があるのかについて確認していこう。

食物連鎖は食べる・食べられるの関係

「いままで学んだことでわかりましたが，生物は環境に適応するために，いろんな戦略(せんりゃく)をとっているんですね。」

そうだね。生物には，まだまだ人類の力がおよばない部分がたくさんある。そもそも自然界の生物は，人類がいなくてもおたがいにバランスをとり，うまく調整し合っているんだ。

「お互いにバランスをとり合っている？　どういうことですか？」

例えば**食物連鎖**(しょくもつれんさ)だ。この食物連鎖について理解するためには，**生態系**(せいたいけい)について知っておく必要がある。

Point 276 **生態系**

- ある地域の環境とその環境中に生息するすべての生物を総合的にみたものを**生態系**(せいたいけい)という。

「なんかふわっとしていて，わかるようなわからないようなって感じです。」

では，具体的に１つの山を例にして説明しよう。山全体について話をしているとき，「その山の生態系」とは山全体の環境と山で生きるすべての生物についてのことをいうんだ。話が小さくなって，その山にある木１本に注目して話をしているとき，「その木の生態系」とは木全体の環境と木に生息するすべての生物についてのことになる。

「何に注目するかによって，生態系の指している範囲が変わってくるってことですね。」

そういうことだ。基本的に，生物が生きている環境があれば，そこを１つの生態系としてとらえることができるね。

「なるほど。生態系とは環境と生物のかかわりってことか…あれ？じゃあその中の生物どうしのかかわりはどうなんですか？」

もちろんそれも大事。生物どうしのかかわりに変化があれば，生態系も変化するんだ。さっきちらっと言った食物連鎖という関係だね。

Point 277 食物連鎖

- 生物どうしの**「食べる・食べられる」の関係**を**食物連鎖**(しょくもつれんさ)という。
- 食物連鎖には**網の目のような複雑なつながり**がある。このつながりを**食物網**(しょくもつもう)という。

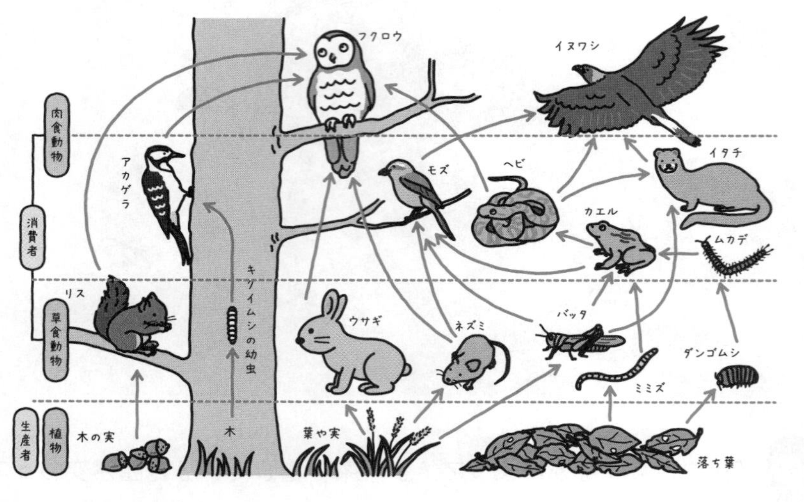

「植物 → 草食動物 → 肉食動物の順に食べられるってことですね。」

シンプルにいうとそうなるね。もう少しだけくわしくすると，植物を食べる草食動物→草食動物を食べる小形の肉食動物→小形の肉食動物を食べる大形の肉食動物の順番になるかな。

「食物網(しょくもつもう)っていうのは何ですか？」

食物連鎖がAの生物とBの生物の関係性を表すものだとしたら，食物網は何種類もの生物の関係性を表すものだね。ほら，食物連鎖はひとつの矢印で表すことができるけれど，それをたくさんの生物でつなげると網（あみ）のようになるでしょ？　それが食物網だ。

「じゃあ，水の中の生物はどうなんですか？」

水の中でも同様に食物連鎖や食物網がつくられているよ。ウニなどの生物は海藻（かいそう）をよく食べているけど，小さな魚は海藻よりも，水中をただよっている動物プランクトンを食べているね。

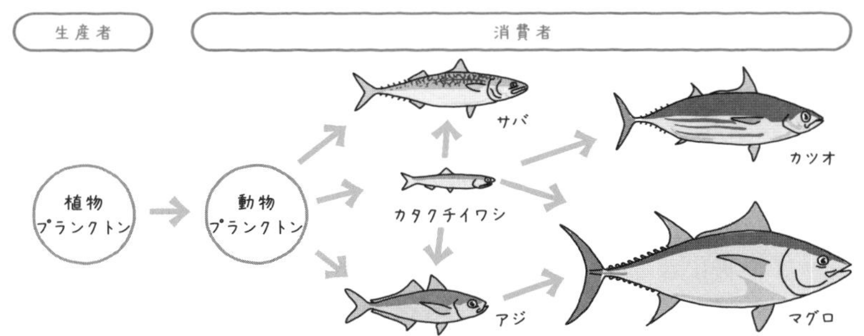

光合成をする生産者と有機物を消費する消費者

「食物網を見ると，最初は必ず植物なんですね。」

そうなんだ。なぜなら，植物は**光合成によって自分で栄養分，つまり有機物を生み出すことができる**からなんだ。だから植物は，食物網や食物連鎖の中で**生産者**とよばれているんだよ。

「生産者以外の生物は，自分で有機物をつくることができないんですか？」

そうだね。基本的には生産者以外は，有機物を自ら生み出すことはできない。草食動物は植物が生み出した有機物を栄養分にするし，肉食動物は草食動物が植物からとりこんだ有機物を栄養分にしている。このように，**動物は植物が生産した有機物を消費して生きているから消費者**とよばれるんだ。

Point 278 生産者と消費者

- 自然界において，**光合成によって無機物から有機物（栄養分）をつくる生物**のことを**生産者**という。
- 自然界において，ほかの生物の**有機物を消費する動物**のことを**消費者**という。

有機物を無機物にする分解者

「生産者がつくった有機物が消費者にとりこまれるのはわかったんですけど，そのあと，有機物はどうなるんですか？」

有機物は呼吸によって分解され，二酸化炭素と水，そして生きるために必要なエネルギーになるね。でも，全部の有機物をエネルギーとして活用できるわけじゃない。例えば，余(あま)った有機物は排出物(はいしゅつぶつ)（ふん）の中にもふくまれるし，有機物をためこんだまま死んでしまえば，枯(か)れ葉(は)や死がいになるんだ。

「枯れ葉や死がいになったら，その有機物はどうなるんですか？　死んでいる以上，その生物が使うことはできないですよね？」

いや，そういった排出物や枯れ葉，そして死がいを栄養分にする生物がいるんだ。それを**分解者**とよんでいるよ。

菌類

キノコ

細菌類

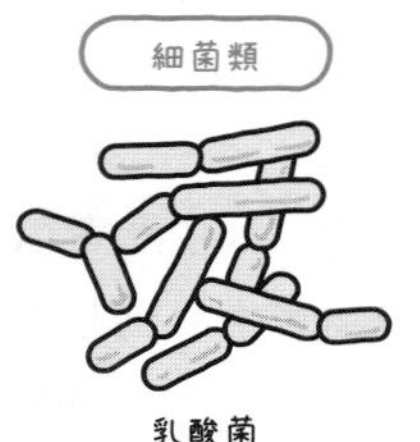

乳酸菌

分解者

- 自然界において，生物の死がいや動物の排出物などの**有機物を無機物に分解する生物**のことを**分解者**という。
- 分解者の多くは**菌類・細菌類**である。分解してできた無機物は植物の養分として使われる。

「キノコって菌類だったんですね！　細菌類は，何かよく聞く菌の名前って感じです。」

「その有機物はどんなものに分解されるんですか？」

有機物は，分解者によって二酸化炭素や水，そして窒素化合物などの無機物に分解されるよ。分解者が生み出した無機物，特に窒素化合物は，生産者である植物の養分として使われるんだ。じゃあここで，本当に分解者が有機物を分解しているか実験してみよう。

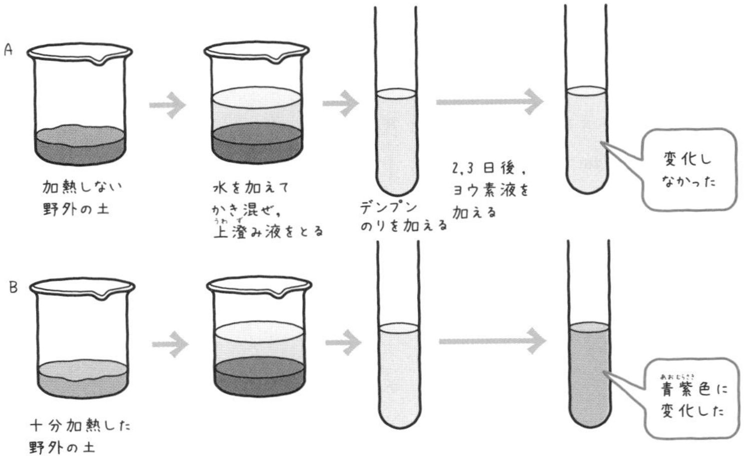

「あ，加熱した方はデンプンが残ってる！」

「反対に加熱していない方はデンプンがなくなっていますね。」

これは，**加熱したために土の中の菌類や細菌類が死滅(しめつ)してしまい，試験管の中のデンプンを分解できなかった**からなんだ。このことから，菌類や細菌類が有機物を分解しているということになるね。

「植物に養分を与えているなんて，分解者もとても大切な存在ですね！」

まさにその通り！　こんなふうに，生産者が生み出した有機物を消費者がとりこみ，消費者や生産者の死がいにある有機物を分解者が無機物にもどす。そして，その無機物が再び生産者の養分になる。こうやって，食物網の中でうまく循環されているんだ。

CHECK 124　つまずき度 !!!!!

➡ 解答は別冊 p.45

1　生物どうしの「食べる・食べられる」の関係を（　　　　）という。

2　光合成で有機物を生み出す生物を（　　　　）といい，つくられた有機物をもとに活動する生物を（　　　　）という。

13-2 生態系ピラミッドとバランス

自然界の食物連鎖は，バランスが少しくずれても，自らバランスをとり直すようにはたらく。どのようにしてバランスを保っているのかを学んでいこう。

生態系での生物の数にはピラミッドの関係がある！

「ちょっと思ったんですけど，食物連鎖って，最後の方の消費者になるほどからだが大きく，強い動物になっていませんか？」

お，いいところに目をつけたね。じゃあ，次は食物連鎖と生物の数の関係について見ていこうか。食物連鎖の関係に注目して1つの生態系について考えると，ピラミッドのような図をつくることができるんだ。

Point 280 生態系ピラミッド

- 生物の数は，**肉食動物を頂点，植物を底辺とするピラミッドの形**で表すことができる。

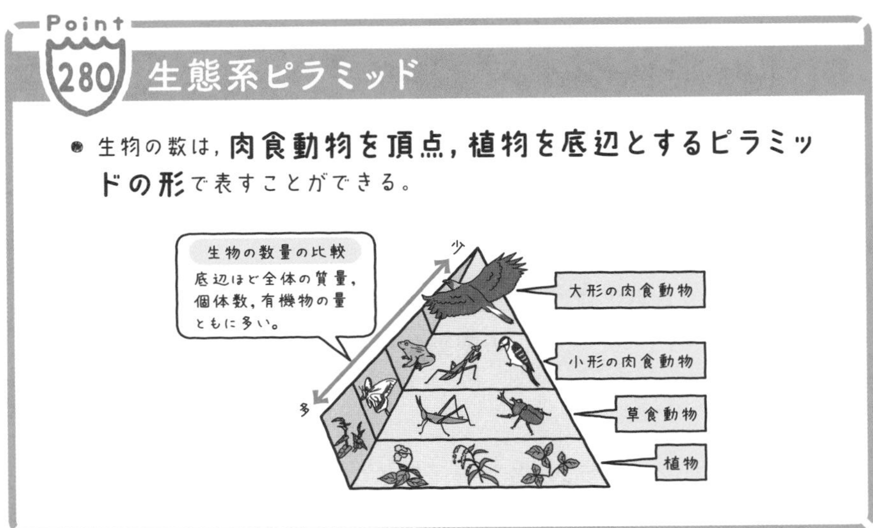

生態系の中の食物連鎖と生物の数の関係から，**底辺にある植物ほど個体の数が多く，頂点にいる大形肉食動物ほど個体の数が少ない**んだ。生態系

のバランスを保つためには，このように，**ピラミッド形の関係を維持する**（いじ）**ことが大事**なんだ。

「ということは，生態系の中で植物はとても数が多いんですね。」

「でも，何で植物が多くて，ピラミッドの頂点にいくほど数が少なくなるんですか？」

食物連鎖で上の方にいくためには，ほかの生物を捕食（ほしょく）するためにからだを大きくする必要があるんだ。からだが大きいってことは，たくさん食べる必要があるでしょ。つまり，頂点にいくほどたくさん食べないといけないから，食べ物のとり合いが激しく，数が少なくなっているんだ。

「そっか…食べ物のとり合いに負けると死んじゃうんですね。」

生態系ピラミッドはどうやって保たれるの？

「ところで，生態系ピラミッドってずっときれいな三角形になっているんですか？　たまたま何かの動物がふえすぎたり減りすぎたりすることはないんですか？」

あるよ。それが自然に起こることもあるし，人のせいで起こることもある。ただ，生態系はちょっとくらいの変動なら，修復（しゅうふく）してバランスを保つようにできているんだ。

「生態系自身がバランスをとっているなんてすごいですね。」

そうだろう。バランスをとるためには，まず，その生態系の中で得られる有機物の量が一定であることが大切なんだ。つまり，植物の量があまり変化していないことが前提ということだ。そして，有機物は**生産者によっ**

てつくられるから，有機物を食べる消費者は生産者の数や量に大きく影響を受けるということなんだ。

「消費者である動物は，生産者である植物に生かされているんですね。」

そういうこと。もう少しイメージできるように，具体的に解説しよう。例えば，ある生態系が何らかの影響で，草食動物がふえてしまったとする。すると，どんなことが起こると思う？

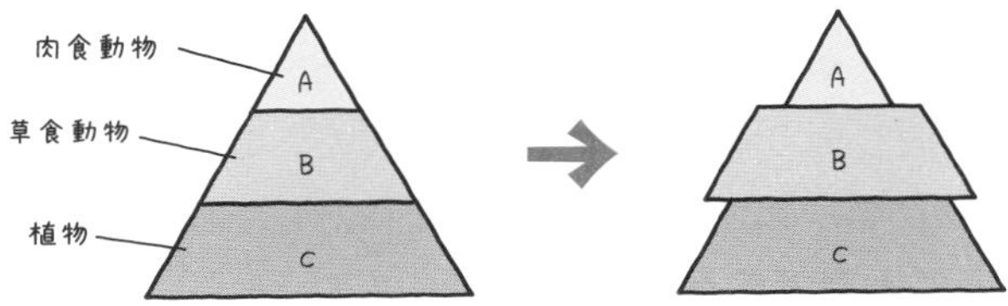

「草食動物って植物を食べているんですよね。それなら植物が減っちゃうんじゃないかなぁ。」

「それだけじゃないんじゃない？　草食動物を食べている肉食動物にとっては食べ物がふえるわけでしょ。それなら，肉食動物もふえるんじゃないの？」

どちらの考えも正しいよ。草食動物が何かの影響でふえると，まず最初に草食動物に食べられる植物が減り，そのあと，草食動物を食べる肉食動物がふえるんだ。

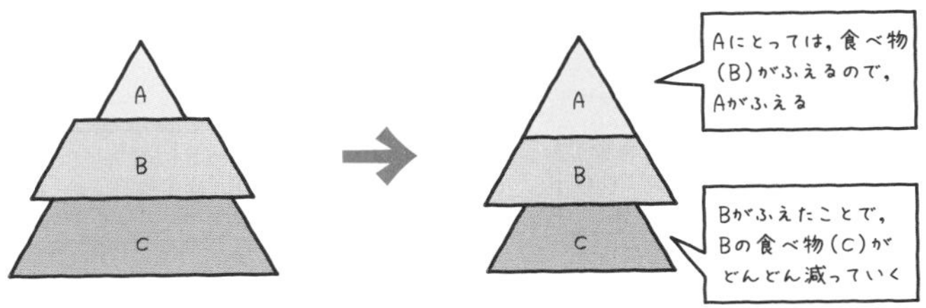

「でも植物が減っちゃったら，草食動物の食べ物が減りますよね？そうしたら，このあと草食動物の数が減りませんか？」

もちろん。しかも，それだけじゃない。肉食動物もふえたんだから，草食動物は肉食動物に食べられてしまう。食べ物も少なく，天敵（てんてき）が多くなってしまった草食動物は急激に数を減らすよね。

「そしたら，今度はそれを食べていた肉食動物が減って，食べられていた植物がふえますよね。」

その通り。めぐりめぐって最終的には，植物，草食動物，肉食動物の数が正常なときと同じようなバランスになるんだ。このように，食物連鎖というしくみがあるだけで，ある程度の変化に対しては，**生態系は自ら生物の数を調整することができる**んだ。

Point 281 生態系ピラミッドのつり合い

- 生態系の生物の数は，一時的な増減があっても，全体として**もとにもどってつり合いを保つよう調整される**。

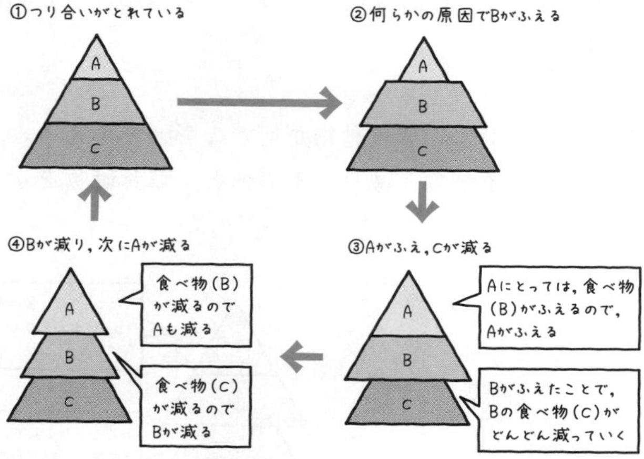

①つり合いがとれている

②何らかの原因でBがふえる

③Aがふえ，Cが減る

Aにとっては，食べ物（B）がふえるので，Aがふえる

Bがふえたことで，Bの食べ物（C）がどんどん減っていく

④Bが減り，次にAが減る

食べ物（B）が減るのでAも減る

食べ物（C）が減るのでBが減る

A
B
C

「なるほど。自然ってすごいですね。」

そうでしょ。季節の変化などによる，ちょっとした生物の増減は自然がもっている調整機能で何とかなるんだ。ただし，火山の噴火や大洪水などの自然災害で生物の生活環境が大きくこわされれば，つり合いが保たれなくなってバランスがくずれてしまうんだ。

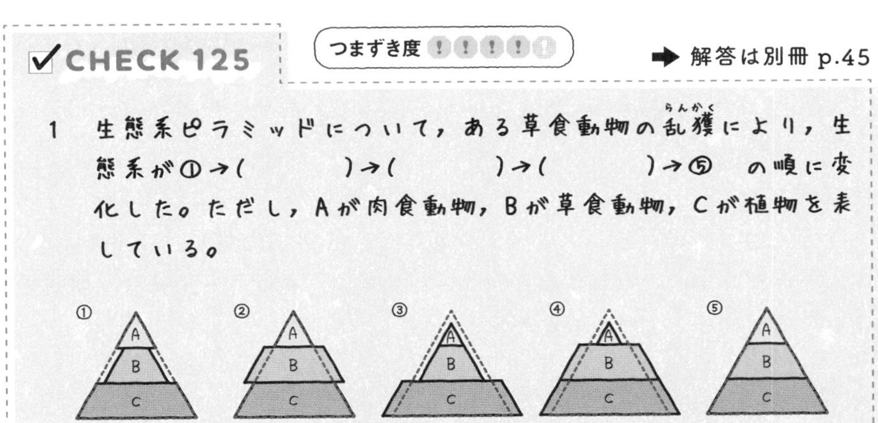
CHECK 125　つまずき度 !!!!!

➡ 解答は別冊 p.45

1　生態系ピラミッドについて，ある草食動物の乱獲により，生態系が①→(　　　)→(　　　)→(　　　)→⑤ の順に変化した。ただし，Aが肉食動物，Bが草食動物，Cが植物を表している。

炭素と酸素の循環

有機物は分解され無機物になり，その無機物は生産者の養分になる。有機物や無機物は生物の間をどのように循環しているのか。炭素や酸素に注目して考えてみよう。

炭素や酸素はどう循環しているの？

「しかし，自然界っていい具合に調節してバランスを保っているんですね。」

そうだね。そのバランスを保つためには，必要な物質が生態系の中をきちんと循環していなければならないんだ。特に，有機物を生産し，消費し，そして分解することが大事だと教えたね。

「有機物って，おもに炭素でできているんですよね。つまり，炭素の循環が大切ってことですか？」

もちろん炭素の循環はとても大切。それと，酸素の循環も大切なんだ。多くの生物は呼吸によって酸素をとりこんでいるでしょ。

「炭素と酸素の循環か…。そもそも，有機物ってどうやってつくられているんですか？」

「植物が光合成でつくっているんでしょ。だから生産者ってよばれてるって。」

サクラさんよく覚えているね。無機物から有機物をつくることができるのは植物などの生産者だけだ。光合成で，無機物である二酸化炭素と水から有機物を生み出していたよね。このときにできた酸素が放出されていたね。

「なるほど。二酸化炭素の炭素が有機物の材料になるわけか。」

そういうこと。そして，できた有機物は植物が生きるためのエネルギーになるんだ。さらにいうと，有機物からエネルギーをとり出す行為（こうい），それが呼吸だったね。生物は呼吸によって酸素を使い，有機物を分解してエネルギーを得ているんだよ。このときに二酸化炭素ができるから，呼吸のときには二酸化炭素が出ていくんだ。だから，有機物や炭素，酸素は

・酸素は呼吸によって二酸化炭素にすがたを変え，光合成により再び酸素になる。
・炭素は光合成によって有機物になり，呼吸によって二酸化炭素となる。二酸化炭素は再び光合成により，有機物の材料となる。

こんなふうに循環しているんだよ。

Point 282 炭素と酸素の循環

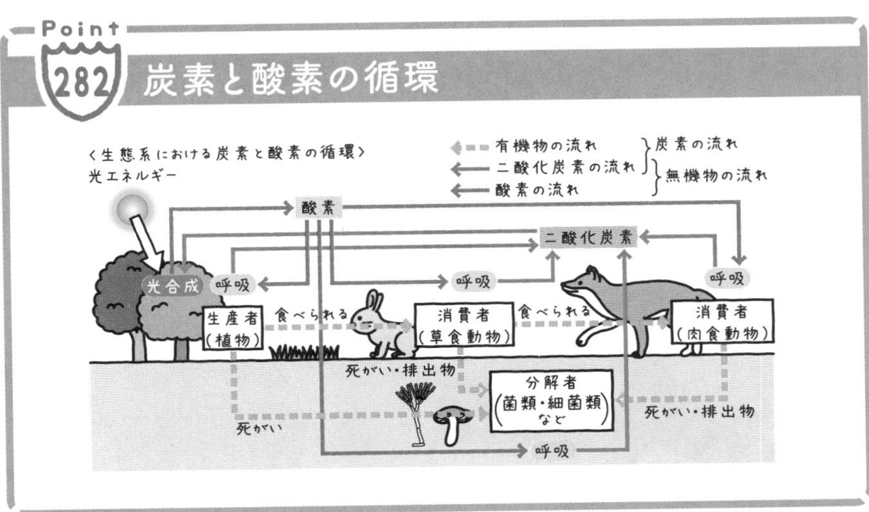

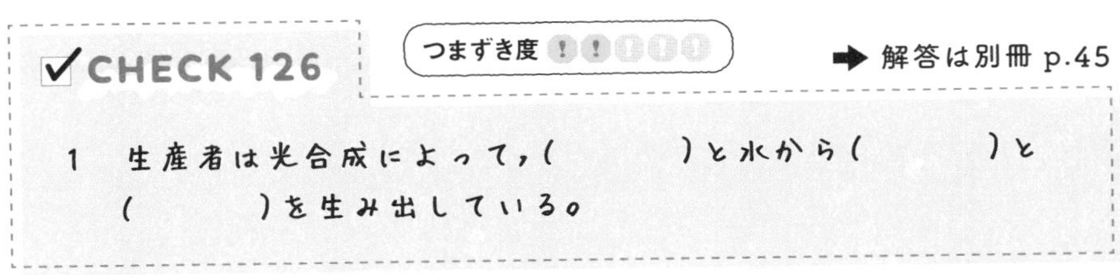

✔CHECK 126　つまずき度 !!!!!　➡ 解答は別冊 p.45

1　生産者は光合成によって，（　　　）と水から（　　　）と（　　　）を生み出している。

自然環境の調査と保全

自然は，自身の力でバランスを維持している。しかし，外から環境が変えられると生態系に大きな変化が起こる。自然環境を観察し，どのような変化が起こるか考えよう。

自然環境はどう変化しているの？

「大きな自然災害以外に，生態系のバランスをくずしてしまうものって何があるんですか？」

生態系を狂(くる)わせてしまう存在として，近年特に注目されているのが**外来生物(がいらいせいぶつ)**（**外来種(がいらいしゅ)**）だ。

Point 283 外来生物

- もともとその生態系に生息していなかった生物で，人間によってもちこまれ，野生化した生物のことを**外来生物（外来種）**という。

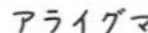

アライグマ

カミツキガメ

「外来生物ってテレビで聞いたことあるかも。」

外来生物の多くは，新しい環境になじめず死んでしまったり，繁殖（はんしょく）できなかったりして，数をふやすことはあまりないんだけど，中には新しい環境でも繁殖してどんどん数をふやす場合があるんだ。

「それって悪いことなんですか？　生物が移動してふえているだけですよね？」

そうなんだけれども，それまで生態系にいなかった種類の生物が突然繁殖するわけだから，食物連鎖などに影響を与えて，これまでの生態系をがらっと変えてしまうんだ。何より問題なのは，人間の手でその生態系とは別の生態系にいる生物を連れこんでしまったときだ。

「う～ん…わざわざ，そんなことする人っています？」

例えば，それまで飼っていたペットを逃がしてしまう人だね。途中で飽（あ）きてしまったり，数がふえすぎてしまったりして，本来生息するはずのないところにその生物を逃がしてしまう人がいる。こうして逃がした生物が，環境に適応し，繁殖し，野生化してしまう場合がある。すると，食物連鎖や生態系のつり合いをくずして，それまであった自然環境を一変させてしまうんだ。

「なるほど…。かわいそうだからと逃がしてしまったら，それこそ，自然にとっては一大事ですね。」

そうだろう。だから，ペットを飼うときは責任をもって，最後まで面倒を見なくちゃいけないんだ。またペットのほかにも，海外からの貨物の輸送にまぎれこんでいる場合や，輸送する船や飛行機などに付着している場合もある。人間が行き来するだけで，外来生物を運んでしまう場合があるんだ。

コツ 外来生物も被害者である。

「外来生物のほかには，どんなことが生態系に影響するんですか？」

２人もよく聞くと思うけれど，**地球温暖化**だね。近年，地球の平均気温が上昇を続けていて，問題になっているんだ。

「たしかによく聞きますけど，そもそもなんで気温が上昇するとまずいんですか？」

気温が上昇することで海流の流れが変わり，それにともなって大気の流れも変化すると考えられている。そうすれば，これまでの天候から大きく変化してしまう。天候が変化すれば，もちろん生態系にも影響を与えるだろう。また，南極の氷がとけて，海水面が上昇し，低いところの土地が沈むとも言われているよ。

「なんか，たくさん問題があるんですね…。でも，何で地球温暖化が起こっちゃったんですか？」

う〜ん…実は，原因は完全にはわかっていないんだけれど，最も可能性が高いものとして，熱をためこむ性質をもつ**二酸化炭素の増加**があげられているよ。

Point 284 地球温暖化

- 二酸化炭素には**温室効果**があり，大気中の二酸化炭素が増加したことが**地球温暖化**の原因の１つと考えられている。

「二酸化炭素って，ものを燃焼させたら発生するんですよね。じゃあ，ものを燃やさないようにすればいいのでは？」

理論上は正しいのだけれども，ものを燃やさない生活はむずかしい。わたしたちは石油や石炭，天然ガスなどの**化石燃料**を燃焼させることで，電気などのさまざまなエネルギーを得ている。実際に，産業革命以降，化石燃料を使う量が急速にふえて，大量の二酸化炭素が放出されたんだ。

「たしかに，電気がない生活なんてムリ…」

それに，化石燃料を使い始めたころから**森林伐採**もさかんに行われるようになったんだ。森林は光合成をするときに，二酸化炭素を吸収して酸素をはき出すよね。森林が減少してしまったことで，二酸化炭素が減りにくくなってしまったんだよ。それに加えて，森林伐採によって地球からすがたを消してしまった生物もいるんだ。

「なんか，とても複雑ですね…。化石燃料を使わないと，今の便利な生活できないし…かといって使っちゃうと地球温暖化が進んじゃうし…生物も絶滅しちゃうし…」

だからこそ，さまざまな科学技術が研究・発明されて，対策をとっているんだ。さらに，絶滅が心配されている種のことを**絶滅危惧種**とよんでいるんだけれど，さまざまな機関や団体が，絶滅危惧種を「**レッドリスト**」という一覧にしてまとめて，その保護に役立てているんだ。でも，何より一人ひとりが意識して無駄な使用をおさえること，これがいちばん大切だよ。

自然環境を維持していこう！

「わたしたちの行動で自然を維持していくことが大切なのはわかったんですけど，それって具体的にどうすればいいんですか？」

むずかしい問題だね。正直，答えはない。一人ひとりが，これが必要だと思うことを信じて進めているんだ。未だに，人類には自然を完全に制御できるほどの力はないんだ。

「制御できないなら，なおさら破壊(はかい)しちゃうのはまずいですね。」

そう。だからこそ，まず自然環境を知るところから始めて，そこから，どのように自然にはたらきかけるべきかを考えていく必要があるんだ。例えば水に関係する自然環境だったら，河川(かせん)や湖，海に生息する生物の種類と数を調査したり，水中にどんな物質が入っているか，生物に害悪を与える物質がふくまれていないか調べたりするんだ。

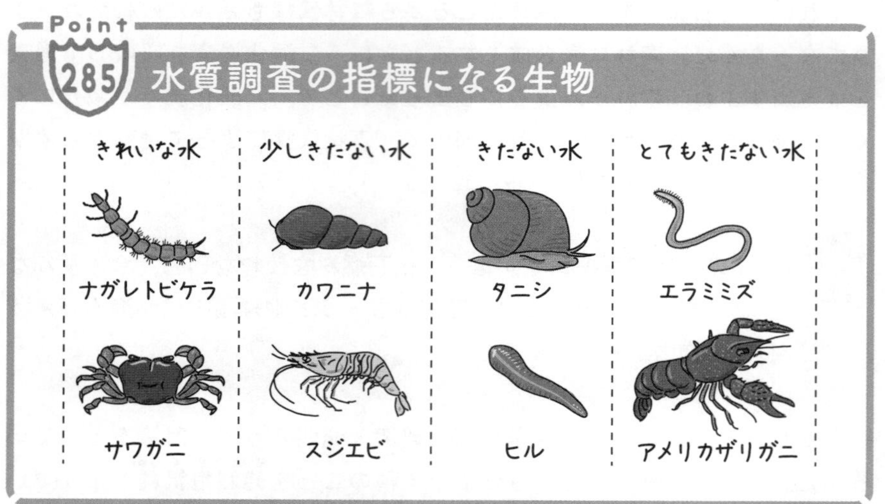

「へえ！　すんでいる生物の種類で判断できるんですね！」

もちろん水だけでなく，土の中にいる小動物や微生物(びせいぶつ)を調べたり，大気(たいき)汚染(おせん)のひどい地域の植物を調べてみたりすることで，水や土，大気の汚染状態を調べることができるんだ。

「もし仮に，こういった調査で人間活動が環境を破壊しつつあるってわかったら，どうすればいいんですか？」

もちろん，その状況に応じてとるべき対策はちがう。けれど，例としてこんなことが考えられているよ。

- 人間の生活圏の確保をする際，生物の活動範囲を調査し，その活動範囲を破壊しないようにする。
- 里山のような人間と自然が上手に共存している場を，むやみな開発などで破壊しないように保護する。
- 貴重な自然を**世界自然遺産**として登録することで，自然を保護する。

「生物の生息する生態系をこわさないようにするために，いろいろ考えられているんですね。」

「自然とともに生きることが大事なんですね。」

いいことを言うじゃないか。このように，人間がむやみやたらに破壊することなく，自然環境を積極的に維持しようとする行為のことを**保全**というよ。2人も，しっかり考えて行動できるようになろう。

さまざまな自然災害の対策とは？

「人間が自然に影響を与えることはよくわかったんですけど，逆に人間は自然からどんな影響を受けているんですか？」

そうだな。悪い影響とよい影響がある。悪い影響のことを**災害**ともいうだろう。

「災害って地震とか噴火とかですか？」

そうだね。日本は世界的に見ても地震災害や火山災害が多い地域だ。地震災害では，大地のゆれによる建築物の崩壊やがけくずれ，**津波**が発生する。またそれだけじゃなくて，火災の発生や水道・電気・ガスの供給の停止，交通網の混乱などの二次被害も多い。

「東日本大震災や阪神淡路大震災のとき，すごい被害だったと聞いたことがあります。」

うん。あの２つの大震災はよく語られるよね。地震だけでなく，それ以上に二次被害の大きな震災だったからね。

「ほかにも台風もありますし…日本って結構危険な国なんですね。」

だからこそ，そういった自然を受け入れつつも命を守るために，災害を予測し，対策するさまざまな科学技術が発展しているわけだ。緊急地震速報はもちろんのこと，火山災害の監視システム，洪水防止のための堤防や治水，台風や大雨の予測システムなど，自然環境を破壊せず，共生できる範囲で進められているんだ。とはいえ，これだけじゃ防ぎきれないから，一人ひとりの防災意識も大切だよ。

Point 286 自然災害の対策

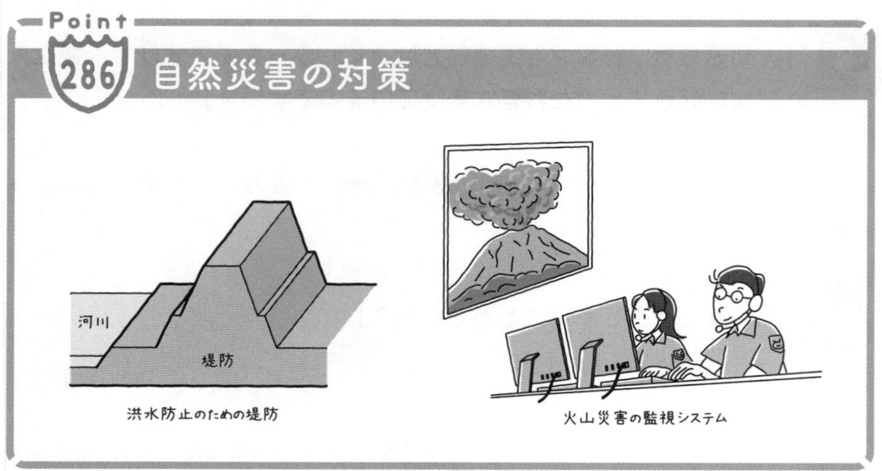

洪水防止のための堤防

火山災害の監視システム

一方で，わたしたちは災害以上に自然から恩恵(おんけい)を受けているんだ。例えば，川の水が飲めるのは，河川のもつ浄化作用(じょうかさよう)のおかげだし，食べ物が手に入るのは，農作物を育てることができるちょうどよい気温や降雨のおかげ。酸素が手に入るのは，森林の植物が光合成をしてくれるおかげだ。

「当たり前のように使っている水や空気ですら，自然がないと手に入らないんですね。」

「ふだんはあまり意識しませんけど，わたしたちは自然からいろんな恩恵を受けているんですね。」

さらに，石油や石炭などのエネルギー資源，木材や鉱物など，自然の中にたくさんの資源があるおかげで，人間はさまざまなものをつくることができて，豊かな生活ができるんだ。火山だって噴火すると危険だけど，ふだんは温泉や地熱発電に応用されている。また，上空にはとても大事な**オゾン層**がある。オゾン層は**有害な紫外線から守ってくれている**よね。

つまずき度 !

➡ 解答は別冊 p.45

1　人間がその生態系に生息していない生物をもちこみ，野生化した生物を（　　　　）という。

さまざまな物質とその利用

人類は自然界にある物質を加工し，さまざまなすがたや形に変えて利用している。どのような物質が生活に利用されているか考えてみよう。

プラスチックや新素材の発達！

自然と人間の営みについては少しずつわかってきたかな？

「いま使っている本やノートは紙でできていますよね。紙は木からつくられていますから，やっぱり自然と共生してますね。」

そうだね。紙は人類の大きな発明の1つとされている。紙は物質としては有機物に分類されるのは覚えているかな？

「おもに炭素でできているものでしたっけ？」

いいね！　学んだことが身についている。有機物はいろいろなすがたや形で生活の中に存在するんだよ。紙のほかに，衣服も有機物が使われているよ。

「つまり，繊維は有機物ってことですか？」

そうだね。羊の毛や植物の綿や麻，カイコのまゆ（絹）などが古くから使われていた。これらは生物のからだの一部であり，有機物なんだ。

「でも最近，化学繊維っていうのもあるじゃないですか。あれも有機物なんですか？」

多くの場合はね。例えば，ナイロン繊維やアクリル繊維，ポリエステル繊維など。これらは人の手でつくられる人工の繊維だね。

「こういった人工の繊維ってどうやってつくられているんですか？」

石油からつくられているよ。石油を加工して，細長い糸状にしているんだ。

「石油からつくられる物質といえば，プラスチックもそうですよね。」

そうだね。プラスチックは本当にいろいろなところで使われているよね。現代ではほとんどの場合，石油から人工的につくった「形を自由に変えられるもの」をプラスチックとよんでいるよ。

「プラスチックってペットボトルとかに使われていますよね。」

そうだね。ペットボトルは**ポリエチレンテレフタラート**（PET）というプラスチックでできている。このほかにも，レジ袋（ぶくろ）は**ポリエチレン**などが使用されているね。

Point 287 プラスチックの種類と特徴

名称	略称	性質	用途
ポリエチレン	PE	油や薬品に強く，安くて加工しやすい。燃えやすく，水に浮く。	レジ袋 ラップ　など
ポリエチレンテレフタラート	PET	透明で圧力に強く，薬品にも強い。水に沈む。	ペットボトル 卵の容器　など
ポリスチレン	PS	透明でかたく，水に沈む。発泡ポリスチレンは断熱保温性に優れている。	CDケース 食品トレイ　など
ポリプロピレン	PP	熱に強く，100℃でも変形しない。水に浮く。	キャップ ストロー　など
ポリ塩化ビニル	PVC	薬品に強く，燃えにくい。水に沈む。	消しゴム ホース　など
アクリル樹脂	PMMA	うすい透明な板をつくりやすい。水に沈む。	メガネのレンズ 水そう　など

「たしかに，プラスチックって軽いし割れにくいし便利ですよね。」

それにプラスチックは加工もしやすく，とてもあつかいやすい。でも，捨てるときが問題なんだ。燃やせば二酸化炭素が出るから，地球温暖化を進めてしまうかもしれない。

「じゃあ，地中にうめちゃえばいいんじゃないですか？」

それが残念ながらほとんどのプラスチックは地中にうめてもそのままずっと残ってしまう。腐りにくく，さびにくいのがプラスチックの利点だけど，逆にそれがあだとなってしまっているんだね。

コツ　最近は生分解性プラスチックなどが開発され，土中の微生物によって分解されるプラスチックが存在する。

「分解されないってことは，放置するとどうなるんですか？」

そのままの形で残るか，粉々にされて自然界に散らばってしまう。こうした，非常に小さくなったプラスチックを魚や鳥などが食べてしまって，その健康への影響が心配されているんだ。

「プラスチック製品をむやみに消費せず，リサイクルして使い回すことが大切なんですね。」

その通り。使う量を減らすこと，くり返し同じものを使うこと，そして，正しく処理し，使い直すこと。これが自然環境のために大事だね。

「プラスチックではなく，別のものを使うというのもありですよね。ガラスとか金属とか。」

それもいい手段だ。金属といえば，熱を伝えやすい性質がよく利用されているね。また，金属の中には電気を通すものも多い。そういった金属は，送電線や電子機器などにもよく利用されているね。

「プラスチックや金属のほかにも，ふだんの生活で使われるようなものはないんですか？」

多くの研究者が，画期的(かっきてき)な新素材を生み出しているよ。例えば機能性高分子(きのうせいこうぶんし)。プラスチックのような，安定した形と強度を保って，大量に使われるものを高分子というんだけれど，その高分子に何らかの機能をもたせたものが機能性高分子だ。例えば，スマホのタッチパネルには電気を通す高分子が使われている。

「すごい！　身近なところで使われているじゃないですか！」

このほかにも炭素繊維も重要な物質だ。炭素を繊維状にしたものなんだけど，いままでの繊維と比べものにならないほど軽量で丈夫(じょうぶ)な繊維なんだ。とても軽く，強いため，飛行機の機体や自転車の車体，テニスのラケットなどに用いられているね。あとは，形状記憶合金(けいじょうきおくごうきん)なんかも比較的新しい素材だね。

「いろんな物質が開発されて，使われているんですね。便利であるからこそ使うことができなくならないように，環境や社会のことを考えた使い方をすることが大事ですね。」

✔CHECK 128　つまずき度 ❗❗❗❗❗

➡ 解答は別冊 p.45

1　ペットボトルに使用されているプラスチックの種類を（　　　　）という。

科学技術と人間

自然と共生できる世界をつくるための手段の1つが科学技術の発展である。どのような科学技術が求められるのか，考えていこう。

電気はどうやって発電しているの？

自然と人間の営みについては少しずつわかってきたかな？

「そうですねー…でも，実際にどんな科学技術が自然と共生するために必要なんですかね？」

「二酸化炭素の排出が少ない，風力発電や太陽光発電がいいとかいう話はよく聞きますよね。」

そうだねぇ。わたしたちの生活と自然とのかかわりを考える上では，電気は絶対に欠かせないね。実際に，各家庭で使われるエネルギーの約半分が電気エネルギーと計算されているよ。

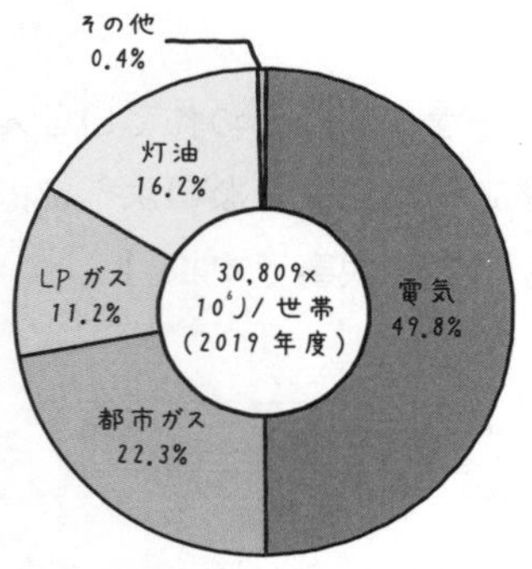

家庭で使われるエネルギーの割合
（資源エネルギー庁「エネルギー白書2021」）

「でも，何でこんなに電気ばっかり使っているんですか？」

電気はほかのエネルギーに変換して仕事をさせるのに便利だからかな。7章で学んだ通り，電気エネルギーは，あらゆるエネルギーにすがたを変えることができるんだ。

「じゃあその電気ってどうやって発電しているんですか？　火力発電とか水力発電とか名前は聞いたことあるんですが，原理がよくわかりません。」

多くの場合，タービンを回転させることで電力を生み出しているんだ。タービンというのは，何らかの力で回転させられると電力を生み出すものなんだ。原理としては，7章の電磁誘導を思い出してほしいかな。

「どうやってそのタービンを回しているんですか？」

日本では，**水力発電**と**火力発電**と**原子力発電**の3種類でほとんどの発電をまかなっているから，その3種類の発電を説明しようかな。まずは水力発電だ。

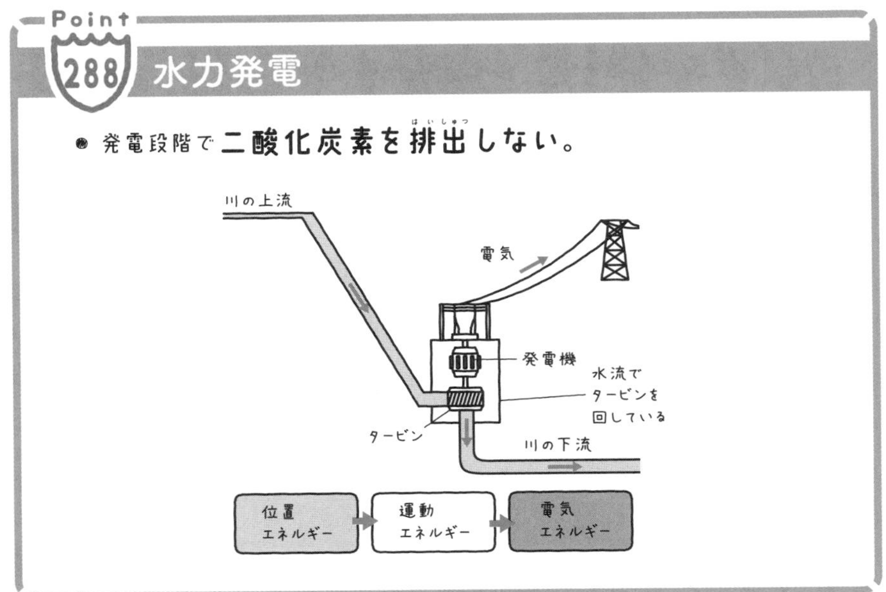

「二酸化炭素を出さないなんて，すごくいいじゃん！　何でいっぱいつくらないんですか？」

水力発電をするためにはダムをつくる必要がある。ダムをつくることが可能な場所は限られているし，つくるときに自然環境への影響が大きいとされているんだ。だから，たくさんつくることがむずかしいんだよ。

「そんな理由があったんですね…。でも火力発電の方がなくすべきだって声をよく聞きますよね。」

減らそうという声が多いのは化石燃料を使うからだろうね。化石燃料を消費することで二酸化炭素を大量に排出してしまう。それに化石燃料は無限にあるわけではないから，いずれ別のものを活用しなければならない。だから減らそうとするんだ。でも，火力発電は安価で安全に発電できるから，日本では主流なんだ。

Point 289 火力発電

- 高いエネルギー変換効率が実現しており，**大きな電気エネルギーを得られる。**

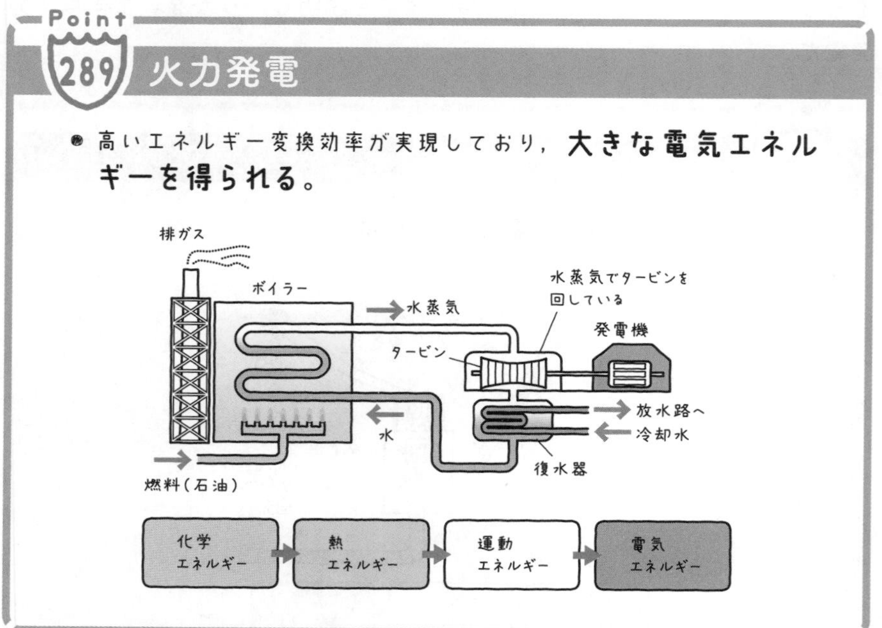

「たしかに，有機物である化石燃料を燃やせば，二酸化炭素はたくさんできてしまいますね。」

そうなんだ。火力発電は，電気をつくるのに都合のよい発電方法なんだけど，**地球温暖化を引き起こす原因になる**ともいわれているんだ。

「じゃあ原子力発電はどうなんですか？　なんとなく危険なイメージしかないんですが…」

東日本大震災ではすごく話題になったね。ではなぜ，事故が起きたときに危ないのか，その発電方法を見てみよう。

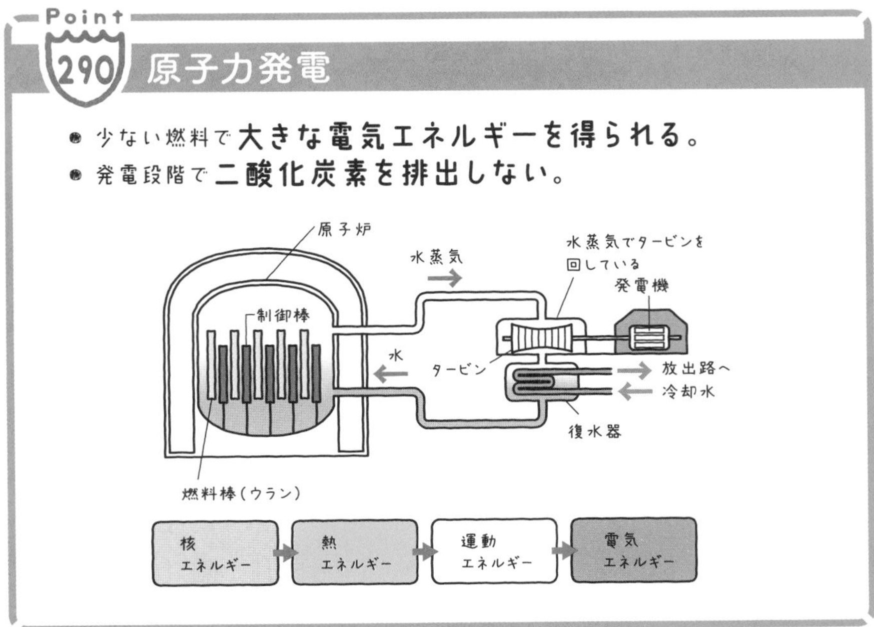

原子力発電では，**原子炉**(げんしろ)**の中で核分裂**(かくぶんれつ)**を起こさせる**んだ。そしてそのときに生み出されるエネルギーを利用するんだよ。ただし，その核分裂のときに**放射線**(ほうしゃせん)もいっしょに生み出されるのが問題なんだ。事故が起これば，放射線が外に出てきてしまって危険だよね。

「大きなエネルギーを得ることができるんだけれども，使うためには非常に大きな危険をともなっているわけですね。」

資源の少ない日本にとって，とてもありがたい技術なんだけどね。だからこそ，より安全に使うことができるよう，その管理と制御が大事になるんだ。

放射線ってどんなもの？

「放射線なんて危険なものなければいいのにって思いますけどね。それがなければ，原子力発電も問題なく使えるわけで。」

いやいや，ただ単に怖いからなくしてしまおう，では発展しない。何事も，大事なのは正しく知り，正しく安全に使えるようになること。正しく安全に使えば，さまざまな恩恵があるというわけで，放射線の性質について理解しよう。

Point 291 放射線の性質

- 放射線の性質は次の３つがある。
  ①目に見えない。
  ②透過性がある。
  ③原子をイオンにする性質がある。

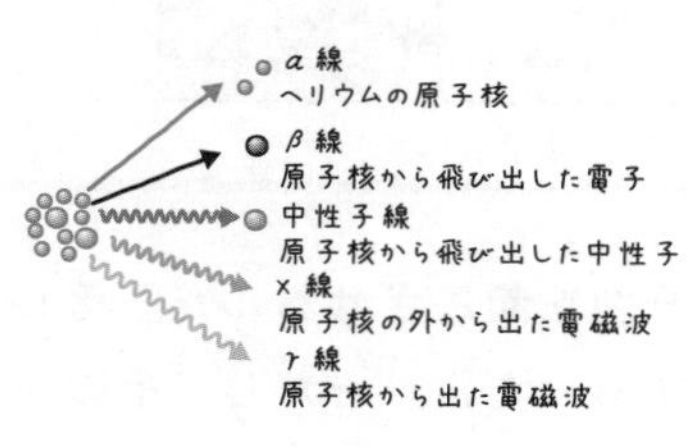

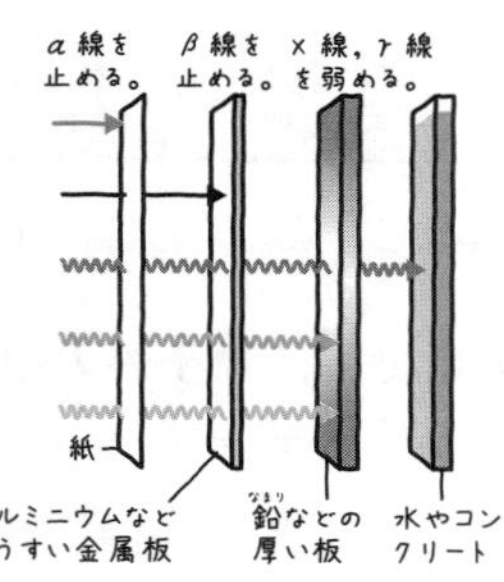

「X線とかは，骨折の検査などに使われていますよね。」

「ところで，放射線の強さってどうやって表すんですか？」

放射線の単位としてベクレル（Bq），グレイ（Gy），シーベルト（Sv）がよく使われるよ。この3種類を使って，放射線の強さを表しているんだ。

「え，何で3種類も？　何がちがうんです？」

それぞれ使い方がちがうんだ。ベクレルは，放射性物質がどれだけ放射線を出すことができるか（放射能の大きさ）を表している。グレイは，物質や人体が受けた放射線のエネルギーの大きさ。シーベルトはグレイに似ているけど，放射線が人体に与えた影響について表すときに使うよ。

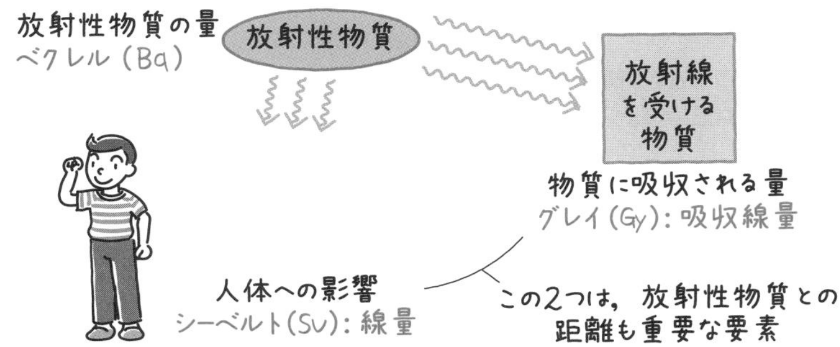

「もし，放射性物質を食べちゃったらどうなるんですか？」

まず，放射線を受けることを**被ばく**というんだ。その被ばくにはからだの外から受ける外部被ばくと，呼吸や食事によってからだの中に入りこんだ放射性物質から放射線を受ける内部被ばくが存在する。特に内部被ばくは，放射性物質との距離が近いから，細胞が大きなダメージを受けて，がんなどのさまざまな病気の原因になる。

「うっわ，こわ。どうすれば放射線を受けないですみますか？」

多分，それは無理だね。なぜなら，人間が生み出さなくても，自然界にはふつうに放射線があるから。もちろん食べ物の中にもふくまれている。

「あ！　自然放射線！　そういえば教わりましたね。」

そうだよ。まあ大事なのは，放射線を浴びる量だ。無理にゼロにしようとするのではなく，健康被害が出ないラインをしっかり定めて，それ以下になるようにすることが大切なんだ。

再生可能なエネルギーを使う発電もある！

話がちょっとそれたけど，ほかの発電についても簡単に説明しておこう。

Point 292 再生可能エネルギーを使った発電

- 太陽の光エネルギーを用いて発電する方法を**太陽光発電**という。
- 風の運動エネルギーを利用して，発電する方法を**風力発電**という。
- マグマの熱エネルギーを利用して発電する方法を**地熱発電**という。
- 家畜のふんや生ごみなどを燃焼して発電する方法を**バイオマス発電**という。

「あれ，バイオマス発電って燃焼するんですよね？　二酸化炭素が出てしまうなら何が利点なのか全然わからないんですけど。」

バイオマス発電では，家畜(かちく)のふんや生ごみ，木片や落ち葉などからエネルギーをとりだしているんだ。つまり**植物が光合成によって二酸化炭素をとりこんだものを利用している**んだ。だから，バイオマスを燃焼させたときに二酸化炭素を排出しても，全体としては二酸化炭素がふえたことにはならないんだ。

「なるほど。植物をエネルギー資源にすることで，全体として，二酸化炭素の排出をおさえることができるんですね。」

「それにもとはごみになりそうなものを使うって，無駄(むだ)がなくていいですね。」

そうそう。こうした**本来使い道のないものを使うことで，資源を最大限に活用し，資源やエネルギーを循環させる**社会のことを**循環型社会**というんだ。

持続可能な循環型社会を目指して！

「たしかに，資源には限りがありますから再利用できるなら再利用しないといけないですよね。」

そうだね。エネルギーのもととなる資源に限りがあることをエネルギー問題というけれど，このエネルギー問題は今後人類が解決しなければならない課題の1つなんだ。

「いまの生活を続けるには，これからどうすればいいんですか？」

さっき説明した再生可能なエネルギー資源をより有効に活用できる技術の開発のほかに，いまある資源の利用効率を高める技術の開発も大事だ。

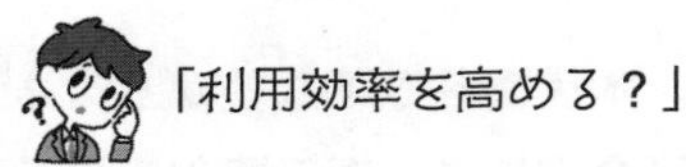

捨てられるエネルギーをできるだけ少なくしていくことで，これまで捨てられていたエネルギーを有効活用し，必要な資源の量を減らすことができるんだ。例えば，**コージェネレーションシステム**が有名だよ。

Point 293 コージェネレーションシステム

- **発電のときに発生する廃熱を利用**して，温水をつくったり暖房に利用したりすることで，エネルギーを効率的に使える方法を**コージェネレーションシステム**という。

また，大量に消費されている石油の使用方法の1つとして自動車のガソリンがある。このガソリンの消費を減らすために，**電気自動車や燃料電池自動車，ソーラーカー**の開発も進んでいる。

「ガソリンを燃焼させないなら，排気ガスも出ないですね。」

そうだね。地球温暖化の原因の1つといわれる二酸化炭素の排出もないんだ。循環型社会のよいところは，資源を再利用できることはもちろんのこと，本来ごみとして排出し，**自然環境に悪い影響をおよぼすはずだったものを減らすことができる**ことなんだ。

「なるほど，そもそも環境に悪いものを出さなかったり，もう一度別の形で使うようにしたりするんですね。」

資源を循環させることで，生活に必要なエネルギーを安定して手に入れられるようにし，自然環境を悪くさせないようにできる。こうして，いまの生活レベルを維持できたり，ずっと発展していったりすることができる社会のことを**持続可能な社会**というんだ。

「こうした自然や環境に配慮した科学技術を活用して，発展していくことですね。」

そうだね。人間は自然がないと生きていけない…というより，人間も自然の一部だ。わたしたちの生活を豊かにするために，科学技術を使っていくことはよいことだけれども，それで自然をこわしてしまっていたら自分のすみかを破壊しているようなもの。自然をこわすことなく，持続可能な社会をつくっていく。誰もが，そんなふうに科学技術を使ってほしいね。

「人間のもつ科学の力って，簡単に自然環境を変えられる力があるから，使い方に注意しないとですね。」

たしかにその通りだ。でも，逆に考えれば，人間は地球の自然環境をよい方向に変えられる大きな力をもっているともいえる。自然環境がこわされないように守り，共に生きていけるようにできるのも科学技術。結局のところ，使う人の心しだいでよくもなるし，悪くもなる。だからこそ，一人ひとりが科学を正しく理解し，地球や自然環境とのかかわり方を考えていかなければならないんだね。

「一人ひとりが科学を知り，理解した上であつかうことが大事なんですね。」

それこそが，全員が理科を学ぶ理由の1つだと言えるね。それに，残念なことに世の中にはまちがった情報がたくさんあふれている。そうしたまちがった情報に振り回されたり，だまされたりしないようにするためにも，何が正しい情報なのか，何が根拠(こんきょ)になるのか，自分で判断できなくてはならない。その判断に，理科や科学の理解と知識が不可欠なんだ。科学的な根拠にもとづいて物事を考え，行動に起こす力。これがいまの社会で求められているんだよ。

「正しく考えることが，正しい行動につながるわけですね！　理科は苦手でしたけど，これから，科学と自然，人間と自然のつき合い方を考えていこうと思います！」

「知れば知るほど，理解すればするほど，できることの幅が大きく広がるのが，理科のいいところですよね。これからもいろんなことに興味をもって学んでいきたいです。」

いいぞ，その意気だ。中学校の理科はこれで終わるけど，理科や科学はまだまだ奥が深い。高校生や大学生，あるいは社会人になり，そのあとも，みんなが科学を楽しく学んで，正しく科学技術を使えるようになってくれることを切に願っているよ。

✓ CHECK 129

つまずき度 ❗❗❗❗❗

➡ 解答は別冊 p.45

1　核分裂によって生じるエネルギーを利用する発電方法を（　　　）発電という。

2　発電のときに発生する廃熱を利用して，エネルギーを効率的に使える方法を（　　　）という。

理科 お役立ち話 13

研究とは何をすることなのか?

最後に，科学とは切り離せない「研究」について紹介したいと思う。

「研究って，なんかいっぱい実験するやつですよね？」

それ以外にも，調査や分析(ぶんせき)，発表も大事な研究だよ。研究というのは，多くの場合「未知なる現象を見つけ，解き明かすこと」や「不可能を可能にすること」ということができる。

「不可能を可能にする…かっけぇ…ぼくも研究できますかね。」

もちろんだ。未知なる謎(なぞ)に立ち向かおうとする姿勢があれば，誰もが研究者なんだ。

「でも，研究ってむずかしそうです。いろんなことを知っていないとできないような…」

さまざまなことを知っているというのは大事なことだね。何がわかっていて何がわかっていないのか，それをはっきりさせてから研究をする必要があるからね。だから，研究をする前には，いま現在どんな情報や知見があるのか，懸命(けんめい)に調べることが大切なんだ。

「なんか，思っていたより地道なんですね。」

研究ってのは，結構泥臭(どろくさ)いもんだよ。そうやって何を研究するか決めたら，次はそれをどう証明するか考えなくちゃならないんだ。

「実験とか，観察とか，調査すればいいんじゃないの？」

もちろんそれらは有力な証明方法の1つ。でも，どのように実験や観察，調査をすれば証明といえるのかがむずかしいんだ。例えば，空に浮かぶ星を観察していたら「宇宙船を見つけた」としよう。それを誰かに言って信じてもらえるかな？

「口で言うだけでは…せめて写真か何かないと。」

でしょ。写真を撮(と)って証拠にすることで，みんながその写真というデータを検証することができるよね。それだけでなく，その宇宙船が，本当にほかの星から来たものかどうか，証明しなくちゃいけない。もしかしたら宇宙船ではなく，未来人のタイムマシンかもしれない。

「ええー，そんなこと言ったら，キリがないじゃないですか。」

「そんな大変なことに立ち向かっているのが研究者ってわけか…」

だからこそ，科学で大事にされるのは，曖昧(あいまい)な大きな一歩を踏みこむことではなく，小さくとも確実な一歩を進めることなんだ。いままさに，世界中の大勢の研究者が寄り集まって，一歩一歩着実に科学を先に進めることで，世界は少しずつ広がっているんだ。

さくいん

あ

か

た

な

は

ま

や

ら

わ

記号

◆ ブックデザイン　野崎二郎（Studio Give）
◆ キャラクターイラスト　徳永明子
◆ 図版・イラスト　有限会社　熊アート
◆ 編集・校正協力　株式会社　バンティアン，須郷和恵，秋下幸恵，
株式会社　シナップス，株式会社　カルチャー・プロ
◆ シリーズ企画　宮崎純
◆ 企画・編集　目黒哲也，藤村優也
◆ データ作成　株式会社　四国写研

やさしい中学理科

掲載問題集

→

この冊子はとりはずせます。
矢印の方向にゆっくり引っぱってください

中学1年

中学1年 1章 身近な自然と生物

✓CHECK 1

つまずき度 ❗

➡ 解答は p.37

1　水の中の小さな生物のうち，(　　　　)は緑色をしていて動き回るという特徴をもつ。

✓CHECK 2

つまずき度 ❗❗

➡ 解答は p.37

1　スライドガラスの上に観察したいものをのせ，カバーガラスをかぶせたものを(　　　　)という。

2　プレパラートを右上に動かすと，視野の中の像は(　　　　)に動く。

3　ルーペは必ず(　　　　)に近づけて持つ。

✓CHECK 3

つまずき度 ❗❗❗❗

➡ 解答は p.37

1　おしべの先には(　　　　)があり，花粉が入っている。

2　受粉すると，(　　　　)は果実になり，(　　　　)は種子になる。

3　花弁が離れている花を(　　　　)といい，くっついている花を(　　　　)という。

✓CHECK 4

つまずき度 ❗❗❗

➡ 解答は p.37

1　葉脈には(　　　　)と(　　　　)の2種類が存在する。

2　子葉が2枚の植物を(　　　　)という。

3　根のつくりが主根と側根の組み合わせをもつ植物と，(　　　　)をもつ植物の2種類がある。

✓CHECK 5

つまずき度 ❗❗❗❗❗

➡ 解答は p.37

1　マツは(　　　　)がなく，(　　　　)がむき出しになっている。

2　マツの雄花には(　　　　)があり，この中に花粉が入っている。

✓CHECK 6

つまずき度 ❗❗❗❗❗

➡ 解答は p.37

1　コケ植物やシダ植物のような種子をつくらない植物は，(　　　　)に入っている(　　　　)によってふえる。

2　種子をつくらない植物のうち，(　　　　)には根・茎・葉の区別がある。

✓CHECK 7

つまずき度 ❗❗❗❗❗

➡ 解答は p.37

この表は植物の特徴をまとめたものである。空欄(くうらん)をうめよ。

	植物A	植物B	植物C	植物D	植物E
分類	(　)植物	単子葉類	(　)植物	(　)植物	双子葉類
種子	できない	胚珠が子房に包まれている	胚珠がむき出し	できない	胚珠が子房に包まれている
花	咲(さ)かない	咲く	咲く	咲かない	咲く
葉	(　)がある	子葉が(　)枚 葉脈(　)	針のような形状	区別がつかない	子葉が(　)枚 葉脈(　)
根	水を吸う	ひげ根	深く長い	水を吸い上げない	主根と側根

✓CHECK 8

つまずき度 !

➡ 解答はp.37

以下のうち，脊椎動物に○をつけよ。
ウシ　バッタ　カエル　タイ　タコ　ヤドカリ
クモ　カメ　アサリ　スズメ　クラゲ

✓CHECK 9

つまずき度 !!!!

➡ 解答はp.37

1　脊椎動物は大きく分けて(　　　)(　　　)(　　　)(　　　)(　　　)の5種類に分けられる。
2　子が母親のからだの中である程度育ってから生まれることを(　　　)という。
3　水中で生きる動物は(　　　)をもち，これで呼吸をする。
4　魚類とは虫類の体は(　　　)でおおわれている。

✓CHECK 10

つまずき度 !!!

➡ 解答はp.37

1　動物の肉を食べる動物のことを(　　　)といい，植物を食べる動物のことを(　　　)という。
2　肉食動物は(　　　)歯が発達している。

✓CHECK 11

つまずき度 !!!!

➡ 解答はp.37

1　からだが(　　　)でおおわれていて，からだとあしに節がある無脊椎動物を(　　　)という。
2　からだがやわらかく，(　　　)で内臓を包んでいる無脊椎動物を(　　　)という。

✓CHECK 12

つまずき度 !!!!!

➡ 解答は p.37

以下の動物が何のなかまか，空欄（くうらん）をうめよ。

	動物A	動物B	動物C	動物D	動物E
分類	（　）類	（　）類	（　）類	（　）類	（　）類
背骨	ない	ある	ある	ある	ある
子の生まれ方	卵生	卵生	卵生	卵生	胎生
呼吸のしかた	えら	肺	えら	子はえらと皮膚 大人は肺と皮膚	肺
体の表面	かたい殻でおおわれている	うろこでおおわれている	うろこでおおわれている	しめっている	毛が生えている

中学1年 2章 物質のすがた

✓CHECK 13

つまずき度 !!!!!

➡ 解答は p.37

1　次のうち，有機物に○をつけよ。

・アルミニウム　・砂糖　・食塩　・紙　・ろうそくのろう
・二酸化炭素　・ダイヤモンド　・ガラス

✓CHECK 14

つまずき度 ❗❗

➡ 解答は p.37

1　物質そのものがもっている量のことを（　　　　）という。

2　1 cm^3 あたりの質量のことを（　　　　）という。

✓CHECK 15

つまずき度 ❗❗❗❗

➡ 解答は p.37

1　アンモニアを集めるのに適した方法は（　　　　）である。

2　ある気体に線香の火を近づけたら，線香の火が激しく燃えた。この気体は（　　　　）である。

3　二酸化炭素を石灰水に通すと（　　　　）。

✓CHECK 16

つまずき度 ❗❗

➡ 解答は p.37

1　物質が温度によって固体，液体，気体に変化することを（　　　　）という。

2　ドライアイスは（　　　　）の固体である。

✓CHECK 17

つまずき度 ❗❗

➡ 解答は p.37

1　固体から液体に変わるときの温度を（　　　　）といい，液体から気体に変わるときの温度を（　　　　）という。

2　液体の表面から，液体の一部が空気中に放出されることを（　　　　）という。

✓CHECK 18

つまずき度 ❗❗❗

➡ 解答は p.38

1　複数の物質が混ざり合っているものを(　　　　)という。
2　液体の混合物を加熱して沸騰させ，出てくる気体を冷やして再び液体としてとり出す方法を(　　　　)という。

✓CHECK 19

つまずき度 ❗❗❗

➡ 解答は p.38

1　10gの塩化ナトリウムを200gの水の中にとかして，塩化ナトリウム水溶液をつくった。このとき，溶質は(　　　　)で，溶媒は(　　　　)である。また，溶液の質量は(　　　　)gである。

✓CHECK 20

つまずき度 ❗❗❗❗❗

➡ 解答は p.38

1　25gの塩化ナトリウムを375gの水の中にとかして，塩化ナトリウム水溶液をつくった。この水溶液の質量パーセント濃度は(　　　　)%である。

✓CHECK 21

つまずき度 !!!!!

➡ 解答は p.38

硝酸カリウムと硫酸銅を，それぞれ水100gにとかし，温度を変化させて溶解度を調べた。その結果，以下のグラフのようになった。表は，10℃ごとのグラフの数値を読みとったものである。あとの問いに答えよ。

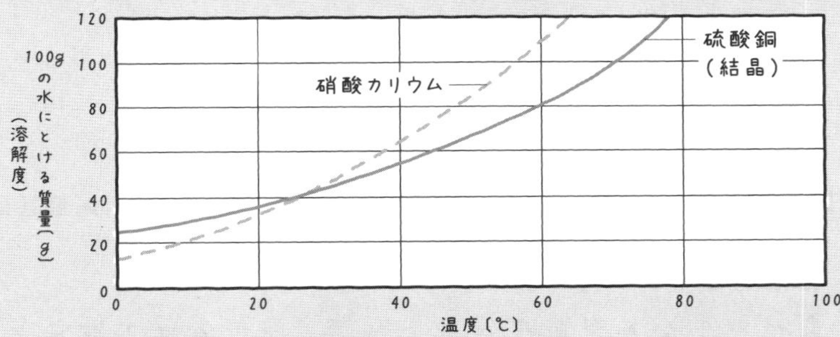

温度〔℃〕	10	20	30	40	50	60
硝酸カリウム〔g〕	22	32	46	64	85	109
硫酸銅〔g〕	28	36	45	54	65	81

1　10℃の水100gにとける硝酸カリウムの最大量は（　　　　）gである。

2　20℃の水100gに36gの硫酸銅をとかした場合，この硫酸銅水溶液は（　　　　）水溶液になっている。

3　50℃の水100gに硝酸カリウムを85gとかしたあと，40℃まで冷却（れいきゃく）した。このとき，硝酸カリウムは（　　　　）g結晶として出てくる。

中学1年 3章 身のまわりの物理現象

✓CHECK 22

つまずき度 1/5

➡ 解答は p.38

1　光源を出た光は，何もされなければ(　　　　)する。
2　光が鏡などで反射する際，入射角と反射角は(　　　　)になる。

✓CHECK 23

つまずき度 2/5

➡ 解答は p.38

1　光は水と空気の境界面で(　　　　)する。
2　光が水中から空気中に進むとき，屈折角は入射角より(　　　　)くなる。

✓CHECK 24

つまずき度 3/5

➡ 解答は p.38

1　光軸に平行な光は，凸レンズを通過後，(　　　　)に集まる。
2　凸レンズから焦点距離の2倍よりも遠い位置に物体を置いた場合，できる像は物体よりも(　　　　)。

✓CHECK 25

つまずき度 1/5

➡ 解答は p.38

1　虹の光がすべて混ざると(　　　　)色の光になる。
2　人が目で見ることができる光のことを(　　　　)という。

✓CHECK 26

つまずき度 ❗❗❗❗

➡ 解答は p.38

1　音は音源が(　　　　)することで発生する。

2　1380m離(はな)れた地点に4.0秒で音が届いた場合，そのときの音の速さは秒速約(　　　　)mである。

✓CHECK 27

つまずき度 ❗❗

➡ 解答は p.38

1　面が物体を垂直に押しもどすようにはたらく力のことを(　　　　)という。

2　物体がふれ合っているところで動きを止めようとする力のことを(　　　　)という。

✓CHECK 28

つまずき度 ❗❗

➡ 解答は p.38

1　100gの物体にはたらく重力と同じ大きさの力は約(　　　　)Nである。

2　ばねののびと力の間には(　　　　)関係があり，その法則のことを(　　　　)という。

✓CHECK 29

つまずき度 ❗❗

➡ 解答は p.38

1　質量は場所によって大きさが(　　　　)。

2　重さは場所によって大きさが(　　　　)。

✓CHECK 30

つまずき度 !!!!!

➡ 解答は p.38

1　物体にはたらいている2つの力がつり合っているとき，その2つの力は（　　　　）が等しく（　　　　）が反対で（　　　　）にある。

中学1年 4章 大地の変化

✓CHECK 31

つまずき度 !!!!!

➡ 解答は p.38

1　地下にある岩石がとけたものを（　　　　）という。
2　火山が噴火したときに出てくるものを（　　　　）という。

✓CHECK 32

つまずき度 !!!!!

➡ 解答は p.39

1　マグマが冷えて固まった岩石や火山灰は，結晶の小さな粒である（　　　　）が集まってできている。
2　黒っぽい岩石には（　　　　）鉱物が，白っぽい岩石には（　　　　）鉱物が多くふくまれている。

✓CHECK 33

つまずき度 !!!!!

➡ 解答は p.39

1　マグマが冷えて固まった岩石を（　　　　）という。
2　（　　　　）は地下の深いところで固まった岩石。そのため，（　　　　）組織をもつ。

✓CHECK 34

つまずき度 ❗❗❗

➡ 解答は p.39

1 地震の発生した地下の場所を(　　　)という。
2 地震が発生した直後から主要動が発生するまでの時間を(　　　)といい，震源から遠いほど(　　　)なる。
3 地震のゆれの大きさを表すものを(　　　)といい，地震の規模の大きさを表すものを(　　　)という。

✓CHECK 35

つまずき度 ❗❗

➡ 解答は p.39

1 地震は(　　　)の境界や(　　　)のある場所で発生しやすい。

✓CHECK 36

つまずき度 ❗❗❗❗

➡ 解答は p.39

1 その化石が見つかった地層の時代を示す化石を(　　　)といい，当時の環境を示す化石を(　　　)という。
2 地球の時代を区分したものを(　　　)といい，新しい時代から順に(　　　)(　　　)(　　　)と分かれている。

✓CHECK 37

つまずき度 ❗❗❗

➡ 解答は p.39

1 (　　　)や(　　　)によって生じたれきや砂などが，川の水によって(　　　)され，河口や海に(　　　)することで地層が形成される。

✓CHECK 38

つまずき度 !!!!!

➡ 解答は p.39

1　生物の死がいなどが堆積してできた堆積岩のうち，うすい塩酸をかけると二酸化炭素が発生するのは（　　　　）である。

✓CHECK 39

つまずき度 !!!!!

➡ 解答は p.39

1　地層が波打つように曲がることを（　　　　）という。

2　柱状図の中に，火山灰の層があったとき，（　　　　）があったとわかる。

中学2年

中学2年 5章 化学変化と原子・分子

✓CHECK 40

つまずき度 !!!

➡ 解答は p.39

1　すべての物質は(　　　　)によってつくられている。
2　原子は種類によって(　　　　)や(　　　　)が決まっている。
3　原子を原子番号の順番で並べたものを(　　　　)という。

✓CHECK 41

つまずき度 !!

➡ 解答は p.39

1　物質の性質を示す最小の粒子が(　　　　)である。
2　分子は，決まった種類と決まった数の(　　　　)が結びついている。

✓CHECK 42

つまずき度 !!!

➡ 解答は p.39

1　二酸化炭素，酸化銀，窒素，アンモニアの化学式は，それぞれ(　　　　)，(　　　　)，(　　　　)，(　　　　)である。
2　二酸化炭素，酸化銀，窒素，アンモニアのうち，単体は(　　　　)である。

✓CHECK 43

つまずき度 !!!!

➡ 解答は p.39

1　炭酸水素ナトリウムを熱分解すると，気体の(　　　　)，液体の(　　　　)，固体の(　　　　)ができる。
2　液体が水であるかを調べるために(　　　　)色の(　　　　)紙を使う。これは，水にふれると(　　　　)色に変化する。

✓CHECK 44

つまずき度 !!

➡ 解答は p.39

1　鉄と硫黄が加熱により反応して(　　　　)が生じる。
2　硫化鉄にうすい塩酸を加えると，(　　　　)が発生する。

✓CHECK 45

つまずき度 !!!!

➡ 解答は p.39

1　酸化銀(Ag_2O)の熱分解の化学反応式は，
(　　　　)$Ag_2O \rightarrow$(　　　　)$Ag+O_2$　である。
2　炭酸水素ナトリウム($NaHCO_3$)の熱分解の化学反応式は，
(　　　　)→(　　　　)+(　　　　)+(　　　　)　である。

✓CHECK 46

つまずき度 !!!

➡ 解答は p.39

1　物質に酸素が結びつく化学変化のことを(　　　　)といい，
その化学変化によってできた物質のことを(　　　　)という。
2　鉄が酸化してできた物質を(　　　　)という。
3　熱や光を出して激しく酸化することを(　　　　)という。

✓CHECK 47

つまずき度 !!!

➡ 解答は p.39

1　酸化物から酸素をうばう化学変化を(　　　　)という。
2　酸化銅と炭素を加熱して反応させると，炭素が酸化し，
(　　　　)が発生する。酸化銅は還元し，(　　　　)になる。

✓CHECK 48

つまずき度 !!

➡ 解答は p.39

1　化学変化により熱が発生する反応を(　　　　)という。
2　化学変化により熱が吸収される反応を(　　　　)という。

✓CHECK 49

つまずき度 !!!

➡ 解答はp.40

1　化学変化の前後ですべての物質の質量の合計は（　　　　）。この法則のことを（　　　　）という。

2　鉄20gを空気中で加熱したところ，加熱後の質量は28gになった。このとき，（　　　　）gの酸素が鉄と反応した。

✓CHECK 50

つまずき度 !!!!!

➡ 解答はp.40

1　下の図は銅の質量と，その銅を完全に酸化したときにできる酸化銅の質量の関係をグラフにしたものである。今回，20gの銅を用意して加熱したところ，完全には反応せず，加熱後にできた物質の質量は22gであった。このとき，反応した酸素の質量は（　　　　）gであり，反応しなかった銅の質量は（　　　　）gである。

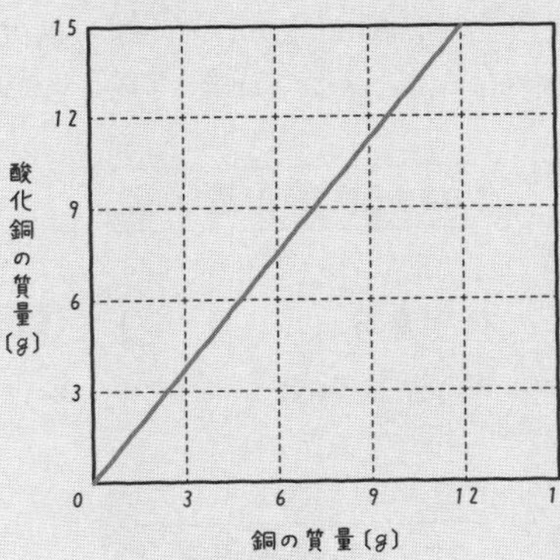

中学2年 6章 生物のつくりとはたらき

✓CHECK 51

つまずき度 !!!

➡ 解答は p.40

1 植物の細胞で特徴的(とくちょうてき)に見られるものは（　　　），（　　　）（　　　）である。

2 いくつかの組織が集まって形成されたものを（　　　）という。

✓CHECK 52

つまずき度 !!

➡ 解答は p.40

1 植物は光を受けて（　　　）を行っている。

2 光を受けた葉にヨウ素液をたらすと（　　　）色に変化する。

✓CHECK 53

つまずき度 !!!

➡ 解答は p.40

1 植物は昼も夜も（　　　）をしている。

2 葉から水蒸気が出る現象のことを（　　　）という。

3 蒸散は，葉の（　　　）側でさかんに行われている。

✓CHECK 54

つまずき度 !!!

➡ 解答は p.40

1 根から吸い上げた水や養分は（　　　）を通って輸送される。

2 葉の表面には穴があり，これを（　　　）という。

✓CHECK 55

つまずき度 !!!!

➡ 解答は p.40

1 三大栄養素は，（　　　）と（　　　）と（　　　）である。

2 タンパク質は（　　　）液，（　　　）液，小腸の壁の消化酵素によって，アミノ酸に分解される。

✓CHECK 56

つまずき度 ❗❗

➡ 解答は p.40

1　より効率よく栄養分の吸収を行うために，小腸の壁面（へきめん）に無数の突起である（　　　　）が存在する。

2　ブドウ糖やアミノ酸は小腸の（　　　　）に，脂肪酸とモノグリセリドは吸収されたあと脂肪にもどり，（　　　　）に入る。

✓CHECK 57

つまずき度 ❗❗❗

➡ 解答は p.40

1　肺は自ら動くことができないため，ろっ骨を動かす胸の筋肉と（　　　　）が肺をふくらませたり，縮ませたりしている。

2　（　　　　）によって，肺の表面積が大きくなっている。

✓CHECK 58

つまずき度 ❗❗❗

➡ 解答は p.40

1　血液の液体成分を（　　　　）といい，これが毛細血管から組織へしみ出ると，（　　　　）とよばれる。

2　酸素を多量にふくむ血液を（　　　　）といい，この血液は（　　　　）や（　　　　）などの血管を通っている。

✓CHECK 59

つまずき度 ❗❗

➡ 解答は p.40

1　肝臓は毒性の強い（　　　　）を毒性の弱い尿素に変える。できた尿素は輸尿管を通って（　　　　）に運ばれて，不要物としてこしとられる。

✓CHECK 60

つまずき度 ❗❗❗

➡ 解答は p.40

1 からだの外からの刺激を受けとる器官を(　　　　)という。
2 目が受けとった光の刺激は(　　　　)につながる(　　　　)が，その刺激の信号を脳に送っている。

✓CHECK 61

つまずき度 ❗❗

➡ 解答は p.40

1 脳とせきずいをまとめて(　　　　)とよび，それから細かく枝分かれした神経を(　　　　)とよんでいる。

✓CHECK 62

つまずき度 ❗❗

➡ 解答は p.40

1 骨全体のつくりをまとめて(　　　　)という。
2 筋肉と骨を接合している部分を(　　　　)という。
3 骨と骨の接合部を(　　　　)という。

中学２年 7章 電気の性質とその利用

✓CHECK 63

つまずき度 ❗❗

➡ 解答は p.40

1 電流は(　　　　)極から(　　　　)極へと流れる。
2 電流の通り道が1本だけの回路を(　　　　)回路といい，2本以上ある回路を(　　　　)回路という。

✓CHECK 64

つまずき度 ❗❗❗

➡ 解答は p.40

1 電流の単位を記号で表すと(　　　　)である。
2 電流を計測する機器のことを(　　　　)という。
3 (　　　　)回路では電流の大きさはどこでも等しい。

✓CHECK 65

つまずき度 ❗❗❗

➡ 解答は p.41

1 電圧の単位を記号で表すと(　　　　)である。
2 電圧を計測する機器のことを(　　　　)という。

✓CHECK 66

つまずき度 ❗❗❗

➡ 解答は p.41

1 電流と電圧が比例する関係のことを(　　　　)の法則という。
2 電気抵抗が小さく,電流を通しやすい物質のことを(　　　　)という。

✓CHECK 67

つまずき度 ❗❗❗❗❗

➡ 解答は p.41

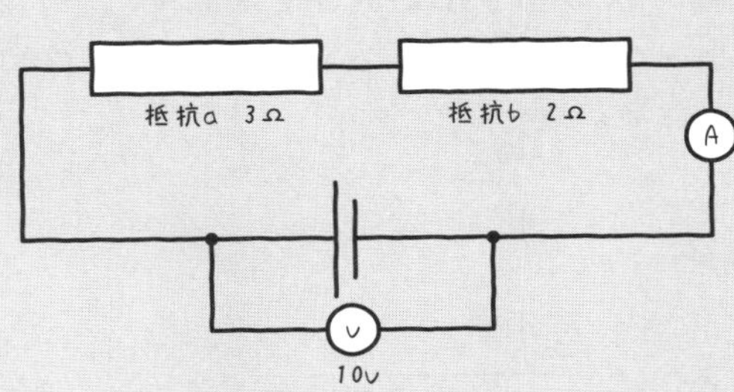

1 図の直列回路全体の抵抗の大きさは(　　　　)Ωである。
2 図の電流計を流れる電流の大きさは(　　　　)Aである。
3 図の抵抗aに加わる電圧の大きさは(　　　　)Vである。

✓CHECK 68

つまずき度 ❗❗❗❗

➡ 解答は p.41

1　ある電熱線に6Vの電圧を加えたとき，2Aの電流が流れた。この電熱線の電力は(　　　　)Wである。

2　1の電熱線に6Vの電圧を加え，10秒間電流を流した。このときの電力量は(　　　　)Jである。

✓CHECK 69

つまずき度 ❗

➡ 解答は p.41

1　異なる種類の物質を摩擦したときに物体が帯びる電気のことを(　　　　)という。

2　プラスの電気を帯びた物質どうしを近づけると(　　　　)。

✓CHECK 70

つまずき度 ❗❗

➡ 解答は p.41

1　離(はな)れた物質の間にある空間を電子が(　　　　)極から(　　　　)極へ移動する現象のことを(　　　　)という。

2　電子線に別の電極を近づけると，電子線は(　　　　)極の方へ曲がっていく。

✓CHECK 71

つまずき度 ❗❗

➡ 解答は p.41

1　磁石は鉄などを引きつける力をもつ。この力を(　　　　)といい，この力がはたらく空間のことを(　　　　)という。

✓CHECK 72

つまずき度 ❗❗❗

➡ 解答は p.41

1　電流を流したコイルに発生する磁力を強くするには，（　　　　）を大きくする，コイルの（　　　　）をふやす，コイルに（　　　　）を入れる，などの方法がある。

✓CHECK 73

つまずき度 ❗❗❗

➡ 解答は p.41

1　コイルから磁石をすばやく引き抜くと，電流が流れた。この現象を（　　　　）といい，流れる電流を（　　　　）という。
2　交流が1秒間に同じ向きに流れる回数を（　　　　）といい，単位を記号で（　　　　）と書く。

✓CHECK 74

つまずき度 ❗❗

➡ 解答は p.41

1　放射線を出す物質を（　　　　）という。
2　放射線のうち，X線は最も（　　　　）が大きく，その性質を利用してレントゲン検査などに使われる。

中学2年 8章 気象と天気の変化

✓CHECK 75

つまずき度 ❗

➡ 解答は p.41

1　雲量が7だったときの天気は（　　　　）である。
2　雨が降ると湿度は（　　　　）なりやすい。

✓CHECK 76

つまずき度❗❗❗❗❗

➡解答はp.41

1　大気の重さによって生じる圧力のことを(　　　　)という。
2　4kgのブロックを1辺が50cmの立方体のスポンジの上に置いたとき，スポンジにかかる圧力は(　　　　)Paである。ただし，100gの物体にはたらく重力の大きさを1Nとする。

✓CHECK 77

つまずき度❗❗

➡解答はp.41

1　気圧が等しい地点を結んだ線を(　　　　)という。
2　高気圧の中心付近では(　　　　)が発生するため，天気は(　　　　)になりやすい。

✓CHECK 78

つまずき度❗❗❗❗❗

➡解答はp.42

1　窓ガラスに水滴がつき始めたときの温度を(　　　　)という。
2　室温が25℃のときの飽和水蒸気量が23.1g/m³であり，現在の水蒸気量が12.0g/m³のとき，湿度は小数点以下を四捨五入すると約(　　　　)%である。

✓CHECK 79

つまずき度❗❗❗

➡解答はp.42

1　空気が暖められると(　　　　)が発生する。
2　上空は気圧が低いため，上空にのぼった空気は(　　　　)する。
3　空気が膨張すると，空気の温度は(　　　　)する。

✓CHECK 80

つまずき度 !!!!!

➡解答は p.42

1　寒気が暖気の下にもぐりこんで進む前線を（　　　　）前線という。
2　温暖前線通過後，気温は（　　　　），風向は（　　　　）寄りになる。
3　日本の上空には西から東に（　　　　）がふいている。

✓CHECK 81

つまずき度 !!!!!

➡解答は p.42

1　日本の天気は，（　　　　）から（　　　　）へと移り変わっていく。これは日本の上空に吹く（　　　　）という風の影響である。
2　日本では夏の間，（　　　　）から（　　　　）に向かって季節風がふく。

✓CHECK 82

つまずき度 !!!!!

➡解答は p.42

1　日本における冬の気圧配置を（　　　　）という。
2　日本では，夏に（　　　　）気団が発達する。
3　春や秋には偏西風によって（　　　　）と低気圧が交互に通過する。

中学3年

中学3年 9章 力・運動とエネルギー

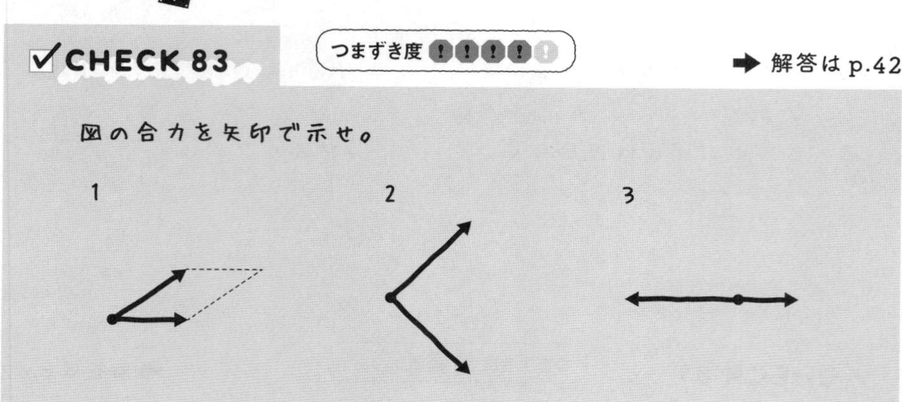

✓CHECK 83

つまずき度 !!!!!

➡ 解答は p.42

図の合力を矢印で示せ。

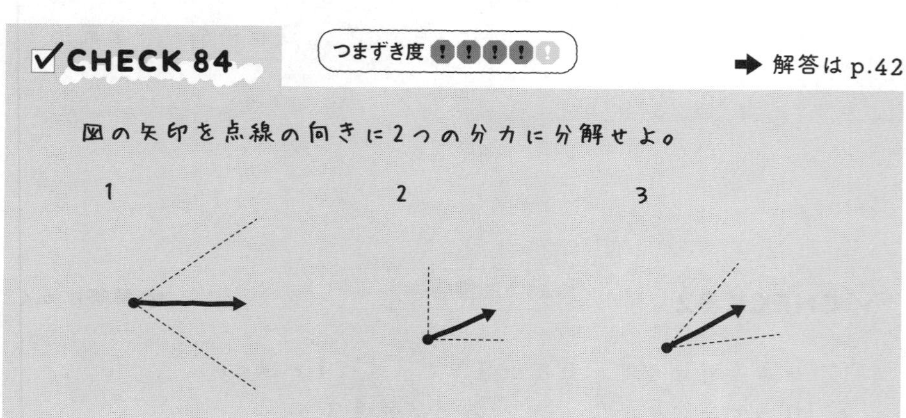

✓CHECK 84

つまずき度 !!!!!

➡ 解答は p.42

図の矢印を点線の向きに2つの分力に分解せよ。

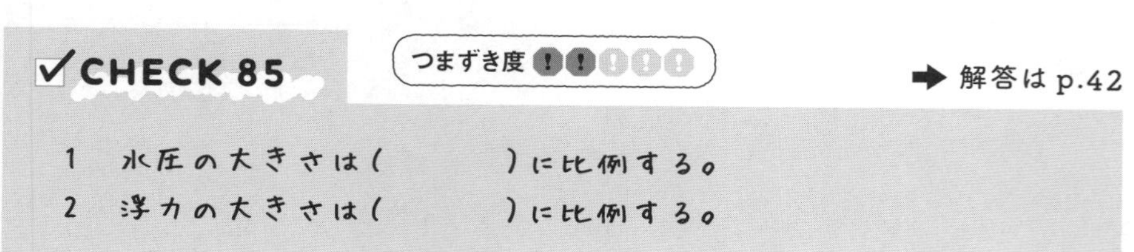

✓CHECK 85

つまずき度 !!!!!

➡ 解答は p.42

1 水圧の大きさは(　　　　　)に比例する。

2 浮力の大きさは(　　　　　)に比例する。

✓CHECK 86

つまずき度 ❗❗❗❗

➡ 解答はp.42

自宅から60km離(はな)れた病院まで車で向かった。自宅から病院までは，1時間を要した。また，途中(とちゅう)にある公園を通過するときに車のメーターを確認したところ，時速30kmを示していた。このとき，以下の問いに答えよ。

1　自宅から病院までの平均の速さは(　　　　)km/hである。

2　公園を通過するときの瞬間の速さは(　　　　)km/hである。

✓CHECK 87

つまずき度 ❗❗❗

➡ 解答はp.43

1秒間に50回の点を打つ記録タイマーを使って，物体の運動を調べた。その結果，下の図のような結果が得られた。この図をもとに，以下の問いに答えよ。

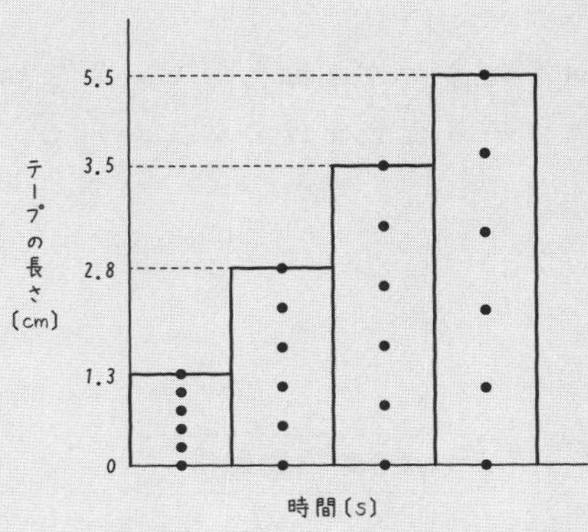

1　5個の点が打たれたとき，(　　　　)秒分の移動を示している。

2　テープ全体の平均の速さは，小数第2位を四捨五入すると(　　　　)cm/sである。

✓CHECK 88

つまずき度 ❗❗

➡ 解答はp.43

1 斜面の傾きを大きくすると，物体の速さは（　　　）なる。
2 物体が何にもさえぎられることなく落ちる運動を（　　　）という。

✓CHECK 89

つまずき度 ❗

➡ 解答はp.43

1 一定の速さで一直線上を進む物体の運動のことを（　　　）という。

✓CHECK 90

つまずき度 ❗

➡ 解答はp.43

1 ある物体が別の物体に力を加えると，力を加えた物体も力を加えられた物体から力を受ける。これを（　　　）の法則という。

✓CHECK 91

つまずき度 ❗❗❗❗

➡ 解答はp.43

1 10kgの物体を30mの高さまで持ち上げたとき，その仕事は（　　　）Jである。ただし，100gの物体に加わる重力を1Nとする。
2 8kgの物体を動かしたとき，摩擦力が5Nだった。この物体を3m動かしたときの仕事は（　　　）Jである。

✓CHECK 92

つまずき度 !!!!!

➡ 解答は p.43

1　8kgの物体を5mの高さまで持ち上げるのに必要な仕事は（　　　）Jである。また，同じ物体を同じ高さまで運ぶために，10mの斜面の長さをもつ坂道を使った。このときに必要な力の大きさは（　　　）Nである。ただし，100gの物体に加わる重力を1Nとする。

✓CHECK 93

つまずき度 !!!!

➡ 解答は p.43

1　8kgの物体を5mの高さまで運ぶのに40秒を要した。このときの仕事率は（　　　）Wである。ただし，100gの物体に加わる重力を1Nとする。

2　問1と同じ仕事率で12kgの物体を5mの高さまで持ち上げるのに必要な時間は（　　　）秒である。

✓CHECK 94

つまずき度 !

➡ 解答は p.43

1　運動している物体がもつエネルギーを（　　　）という。

2　高い位置にある物体がもつエネルギーを（　　　）という。

✓CHECK 95

つまずき度 !!

➡ 解答は p.43

1　位置エネルギーと運動エネルギーの和を（　　　）という。

✓CHECK 96

つまずき度 ❗❗❗

➡ 解答は p.44

以下に示したエネルギーの変換について，空欄(くうらん)をうめよ。

1　スピーカー:(　　　　)エネルギー　→　(　　　　)エネルギー
2　電池:(　　　　)エネルギー　→　(　　　　)エネルギー
3　摩擦力:(　　　　)エネルギー　→　(　　　　)エネルギー

✓CHECK 97

つまずき度 ❗❗

➡ 解答は p.44

1　熱の伝わり方には，接触した2つの物体の間で移動する(　　　　)，離れた物体に対して移動する(　　　　)，温度差のある気体や液体などが均一になるよう移動する(　　　　)の3種類が存在する。

中学3年 10章 生命のつながりと進化

✓CHECK 98

つまずき度 ❗❗❗

➡ 解答は p.44

1　細胞分裂のとき，球体状の核からひも状の物体が見えるようになる。このひも状の物体を(　　　　)といい，これは(　　　　)液で(　　　　)色に染まる。

✓CHECK 99

つまずき度 ❗❗❗

➡ 解答は p.44

1　単細胞生物が体細胞分裂によりなかまをふやす生殖方法を(　　　　)という。
2　雄と雌が存在し，受精することでなかまをふやす生殖方法を(　　　　)という。

✓CHECK 100

つまずき度 ❗❗❗❗

➡ 解答は p.44

1　生物のからだの特徴となるものを（　　　　）という。また，それが親から子に伝わることを（　　　　）という。
2　AAの遺伝子をもつエンドウとAaの遺伝子をもつエンドウを交配させると，（　　　　）または（　　　　）の遺伝子をもつエンドウができる。

✓CHECK 101

つまずき度 ❗❗

➡ 解答は p.44

1　遺伝子は核の中にある（　　　　）という物質に存在する。
2　DNAや遺伝子をあつかう技術の例として，（　　　　）がある。

✓CHECK 102

つまずき度 ❗❗❗

➡ 解答は p.44

1　生物が共通の祖先から多くの代を重ねて変化する現象を（　　　　）という。
2　シソチョウは，（　　　　）類から（　　　　）類へと進化したことの証拠の1つとなっている。

中学3年 11章 イオンと酸・アルカリ

✓CHECK 103

つまずき度 ❗❗

➡ 解答は p.44

1　水にとかしてその水溶液に電流が流れた場合，そのとかした物質を（　　　　）という。
2　砂糖水は電流が流れないため，砂糖は（　　　　）である。

✓CHECK 104

つまずき度 ❗❗❗

➡ 解答は p.44

1　塩化銅水溶液を電気分解したとき，陽極には（　　　　）が生じ，陰極には（　　　　）が付着する。
2　塩酸を電気分解したとき，陽極には（　　　　）が生じ，陰極には（　　　　）が生じる。

✓CHECK 105

つまずき度 ❗❗❗

➡ 解答は p.44

1　原子は（　　　　）と（　　　　）で構成された原子核と，その原子核のまわりを回る（　　　　）の3つで構成されている。
2　原子が電子を受けとると（　　　　）になる。
3　電解質を水にとかしたときに，陽イオンと陰イオンに分かれることを（　　　　）という。

✓CHECK 106

つまずき度 ❗❗❗❗

➡ 解答は p.44

1　硫酸銅水溶液に亜鉛板を入れると，（　　　　）がイオンに変わり，水溶液中の（　　　　）イオンが金属になる。
2　硫酸マグネシウム水溶液に亜鉛板を入れると，（　　　　）よりも（　　　　）の方がイオンになりやすいため，反応しない。

✓CHECK 107

つまずき度 ❗❗❗❗

➡ 解答は p.44

1　銅板と亜鉛板を豆電球がついた導線でつなぎ，うすい塩酸に入れたところ，豆電球が光った。このとき，銅板や亜鉛板で起こった反応を化学反応式にすると，下記のようになる。ただし，電子はe^-を使う。

銅板；（　　　　）$+2e^- \rightarrow$（　　　　）

亜鉛板；（　　　　）$\rightarrow$（　　　　）$+2e^-$

✓CHECK 108

つまずき度 !!!

➡ 解答は p.44

1　充電できない電池のことを（　　　　）といい，充電できる電池のことを（　　　　）という。
2　酸素と水素が反応する際に生じる電気エネルギーを利用した電池を（　　　　）という。

✓CHECK 109

つまずき度 !!!

➡ 解答は p.44

1　pH試験紙の色を青色にする水溶液は（　　　　）性である。
2　酸性やアルカリ性の強さは（　　　　）という指標で表される。
3　酸性の水溶液中には（　　　　）イオンが多数存在し，アルカリ性の水溶液中には（　　　　）イオンが多数存在する。

✓CHECK 110

つまずき度 !!!

➡ 解答は p.44

1　酸の水溶液とアルカリの水溶液を混ぜると（　　　　）が起こる。
2　中和が起こると（　　　　）と（　　　　）ができる。

中学3年 12章 地球と宇宙

✓CHECK 111

つまずき度 !!

➡ 解答は p.44

1　地球は（　　　　）を中心に約1日で1回転している。
2　地球が地軸を中心に回転することを（　　　　）という。

✓CHECK 112

つまずき度 ❗❗❗

➡ 解答は p.44

図は，日本のある地点で透明半球を使い，太陽の1日の動きを観察したものである。

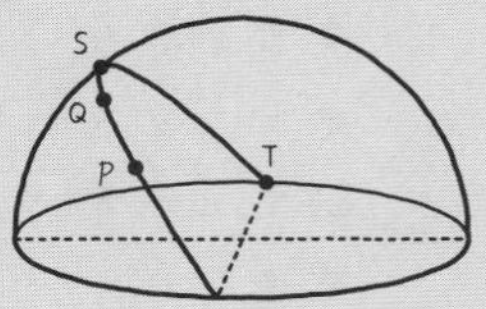

1　Tが示す方位は（　　　）である。
2　太陽がSにくることを（　　　）という。

✓CHECK 113

つまずき度 ❗❗

➡ 解答は p.44

1　星が東からのぼり，南の空を通って，西へ沈む動きのことを，星の（　　　）という。
2　北の空では，（　　　）を中心に（　　　）回りに回転する。

✓CHECK 114

つまずき度 ❗❗❗❗

➡ 解答は p.44

1　地球が太陽のまわりを回る運動を（　　　）という。
2　ある星座は，8月22日午後10時に南中した。この星座が，午後6時に南中するのは（　　　）月22日である。

✓CHECK 115

つまずき度 ❗❗

➡ 解答は p.44

1　太陽が天球上の星座の間を動く道すじのことを（　　　）という。
2　太陽が星座の間を移動しているように見えるのは，地球が（　　　）しているためである。

✓CHECK 116

つまずき度 !!!!

➡ 解答は p.44

1　地球の地軸は，公転面に垂直な方向に対して（　　　）° 傾いている。
2　深夜0時ごろにさそり座が南中するときの日本の季節は（　　　）である。

✓CHECK 117

つまずき度 !!!

➡ 解答は p.45

1　月が地球のまわりを1周するのに約（　　　）か月かかる。
2　太陽が出ている正午に南中する月を（　　　）という。

✓CHECK 118

つまずき度 !!

➡ 解答は p.45

1　月が太陽と地球の間にはさまれ，ちょうど一直線上に並んだとき，起こる現象を（　　　）という。
2　月食が起こるのは，月の見え方が（　　　）月のときである。

✓CHECK 119

つまずき度 !!!

➡ 解答は p.45

1　太陽が沈(しず)むときに金星が見える方角は（　　　）である。
2　明け方の東の空に見える金星を（　　　）という。

✓CHECK 120

つまずき度 !!!

➡ 解答は p.45

1　太陽の表面で約4000℃の部分を（　　　）という。
2　黒点を観察したところ，黒点が動いているように見えた。この結果，太陽は（　　　）していることがわかる。

✓CHECK 121

つまずき度 ❗❗❗❕❕

➡ 解答は p.45

1　太陽系には，太陽に近い方から順に（　　　）（　　　）（　　　）（　　　）（　　　）（　　　）（　　　）（　　　）の8つの惑星が存在し，太陽を中心に公転している。

✓CHECK 122

つまずき度 ❗❗❗❕❕

➡ 解答は p.45

1　太陽系の惑星のうち，地球から最も離れている惑星は（　　　）である。

2　太陽系の惑星のうち，酸化鉄を豊富にふくむ岩石や砂でできていて，表面が赤褐色になっている惑星は（　　　）である。

✓CHECK 123

つまずき度 ❗❕❕❕❕

➡ 解答は p.45

1　太陽系が存在する銀河のことを（　　　）という。

中学3年 13章 科学技術と地球の未来

✓CHECK 124

つまずき度 ❗❗❗❕❕

➡ 解答は p.45

1　生物どうしの「食べる・食べられる」の関係を（　　　）という。

2　光合成で有機物を生み出す生物を（　　　）といい，つくられた有機物をもとに活動する生物を（　　　）という。

✓CHECK 125

つまずき度 ❗❗❗❗

➡ 解答は p.45

1　生態系ピラミッドについて，ある草食動物の乱獲（らんかく）により，生態系が①→（　　　）→（　　　）→（　　　）→⑤　の順に変化した。ただし，Aが肉食動物，Bが草食動物，Cが植物を表している。

①
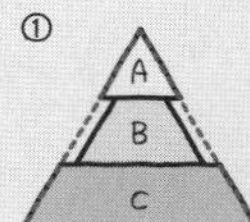

②
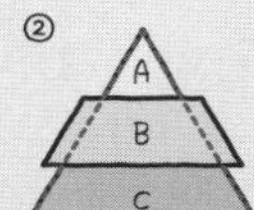

③
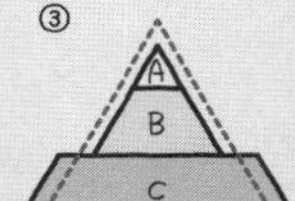

④
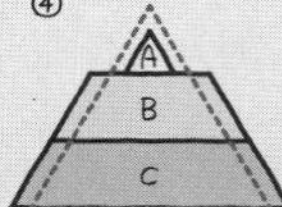

⑤
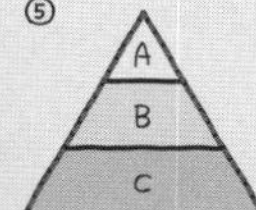

✓CHECK 126

つまずき度 ❗❗

➡ 解答は p.45

1　生産者は光合成によって，（　　　）と水から（　　　）と（　　　）を生み出している。

✓CHECK 127

つまずき度 ❗

➡ 解答は p.45

1　人間がその生態系に生息していない生物をもちこみ，野生化した生物を（　　　）という。

✓CHECK 128

つまずき度 ❗

➡ 解答は p.45

1　ペットボトルに使用されているプラスチックの種類を（　　　）という。

✓CHECK 129

つまずき度 !!!!!

➡ 解答は p.45

1　核分裂によって生じるエネルギーを利用する発電方法を（　　　　）発電という。

2　発電のときに発生する廃熱を利用して，エネルギーを効率的に使える方法を（　　　　）という。

― 解答 ―

中学1年

CHECK 1

1　ミドリムシ

CHECK 2

1　プレパラート
2　左下
3　目

CHECK 3

1　やく
2　子房，胚珠
3　離弁花，合弁花

CHECK 4

1　網状脈，平行脈　※順不同
2　双子葉類
3　ひげ根

CHECK 5

1　子房，胚珠
2　花粉のう

CHECK 6

1　胞子のう，胞子
2　シダ植物

CHECK 7

植物Ａ　シダ，胞子のう
植物Ｂ　1，平行脈
植物Ｃ　裸子
植物Ｄ　コケ
植物Ｅ　2，網状脈

CHECK 8

ウシ，カエル，タイ，カメ，スズメ

CHECK 9

1　魚類，両生類，は虫類，鳥類，哺乳類
　※順不同
2　胎生
3　えら
4　うろこ

CHECK 10

1　肉食動物，草食動物
2　犬

CHECK 11

1　外骨格，節足動物
2　外とう膜，軟体動物

CHECK 12

動物Ａ　甲殻
動物Ｂ　は虫
動物Ｃ　魚
動物Ｄ　両生
動物Ｅ　哺乳

CHECK 13

砂糖，紙，ろうそくのろう

CHECK 14

1　質量
2　密度

CHECK 15

1　上方置換法
2　酸素
3　白くにごる

CHECK 16

1　状態変化
2　二酸化炭素

CHECK 17

1　融点，沸点

2　蒸発

CHECK 18

1　混合物

2　蒸留

CHECK 19

1　塩化ナトリウム，水，210

<解説>

1　　溶液の質量〔g〕
　=溶質の質量〔g〕+溶媒の質量〔g〕
　=10+200
　=210 g

CHECK 20

1　6.25

<解説>

1　溶質の質量は 25 g
　溶液の質量は 25+375=400 g
　よって，質量パーセント濃度は
　25÷400×100=6.25%

CHECK 21

1　22

2　飽和

3　21

<解説>

1　表より，10℃の水 100 g にとける硝酸カリウムの最大量は 22 g。

3　水が 50℃のとき，硝酸カリウム 85 g はすべてとけている。
　水の温度を 40℃に下げたとき，40℃の水 100 g にとける硝酸カリウムの最大量は 64 g なので，64 g 以上は結晶として出てくる。よって，出てくる結晶は
　85−64=21 g

CHECK 22

1　直進

2　同じ大きさ

CHECK 23

1　屈折

2　大き

CHECK 24

1　焦点

2　小さくなる

CHECK 25

1　白

2　可視光線

CHECK 26

1　振動

2　345

<解説>

2　音の速さは，

$$\frac{距離〔m〕}{時間〔s〕}=\frac{1380}{4.0}=345\ m/s$$

　よって，秒速 345 m

CHECK 27

1　垂直抗力

2　摩擦力

CHECK 28

1　1

2　比例，フックの法則

CHECK 29

1　変化しない

2　変化する

CHECK 30

1　大きさ

2　向き

3　同一直線上

CHECK 31

1　マグマ

2　火山噴出物

CHECK 32

1 鉱物
2 有色，無色

CHECK 33

1 火成岩
2 深成岩，等粒状

CHECK 34

1 震源
2 初期微動継続時間，長く
3 震度，マグニチュード

CHECK 35

1 プレート，活断層

CHECK 36

1 示準化石，示相化石
2 地質年代，新生代，中生代，古生代

CHECK 37

1 風化，侵食，運搬，堆積
※風化と侵食は順不同

CHECK 38

1 石灰岩

CHECK 39

1 しゅう曲
2 火山の噴火

中学2年

CHECK 40

1 原子
2 質量，大きさ　※順不同
3 周期表

CHECK 41

1 分子
2 原子

CHECK 42

1 CO_2，Ag_2O，N_2，NH_3
2 窒素

CHECK 43

1 二酸化炭素，水，炭酸ナトリウム
2 青，塩化コバルト，赤

CHECK 44

1 硫化鉄
2 硫化水素

CHECK 45

1 2，4
2 $2NaHCO_3$，Na_2CO_3，H_2O，CO_2
※Na_2CO_3，H_2O，CO_2 は順不同

CHECK 46

1 酸化，酸化物
2 酸化鉄
3 燃焼

CHECK 47

1 還元
2 二酸化炭素，銅

CHECK 48

1 発熱反応
2 吸熱反応

CHECK 49

1　変化しない（変わらない），質量保存の法則
2　8
<解説>
2　鉄 20 g を加熱すると，酸素が結びついて酸化鉄 28 g になる。質量がふえた分が結びついた酸素の質量なので，
28－20＝8 g

CHECK 50

1　2，12
<解説>
1　反応した酸素の質量は，
「できた物質の質量」－「銅の質量」より，
22－20＝2 g
またグラフより，完全に反応したときの銅と酸化銅の質量の比は，
銅：酸化銅＝4：5 である。
この結果，銅と酸素の質量の比は，
銅：酸素＝4：1 だとわかる。
ここで，反応した酸素の質量が 2 g なので，反応した銅の質量を x g とすると，
x g：2 g＝4：1
より，反応した銅の質量は 8 g である。
もとの銅の質量は 20 g なので，反応しなかった銅の質量は
20－8＝12 g

CHECK 51

1　葉緑体，液胞，細胞壁　※順不同
2　器官

CHECK 52

1　光合成
2　青紫

CHECK 53

1　呼吸
2　蒸散
3　裏

CHECK 54

1　道管
2　気孔

CHECK 55

1　炭水化物，タンパク質，脂肪　※順不同
2　胃，すい　※順不同

CHECK 56

1　柔毛
2　毛細血管，リンパ管

CHECK 57

1　横隔膜
2　肺胞

CHECK 58

1　血しょう，組織液
2　動脈血，肺静脈，大動脈
※肺静脈，大動脈は順不同

CHECK 59

1　アンモニア，じん臓

CHECK 60

1　感覚器官
2　視神経，網膜

CHECK 61

1　中枢神経，末しょう神経

CHECK 62

1　骨格
2　けん
3　関節

CHECK 63

1　＋，－
2　直列，並列

CHECK 64

1　A
2　電流計
3　直列

CHECK 65

1　V
2　電圧計

CHECK 66

1　オーム
2　導体

CHECK 67

1　5
2　2
3　6
<解説>
1　直列回路における全体の抵抗の大きさは，各抵抗の大きさの和なので
3+2=5 Ω
2　1より，回路全体の抵抗が5 Ωであり，また，電池の電圧が10 Vなので，オームの法則を用いて電流を求めると
電流=10÷5=2 A
3　直列回路では，電流の大きさはどこも同じ大きさなので，抵抗aを流れる電流の大きさも2 Aである。抵抗aに対してオームの法則を用いると
抵抗aの電圧=2×3=6 V

CHECK 68

1　12
2　120
<解説>
1　電力は，電流×電圧で求められるので，
6×2=12 W
2　電力量は，電力×時間〔s〕で求められる。今回，1と同じ電熱線であり，加えた電圧も1と同じなので，電力は1で求めた12 Wである。よって，電力量は，
12×10=120 J

CHECK 69

1　静電気
2　反発し合う

CHECK 70

1　－，＋，放電
2　＋

CHECK 71

1　磁力，磁界（磁場）

CHECK 72

1　電流，巻き数，鉄しん

CHECK 73

1　電磁誘導，誘導電流
2　周波数，Hz

CHECK 74

1　放射性物質
2　透過性

CHECK 75

1　晴れ
2　高く

CHECK 76

1　大気圧（気圧）
2　160
<解説>
2　圧力は，面を垂直に押す力〔N〕÷力がはたらく面積〔m^2〕で求められる。
まず，4 kg（=4000 g）のブロックにはたらく重力の大きさは，100 gの物体に加わる重力が1 Nなので40 Nである。
また，50 cm=0.5 mより，力がはたらく面積〔m^2〕は，0.5×0.5=0.25 m^2
よって，求める圧力は
40÷0.25=160 Pa

CHECK 77

1　等圧線
2　下降気流，晴れ

CHECK 78

1　露点

2　52

<解説>

2　湿度は

$$\frac{水蒸気量}{飽和水蒸気量}\times 100=\frac{12.0}{23.1}\times 100$$
$$\fallingdotseq 52\ \%$$

CHECK 79

1　上昇気流

2　膨張

3　低下

CHECK 80

1　寒冷

2　上がり，南

3　偏西風

CHECK 81

1　西，東，偏西風

2　海，大陸

CHECK 82

1　西高東低

2　小笠原

3　高気圧

中学3年

CHECK 83

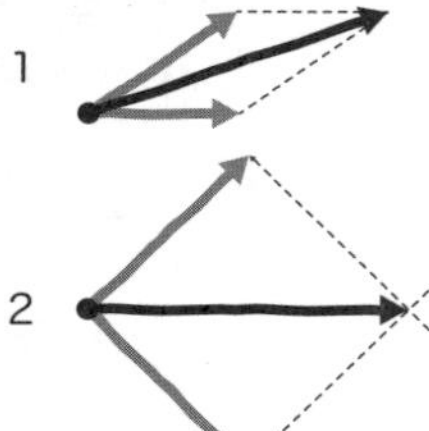

CHECK 84

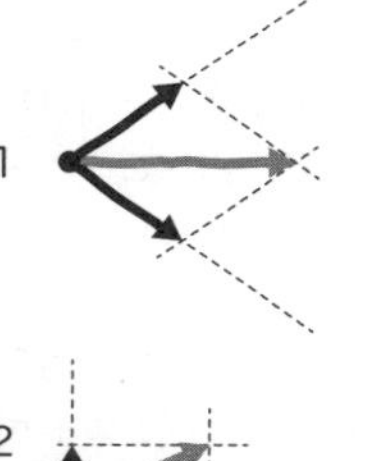

CHECK 85

1　水の深さ

2　体積

CHECK 86

1　60

2　30

<解説>

1　平均の速さは，

$$\frac{移動した距離(km)}{時間(h)}=\frac{60}{1}=60\ km/h$$

2　瞬間の速さは，その瞬間にメーターが示していた速さなので，30 km/h

CHECK 87

1　0.1

2　32.8

<解説>

2　テープ全体の距離〔cm〕は，各テープの長さの和なので，

1.3＋2.8＋3.5＋5.5＝13.1 cm

また，かかった時間〔s〕はテープ1本あたり0.1 sなので，0.4 s

よって，求める平均の速さは

$$\frac{\text{テープ全体の距離〔cm〕}}{\text{時間〔s〕}}=\frac{13.1}{0.4}$$

$$\fallingdotseq 32.8\ \text{cm/s}$$

CHECK 88

1　速く

2　自由落下

CHECK 89

1　等速直線運動

CHECK 90

1　作用・反作用

CHECK 91

1　3000

2　15

<解説>

1　仕事は，「力の大きさ〔N〕×力の向きに動いた距離〔m〕」で求められる。

今回はたらく力は重力なので，10 kgの物体に加わる重力を求める。100 gで1 Nの重力が加わるので，10 kg（10000 g）では100 Nとなる。

30 mの高さまで持ち上げているので，求める仕事は，

100×30＝3000 J

2　物体にはたらく摩擦力が5 N，動かした距離は3 mなので，求める仕事は，

5×3＝15 J

※持ち上げた場合のみ，質量〔g〕から力〔N〕を求める。

CHECK 92

1　400，40

<解説>

1　8 kg（＝8000 g）の物体に加わる重力は，100 gで1 Nの重力が加わるので，80 Nとなる。

物体を5 m持ち上げているので，求める仕事は，

80×5＝400 J

また，坂道を使う場合も同じ物体を同じ高さまで運んでいるので，行った仕事は同じである。求める力をx〔N〕とすると，x×10＝400が成り立つ。よって，求める力xは

x＝40 N

CHECK 93

1　10

2　60

<解説>

1　8 kgの物体に加わる重力は80 N。これを5 mの高さまで運ぶのにした仕事は，

80×5＝400 J

仕事率は，仕事〔J〕÷時間〔s〕で求められるので，

400÷40＝10 W

2　12 kgの物体に加わる重力は120 N。これを5 mの高さまで運ぶのにした仕事は，

120×5＝600 J

1と同じ仕事率なので，求める時間をx〔s〕とすると，

600÷x＝10が成り立つ。

よって，求める時間xは

x＝60 s

CHECK 94

1　運動エネルギー

2　位置エネルギー

CHECK 95

1　力学的エネルギー

CHECK 96

1 電気，音
2 化学，電気
3 運動，熱

CHECK 97

1 伝導（熱伝導），放射（熱放射），対流

CHECK 98

1 染色体，酢酸オルセイン（酢酸カーミン），赤

CHECK 99

1 無性生殖　※分裂も可
2 有性生殖

CHECK 100

1 形質，遺伝
2 AA，Aa　※順不同

CHECK 101

1 DNA（デオキシリボ核酸）
2 クローン技術（iPS 細胞，抗 PD-1 抗体などでもよい）

CHECK 102

1 進化
2 は虫，鳥

CHECK 103

1 電解質
2 非電解質

CHECK 104

1 塩素　銅
2 塩素　水素

CHECK 105

1 陽子，中性子，電子　※陽子と中性子は順不同
2 陰イオン
3 電離

CHECK 106

1 亜鉛，銅
2 亜鉛，マグネシウム

CHECK 107

銅板　Cu^{2+}，Cu
亜鉛板　Zn，Zn^{2+}

CHECK 108

1 一次電池，二次電池
2 燃料電池

CHECK 109

1 アルカリ
2 pH
3 水素，水酸化物

CHECK 110

1 中和
2 塩，水　※順不同

CHECK 111

1 地軸
2 自転

CHECK 112

1 西
2 南中

CHECK 113

1 日周運動
2 北極星，反時計

CHECK 114

1 公転
2 10

CHECK 115

1 黄道
2 公転

CHECK 116

1 23.4
2 夏

CHECK 117

1 1

2 新月

CHECK 118

1 日食

2 満月

CHECK 119

1 西

2 明けの明星

CHECK 120

1 黒点

2 自転

CHECK 121

1 水星，金星，地球，火星，木星，土星，天王星，海王星

CHECK 122

1 海王星

2 火星

CHECK 123

1 銀河系

CHECK 124

1 食物連鎖

2 生産者，消費者

CHECK 125

1 ③，④，②

CHECK 126

1 二酸化炭素，酸素，有機物
※酸素と有機物は順不同

CHECK 127

1 外来種

CHECK 128

1 ポリエチレンテレフタラート

CHECK 129

1 原子力

2 コージェネレーションシステム

MEMO

MEMO

②